de Gruyter Lehrbuch
Helms · Einführung in die Potentialtheorie

Einführung in die Potentialtheorie

von

L. L. Helms

Walter de Gruyter · Berlin · New York · 1973

Titel der amerikanischen Originalausgabe:
Introduction to Potential Theory, John Wiley & Sons, Inc., 1963
Deutsche Übersetzung: Prof. Dr. Jürgen Bliedtner

 – Satz: Fotosatz W. Tutte, Salzweg – Druck: Oberbayerisches Volksblatt GmbH, Rosenheim – Printed in Germany
ISBN 3 11 002039 4

Aus dem Vorwort zur amerikanischen Ausgabe

Im vergangenen Jahrzehnt wuchs das Interesse an der Potentialtheorie so stark, daß eine vollständige Darstellung der klassischen Theorie erforderlich ist. Ohne Kenntnis der Potentialtheorie versteht man die Theorie der Markoffschen Prozesse oder die Theorie der Martingale nur zum Teil. Die Entwicklung der axiomatischen Potentialtheorie von Brelot hat die Anwendung potentialtheoretischer Methoden in vielen Bereichen der Analysis ermöglicht. Beispielsweise wird die Choquetsche Theorie der Kapazität mehr und mehr nicht nur in der Potentialtheorie und in der Theorie der Markoffschen Prozesse große Bedeutung gewinnen. Diese neueren Entwicklungen sind in der klassischen Potentialtheorie verwurzelt und können daher ohne deren Kenntnis nicht verstanden werden.

Die Darstellung ist vornehmlich für Studenten mit Grundkenntissen über Maßtheorie und Funktionen reeller Variabler bestimmt. Sie will die notwendigen Grundlagen für ein Verständnis der neueren Entwicklungen in Wahrscheinlichkeits- und axiomatischer Potentialtheorie vermitteln. Es wird vor allem die Potentialtheorie für höher-dimensionale Räume entwickelt, jedoch ist der 2-dimensionale Fall aus Gründen der Vollständigkeit eingeschlossen.

In den Anmerkungen sind einige historische Hinweise zusammengestellt. Ich habe mich soweit wie möglich darum bemüht, die Quellen für einige der wichtigsten Begriffe zu finden. Leider fehlen bisher fast völlig Bücher oder andere Arbeiten, die sich mit funktionentheoretisch fundierter Potentialtheorie beschäftigen. Das Literaturverzeichnis beschränkt sich auf die für eine Weiterarbeit wesentlichen Publikationen.

L. L. Helms

Inhaltsverzeichnis

Vorbereitungen

Wir werden uns in erster Linie mit einer speziellen Klasse von Funktionen befassen, die auf einer Teilmenge des reellen, n-dimensionalen Euklidischen Raumes E^n definiert sind. Obwohl die Eigenschaften des linearen Vektorraumes beim Leser als bekannt vorausgesetzt werden, sollen kurz einige Bezeichnungen besprochen werden. Elemente aus E^n werden mit $x = (x_1, \ldots, x_n)$ bezeichnet. Das innere Produkt (x, y) von $x = (x_1, \ldots, x_n)$ und $y = (y_1, \ldots, y_n)$ aus E^n wird durch $(x, y) = \sum_{i=1}^{n} x_i y_i$ definiert. Die Länge eines Vektors $x \in E^n$ wird definiert als die positive Quadratwurzel aus (x, x) und mit $\|x\|$ bezeichnet. Der Abstand zwischen zwei Vektoren x und y wird als $d(x, y) = \|x - y\|$ definiert. Der Winkel zwischen zwei nicht-trivialen Vektoren x und y wird definiert als der Winkel Φ mit $0 \leq \Phi \leq \pi$ und

$$\cos \Phi = \frac{(x, y)}{\|x\| \, \|y\|}.$$

Der Nullvektor von E^n wird mit $0 = (0, \ldots, 0)$ bezeichnet. Die Kugel $B_{x,\varrho}$ mit Mittelpunkt x und Radius ϱ wird definiert durch $B_{x,} = \{y : \|x - y\| < \varrho\}$. Der Abschluß einer Menge $F \subset E^n$ wird mit $\bar{F}$ bezeichnet, ihr Rand mit ∂F und ihr Komplement mit $\complement F$. Die Differenz zweier Mengen $F_1, F_2 \subset E^n$ wird mit $F_1 \sim F_2$ bezeichnet, ihre symmetrische Differenz mit $F_1 \Delta F_2$.

Funktionen mit Werten in E^1 heißen reelle Funktionen; Funktionen mit Werten in $E^1 \cup \{-\infty, \quad +\infty\}$ heißen numerische Funktionen. Die Restriktion einer Funktion f auf eine Menge E wird mit $f|_E$ bezeichnet. Eine numerische Funktion u mit Definitionsbereich $D \subset E^n$ heißt nach unten (oben) lokalbeschränkt auf D, wenn $\inf_{y \in D \cap C} u(y) > -\infty$ ($\sup_{y \in D \cap C} u(y) < +\infty$) für jede kompakte Teilmenge $C \subset E^n$ gilt. Für numerische Funktionen u und v mit gemeinsamen Definitionsbereich bezeichnen wir das Maximum und Minimum von u und v mit $u \vee v$ bzw. $u \wedge v$; ferner sei $u^+ = u \vee 0$ und $u^- = -(u \vee 0)$. Es gilt dann $u = u^+ - u^-$ und $|u| = u^+ + u^-$. Stetigkeit solcher Funktionen bezieht sich üblicherweise auf die Euklidische Topologie von E^n. Eine numerische Funktion u auf $D \subset E^n$ mit $u(x) = +\infty$ ($u(x) = -\infty$), $x \in D$, ist im erweiterten Sinne stetig in x, wenn $\lim_{y \to x} u(y) = +\infty$ ($\lim_{y \to x} u(y) = -\infty$) gilt; u heißt im erweiterten Sinne stetig auf D, wenn u entweder stetig oder im erweiterten Sinne in jedem Punkte aus D stetig ist.

Sei u eine numerische Funktion auf $D \subset E^n$. Für jedes $y \in E^n$ sei $\mathcal{N}_y$ das System der Umgebungen von y. Für $F \subset D$ und $x \in \bar{F}$ definieren wir

$$\liminf_{\substack{y \to x \\ y \in F}} u(y) = \sup_{U \in \mathcal{N}_x} \left[\inf_{y \in U \cap F} u(y) \right]$$

$$\lim_{\substack{y\to x\\ y\in F}} \sup u(y) = \inf_{U\in\mathcal{N}_x}\left[\sup_{y\in U\cap F} u(y)\right];$$

für $F=D$ schreiben wir einfach $\lim\inf_{y\to x} u(y)$ und $\lim\sup_{y\to x} u(y)$. Die Funktion u heißt nach unten halbstetig (n.u.h.) in $x\in D$, wenn $u(x)=\lim\inf_{y\to x} u(y)$ ist, und nach oben halbstetig (n.o.h.) in $x\in D$, wenn $u(x)=\lim\sup_{y\to x} u(y)$ gilt. Die Funktion u heißt n.u.h. auf D (n.o.h. auf D), wenn u n.u.h. (n.o.h.) in jedem Punkt von D ist. Ist u n.u.h. auf D, so ist cu*) n.u.h. oder n.o.h. auf D, je nachdem ob $c\geq 0$ oder $c\leq 0$ ist. Insbesondere ist $-u$ n.o.h. auf D, wenn u n.u.h. auf D ist; die folgenden Aussagen über n.u.h. Funktionen gelten somit entsprechend für n.o.h. Funktionen. Die Funktion u ist genau dann n.u.h. auf D, wenn die Mengen $\{x\colon u(x)>c\}$ für jede reelle Zahl c relativ offen in D sind. Für eine nicht-leere Familie $\{u_\alpha\colon \alpha\in\mathfrak{A}\}$ n.u.h. Funktionen mit gemeinsamen Definitionsbereich D ist $u=\sup_{\alpha\in\mathfrak{A}} u_\alpha$ n.u.h. auf D. Sind u und v n.u.h. Funktionen mit gemeinsamen Definitionsbereich, so daß $u+v$ definiert ist, ist $u+v$ n.u.h. Sind u und v n.u.h. Funktionen mit gemeinsamem Definitionsbereich, so ist auch $u\wedge v$ n.u.h. Für jede numerische Funktion auf $D\subset E^n$ ist die untere Regularisierte $\hat{u}$ von u, die für $x\in\bar{D}$ durch

$$\hat{u}(x)=\lim_{y\to x}\inf u(y)$$

definiert ist, n.u.h. auf $\bar{D}$. Eine n.u.h. Funktion u auf einer kompakten Menge D nimmt ihr Minimum auf D an. Schließlich gibt es zu jeder n.u.h. Funktion $u\geq 0$ auf $D\subset E^n$ eine isotone Folge $\{f_j\}$ stetiger, reeller Funktionen auf E^n mit $\lim_{j\to\infty} f_j=u$ auf D.

Für einen lokal-kompakten Hausdorff-Raum X mit abzählbarer Basis ist das System $\mathcal{B}$ der Borelschen Teilmengen von X die kleinste σ-Algebra von Teilmengen von X, die die kompakten Mengen enthält. Eine numerische Funktion, die meßbar bzgl. $\mathcal{B}$ ist, heißt Borel-meßbar. Ein Maß μ auf $\mathcal{B}$ ist ein Borel-Maß, wenn $\mu(C)<+\infty$ für jede kompakte Menge $C\subset X$ gilt. *Wir betrachten nur Borel-Maße.* Jedes Borel-Maß ist regulär; d.h. es ist $\mu(E)=\sup\{\mu(C)\colon C\subset E,\ C \textit{ kompakt}\}$ für alle $E\in\mathcal{B}$. Insbesondere ist jedes Borel-Maß auf E^n regulär. Ein signiertes Maß ist eine numerische, σ-additive Mengenfunktion μ auf $\mathcal{B}$ mit $\mu(\phi)=0$, das endlich auf Kompakta ist; μ hat eine Zerlegung $\mu=\mu^+-\mu^-$, wobei μ^+ und μ^- Maße sind. Die totale Variation $|\mu|$ von μ ist durch $|\mu|=\mu^++\mu^-$ und die Norm $\|\mu\|$ von μ durch $\|\mu\|=\sup_{F\in\mathcal{B}}|\mu|(F)$ definiert. Das signierte Maß μ ist von beschränkter Variation, wenn $\|\mu\|<+\infty$ gilt. Für ein Maß μ auf $\mathcal{B}$ ist die Restriktion von μ auf $E\in\mathcal{B}$ durch $\mu|_E(F)=\mu(E\cap F)$, $F\in\mathcal{B}$, definiert; $\mu|_E$ verschwindet auf $\complement E$. Das

*) Wie in der Maßtheorie üblich werden $0\cdot(+\infty)=0\cdot(-\infty)=0$ und $(+\infty)+(+\infty)=+\infty$ gesetzt.

Komplement der größten offenen Teilmenge von X, die das μ-Maß Null hat, heißt der Träger des Maßes μ.
Unter denselben Voraussetzungen über X, bezeichnet $C(X)$ die Menge der stetigen, beschränkten Funktionen auf X; $C(X)$ ist ein Banach-Raum, wenn die Norm eines Elementes f aus $C(X)$ durch $\|f\| = \sup_{x\in X}|f(x)|$ definiert ist. Die Menge der Funktionen aus $C(X)$, die einen kompakten Träger haben (d.h. außerhalb einer kompakten Menge verschwinden) wird mit $\mathscr{K}$ bezeichnet. Eine Folge $\{\mu_j\}$ von signierten Maßen auf den Borelschen Teilmengen von X konvergiert in der vagen Topologie gegen ein signiertes Maß μ, wenn $\lim_{j\to\infty} \int f d\mu_j = \int f d\mu$ für alle $f\in\mathscr{K}$ gilt. Ist μ ein Maß auf X, so sagen wir, daß eine Eigenschaft fast überall bzgl. μ (f.ü.(μ)) gilt, wenn sie außerhalb einer Menge vom μ-Maß Null gültig ist. Ist μ das Lebesguesche Maß auf einer offenen Teilmenge $R \subset E^n$ so schreiben wir kurz „f.ü." anstelle von „f.ü.(μ)".
Das Lebesgue-Integral einer Lebesgue-integrierbaren Funktion f auf einer Lebesgue-meßbaren Menge $E \subset E^n$ wird mit $\int_E f dz$ bezeichnet; eine Lebesgue-meßbare Funktion f heißt lokal-integrierbar, wenn $\int_{E\cap C} |f|\, dz < +\infty$ für jede kompakte Menge $C \subset E^n$ gilt.

Viele Funktionen, mit denen wir uns befassen werden, hängen nur vom Abstand vom Ursprung $0 \in E^n$ ab. Für solche Funktionen ist es häufig bequemer, ein sphärisches anstelle des rechtwinkligen Koordinatensystems zu benutzen. Die sphärischen Koordinaten eines Punktes $x = (x_1, \ldots, x_n) \neq 0$ sind wie folgt definiert: Für $r = \|x\|$ ist

$$\theta = \left(\frac{x_1}{r}, \ldots, \frac{x_n}{r}\right)$$

ein Punkt von $\partial B_{0,1}$. Das Paar (θ, r) bestimmt x und heißt die sphärischen Koordinaten von x. Die sphärischen Koordinaten von 0 sind das Paar (0, 0). Die Transformation von rechtwinkligen Koordinaten auf sphärische Koordinaten ist die Abbildung $(x_1, \ldots, x_n) \to (\theta_1, \ldots, \theta_{n-1}, r)$ mit

$$\theta_1 = \frac{x_1}{r}$$

$$\theta_2 = \frac{x_2}{r}$$

$$\vdots$$

$$\theta_{n-1} = \frac{x_{n-1}}{r}$$

$$r = (x_1^2 + \cdots + x_n^2)^{1/2}.$$

Ferner setzen wir $\theta_n = x_n/r$. Dann ist θ_n der Kosinus des Winkels zwischen x und $(0, \ldots, 0, 1)$, d.h. des Winkels zwischen x und der x_n-Achse. Die Determinante der Jacobi-Matrix dieser Abbildung errechnet sich als

$$\left|\frac{\partial(x_1, \ldots, x_n)}{\partial(\theta_1, \ldots, \theta_{n-1}, r)}\right| = \frac{r^{n-1}}{(1 - \theta_1^2 - \cdots - \theta_{n-1}^2)^{1/2}} = \frac{r^{n-1}}{|\theta_n|}.$$

Für $y = (y_1, \ldots, y_n) \in E^n$ und $\varrho > 0$ ist die Fläche $\partial B_{y,\varrho}$ durch die Gleichung

$$(x_1 - y_1)^2 + \cdots + (x_n - y_n)^2 = \varrho^2$$

definiert. Für eine Borelsche Menge $\Sigma \subset \partial B_{y,\varrho} \cap \{(x_1, \ldots, x_n)\colon x_n - y_n \geq 0\}$ bezeichnet Σ_n die Projektion von Σ auf den Teilraum $\{(x_1, \ldots, x_n)\colon x_n = 0\}$; d.h. es ist $\Sigma_n = \{(x_1, \ldots, x_{n-1}, 0)\colon (x_1, \ldots, x_n) \in \Sigma\}$. Für jedes $x \in \partial B_{y,\varrho}$ sei $\gamma = \gamma(x)$ der Winkel zwischen der x_n-Achse und der äußeren Normalen an $\partial B_{y,\varrho}$ in x. Dann ist

$$\sec\gamma = \frac{1}{\cos\gamma} = \frac{\varrho}{x_n - y_n},$$

und

$$\sigma(\Sigma) = \int \underset{\Sigma_n}{\cdots} \int \sec\gamma \, dx_1 \cdots dx_{n-1}$$

ist das Oberflächenmaß von Σ. Für $\Sigma \subset \partial B_{y,\varrho} \cap \{(x_1, \ldots, x_n)\colon x_n - y_n \leq 0\}$ ist das Oberflächenmaß von Σ durch dasselbe Integral mit $\sec\gamma = -\varrho/(x_n - y_n)$ gegeben.

Sei f eine numerische Funktion auf E^n. Wir interpretieren f sowohl als Funktion von x als auch der sphärischen Koordinaten (θ, r) von x. Sei f integrierbar über $\bar{B}_{0,\varrho}$. Mit Hilfe sphärischer Koordinaten können wir das Integral von f über $\bar{B}_{0,\varrho}$ wie folgt berechnen:

$$\int_{B_{0,\varrho}} f(x)\, dx = \int_0^{\varrho} \int_{\|\theta\|=1} \cdots \int f(\theta, r) \frac{r^{n-1}}{|\theta_n|} d\theta_1 \cdots d\theta_{n-1}\, dr$$

$$= \int_0^{\varrho} r^{n-1} \left(\int f(\theta, r)\, d\sigma(\theta)\right) dr.$$

Bezeichnen wir mit $v_n(\varrho)$ und $\sigma_n(\varrho)$ das Volumen der Kugel vom Radius ϱ bzw. das Oberflächenmaß der Sphäre vom Radius ϱ, so erhalten wir

$$v_n(\varrho) = \int \underset{\|x\| \leq \varrho}{\cdots} \int dx = \varrho^n v_n(1)$$

und

$$\sigma_n(\varrho) = 2 \int_{x_1^2+\cdots+x_{n-1}^2<\varrho^2} \cdots \int \frac{\varrho}{\varrho^2 - x_1^2 - \cdots - x_{n-1}^2)^{1/2})} dx_1 \cdots dx_{n-1}$$
$$= \varrho^{n-1}\sigma_n(1),$$

der Faktor 2 tritt auf, da das Integral nur das Oberflächenmaß von $\partial B_{0,\varrho} \cap \{(x_1, \ldots, x_n): x_n \geq 0\}$ darstellt; es gilt nun aber

$$v_n(1) = \int_0^1 r^{n-1} \Big[\int_{\|\theta\|=1} d\sigma(\theta)\Big]\, dr = \frac{\sigma_n(1)}{n}$$

und

$$\sigma_n(1) = 2 \int_{x_1^2+\cdots+x_{n-1}^2<\varrho^2} \cdots \int \frac{1}{(1 - x_1^2 - \cdots - x_{n-1}^2)^{1/2}} dx_1 \cdots dx_{n-1}$$
$$= 2 \int_{x_1^2+\cdots+x_{n-1}^2\le 1} \cdots \int \left[\int_{-(1-x_1^2-\cdots-x_{n-2}^2)^{1/2}}^{+(1-x_1^2-\cdots-x_{n-2}^2)^{1/2}} \frac{1}{(1 - x_1^2 - \cdots - x_{n-1}^2)^{1/2}} dx_{n-1}\right] dx_1 \cdots dx_{n-2}$$
$$= 2 \int_{x_1^2+\cdots+x_{n-2}^2\le 1} \cdots \int \pi\, dx_1 \cdots dx_{n-2}$$
$$= 2\pi v_{n-2}(1).$$

Benutzen wir die Gleichungen $v_n(1) = \sigma_n(1)/n$ und $\sigma_n(1) = 2\pi v_{n-2}(1)$, so erhalten wir vermittels elementarer Sätze über Kreise und Sphären

$$\sigma_n(1) = \begin{cases} \dfrac{\pi^{n/2} n}{(n/2)!}, & \text{wenn } n \text{ gerade ist,} \\[2ex] \dfrac{2^{(n+1)/2}\, \pi^{(n-1)/2}}{1 \cdot 3 \cdot 5 \cdots (n-2)}, & \text{wenn } n > 1 \text{ ungerade ist.} \end{cases}$$

Wir schreiben abkürzend σ_n und v_n anstelle von $\sigma_n(1)$ bzw. $v_n(1)$.

1. Harmonische Funktionen

In diesem Kapitel werden wir vermöge der Infinitesimalrechnung die grundlegenden Hilfsmittel der Potentialtheorie bereitstellen. Diese Hilfsmittel schließen sowohl die Poissonsche Integralformel ein, durch die eine in einer Umgebung einer abgeschlossenen Kugel harmonische Funktion als ein Integral über den Rand der Kugel dargestellt werden kann, als auch die Mittelwerteigenschaft für harmonische Funktionen und das Maximum-Prinzip für harmonische Funktionen. Wir entwickeln außerdem eine vorläufige Fassung des *Riesz*schen Zerlegungssatzes, gemäß dem eine superharmonische Funktion als Summe einer harmonischen Funktion und dem Potential einer Massenverteilung ausgedrückt werden kann.

1.1 Die Greensche Formel

Wir werden uns in diesem ersten Kapitel durchweg nur mit solchen reellen Funktionen beschäftigen, die auf einer Umgebung des Abschlusses einer offenen Menge R definiert und dort zweimal stetig differenzierbar sind. Obwohl die offene Menge R ziemlich beliebig sein kann, werden wir fordern, daß R einen glatten Rand besitzt. Besonders interessante Fälle liegen vor, wenn R eine Kugel in E^n ist oder wenn R das Gebiet zwischen den Oberflächen zweier Kugeln ist, wobei eine in der anderen enthalten ist. Tatsächlich werden wir R in diesem Abschnitt auf einen dieser beiden Fälle beschränken.
Sei $v=(v_1, \ldots, v_n)$ eine vektorwertige Funktion, deren Komponenten einmal stetig differenzierbar auf einer Umgebung von $\bar{R} \subset E^n$ sind. Die Divergenz von v ist durch

$$\operatorname{div} v = \sum_{j=1}^{n} \frac{\partial v_j}{\partial x_j}$$

definiert. Mit $\boldsymbol{n}(x)$ bezeichnen wir den äußeren Normaleneinheitsvektor an die Fläche ∂R im Punkte $x \in \partial R$. Wir nehmen als unseren Ausgangspunkt den folgenden Satz, der in jedem fortgeschrittenen Buch über Infinitesimalrechnung diskutiert wird.

Integralsatz von Gauß:

$$\int_R \operatorname{div} v \, dx = \int_{\partial R} (v, \boldsymbol{n}) \, d\sigma .$$

Wir treffen die Verabredung, daß „$\boldsymbol{n}$“, wann immer es in einem Integral über einer glatten Fläche auftritt, als äußerer Normaleneinheitsvektor an die Fläche verstanden werden soll.

Sei jetzt u eine Funktion, die auf einer Umgebung von $\bar{R}$ definiert und dort zweimal stetig differenzierbar ist. Der *Laplace-Operator* ist durch

$$\Delta u = \sum^{n} \frac{\partial^2 u}{\partial x_j^2}$$

definiert. Ist u eine Funktion von anderen Variablen als x und ist es notwendig, die Anwendung des Laplace-Operators bzgl. x hervorzuheben, so werden wir das Symbol $\Delta_{(x)}$ benutzen, um anzudeuten, daß der Laplace-Operator bzgl. x zu nehmen ist. Der Gradient von u ist durch

$$\operatorname{grad} u = \left(\frac{\partial u}{\partial x_1}, \ldots, \frac{\partial u}{\partial x_n}\right)$$

definiert. Sei v eine zweite derartige Funktion. Dann gilt

$$u \operatorname{grad} v = \left(u \frac{\partial v}{\partial x_1}, \ldots, u \frac{\partial v}{\partial x_n}\right)$$

und

$$\operatorname{div}(u \operatorname{grad} v) = u \Delta v + (\operatorname{grad} u, \operatorname{grad} v).$$

Aus dem Integralsatz von Gauß folgt dann wegen $(u \operatorname{grad} v, \boldsymbol{n}) = u(\operatorname{grad} v, \boldsymbol{n})$

$$\begin{aligned} \int_R u \Delta v \, dx + \int_R (\operatorname{grad} u, \operatorname{grad} v) \, dx &= \int_{\partial R} (u \operatorname{grad} v, \boldsymbol{n}) \, d\sigma \\ &= \int_{\partial R} u D_{\boldsymbol{n}} v \, d\sigma, \end{aligned}$$

da $(\operatorname{grad} v, \boldsymbol{n})$ gerade die Richtungsableitung $D_{\boldsymbol{n}} v$ von v in der Richtung $\boldsymbol{n}$ ist. Vertauschen wir u und v und subtrahieren wir diese beiden Gleichungen, so erhalten wir die

Greensche Formel:

$$\int_R (u \Delta v - v \Delta u) \, dx = \int_{\partial R} (u D_{\boldsymbol{n}} v - v D_{\boldsymbol{n}} u) \, d\sigma.$$

1.2 Fundamentale harmonische Funktionen

Eine reelle, zweimal stetig differenzierbare Funktion u auf E^n heißt *harmonisch*, wenn $\Delta u = 0$ auf E^n gilt. Zahlreiche Beispiele harmonischer Funktionen können mit Hilfe des folgenden Satzes konstruiert werden.

Satz 1.1 Für jede analytische Funktion f in der Ebene sind der Real- und der Imaginärteil von f harmonische Funktionen.

Beweis: Sei $z = x + iy$ und $f(z) = u(x, y) + iv(x, y)$. Da f beliebig oft differenzierbar ist, sind u und v zweimal stetig differenzierbar. Überdies genügen u und v den *Cauchy-Riemann*schen Differentialgleichungen

$$\frac{\partial u}{\partial x} = \frac{\partial v}{\partial y}, \quad \frac{\partial u}{\partial y} = -\frac{\partial v}{\partial x},$$

aus denen z. B.

$$\Delta u = \frac{\partial^2 u}{\partial x^2} + \frac{\partial^2 u}{\partial y^2} = \frac{\partial^2 v}{\partial y \partial x} - \frac{\partial^2 v}{\partial x \partial y} = 0$$

folgt. ⌟

Beispiel: Die durch $u(x, y) = e^x \cos y$ definierte Funktion u ist auf E^2 harmonisch, da sie Realteil der analytischen Funktion e^z ist.

Die obige Definition harmonischer Funktionen ist nur für den Bereich E^n gegeben. Eine reelle Funktion u heißt *harmonisch auf der offenen Menge* $R \in E^n$, wenn u zweimal stetig differenzierbar auf R ist und wenn $\Delta u(x) = 0$ für alle $x \in R$ gilt. Sei u harmonisch auf der nicht-leeren, offenen Menge R, und sei y ein fester Punkt aus R. Dann kann $\Delta u(x)$ als Funktion der sphärischen Koordinaten (θ, r) von x bzgl. y angesehen werden, wenn hierbei $r = \|x - y\|$ ist und θ der Schnittpunkt der Halbgeraden von y durch x und der Einheitssphäre um den Mittelpunkt y ist. Angenommen, u ist eine Funktion von r alleine. Wie man leicht sieht, ist dann Δu als Funktion der sphärischen Koordinaten durch

$$\Delta u = \frac{d^2 u}{dr^2} + \frac{(n-1)}{r}\frac{du}{dr}, \quad r \neq 0$$

gegeben. Die einzigen Funktionen, die harmonisch auf $E^n \sim \{y\}$ sind und nur von $r = \|x - y\|$ abhängen, sind die Lösungen der Gleichung

$$\frac{d^2 u}{dr^2} + \frac{(n-1)}{r}\frac{du}{dr} = 0$$

auf $E^n \sim \{y\}$. Für $n = 2$ ist $A \log r + B$ die allgemeine Lösung dieser Gleichung, wobei A und B beliebige Konstanten sind. Die besondere Lösung $-\log r$ ist harmonisch auf $E^2 \sim \{y\}$ und heißt die *fundamentale harmonische Funktion für* E^2 *mit dem Pol* y. Für $n \geq 3$ ist die allgemeine Lösung obiger Gleichung $Ar^{-n+2}+B$. Die besondere Lösung r^{-n+2} ist harmonisch auf $E^n \sim \{y\}$ und heißt die *fundamentale harmonische Funktion für* E^n, $n \geq 3$, *mit dem Pol* y. Da die fundamentalen harmonischen Funktionen überall in diesem Buch wiederholt vorkommen, werden wir eine Bezeichnung für sie einführen und zur gleichen Zeit ihren Definitionsbereich erweitern, so daß sie auf E^n definiert sind. Im Falle $n=2$ setze man

$$u_y(x) = \begin{cases} +\infty & \text{für } x = y, \\ -\log\|x-y\| & \text{für } x \neq y, \end{cases}$$

im Falle $n \geq 3$ setze man

$$u_y(x) = \begin{cases} +\infty & \text{für } x = y, \\ \dfrac{1}{\|x-y\|^{n-2}} & \text{für } x \neq y. \end{cases}$$

Die so auf E^n definierte Funktion u_y wird auch die *fundamentale harmonische Funktion mit dem Pol* y genannt.
Der folgende Satz folgt aus der Tatsache, daß der *Laplace*-Operator ein linearer Differentialoperator ist.

Satz 1.2 Die Menge der harmonischen Funktionen auf einer offenen Menge $R \subset E^n$ bildet einen reellen Vektorraum, der die konstanten Funktionen enthält.

1.3 Die Mittelwerteigenschaft

Eines der Hauptprobleme der Potentialtheorie besteht darin, eine Funktion auf dem Rand einer offenen Menge R in solcher Weise auf $\bar{R}$ fortzusetzen, daß die Fortsetzung harmonisch auf R ist. Dies führt uns dazu, eine Darstellung der harmonischen Funktion in den Punkten von R mit Hilfe eines Integrals über den Rand ∂R zu suchen.

Satz 1.3 Ist h harmonisch auf einer Umgebung des Abschlusses einer Kugel B, so gilt

$$\int_{\partial B} D_n h \, d\sigma = 0.$$

Beweis: Man setze $v=1$ in der *Green*schen Formel. ┘
Um unnötige Wiederholungen zu vermeiden, wird der folgende Satz allgemeiner behauptet, als es zur Zeit erforderlich wäre.

Satz 1.4 Ist u zweimal stetig differenzierbar auf einer Umgebung des Abschlusses einer Kugel $B = B_{y,\varrho}$, so gilt
(i) für $n = 2$ und $x \in B$

$$u(x) = \frac{1}{2\pi} \int_{\partial B} [(-\log r) D_n u - u D_n(-\log r)] d\sigma(z)$$
$$- \frac{1}{2\pi} \int_B \Delta u(-\log r) dz,$$

(ii) für $n \geq 3$ und $x \in B$

$$u(x) = \frac{1}{\sigma^n(n-2)} \int_{\partial B} (r^{-n+2} D_n u - u D_n r^{-n+2}) d\sigma(z)$$
$$- \frac{1}{\sigma_n(n-2)} \int_B \Delta u \cdot r^{-n+2} dz,$$

wenn hierbei $r = \|x - z\|$, $z \in \bar{B}$, ist.

Beweis: Zum Beweis von (i) betrachten wir einen festen Punkt $x \in B$. Man setze $v(z) = -\log\|x - z\| = -\log r$ für $z \neq x$. Dann ist v harmonisch auf $E^2 \sim \{x\}$. Man wähle ein δ mit $\bar{B}_{x,\delta} \subset B_{y,\varrho}$; sei R die offene Menge $B_{y,\varrho} \sim \bar{B}_{x,\delta}$. Aus der *Green*schen Formel ergibt sich

$$\int_R (u\Delta v - v\Delta u) dz = \int_{\partial R} (u D_n v - v D_n u) d\sigma(z).$$

Wegen der Harmonizität von v auf R und wegen $\partial R = \partial B_{y,\varrho} \cup \partial B_{x,\delta}$ folgt daher

$$\text{(a)} \qquad -\int_R v\Delta u dz = \int_{\partial B_{y,\varrho}} (u D_n v - v D_n u) d\sigma(z) - \int_{\partial B_{x,\delta}} (u D_n v - v D_n u) d\sigma(z).$$

Dabei erscheint das Minuszeichen vor dem zweiten Integral auf der rechten Seite im Hinblick auf das Übereinkommen über den äußeren Einheitsnormalenvektor. Der äußere Einheitsnormalvektor von ∂R in einem Punkte von $\partial B_{x,\delta}$ ist gerade das Negative des äußeren Einheitsnormalenvektor für $\partial B_{x,\delta}$. Wir führen jetzt den Grenzprozeß $\delta \to 0$ in Gleichung (a) durch. Um

$$\text{(b)} \qquad \lim_{\delta \to 0} \int_R v\Delta u dz = \int_{B_{y,\varrho}} v\Delta u dz$$

zu zeigen, genügt es, die Integrierbarkeit von v über $B_{y,\varrho}$ nachzuweisen, denn Δu ist beschränkt auf $B_{y,\varrho}$. Indem wir eine Transformation auf sphärische Koordinaten bzgl. des Poles x ausführen, ergibt sich für $\delta < 1$

$$\int_{B_{x,\delta}} |v|\,dz \leqq 2\pi \int_0^{\delta} r \log \frac{1}{r}\, dr.$$

Wegen $\lim_{r\to 0} r\log(1/r) = 0$ ist die Funktion $v\Delta u$ integrierbar auf $B_{x,\delta}$. Da die Funktion $v\Delta u$ integrierbar auf R ist, muß sie es auch auf $B_{y,\varrho}$ sein, und (b) gilt. Man betrachte die rechte Seite von (a). Das erste Integral hängt nicht von δ ab, und wir brauchen nur das zweite Integral zu betrachten. Wegen

$$|D_n u| = |(\boldsymbol{n}, \operatorname{grad} u)| \leq \|\boldsymbol{n}\| \cdot \|\operatorname{grad} u\| = \|\operatorname{grad} u\| = (\Sigma u_{x_i}^2)^{1/2}$$

und wegen der Beschränktheit der partiellen Ableitungen u_{x_i} auf $\bar{B}_{y,\varrho}$ ist $D_n u$ auf $B_{x,\delta}$ durch eine gewisse Konstante m beschränkt. Für kleine δ gilt somit

$$\left|\int_{\partial B_{x,\delta}} v D_n u\, d\sigma(z)\right| \leqq m \int_{\partial B_{x,\delta}} \log \frac{1}{r}\, d\sigma(z) = 2\pi m \delta \log \frac{1}{\delta}.$$

Wegen

$$\delta \log \frac{1}{\delta} \to 0 \quad \text{für} \quad \delta \to 0$$

haben wir

$$\lim_{\delta\to 0} \int_{\partial B_{x,\delta}} v D_n u\, d\sigma(z) = 0.$$

Man betrachte

$$\lim_{\delta\to 0} \int_{\partial B_{x,\delta}} v D_n u\, d\sigma(z).$$

Wir können $D_n v(z)$ in einem Punkte $z \in \partial B_{x,\delta}$ wie folgt berechnen. Da $v(z) = -\log r$ ist und da die Normalenableitung von v gerade die Ableitung bzgl. r ist, gilt $D_n v(z) = -r^{-1}$, daher also

$$\int_{\partial B_{x,\delta}} u D_n v\, d\sigma(z) = -\frac{1}{\delta} \int_{\partial B_{x,\delta}} u\, d\sigma(z).$$

Abgesehen von dem Faktor -2π ist das Integral auf der rechten Seite gerade der Mittelwert der stetigen Funktion u über $\partial B_{x,\delta}$ und hat einen Limes $-2\pi u(x)$ für $\delta \to 0$. Dies zeigt, daß

$$\lim_{\delta\to 0} \int_{\partial B_{x,\delta}} u D_n v\, d\sigma(z) = -2\pi u(x)$$

gilt. Der Grenzübergang $\delta \to 0$ in (a) liefert

$$-\int_B v \Delta u\, dz = \int_{\partial B} (u D_n v - v D_n u)\, d\sigma(z) + 2\pi u(x).$$

Der Beweis von (*ii*) ist derselbe, wenn $v(z)$ durch $v(z)=\|z-x\|^{-n+2}$ ersetzt wird. ⅃

Der letzte Satz führt uns zur wichtigen Mittelwerteigenschaft harmonischer Funktionen.

Satz 1.5 Sei h harmonisch auf einer Umgebung des Abschlusses einer Kugel $B=B_{y,\varrho}$. Dann ist der Wert von h im Mittelpunkt gleich dem Mittelwert von h über den Rand der Kugel.

Beweis: Es wird nur der Fall $n \geq 3$ bewiesen, da der Beweis für den Fall $n=2$ ähnlich ist. Nach Satz 1.4 haben wir

$$h(y)=\frac{1}{\sigma_n(\mathrm{n}-2)}\int_{\partial B}[\|y-z\|^{-n+2}D_n h-hD_n\|y-z\|^{-n+2}]d\sigma(z),$$

da $\Delta h=0$ auf $\bar{B}$ ist. Für $z\in\partial B$ haben wir

$$\|y-z\|^{-n+2}=\varrho^{-n+2}\quad \text{und}\quad D_n\|y-z\|^{-n+2}=D_r r^{-n+2}|_{r=\varrho}=-(n-2)\varrho^{-n+1}.$$

Setzen wir dies in das obige Integral ein, so erhalten wir

$$h(y)=\frac{\varrho^{-n+2}}{\sigma_n(n-2)}\int_{\partial B}D_n h\,d\sigma(z)+\frac{\varrho^{-n+1}}{\sigma_n}\int_{\partial B}h\,d\sigma(z).$$

Das erste Integral auf der rechten Seite ist nach Satz 1.3 Null, während das zweite Integral gerade der Mittelwert von h über ∂B ist. ⅃

Satz 1.6 Sei h harmonisch auf der Kugel $B=B_{y,\varrho}$. Dann ist der Wert von h im Mittelpunkt y gleich dem Mittelwert von h über die Kugel selbst.

Beweis: Indem wir sphärische Koordinaten (θ, r) bzgl. des Poles y einführen, bekommen wir

$$\frac{1}{v_n\varrho^n}\int_B h\,dx=\frac{1}{v_n\varrho^n}\int_0^{\varrho}r^{n-1}\left(\int_{\|\theta\|=1}h(\theta,r)\,d\sigma(\theta)\right)dr.$$

Für $\|\theta\|=1$ ist (θ, r) ein Punkt von $\partial B_{y,r}$. Das Integral in den Klammern ist das Integral über eine Sphäre vom Radius r bzgl. des Oberflächenmaßes der Gesamtmasse σ_n und ist gleich $\sigma_n h(y)$. Daher gilt

$$\text{Mittelwert von } h \text{ über } B=\frac{1}{v_n\varrho^n}\int_0^{\varrho}r^{n-1}\sigma_n h(y)\,dr=\frac{\sigma_n}{n v_n}h(y).$$

Der Satz folgt dann aus $v_n=\sigma_n/n$. ⅃

Der Inhalt der zwei vorhergehenden Sätze wird zusammengefaßt, indem wir sagen, daß harmonische Funktionen *median* sind oder die *Mittelwerteigenschaft* besitzen. Mittelwerte werden häufig auftreten, so daß eine Bezeichnung eingeführt werden soll. Ist u eine Funktion, die bzgl. des Oberflächenmaßes auf dem Rand ∂B von $B = B_{y,\varrho}$ integrierbar ist, so setze man

$$L(u\colon y, \varrho) = \frac{1}{\sigma_n \varrho^{n-1}} \int_{\partial B} u\, d\sigma.$$

Ist u integrierbar auf B bzgl. des *Lebesgue*schen Maßes, so setze man

$$A(u\colon y, \varrho) = \frac{1}{v_n \varrho^n} \int_B u\, dx.$$

Mit diesen Bezeichnungen gilt für eine harmonische Funktion h auf einer offenen Menge R stets $h(y) = L(h\colon y, \varrho) = A(h\colon y, \varrho)$, wann immer $\bar{B}_{y,\varrho} \subset R$ ist. Eine teilweise Umkehrung wird später bewiesen werden.

1.4 Die Poissonsche Integralformel

Die Ergebnisse des vorhergehenden Abschnittes können vervollständigt werden, indem man zeigt, daß der Wert einer harmonischen Funktion h in einem inneren Punkt einer Kugel ein gewisser gewichteter Mittelwert von h über den Rand der Kugel ist. Mit anderen Worten ist der Wert von h in einem inneren Punkt vollständig durch die Randwerte von h bestimmt. Überprüfen wir noch einmal die Ergebnisse von Satz 1.4 für den Fall $n = 2$. Ist h harmonisch auf einer Umgebung des Abschlusses von $B = B_{y,\varrho}$, so gilt wegen $\Delta h = 0$ auf B für $x \in B$

$$\text{(c)} \qquad h(x) = \frac{1}{2\pi} \int_{\partial B} [(-\log\|z - x\|) D_n h - h D_n(-\log\|z - x\|)]\, d\sigma(z).$$

Man betrachte das Integral auf der rechten Seite als Funktion von x. Ist $x^\star \notin \bar{B}$, so ist $-\log\|z - x^\star\|$ auf einer Umgebung von $\bar{B}$ harmonisch, und die *Green*sche Formel liefert

$$\text{(d)} \qquad 0 = \frac{1}{2\pi} \int_{\partial B} [(-\log\|z - x^\star\|) D_n h - h D_n(-\log\|z - x^\star\|)]\, d\sigma(z).$$

Obwohl es für die folgende Beweisführung nicht von wesentlicher Bedeutung ist, werden wir (*d*) umformen, um einige Konstanten für den späteren Gebrauch einzuführen. Nach Satz 1.3 haben wir

(e) $$\frac{1}{2\pi}\int_{\partial B}\left[-\log\left(\frac{\|y-x\|}{\varrho}\right)\right]D_n h\,d\sigma(z)=0,$$

da der Faktor in den Klammern konstant ist, und überdies

$$D_n[-\log(\|y-x\|\|z-x^\star\|/\varrho)]=D_n[-\log\|z-x^\star\|],$$

da $\log(\|y-x\|/\varrho)$ eine Konstante ist. Aus (*e*), (*d*) und dieser Bemerkung folgt

(f) $$0=\frac{1}{2\pi}\int_{\partial B}\left[-\log\left(\frac{\|y-x\|\|z-x^\star\|}{\varrho}\right)D_n h - hD_n\left(-\log\frac{\|y-x\|\|z-x^\star\|}{\varrho}\right)\right]d\sigma(z).$$

Aus (*c*) und (*f*) folgt

$$h(x)=\frac{1}{2\pi}\int_{\partial B}\left[\log\left(\frac{\|y-x\|}{\varrho}\,\frac{\|z-x^\star\|}{\|z-x\|}\right)D_n h - hD_n\left(\log\frac{\|y-x\|}{\varrho}\,\frac{\|z-x^\star\|}{\|z-x\|}\right)\right]d\sigma(z),$$

wann immer $x\in B$, $x^\star\notin\bar{B}$ ist. Wenn wir für jedes $x\in B$ ein $x^\star\notin\bar{B}$ als Funktion von x wählen könnten, so daß

(g) $$\frac{\|y-x\|}{\varrho}\,\frac{\|z-x^\star\|}{\|z-x\|}=1$$

unabhängig von $z\in\partial B$ ist, so erhielten wir die gewünschte Darstellung

(h) $$h(x)=-\frac{1}{2\pi}\int_{\partial B}hD_n\left(\log\frac{\|y-x\|}{\varrho}\,\frac{\|z-x^\star\|}{\|z-x\|}\right)d\sigma(z).$$

Wir werden jetzt zeigen, wie man $x^\star$ wählen kann, so daß (*g*) unabhängig von $z\in\partial B$ gilt. Man betrachte den Strahl, der y und x verbindet. Für $x\neq y$ wähle man $x^\star$ auf diesem Strahl, so daß $\|x-y\|\|x^\star-y\|=\varrho^2$ gilt. Dann ist

(j) $$x^\star=y+\frac{\varrho^2}{\|y-x\|^2}(x-y)$$

und wird das *Inverse* von x bzgl. der Sphäre $\partial B_{y,\varrho}$ genannt. Man betrachte ein beliebiges $z\in\partial B$. Sei Φ der Winkel zwischen $z-y$ und $x-y$. Dann ist

$$\text{(k)} \qquad \|z - x^\star\|^2 = \varrho^2 + \|x^\star - y\|^2 - 2\varrho\|x^\star - y\|\cos\Phi,$$

$$\text{(l)} \qquad \|z - x\|^2 = \varrho^2 + \|x - y\|^2 - 2\varrho\|x - y\|\cos\Phi.$$

Indem wir $\|x^\star - y\|$ in (*k*) durch $\varrho^2/\|x - y\|$ ersetzen, (l) nach $\cos\Phi$ auflösen und in (k) einsetzen, erhalten wir

$$\begin{aligned}\|z - x^\star\|^2 &= \varrho^2 + \frac{\varrho^4}{\|y - x\|^2} - \frac{2\varrho^3}{\|y - x\|}\left(\frac{\varrho^2 + \|y - x\|^2 - \|z - x\|^2}{2\varrho\|y - x\|}\right)\\ &= \frac{\varrho^2\|z - x\|^2}{\|y - x\|^2}.\end{aligned}$$

Daher genügt das durch (*j*) gegebene $x^\star$ der Gleichung (g) unabhängig von $z \in \partial B$, und wir haben den ersten Teil des folgenden Satzes bewiesen.

Satz 1.7 Sei h auf einer Umgebung des Abschlusses der Kugel $B = B_{y,\varrho}$ harmonisch, und sei $x \in B$ mit $x \neq y$. Dann gilt

(i) für $n = 2$

$$h(x) = -\frac{1}{2\pi}\int_{\partial B} hD_{\mathbf{n}}\left(\log\frac{\|y - x\|}{\varrho}\frac{\|z - x^\star\|}{\|z - x\|}\right)d\sigma(z);$$

(ii) für $n \geqq 3$

$$h(x) = -\frac{1}{\sigma_n(n-2)}\int_{\partial B} hD_{\mathbf{n}}\left(\frac{1}{\|z - x\|^{n-2}} - \frac{\varrho^{n-2}}{\|y - x\|^{n-2}}\frac{1}{\|z - x^\star\|^{n-2}}\right)d\sigma(z),$$

wenn hierbei $x^\star$ das Inverse von x bzgl. $\partial B_{y,\varrho}$ ist.

Beweis von (ii): Wir folgen denselben Beweisschritten wie beim Beweis von (i), indem $-\log\|z - x\|$ in (c) durch $\|z - x\|^{-n+2}$ mit einer geeigneten Konstanten vor dem Integral ersetzt wird. Ist $x^\star$ wie vorher definiert, so wird $-\log\|z - x^\star\|$ auch in (d) durch $\|z - x^\star\|^{-n+2}$ ersetzt, und die Konstante vor dem Integral wird geeignet angepaßt. Multiplizieren wir dann beide Seiten der zu (d) gehörigen Gleichung mit α und subtrahieren wir dieses Ergebnis von der zu (c) gehörigen Gleichung, so erhalten wir

$$\text{(m)} \qquad \begin{aligned}h(x) = \frac{1}{\sigma_n(n-2)}\int_{\partial B}\Bigg[&\left(\frac{1}{\|z - x\|^{n-2}} - \alpha\frac{1}{\|z - x^\star\|^{n-2}}\right)D_{\mathbf{n}}h\\ &- hD_{\mathbf{n}}\left(\frac{1}{\|z - x\|^{n-2}} - \alpha\frac{1}{\|z - x^\star\|^{n-2}}\right)\Bigg]d\sigma(z).\end{aligned}$$

Wählen wir $\alpha = (\varrho/\|y - x\|)^{n-2}$, so wird nach (g)

$$\alpha = \frac{\varrho^{n-2}}{\|y - x\|^{n-2}} = \frac{\|z - x^\star\|^{n-2}}{\|z - x\|^{n-2}}$$

für alle $z \in \partial B$. Wie vorher ist der Quotient auf der rechten Seite unabhängig von $z \in \partial B$. Mit dieser Wahl von α wird (m) auf die Gleichung in (ii) zurückgeführt. Der Gebrauch von (g) im Falle $n \geqq 3$ ist gerechtfertigt, da die Ableitung von (g) in beiden Fällen strenggenommen ein Problem über zweidimensionale lineare Unterräume ist. ┘

Obwohl dieser Satz den Zweck erfüllt, den wir uns zum Ziel gesetzt haben, wollen wir eine andere Form der Integraldarstellung herleiten, indem wir die Normalenableitungen ausrechnen. Dabei werden wir $y = 0$ setzen; dies ist aber nicht wesentlich. Erinnern wir uns an die Gleichung $D_{\mathbf{n}} f = (\mathbf{n}, \operatorname{grad} f)$. Die äußere Einheitsnormale an die Fläche $\partial B_{0,\varrho}$ in $z \in \partial B_{0,\varrho}$ ist einfach $z/\|z\| = z/\varrho$. Für festes $x \in B_{0,\varrho}$ mit $x \neq 0$ gilt für $z \in \partial B_{0,\varrho}$

$$\operatorname{grad} \log\|z - x\| = \frac{z - x}{\|z - x\|^2}.$$

Bezeichnet $x^\star$ das Inverse von x, so wird weiter

$$\begin{aligned}
&\operatorname{grad}\left(\log \frac{\|x\|}{\varrho} \frac{\|z - x^\star\|}{\|z - x\|}\right) \\
&= \operatorname{grad} \log(\|x\|/\varrho) + \operatorname{grad} \log\|z - x^\star\| - \operatorname{grad} \log\|z - x\| \\
&= \frac{z - x^\star}{\|z - x^\star\|^2} - \frac{z - x}{\|z - x\|^2}
\end{aligned}$$

und daher in $z \in \partial B_{0,\varrho}$

$$D_{\mathbf{n}}\left(\log \frac{\|x\|}{\varrho} \frac{\|z - x^\star\|}{\|z - x\|}\right) = \left(\frac{z}{\varrho}, \frac{z - x^\star}{\|z - x^\star\|^2} - \frac{z - x}{\|z - x\|^2}\right).$$

Setzen wir $y = 0$ in (j), substituieren den entsprechenden Ausdruck für $x^\star$ in die rechte Seite dieser Gleichung, so erhalten wir unter Beachtung von (g)

$$D_{\mathbf{n}}\left(\log \frac{\|x\|}{\varrho} \frac{\|z - x^\star\|}{\|z - x\|}\right) = -\frac{1}{\varrho} \frac{\varrho^2 - \|x\|^2}{\|z - x\|^2}$$

für $z \in \partial B_{0,\varrho}$. Wenden wir dieses Ergebnis auf (i) von Satz 1.7 an, so wird

$$h(x) = \frac{1}{2\pi\varrho} \int_{\partial B} h(z) \frac{\varrho^2 - \|x\|^2}{\|z - x\|^2} \, d\sigma(z), \qquad x \in B_{0,\varrho} \sim \{0\}$$

unter den Bedingungen des Satzes. Das Inverse von x erscheint nicht in dieser Darstellung. Man beachte außerdem, daß die Gleichung auch für $x = 0$ gilt, da sie dann auf $h(0) = L(h: 0, \varrho)$ reduziert wird. Die obige Darstellung ist als *Poisson*sche Integraldarstellung bekannt. Dasselbe Verfahren wird benutzt, um die Integraldarstellung im Falle $n \geqq 3$ nachzuweisen.

Satz 1.8 (*Poisson*sche *Integralformel*) Sei h harmonisch auf einer Umgebung des Abschlusses einer Kugel $B = B_{y,\varrho}$, und sei $x \in B$. Dann gilt

$$h(x) = \frac{1}{\sigma_n \varrho} \int_{\partial B} \frac{\varrho^2 - \|y - x\|^2}{\|z - x\|^n} h(z)\, d\sigma(z).$$

Da es manchmal nötig ist, eine partielle Ableitung des *Poisson*schen Integrals bzgl. einer der Komponenten von x auszurechnen, werden wir die Vertauschung von Integration und Differentiation rechtfertigen.

Lemma 1.9 Seien U und C eine offene bzw. eine kompakte Teilmenge von E^n, und sei u: $(x, y) \rightarrow u(x, y)$ eine reelle Funktion auf $U \times C$ mit der Eigenschaft, daß $(\partial u / \partial x_j)$ auf $U \times C$ für jedes j stetig ist. Dann gilt

$$\frac{\partial}{\partial x_j} \int_C u(x, y)\, d\mu(y) = \int_C \frac{\partial u}{\partial x_j}(x, y)\, d\mu(y), \qquad x \in U, j = 1, \ldots, n$$

für jedes Maß μ auf C.

Beweis: Sei η ein Einheitsvektor. Wir werden

$$D_\eta \int_C u(x, y)\, d\mu(y) = \int_C D_\eta u(x, y)\, d\mu(y)$$

zeigen. Man betrachte dazu ein festes $x \in U$. Die linke Seite dieser Gleichung ist gerade

$$\lim_{\lambda \downarrow 0} \int_C \frac{u(x + \lambda\eta, y) - u(x, y)}{\lambda}\, d\mu(y).$$

Sei B eine Kugel mit Mittelpunkt x und $\bar{B} \subset U$. Man betrachte nur diejenigen λ, für die $x + \lambda\eta \in B$ gilt. Nach dem Mittelwertsatz der Infinitesimalrechnung gibt es zu jedem solchen λ und zu jedem $y \in C$ einen Punkt $\xi_{\lambda, y}$ auf der Strecke von x nach $x + \lambda\eta$, so daß

$$\int_C \frac{u(x + \lambda\eta, y) - u(x, y)}{\lambda}\, d\mu(y) = \int_C D_\eta u(\xi_{\lambda,\mu}, y)\, d\mu(y)$$

gilt. Wegen der Stetigkeit von $D_\eta u$ auf $\bar{B} \times C$ ist der Integrand auf der rechten

Seite für diese λ und $y \in C$ gleichmäßig beschränkt. Wir können daher den *Lebesgue*schen Satz über die majorisierte Konvergenz anwenden, um

$$D_\eta \int_C u(x, y)\, d\mu(y) = \lim_{\lambda \downarrow 0} \int_C D_\eta u(\xi_{\lambda,y}, y)\, d\mu(y)$$

$$= \int_C D_\eta u(x, y)\, d\mu(y)$$

zu erhalten. ┘

Satz 1.10 Ist h auf der offenen Menge R harmonisch, so sind alle partiellen Ableitungen von h auf R harmonisch.

Beweis: Für $y \in R$, $\bar{B} = \bar{B}_{y,\varrho} \subset R$ und $x \in B$ gilt

$$h(x) = \frac{1}{\sigma_n \varrho} \int_{\partial B} \frac{\varrho^2 - \|y - x\|^2}{\|z - x\|^n} h(z)\, d\sigma(z).$$

Das vorhergehende Lemma kann benutzt werden, um

$$\frac{\partial h}{\partial x_j}(x) = \frac{1}{\sigma_n \varrho} \int_{\partial B} \frac{\partial}{\partial x_j} \left(\frac{\varrho^2 - \|y - x\|^2}{\|z - x\|^n} \right) h(z)\, d\sigma(z)$$

für jedes $j = 1, \ldots, n$ zu zeigen. Indem wir die partiellen Ableitungen unter dem Integral ausrechnen und den *Lebesgue*schen Satz über die majorisierte Konvergenz benutzen, können wir zeigen, daß $\partial h/\partial x_j$ stetig auf B ist. In der gleichen Weise können wir zeigen, daß die partiellen Ableitungen aller Ordnungen auf B stetig sind. Da B eine beliebige Kugel mit Abschluß in R war, sind die pariellen Ableitungen aller Ordnungen von h stetig auf R. Wegen

$$\sum_{i=1}^{n} \frac{\partial^2 h}{\partial x_i^2} = 0 \qquad \text{auf } R$$

haben wir

$$\sum_{i=1}^{n} \frac{\partial}{\partial x_j} \frac{\partial^2 h}{\partial x_i^2} = 0$$

auf R für jedes j. Indem wir von der Stetigkeit der dritten partiellen Ableitungen Gebrauch machen, können wir die Reihenfolge der Differentiation vertauschen, um

$$\sum_{i=1}^{n} \frac{\partial^2}{\partial x_i^2} \frac{\partial h}{\partial x_j} = 0$$

für jedes j zu erhalten. Da $\partial h/\partial x_j$ stetige partielle Ableitungen zweiter Ordnung auf R besitzt, ist $\partial h/\partial x_j$ ebenso wie alle partiellen Ableitungen höherer Ordnung auf R harmonisch. ⌟

Gemäß des folgenden Satzes gibt es außer den konstanten Funktionen keine beschränkten, harmonischen Funktionen auf E^n.

Satz 1.11 (*Picard*) Ist h eine harmonische Funktion auf E^n und entweder nach oben oder nach unten beschränkt, so ist h eine konstante Funktion.

Beweis: Da mit h auch $-h$ harmonisch ist, können wir annehmen, daß h nach unten beschränkt ist. Da die Summe einer harmonischen Funktion und einer Konstanten harmonisch ist, können wir $h \geq 0$ annehmen. Seien x und y verschiedene Punkte. Man Betrachte eine Kugel $B_{x,\delta}$ und eine Kugel $B_{y,\varepsilon} \supset B_{x,\delta}$. Nach Satz 1.6 gilt.

$$v_n \delta^n h(x) = \int_{B_{x,\delta}} h(z)dz \leqq \int_{B_{x,\varepsilon}} h(z)dz = v_n \varepsilon^n h(y)$$

und $h(x) \leq (\varepsilon/\delta)^n h(y)$. Führen wir nun den Grenzübergang ε, $\delta \to +\infty$ in der Weise durch, daß $\varepsilon/\delta \to 1$ gilt, so erhalten wir $h(x) \leq h(y)$. Da aber x und y beliebige Punkte waren, gilt auch $h(y) \leq h(x)$, und h ist eine konstante Funktion. ⌟

1.5 Das Maximum-Prinzip

Gemäß der *Poisson*schen Integralformel verschwindet eine auf einer Umgebung einer Kugel definierte harmonische Funktion auf der Kugel, wenn sie auf dem Rand dieser Kugel Null ist. Dies führt uns zu dem wichtigen Maximum-Prinzip der Potentialtheorie.

Definition: Eine auf einer offenen, zusammenhängenden Menge R definierte Funktion u genügt dem *Maximum-Prinzip*, wenn $\sup_{x \in R} u(x)$ nicht auf R angenommen wird, es sei denn, daß u eine Konstante ist. Es gilt das zugehörige *Minimum-Prinzip*, wenn $\inf_{x \in R} u(x)$ nicht auf R angenommen wird, es sei denn, daß u eine Konstante ist.

Satz 1.12 Ist u stetig auf der offenen, zusammenhängenden Menge R und gibt es zu jedem $x \in R$ ein $\delta_x > 0$ mit $B_{x,\delta} \subset R$ und $u(x) = L(u\colon x, \delta)$ für alle $\delta < \delta_x$, so genügt u sowohl dem Maximum-Prinzip als auch dem Minimum-Prinzip.

Beweis: Sei $M = \{x\colon x \in R, u(x) = \sup_{y \in R} u(y)\}$. Da u stetig ist, muß M eine relativ-abgeschlossene Teilmenge von R sein. Wir werden auch zeigen, daß M offen in R ist. Ist $x \in M$, so gibt es ein δ_x mit $u(x) = L(u\colon x, \delta)$ für $\delta < \delta_x$. Man betrachte ein beliebiges $y \in B_{x,\delta}$ und setze $\delta_0 = \|y - x\| < \delta_x$. Wegen $u(x) = L(u: x, \delta_0)$ haben wir $L(u(x) - u: x, \delta_0) = 0$, aber wegen $x \in M$ ist $u(x) - u \geqq 0$ auf $\partial B_{x,\delta}$ und daher $u(x) - u = 0$ f.ü. (bzgl. des Oberflächenmaßes) auf $\partial B_{x,\delta}$. Wegen der Stetigkeit von u folgt hieraus $u = u(x)$ auf $\partial B_{x,\delta}$ und daher insbesondere $u(y) = u(x)$. Dies zeigt $y \in M$ und daher $B_{x,\delta} \subset M$. Wir haben damit gezeigt, daß M sowohl relativ-abgeschlossen als auch offen in R ist, so daß wegen des Zusammenhanges von R entweder $M = \phi$ oder $M = R$ ist. Im ersten Falle wird $\sup_{x \in R} u(x)$ nicht auf R angenommen, und im zweiten Falle ist u eine konstante Funktion. Dies vervollständigt den Beweis, daß u dem Maximum-Prinzip genügt. Die Funktion $-u$ genügt auch den Voraussetzungen und genügt daher auch dem Maximum-Prinzip, aber das Maximum-Prinzip für $-u$ ist dasselbe wie das Minimum-Prinzip für u. ⌟

Korollar 1.13 Ist h harmonisch auf der offenen, zusammenhängenden Menge R, so genügt h sowohl dem Maximum-Prinzip als auch dem Minimum-Prinzip.

1.6 Glätten von Funktionen

Wir beschließen dieses Kapitel mit dem Studium gewisser Glättungsoperationen. Sei R eine offene Teilmenge von E^n, und sei f eine lokal-integrierbare Funktion auf R. Für $\delta > 0$ bezeichne R_δ die Menge $\{x \in R: d(x, \complement R) > \delta\}$. Man definiere eine Funktion f_δ auf R_δ durch $f_\delta(x) = A(f: x, \delta)$, $x \in R$.

Satz 1.14 Ist f lokal-integrierbar auf R, so ist f_δ stetig auf R_δ. Ist f stetig auf R, so besitzt f_δ stetige partielle Ableitungen erster Ordnung auf R_δ. Allgemeiner gilt sogar, daß f_δ stetige partielle Ableitungen der Ordnung $k+1$ auf R_δ besitzt, wenn f stetige partielle Ableitungen der Ordnung $k \geq 1$ auf R besitzt.

Beweis: Für $x, x_0 \in R$ gilt

$$|f_\delta(x) - f_\delta(x_0)| = \left| \frac{1}{v_n \delta^n} \int\limits_{B_{x,\delta}} f(z)\,dz - \frac{1}{v_n \delta^n} \int\limits_{B_{x_0,\delta}} f(z)\,dz \right|$$

$$\leqq \frac{1}{v_n \delta^n} \int\limits_{B_{x,\delta} \Delta B_{x_0,\delta}} |f(z)|\,dz.$$

Da das *Lebesgue*sche Maß von $B_{x,\delta} \Delta B_{x_0,\delta}$ mit $x \to x_0$ gegen Null strebt, konvergiert das letzte Integral mit $x \to x_0$ gegen Null. Hieraus folgt $\lim_{x \to x_0} f_\delta(x) = f_\delta(x_0)$ und damit die Stetigkeit von f_δ auf R_δ.

Angenommen, f ist jetzt stetig auf R. Wir werden zeigen, daß f_δ stetige partielle Ableitungen erster Ordnung auf R_δ besitzt. Es bezeichne S die Einheitssphäre in E^n, d.h. $S = \{\theta: \|\theta\| = 1\}$. Ist η ein festes Element aus S, so bezeichne γ_θ den Winkel zwischen θ und η. Sei $\lambda > 0$. Man definiere $S^\eta = \{\theta \in S: \cos\gamma_\theta > 0\}$ und $S^{-\eta} = S \sim S^\eta$. Ferner sei E_λ die Menge aller Punkte aus $\bigcup_{0 \le \varrho \le \lambda}\{\delta\theta + x + \varrho\eta: \theta \in S^\eta\}$, die nicht in $B_{x,\delta} \cup B_{x+\lambda\eta,\delta}$ sind, d.h. die erste Menge ist gerade das Gebiet, das durch Translatieren einer Halbkugel in Richtung von η erreicht wird.

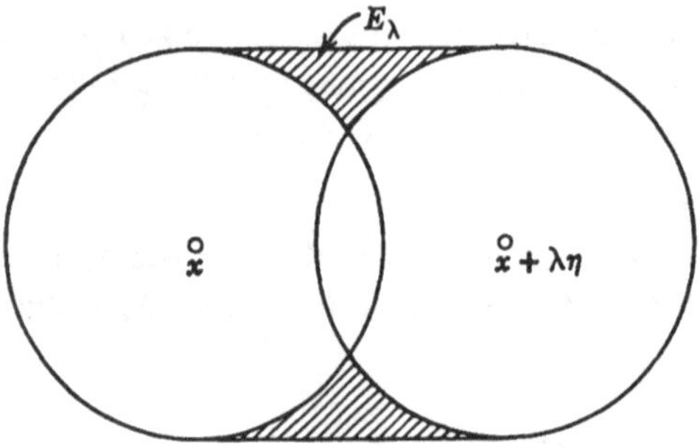

Abb. 1

Dann ist

$$\int_{B_{x+\lambda\eta,\delta}} f(z)\,dz = \int_0^\lambda \int_{S^\eta} f(x + \varrho\eta + \delta\theta) \cos\gamma_\theta \, d\sigma(\theta)\, d\varrho$$
$$- \int_{E_\lambda} f(z)\,dz + \int_{B_{x,\delta} \cap B_{x+\lambda\eta,\delta}} f(z)\,dz$$

und in ähnlicher Weise

$$\int_{B_{x,\delta}} f(z)\,dz = \int_0^\lambda \int_{S^{-\eta}} f(x + \varrho\eta + \delta\theta)(-\cos\gamma_\theta)\, d\sigma(\theta)\, d\varrho$$
$$- \int_{E_\lambda} f(z)\,dz + \int_{B_{x,\delta} \cap B_{x+\lambda\eta,\delta}} f(z)\,dz$$

und daher

$$\frac{f_\delta(x + \lambda\eta) - f_\delta(x)}{\lambda} = \frac{1}{v_n \delta^n} \frac{1}{\lambda} \int_0^\lambda \left[\int_S f(x + \varrho\eta + \delta\theta) \cos\gamma_\theta \, d\sigma(\theta) \right] d\varrho.$$

Wegen der Stetigkeit von f auf R ist das innere Integral eine stetige Funktion von ϱ auf einem kleinen Intervall um $\varrho = 0$. Da der Grenzwert auf der linken Seite der letzten Gleichung gerade die Richtungsableitung $D_\eta f_\delta(x)$ ist, haben wir

$$D_\eta f_\delta(x) = \lim_{\lambda \downarrow 0} \frac{f_\delta(x + \lambda\eta) - f_\delta(x)}{\lambda} = \frac{1}{v_n \delta^n} \int_S f(x + \delta\theta) \cos\gamma_\theta \, d\sigma(\theta).$$

Da das Integral auf der rechten Seite eine stetige Funktion von x auf R_δ ist, muß jede Richtungsableitung $D_\eta f_\delta$ stetig auf R_δ sein. Da die letzte Gleichung eine Darstellung der ersten partiellen Ableitungen von f angibt, können die zweiten partiellen Ableitungen ausgerechnet werden, indem man die Ableitung unter dem Integral durchführt; dies ist erlaubt, wenn f stetige partielle Ableitungen erster Ordnung auf R besitzt. Dies Verfahren kann bis zur höchsten Ordnung der stetigen partiellen Ableitung von f wiederholt werden. ┘

2. Harmonische Funktionen auf einer Kugel

Ist R eine nicht-leere, offene Teilmenge des E^n mit kompaktem Abschluß und ist f eine reelle Funktion auf ∂R, so besteht das *klassische Dirichletsche Problem* darin, eine harmonische Funktion h auf R mit $\lim_{y \to x} h(y) = f(x)$ für alle $x \in \partial R$ zu finden. In diesem Kapitel werden wir nur den Fall behandeln, daß R eine Kugel ist. Im allgemeinen besitzt das klassische *Dirichlet*sche Problem keine Lösung, sogar wenn R eine Kugel ist. Dies kann geschehen, wenn f auf ∂R nicht stetig ist. Wir werden zeigen, daß das Problem lösbar ist, falls die Randfunktion stetig ist. Außerdem werden wir eine Integraldarstellung für Funktionen erhalten, die auf einer Kugel harmonisch sind.

2.1 Das klassische Dirichletsche Problem

Eine typische Aufgabe in vielen Lehrbüchern der angewandten Mathematik ist das Lösen des klassischen *Dirichlet*schen Problems für einen Halbstreifen, wobei die Temperaturen darstellende Randfunktion unstetig ist. So wie wir das klassische *Dirichlet*sche Problem definiert haben, ist es nicht lösbar.

Satz 2.1 Das klassische *Dirichlet*sche Problem ist für unstetige Randfunktionen nicht lösbar.

Beweis: Angenommen, das klassische *Dirichlet*sche Problem ist lösbar für eine Randfunktion f, die auf dem Rand ∂R einer nicht-leeren, offenen Menge R definiert ist. Sei h eine Lösung. Man betrachte ein $x \in \partial R$ und $\varepsilon > 0$.
Wegen $\lim_{y \to x} h(y) = f(x)$ existiert eine Kugel $B_{x,\delta}$ mit $|h(y) - f(x)| < \varepsilon/2$ für alle $y \in B_{x,\delta} \cap R$. Sei $x' \in B_{x,\delta/2} \cap \partial R$. Wegen $\lim_{y \to x'} h(y) = f(x')$ existiert eine Kugel $B_{x',\delta'}$ mit $\delta' < \delta/2$, so daß $|h(y) - f(x')| < \varepsilon/2$ für alle $y \in B_{x',\delta'} \cap R$ gilt. Für jedes $z \in B_{x',\delta'} \cap R \subset B_{x,\delta} \cap R$ gilt

$$|f(x) - f(x')| \leqq |f(x) - h(z)| + |h(z) - f(x')| < \varepsilon;$$

das heißt $|f(x) - f(x')| < \varepsilon$ für alle $x' \in B_{x,\delta/2} \cap \partial R$. Dies zeigt die Stetigkeit von f in x; da x ein beliebiger Punkt aus ∂R war, muß f daher stetig auf ∂R sein, sofern das klassische *Dirichlet*sche Problem für f lösbar ist. ┘

Zugunsten des Lesers, der „Lösungen" vieler *Dirichlet*scher Probleme mit unstetigen Randwerten ausgerechnet hat, wollen wir uns beeilen zu bemerken, daß unsere Forderungen an eine Lösung ziemlich streng sind. Für solche Leser werden wir später den guten Ruf der angewandten Mathematik wieder herstellen.

Satz 2.2 Falls die Lösung des klassischen *Dirichlet*schen Problems für eine nichtleere, offene, zusammenhängende Menge R mit kompaktem Abschluß und für eine stetige Randfunktion f existiert, so ist sie eindeutig bestimmt.

Beweis: Seien h_1 und h_2 zwei Lösungen. Angenommen, es existiert ein Punkt $z \in R$ mit $h_1(z) \neq h_2(z)$. Dabei können wir $h_1(z) > h_2(z)$ annehmen. Es gilt $\lim_{y \to x}[h_1(y) - h_2(y)] = 0$ für alle $x \in \partial R$. Sei

$$w = \begin{cases} h_1 - h_2 & \text{auf } R, \\ 0 & \text{auf } \partial R. \end{cases}$$

Mit h_1 und h_2 ist auch w harmonisch auf R. Weiter ist w stetig auf $\bar{R}$ und Null auf ∂R. Wegen $w(z) > 0$ und wegen der Stetigkeit von w auf der kompakten Menge $\bar{R}$ nimmt w das Supremum in einem Punkte aus R an. Nach Korollar 1.13 muß w daher konstant sein. Wegen $w = 0$ auf ∂R und wegen der Stetigkeit von w auf $\bar{R}$ muß diese Konstante im Widerspruch zu $w(z) > 0$ Null sein. Daher ist $h_1 = h_2$. ⌟

2.2 Existenz der Lösung für eine Kugel

Neben der Konstruktion von Lösungen des klassischen *Dirichlet*schen Problems für stetige Randfunktionen auf dem Rande einer Kugel R werden wir auch harmonische Funktionen auf der Kugel konstruieren, welche keine Lösungen des klassischen *Dirichlet*schen Problems sind. Dabei werden wir wiederholten Gebrauch von der folgenden Gleichung machen:

$$\frac{1}{\sigma_n \varrho} \int_{\partial B_{y,\varrho}} \frac{\varrho^2 - \|x - y\|^2}{\|z - x\|^n} \, d\sigma(z) = 1 \text{ für alle } x \in B_{y,\varrho}.$$

Diese Gleichung folgt aus der Tatsache, daß die konstante Funktion 1 auf einer Umgebung von $\bar{B}_{y,\varrho}$ harmonisch ist, daß die linke Seite der Gleichung das *Poisson*sche Integral von 1 ist und daß die rechte Seite der Wert von 1 in x ist.

Satz 2.3 Ist μ ein signiertes Maß von beschränkter Variation auf den *Borel*schen Teilmengen von $\partial B_{y,\varrho}$, so ist

$$h(x) = \frac{1}{\sigma_n \varrho} \int_{\partial B_{y,\varrho}} \frac{\varrho^2 - \|x - y\|^2}{\|z - x\|^n} \, d\mu(z), \qquad x \in B_{y,\varrho}$$

harmonisch auf $B_{y,\varrho}$.

Beweis: Mit Hilfe von Lemma 1.9 können wir zeigen, daß h zweimal stetig differenzierbar ist und daß

$$\Delta h(x) = \frac{1}{\sigma_n \varrho} \int_{\partial B_{y,\varrho}} \Delta_{(x)} \frac{\varrho^2 - \|y - x\|^2}{\|z - x\|^n} \, d\mu(z)$$

gilt. Eine einfache, aber langwierige Rechnung zeigt, daß der Integrand für $x \in B_{y,\varrho}$ Null ist. ┘

Korollar 2.4 Ist f *Borel*-meßbar auf $\partial B_{y,\varrho}$ und integrierbar bzgl. des Oberflächenmaßes, so ist

$$h(x) = \frac{1}{\sigma_n \varrho} \int_{\partial B_{y,\varrho}} \frac{\varrho^2 - \|y - x\|^2}{\|z - x\|^n} f(z) \, d\sigma(z)$$

harmonisch auf $B_{y,\varrho}$.

Diese Korollar löst teilweise das klassische *Dirichlet*sche Problem für eine Kugel, da jede stetige Randfunktion f eine Funktion h bestimmt, die auf der Kugel harmonisch ist. Gilt $\lim_{y \to x} h(y) = f(x)$ für jedes $x \in \partial B_{y,\varrho}$, so haben wir in der Tat eine Lösung. Wir betrachten jetzt das Randverhalten der harmonischen Funktion h, die durch f bestimmt ist.

Im Hinblick auf die wiederholte Anwendung der *Poisson*schen Integralformel führen wir die folgende Bezeichnung ein:

$$\boldsymbol{PI}(\mu, B)(x) = \frac{1}{\sigma_n \varrho} \int_{\partial B} \frac{\varrho^2 - \|y - x\|^2}{\|z - x\|^n} \, d\mu(z),$$

wobei $B = B_{y,\varrho}$ und μ ein signiertes Maß von beschränkter Variation auf ∂B ist. Ist μ absolut stetig bzgl. des Oberflächenmaßes auf ∂B, so gilt für jede *Borel*sche Menge $M \subset \partial B$

$$\mu(M) = \int_M f(z) \, d\sigma(z)$$

für eine gewisse integrierbare Funktion f auf ∂B, und wir setzen

$$\boldsymbol{PI}(\mu, B) = \boldsymbol{PI}(f, B).$$

Wir werden dieselbe Bezeichnung auch dann verwenden, wenn f auf einer größeren Menge definiert ist. Man beachte, daß $\boldsymbol{PI}(\mu, B)$ eine Funktion ist, die nur auf B definiert ist, und daß $\boldsymbol{PI}(1, B) = 1$ gilt. Außerdem ist $\boldsymbol{PI}(\mu, B)$ linear in μ.

Lemma 2.5 Sei f *Borel*-meßbar auf ∂B und integrierbar bzgl. des Oberflächenmaßes auf ∂B, und sei $h = \boldsymbol{PI}(f, B)$ auf B. Existiert dann eine Konstante k mit $f \leq k$ f.ü.(σ) in einer Umgebung von $x_0 \in \partial B$, so gilt $\limsup_{x \to x_0} h(x) \leqq k$.

Beweis: Wir zeigen zunächst, daß wir $k > 0$ annehmen können. Falls dies nicht der Fall ist, betrachte man die Funktion $f - k + 1$. Nach Voraussetzung gilt dann $f - k + 1 \leqq 1$ f.ü.(σ) in einer Umgebung von x_0 und

$$\limsup_{x \to x_0} \boldsymbol{PI}(f - k + 1, B)(x) = \limsup_{x \to x_0} \boldsymbol{PI}(f, B)(x) - k + 1.$$

Falls wir daher den Fall $k > 0$ beweisen können, können wir den allgemeinen Fall darauf zurückführen.
Sei also $k > 0$. Man wähle ein $\varepsilon > 0$ mit $f(z) \leq k$ f.ü.(σ) für $z \in B_{x_0, \varepsilon} \cap \partial B$.
Dann ist

$$h(x) = \frac{1}{\sigma_n \varrho} \int\limits_{\{\|z - x_0\| < \varepsilon\} \cap \partial B} \frac{\varrho^2 - \|y - x\|^2}{\|z - x\|^n} f(z) \, d\sigma(z)$$

$$+ \frac{1}{\sigma_n \varrho} \int\limits_{\{\|z - x_0\| \geqq \varepsilon\} \cap \partial B} \frac{\varrho^2 - \|y - x\|^2}{\|z - x\|^n} f(z) \, d\sigma(z).$$

Bezeichnet $I_1(x)$ den ersten und $I_2(x)$ den zweiten Ausdruck, so ergibt sich

$$I_1(x) \leqq \frac{k}{\sigma_n \varrho} \int\limits_{\{\|z - x_0\| < \varepsilon\} \cap \partial B} \frac{\varrho^2 - \|y - x\|^2}{\|z - x\|^n} d\sigma(z)$$

$$\leqq \frac{k}{\sigma_n \varrho} \int\limits_{\partial B} \frac{\varrho^2 - \|y - x\|^2}{\|z - x\|^n} d\sigma(z) = k \, \boldsymbol{PI}(1, B) = k.$$

Man betrachte jetzt $|I_2(x)|$. Für $x \in B_{x_0, \varepsilon/2}$ gilt $\|z - x\| \geqq \varepsilon/2$, wenn hierbei $\|z - x_0\| > \varepsilon$ ist, denn sonst hätten wir $\|z - x_0\| \leq \|z - x\| + \|x - x_0\| \leq \varepsilon$. Daher gilt für $x \in B_{x_0, \varepsilon/2}$

$$|I_2(x)| \leq \frac{1}{\sigma_n \varrho} \int\limits_{\{\|z - x_0\| \geqq \varepsilon\} \cap \partial B} \frac{\varrho^2 - \|y - x\|^2}{(\varepsilon/2)^n} |f(z)| \, d\sigma(z)$$

$$\leq \frac{\varrho^2 - \|y - x\|^2}{\sigma_n \varrho (\varepsilon/2)^n} \int\limits_{\partial B} |f(z)| \, d\sigma(z).$$

Wegen $\|y - x\| \to \varrho$ für $x \to x_0$ gilt $|I_2(x)| \to 0$ für $x \to x_0$ und daher

$$\limsup_{x \to x_0} h(x) \leq \limsup_{x \to x_0} I_1(x) + \limsup_{x \to x_0} I_2(x) \leq k.$$

┘

Lemma 2.6 Sei f *Borel*-meßbar auf ∂B und integrierbar bzgl. des Oberflächenmaßes auf ∂B, und sei $h = \boldsymbol{PI}(f, B)$ auf B. Dann gilt für $x_0 \in \partial B$

$$\limsup_{\substack{x \to x_0 \\ x \in B}} h(x) \leq \limsup_{\substack{x \to x_0 \\ x \in \partial B}} f(x).$$

Beweis: Wir können annehmen, daß die rechte Seite nicht $+\infty$ ist, denn sonst ist nichts zu beweisen. Ist k eine beliebige Zahl, die größer als die rechte Seite der zu beweisenden Ungleichung ist, so gilt $f(x) < k$ für alle $x \in \partial B$ in einer Umgebung von $x_0 \in \partial B$, nach Lemma 2.5 also

$$\limsup_{\substack{x \to x_0 \\ x \in B}} h(x) \leq k.$$

Da aber k eine beliebige Zahl größer als $\limsup_{\substack{x \to x_0 \\ x \in \partial B}} f(x)$ war, ist das Lemma bewiesen. ⌟

Lemma 2.7 Sei f *Borel*-meßbar auf ∂B und integrierbar bzgl. des Oberflächenmaßes auf ∂B, und sei $h = \boldsymbol{PI}(f, B)$ auf B. Ist dann f stetig in $x_0 \in \partial B$, so gilt $\lim_{x \to x_0} h(x) = f(x_0)$.

Beweis: Nach Lemma 2.6 gilt

$$\limsup_{x \to x_0} h(x) \leq f(x_0).$$

Wegen $\boldsymbol{PI}(-f, B) = -\boldsymbol{PI}(f, B)$ haben wir auch

$$\limsup_{x \to x_0} -h(x) \leq -f(x_0)$$

oder

$$\liminf_{x \to x_0} h(x) \geq f(x_0).$$

Dies zeigt, daß $\lim_{x \to x_0} h(x)$ existiert und gleich $f(x_0)$ ist. ⌟

Satz 2.8 (*Schwarz*) Das klassische *Dirichlet*sche Problem ist für eine Kugel B und für eine stetige Randfunktion f lösbar. Die Lösung ist durch $\boldsymbol{PI}(f, B)$ gegeben.

Gemäß Satz 1.5 sind die harmonischen Funktionen median. Eine teilweise Umkehrung ist vorhanden.

Korollar 2.9 Sei u stetig auf einer offenen Menge R. Ist $u(x) = L(u\colon x, \delta)$ für alle $x \in R$ und alle hinreichend kleinen δ, so ist u harmonisch auf R; insbesondere gilt $u(x) = L(u\colon x, \delta) = A(u\colon x, \delta)$, wann immer $\bar{B}_{x,\delta} \subset R$ ist.

Beweis: Ist $B = B_{x,\varrho} \subset \bar{B}_{x,\varrho} \subset R$, so ist die Restriktion von u auf ∂B stetig, und die Funktion v, definiert durch

$$v(y) = \begin{cases} \boldsymbol{PI}(u, B)(y), & y \in B, \\ u(y), & y \in \partial B, \end{cases}$$

ist nach Lemma 2.7 stetig auf $\bar{B}$. Da v harmonisch auf B ist, gilt für jedes $y \in B$ und für alle hinreichend kleinen δ $v(y) = L(v{:}\ y, \delta)$. Nach Voraussetzung ist dasselbe für u wahr. Somit ist $u(y) - v(y) = L(u - v{:}\ y, \delta)$ für jedes $y \in B$ und alle hinreichend kleinen δ. Angenommen, es existiert ein Punkt $z \in B$ mit $u(z) - v(z) > 0$. Da $u - v$ stetig auf $\bar{B}$ ist und gleich Null auf ∂B ist, nimmt $u - v$ das Supremum auf B an, muß also nach Satz 1.12 konstant auf B sein. Wegen $u - v = 0$ auf ∂B muß daher $u = v$ auf B sein im Widerspruch zur Annahme $u(z) > v(z)$. Daher gilt $u \leq v$ auf B. Dasselbe Argument, angewandt auf $v - u$ liefert dann $v \leq u$ auf B. Mit v ist daher auch u auf B harmonisch. Da B eine beliebige Kugel mit $\bar{B} \subset R$ war, ist u somit auf R harmonisch. ⌟

2.3 Harmonische Funktionen auf einer Kugel

Es scheint nach Satz 2.3, daß die Menge der harmonischen Funktionen auf einer Kugel viel umfassender als diejenige Menge ist, die man durch Lösen des klassischen *Dirichlet*schen Problems erhält; ist z. B. in Satz 2.3 μ das Punktmaß eines Punktes $z_0 \in \partial B_{y,\varrho}$, so erhalten wir eine Funktion, die auf $B_{y,\varrho}$ harmonisch ist, aber nicht durch Lösen des klassischen *Dirichlet*schen Problems entstanden ist; denn bei radialer Annäherung an z_0 streben ihre Werte gegen $+\infty$. Wir werden uns die Umkehrung von Satz 2.3 ansehen, um zu untersuchen, welche harmonischen Funktionen als *Poisson*sches Integral eines signierten Maßes von beschränkter Variation entstehen. Bevor wir das aber tun, wollen wir zwei Lemmata beweisen,

Lemma 2.10 Sei $\{\mu_i\}$ eine Folge von signierten Maßen auf den *Borel*schen Teilmengen eines kompakten, metrischen Raumes S mit $\|\mu_i\| \leq k$ für alle i. Dann existieren ein signiertes Maß μ auf den *Borel*schen Teilmengen von S mit $\|\mu\| \leq k$ und eine Teilfolge $\{\mu_{i_j}\}$, die gegen μ in der vagen Topologie konvergiert.

Beweis: Da S ein kompakter, metrischer Raum ist, ist $C(S)$ separabel. Sei $C_0 = \{f_1, f_2, \ldots\}$ eine abzählbar dichte Teilmenge von $C(S)$. Die Folge der reellen Zahlen

$$\int f_1 \, d\mu_i$$

ist beschränkt durch $\|f_1\|k$. Es existiert eine Teilfolge $\{\mu_i^{(1)}\}$ von $\{\mu_i\}$, so daß

$$\lim_{i\to\infty} \int f_1\, d\mu_i^{(1)}$$

existiert. Man betrachte jetzt die Folge der reellen Zahlen

$$\int f_2\, d\mu_i^{(1)},$$

die durch $\|f_2\|k$ beschränkt ist. Es existiert eine Teilfolge $\{\mu_i^{(2)}\}$ von $\{\mu_i^{(1)}\}$, so daß

$$\lim_{i\to\infty} \int f_2\, d\mu_i^{(2)}$$

existiert. Nacheinander wählen wir Teilfolgen auf diese Weise aus, so daß $\{\mu_i^{(j)}\}$ eine Teilfolge von $\{\mu_i^{(j-1)}\}$ ist und daß für jedes $j \geq 1$

$$\lim_{i\to\infty} \int f_j\, d\mu_i^{(j)}$$

existiert. Da die Diagonalfolge $\{\mu_i^{(i)}\}$ eine Teilfolge jeder betrachteten Folge ist, existiert

$$\lim_{i\to\infty} \int f_j\, d\mu_i^{(i)}$$

für jedes $j \geq 1$. Sei jetzt $f \in C(S)$, und sei $\varepsilon > 0$. Es gibt dann $f_{m_0} \in C_0$ mit $\|f - f_{m_0}\| \leq \varepsilon/2k$. Dann gilt

$$\begin{aligned} &\left|\int f\, d\mu_i^{(i)} - \int f\, d\mu_j^{(j)}\right| \\ &\leq \left|\int (f - f_{m_0})\, d\mu_i^{(i)}\right| + \left|\int f_{m_0}\, d\mu_i^{(i)} - \int f_{m_0}\, d\mu_j^{(j)}\right| + \left|\int (f_{m_0} - f)\, d\mu_j^{(j)}\right| \\ &< \varepsilon + \left|\int f_{m_0}\, d\mu_i^{(i)} - \int f_{m_0}\, d\mu_j^{(j)}\right|. \end{aligned}$$

Wegen $f_{m_0} \in C_0$ konvergiert die Folge der absoluten Beträge auf der rechten Seite mit $i, j \to \infty$ gegen Null, und es ist

$$\limsup_{i,j\to\infty} \left|\int f\, d\mu_i^{(i)} - \int f\, d\mu_j^{(j)}\right| \leq \varepsilon.$$

Somit ist $\{\int f\, d\mu_i^{(i)}\}_{i\geq 1}$ eine Cauchy-Folge, und $L(f) = \lim_{i\to\infty} \int f\, d\mu_i^{(i)}$ existiert für alle $f \in C(S)$. Offenbar ist L ein beschränktes, lineares Funktional auf $C(S)$, denn wir haben $|L(f)| = \lim_{i\to\infty} \left|\int f\, d\mu_i^{(i)}\right| \leq \|f\|k$. Der *Riesz*sche Darstellungssatz liefert sodann die Existenz des gewünschten, signierten Maßes μ mit

$$\int f\, d\mu = \lim_{i\to\infty} \int f\, d\mu_i^{(i)}, \qquad f \in C(S)$$

und das ist gerade die Definition der vagen Konvergenz. ┘

Lemma 2.11 Ist $\{f_j\}$ eine Folge in $C(S)$, die gleichmäßig gegen $f \in C(S)$ konvergiert, und ist $\{\mu_j\}$ eine Folge signierter Maße auf S mit $\sup_{j \geqq 1} \|\mu_j\| = k < +\infty$, die gegen μ in der vagen Topologie konvergiert, so gilt

$$\lim_{j \to \infty} \int f_j d\mu_j = \int f d\mu.$$

Beweis: Sei ohne Beschränkung der Allgemeinheit $k > 0$. Zu $\varepsilon > 0$ existiert ein j_ε mit

$$|\int f d\mu_j - \int f d\mu| < \frac{\varepsilon}{2}$$

und $\|f_j - f\| < \varepsilon/2k$ für alle $j > j_\varepsilon$. Für derartige j gilt

$$\begin{aligned} |\int f_j d\mu_j - \int f d\mu| &\leqq |\int (f_j - f) d\mu_j| + |\int f d\mu_j - \int f d\mu| \\ &\leqq \|f_j - f\| \|\mu_j\| + |\int f d\mu_j - \int f d\mu| \\ &< \varepsilon. \end{aligned}$$

┘

Wir betrachten jetzt erneut die Menge der harmonischen Funktionen auf einer Kugel; insbesondere diejenigen harmonischen Funktionen, die von signierten Maßen auf dem Rand der Kugel erzeugt werden.

Lemma 2.12 Ist h harmonisch auf $B = B_{y,\varrho}$ und ist $L(|h|: y, \delta) \leq k < +\infty$ für alle $\delta < \varrho$, so existiert ein signiertes Maß μ von beschränkter Variation auf ∂B mit $h = \boldsymbol{PI}(\mu, B)$ auf B.

Beweis: Für $\delta < \varrho$ und $x \in B_{x,\delta}$ gilt

$$h(x) = \frac{1}{\sigma_n \delta} \int\limits_{\partial B_{x,\delta}} \frac{\delta^2 - \|x - y\|^2}{\|z - x\|^n} h(z) d\sigma(z).$$

Man definiere für eine *Borel*sche Teilmenge M von $\bar{B}_{y,\varrho}$ und für $\delta < \varrho$

$$\mu_\delta(M) = \int\limits_{M \cap \partial B_{y,\delta}} h(z) d\sigma(z).$$

Dann wird μ_δ von $\partial B_{y,\delta}$ getragen, und es gilt

$$\|\mu_\delta\| = \int\limits_{\partial B_{y,\delta}} |h(z)| d\sigma(z) = L(|h|: y, \delta) \sigma_n \delta^{n-1} \leq k \sigma_n \varrho^{n-1}$$

für alle $\delta < \varrho$. Sei $\{\delta_j\}$ eine Folge positiver, reeller Zahlen mit $\delta_j \uparrow \varrho$. Nach Lemma 2.10 konvergiert eine Teilfolge der Folge $\{\mu_{\delta_j}\}$ in der vagen Topologie gegen ein signiertes Maß μ mit $\|\mu\| \leq k \sigma_n \varrho^{n-1}$. Da wir uns nur für eine Folge $\delta_j \uparrow \varrho$ interessieren, können wir annehmen, daß $\{\mu_{\delta_j}\}$ in der vagen Topologie gegen μ konvergiert. Da die signierten Maße μ_{δ_j} von $\partial B_{y,\delta_j}$ getragen werden, wird μ

wegen $\delta_j \uparrow \varrho$ von $\partial B_{y,\varrho}$ getragen. Sei $x \in B$ beliebig. Indem wir notfalls endlich viele Glieder der Folge $\{\mu_{\delta_j}\}$ weglassen, können wir $\|y-x\| < \delta_j < \varrho$ für alle j annehmen. Dann gilt

$$\text{(a)} \qquad h(x) = \frac{1}{\sigma_n \delta_j} \int\limits_{\partial B_{y,\delta_j}} \frac{\delta_j^2 - \|y-x\|^2}{\|z-x\|^n} \, d\mu_{\delta_j}(z).$$

Da die signierten Maße μ_{δ_j} von der Kugelschale $\{z\colon \delta_1 \leq \|z-y\| \leq \varrho\}$ getragen werden, können wir sie als signierte Maße hierauf betrachten. Auf dieser Kugelschale konvergiert die Folge der Integranden von (a) gleichmäßig gegen $(\varrho^2 - \|y-x\|^2)/\|z-x\|^n$. Die Anwendung von Lemma 2.11 auf (a) liefert dann

$$h(x) = \frac{1}{\sigma_n \varrho} \int\limits_{\partial B_{y,\varrho}} \frac{\varrho^2 - \|x-y\|^2}{\|z-x\|^n} \, d\mu(z).$$

┘

Satz 2.13 (*Herglotz*) Eine harmonische Funktion h auf $B = B_{y,\varrho}$ ist genau dann Differenz zweier positiver, harmonischer Funktionen, wenn es ein signiertes Maß μ von beschränkter Variation auf ∂B gibt mit $h = \boldsymbol{PI}(\mu, B)$.

Beweis: Sei $h = h_1 - h_2$, wobei h_1 und h_2 positive, harmonische Funktionen auf B sind. Sei $0 < \delta < \varrho$. Dann gilt

$$\begin{aligned} L(|h|\colon y, \delta) &\leq L(h_1\colon y, \delta) + L(h_2\colon y, \delta) \\ &= h_1(y) + h_2(y), \end{aligned}$$

und die Bedingung ist nach Lemma 2.12 notwendig.

Ist $h = \boldsymbol{PI}(\mu, B)$ wobei μ ein signiertes Maß von beschränkter Variation auf ∂B ist, dann ist $\mu = \mu^+ - \mu^-$, wobei μ^+ und μ^- endliche Maße auf ∂B sind. Damit gilt $h = \boldsymbol{PI}(\mu^+, B) - \boldsymbol{PI}(\mu^-, B)$, und die Bedingung ist nach Satz 2.3 hinreichend. ┘

Es erhebt sich natürlich die Frage, ob dieser Satz auch für allgemeinere Gebiete als Kugeln richtig ist. Wir werden auf diese Frage in Kapitel 12 zurückkommen, wo wir uns mit dem Martin-Rand beschäftigen werden. Es erhebt sich außerdem die Frage nach der Beziehung zwischen dem Randverhalten von h und dem Maß μ auf dem Rand. Kapitel 3 ist der letzteren Frage gewidmet.

2.4 Die Harnacksche Ungleichung

Die Ungleichung, die in diesem Abschnitt bewiesen wird, ist eines der wichtigsten Hilfsmittel der Potentialtheorie. Wir werden außerdem eine interessante Variante dieser Ungleichung beweisen, die sich im Zusammenhang mit dem Studium der

Randlimiten als nützlich erweisen wird. Die Ungleichung des folgenden Satzes ist *als Harnacksche Ungleichung* bekannt.

Satz 2.14 Sei $B_{y,\varrho} \subset E^n$ und $0 < \delta < \varrho$. Dann gilt

$$\frac{h(x)}{h(x')} \leq \frac{\varrho^2}{\varrho^2 - \delta^2}\left(\frac{\varrho + \delta}{\varrho - \delta}\right)^n$$

für alle strikt positiven, auf $B_{y,\varrho}$ harmonischen Funktionen h und alle $x, x' \in \bar{B}_{y,\delta}$.

Beweis: Für $z \in \partial B_{y,\varrho}$ und $x \in \bar{B}_{y,\delta}$ gilt

$$\varrho - \delta \leq \|z - x\| \leq \varrho + \delta$$

und

$$\frac{\varrho^2 - \|x - y\|^2}{(\varrho + \delta)^n} \leq \frac{\varrho^2 - \|x - y\|^2}{\|z - x\|^n} \leq \frac{\varrho^2 - \|x - y\|^2}{(\varrho - \delta)^n}.$$

Ersetzen wir x durch $x' \in \bar{B}_{y,\delta}$ und bilden wir den Quotienten der mittleren Glieder, so erhalten wir

$$\text{(b)} \qquad \frac{\varrho^2 - \|x - y\|^2}{\|z - x\|^n} \leq \left[\frac{\varrho^2}{\varrho^2 - \delta^2}\left(\frac{\varrho + \delta}{\varrho - \delta}\right)^n\right] \frac{\varrho^2 - \|x' - y\|^2}{\|z - x'\|^n}.$$

Zu einer positiven, harmonischen Funktion h auf $B_{y,\varrho}$ existiert nach Satz 2.13 ein Maß μ mit $h = \boldsymbol{PI}(\mu, B_{y,\varrho})$. Integrieren wir beide Seiten von (b) nach dem Maß μ wobei wir x und x' festlassen, und multiplizieren wir anschließend beide Seiten mit $(\sigma_n \varrho)^{-1}$, so erhalten wir die Behauptung des Satzes. ┘

Im vorhergehenden Satz waren die beiden Punkte x und x' auf eine kompakte Teilmenge der Kugel eingeschränkt. Die Bedingung kann abgeschwächt werden. Sei $0 < \alpha < \pi/2$, $z \in \partial B_{y,\varrho}$ und

$$C_{z,\alpha} = \left\{x \colon 1 \geq \frac{(x - z, y - z)}{\|x - z\|\|y - z\|} > \cos\alpha\right\},$$

$$C_{y,(\pi/2)-\alpha} = \left\{x \colon 1 \geq \frac{(x - y, z - y)}{\|x - y\|\|z - y\|} > \cos\left(\frac{\pi}{2} - \alpha\right)\right\},$$

$$D^s_{z,\alpha} = (C_{z,\alpha} \cap C_{y,(\pi/2)-\alpha}) \cup B_{y,\varrho\sin\alpha}$$

Ist U_z eine Umgebung von z, so wird $D^s_{z,\alpha} \cap U_z$ manchmal ein *Stoltz*sches Gebiet genannt, aber wir werden uns auf $D^s_{z,\alpha}$ als *Stoltzsches Gebiet* beziehen. Das *Stoltz*sche Gebiet $D^s_{z,\alpha}$ besitzt die Eigenschaft, daß für $x \in D^s_{z,\alpha}$ sowohl der Punkt x als auch die Projektion x' von x auf die Strecke von y nach z in einer Kugel $B' \subset D^s_{z,\alpha}$ liegen.

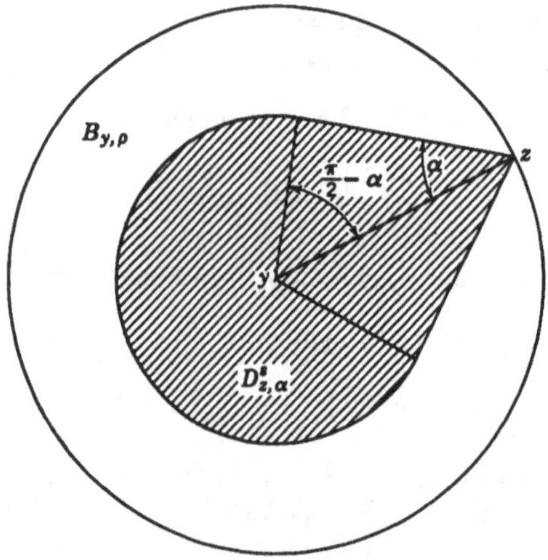

Abb. 2

Korollar 2.15 Sei $0 < \alpha < \pi/2$, $z \in \partial B_{y,\varrho}$ und $D^s_{z,\alpha}$ das *Stoltz*sche Gebiet bzgl. z und α. Ist B eine Kugel in $D^s_{z,\alpha}$, so existiert eine Konstante m, die nur von α abhängt, so daß $h(x)/h(x') \leq m$ für alle positiven, harmonischen Funktionen h auf $B_{y,\varrho}$ und für alle Punkte $x, x' \in B$ gilt; die Konstante m ist durch

$$m = \frac{1}{\cos^2\alpha}\left(\frac{1+\sin\alpha}{1-\sin\alpha}\right)^n$$

gegeben.

Beweis: Das *Stoltz*sche Gebiet $D^s_{z,\alpha}$ besitzt die Eigenschaft, daß es eine Kugel in $D^s_{z,\alpha}$ mit Mittelpunkt auf der Strecke von z nach y gibt, die B enthält und die den Kegel $C_{z,\alpha}$ von innen berührt. Wir können daher annehmen, daß bereits B diese Eigenschaft besitzt. Wegen $0 < \alpha < \pi/2$ gilt $\alpha + \varepsilon < \pi/2$ für hinreichend kleines, positives ε. Man betrachte ein solches ε und die Kugel B^ε, die denselben Mittelpunkt wie B hat und die den Kegel $C_{z,\alpha+\varepsilon}$ von innen berührt. Hat B den Radius r, so hat B^ε den Radius $(r/\sin\alpha)\sin(\alpha+\varepsilon)$. Die Anwendung von Satz 2.14 auf $B \subset B^\varepsilon$ liefert

$$\frac{h(x)}{h(x')} \leq \left[\frac{(r/\sin\alpha)^2\sin^2(\alpha+\varepsilon)}{(r/\sin\alpha)^2\sin^2(\alpha+\varepsilon)-r^2}\right]\left[\frac{(r/\sin\alpha)\sin(\alpha+\varepsilon)+r}{(r/\sin\alpha)\sin(\alpha+\varepsilon)-r}\right]^n$$

für alle positiven, harmonischen Funktionen h auf $B_{y,\varrho}$ und alle $x, x' \in B$. Läßt man $\alpha + \varepsilon \to \pi/2$ streben, so erhalten wir die oben gegebene Konstante m. ⌟

Die *Harnack*sche Ungleichung kann auf eine für Anwendungen geeignetere Form gebracht werden.

Satz 2.16 (*Harnacksche Ungleichung*) Ist R eine offene, zusammenhängende Menge und K eine kompakte Teilmenge von R, so existiert eine Konstante k, die nur von R und K abhängt, mit $h(x)/h(y) \leq k$ für alle $x, y \in K$ und für alle strikt positiven harmonischen Funktionen h auf R.

Beweis: Angenommen, es existiert keine derartige Konstante k. Dann existieren zu jeder natürlichen Zahl j eine auf R strikt positive, harmonische Funktion h_j und Punkte $x_j, y_j \in K$ mit

$$\frac{h_j(x_j)}{h_j(y_j)} \geq j.$$

Da K kompakt ist, besitzen die Folgen $\{x_j\}$ und $\{y_j\}$ Teilfolgen, die gegen x bzw. y in K konvergieren. Dabei können wir annehmen, daß die Folgen bereits diese Eigenschaft besitzen. Da R zusammenhängend ist, können wir x und y durch einen Polygonzug verbinden, der ganz in R liegt. Wir können außerdem eine Kette von Kugeln $B_1, \ldots, B_p$ finden, deren Abschlüsse in R liegen, die den Polygonzug überdecken und für die $x \in B_1$, $y \in B_p$ und $B_i \cap B_{i+1} \neq \emptyset$ gilt. Wenden wir nun Satz 2.14 für jedes i auf $\bar{B}_i$ und auf eine geringfügig größere Kugel an, so gibt es eine Konstante k_i mit $h(x')/h(y') \leq k_i$, wann immer h eine strikt positive, harmonische Funktion auf R und $x', y' \in \bar{B}_i$ ist. Für jedes i sei $z_i \in B_i \cap B_{i+1}$ gewählt. Dann gilt für jedes $x' \in B_1$ und $y' \in B_p$

$$\text{(c)} \qquad \frac{h(x')}{h(z_1)} \frac{h(z_1)}{h(z_2)} \cdots \cdots \frac{h(z_{p-1})}{h(y')} \leq k_1 \cdot k_2 \cdots \cdots k_p = k^*$$

für jede positive, strikt harmonische Funktion h auf R. Man wähle jetzt ein j_0, so daß $x_{j_0} \in B_1$ und $y_{j_0} \in B_p$ und

$$\frac{h_{j_0}(x_{j_0})}{h_{j_0}(y_{j_0})} \geq j_0 > k^*$$

gilt. Dies widerspricht dann (c) mit $x' = x_{j_0}$ und $y' = y_{j_0}$. Daher ist unsere Annahme unrichtig, daß keine derartige Konstante k existiert. ┘

2.5 Filtrierende Familien harmonischer Funktionen

Wir haben im 2. Abschnitt dieses Kapitels gesehen, daß das *Dirichlet*sche Problem für eine stetige Randfunktion auf dem Rand einer Kugel immer lösbar ist. Um das *Dirichlet*sche Problem für andere Gebiete zu lösen, wird eine Approximationsmethode benutzt. Dies macht es notwendig, sich die Eigenschaften der Grenzfunktion einer konvergenten Folge harmonischer Funktionen und filtrierenden Familie solcher Funktionen anzusehen.

Lemma 2.17 (*Harnack*) Ist $\{h_\alpha: \alpha \in \mathfrak{A}\}$ ein Netz harmonischer Funktionen auf einer offenen Menge R, das auf R gleichmäßig gegen h konvergiert, so ist h auf R harmonisch.

Beweis: Da die Konvergenz auf R gleichmäßig ist, muß h auf R stetig sein. Sei $x \in R$ und $\bar{B}_{x,\delta} \subset R$. Nochmaliges Ausnutzen der gleichmäßigen Konvergenz liefert dann

$$h(x) = \lim_{\mathfrak{A}} \frac{1}{\sigma_n \delta^{n-1}} \int_{\partial B_{x,\delta}} h_\alpha d\sigma = \frac{1}{\sigma_n \delta^{n-1}} \int_{\partial B_{x,\delta}} h\, d\sigma = L(h: x, \delta).$$

Nach Korollar 2.9 ist h somit harmonisch auf R. ⌟

Satz 2.18 Sei $\mathscr{F}$ eine Familie harmonischer Funktionen auf einer offenen Menge R, die in einer Umgebung jedes Punktes von R gleichmäßig beschränkt ist, und sei K eine kompakte Teilmenge von R. Dann ist die Familie $\mathscr{F}$ gleichgradig gleichmäßig stetig auf K; überdies besitzt jedes Netz $\{h_\alpha: \alpha \in \mathfrak{A}\}$ ein Teilnetz, das gleichmäßig auf K konvergiert. Ist $\{h_\alpha: \alpha \in \mathfrak{A}\}$ ein konvergentes Netz gleichmäßig beschränkter, harmonischer Funktionen auf R, so ist $\lim_{\mathfrak{A}} h_\alpha$ harmonisch auf R.

Beweis: Wegen der Kompaktheit von K ist die Familie $\mathscr{F}$ auf einer Umgebung W von K beschränkt. Sei $\sup\{|h(x)|: x \in W, h \in \mathscr{F}\} \leq m$, und sei $\varrho > 0$ mit $\bar{B}_{x,\varrho} \subset W$ für alle $x \in K$. Dann gilt für alle $x, y \in K$

$$|h(x) - h(y)| = \left| \frac{1}{\nu_n \varrho^n} \int_{B_{x,\varrho}} h(z)\,dz - \frac{1}{\nu_n \varrho^n} \int_{B_{y,\varrho}} h(z)\,dz \right|$$

$$\leq \frac{m}{\nu_n \varrho^n} \int_{B_{x,\varrho} \Delta B_{y,\varrho}} dz.$$

Da das Volumen von $B_{x,\varrho} \Delta B_{y,\varrho}$ beliebig klein gemacht werden kann, indem man $\|x-y\|$ klein macht, kann $|h(x) - h(y)|$ gleichzeitig für alle $h \in \mathscr{F}$ und alle $x, y \in K$ beliebig klein gemacht werden, wenn nur $\|x-y\|$ klein ist. Dies beweist, daß die Familie $\mathscr{F}$ gleichgradig gleichmäßig stetig auf K ist, insbesondere also gleichgradig stetig auf R ist. Die zweite Behauptung folgt aus der Tatsache, daß das Netz $\{h_\alpha: \alpha \in \mathfrak{A}\}$, das auf K gleichmäßig beschränkt und gleichgradig stetig ist, ein Teilnetz besitzt, das nach dem Satz von Arzela-Ascoli gleichmäßig auf K konvergiert. Sei jetzt $\{h_\alpha: \alpha \in \mathfrak{A}\}$ ein konvergentes Netz gleichmäßig beschränkter, harmonischer Funktionen auf R und $h = \lim_{\mathfrak{A}} h_\alpha$. Ferner sei W eine offene Teilmenge von R mit kompaktem Abschluß $\bar{W} \subset R$. Dann konvergiert ein Teilnetz $\{h_\beta: \beta \in \mathfrak{B}\}$ auf $\bar{W}$ gleichmäßig gegen h. Nach Lemma 2.17 ist dann h harmonisch auf W und somit auch auf R, da W beliebig war. ┘

Satz 2.19 (*Harnack*) Ist $\{h_j\}$ eine isotone (antitone) Folge harmonischer Funktionen auf einer offenen, zusammenhängenden Menge R, so ist $h(x) = \lim_{j \to \infty} h_j(x)$ entweder identisch $+\infty$ $(-\infty)$ oder harmonisch auf R.

Beweis: Angenommen, es gibt einen Punkt $x \in R$ mit $h(x) < +\infty$. Sei U eine offene Umgebung von x mit kompaktem Abschluß $\bar{U} \subset R$. Für jedes j ist die nichtnegative, harmonische Funktion $h_j - h_1$ nach dem Minimum-Prinzip entweder strikt positiv oder identisch Null auf R. Nach der *Harnack*schen Ungleichung existiert eine Konstante k mit

(d) $$h_j(y) - h_1(y) \leq k[h_j(x) - h_1(x)] \leq k[h(x) - h_1(x)]$$

für alle $y \in \bar{U}$, wenn hierbei $h_j - h_1$ als strikt positiv vorausgesetzt wird. Da (d) aber trivialerweise richtig ist, wenn $h_j - h_1$ identisch Null ist, gilt (d) für alle j und alle $y \in \bar{U}$. Hieraus folgt, daß die Folge $\{h_j\}$ gleichmäßig beschränkt auf U ist. Nach Satz 2.18 ist h harmonisch auf U und daher auch auf R. ┘

Der Rest dieses Abschnittes ist Familien von Funktionen gewidmet, die nicht notwendigerweise Folgen sind.

Definition Eine Familie $\mathscr{F}$ numerischer Funktionen auf R heißt *aufsteigend* filtrierend, wenn es zu jedem Paar $u, v \in \mathscr{F}$ ein $w \in \mathscr{F}$ mit $u \leqq w$ und $v \leqq w$ gibt. Durch Umkehren der Ungleichungen erhält man eine analoge Definition für *absteigend filtrierende* Familien.

Lemma 2.20 (*Choquet*) Sei $\{f_i: i \in I\}$ eine Familie numerischer Funktionen auf einer offenen Menge R. Für $J \subset I$ sei $f_J(x) = \inf_{i \in J} f_i(x)$, $x \in R$. Dann existiert eine abzählbare Menge $I_0 \subset I$, so daß für jede n.u.h., numerische Funktion g auf R mit $g \leq f_{I_0}$ gilt: $g \leq f_I$.

Beweis: Sei $\{U_j\}$ eine abzählbare Basis der Topologie von R. Da wir uns nur mit Ordnungseigenschaften numerischer Funktionen befassen, können wir annehmen, daß die f_i ihre Werte in $[-\pi/2, \pi/2]$ annehmen. Man kann dies erreichen, indem man etwa f_i durch $\arctan f_i$ ersetzt und indem man beachtet, daß die arctan-Funktion eine ordnungstreue Abbildung der erweiterten Zahlengerade ist. Man betrachte $\alpha_j = \inf\{f_I(y): y \in U_j\}$. Da es ein $y' \in U_j$ und ein $i \in I$ gibt, so daß $f_I(y')$ nahe bei α_j und $f_i(y')$ nahe bei $f_I(y')$ ist, existiert zu jedem j ein k_j mit

(e) $$\inf_{y \in U_j} f_{k_j}(y) < \inf_{y \in U_j} f_I(y) + \frac{1}{j}.$$

Sei $I_0 = \{k_j\colon j \geq 1\}$. Seien dann eine n.u.h., numerische Funktion g auf R mit $g \leq f_{I_0}$, $\varepsilon > 0$ und $x \in R$ gegeben. In einer Umgebung von x gilt $g(y) > g(x) - \varepsilon/2$. Daher gibt es ein U_m mit

(i) $x \in U_m$,

(ii) $g(y) > g(x) - \varepsilon/2$ für alle $y \in U_m$,

(iii) $1/m < \varepsilon/2$.

Dann ist $\inf_{y \in U_m} g(y) \geq g(x) - \varepsilon/2$ oder

$$g(x) - \inf_{y \in U_m} g(y) \leq \frac{\varepsilon}{2}.$$

Wegen $g \leq f_{I_0} \leq f_{k_m}$ haben wir

$$\inf_{y \in U_m} g(y) - \inf_{y \in U_m} f_{k_m}(y) \leq 0.$$

Mit $j = m$ wird (e) zu

$$\inf_{y \in U_m} f_{k_m}(y) - \inf_{y \in U_m} f_I(y) < \frac{1}{\text{m}} < \frac{\varepsilon}{2}.$$

Addieren wir die letzten drei Ungleichungen, so erhalten wir

$$g(x) - \inf_{y \in U_m} f_I(y) < \varepsilon$$

und wegen $x \in U_m$ daher

$$g(x) < \inf f_I(y) + \varepsilon \leq f_I(x) + \varepsilon. \qquad \lrcorner$$

Es gilt natürlich ein entsprechender Satz für $f_I = \sup_{i \in I} f_i$ und für n.o.h., numerische Funktionen. Der folgende Satz verallgemeinert Satz 2.19.

Lemma 2.21 Sei $\{h_i\colon i \in I\}$ eine aufsteigend (absteigend) filtrierende Familie harmonischer Funktionen auf einer offenen, zusammenhängenden Menge R. Dann ist $h = \sup_{i \in I} h_i$ ($h = \inf_{i \in I} h_i$) entweder identisch $+\infty$ ($-\infty$) oder harmonisch auf R.

Beweis: Für $i_0 \in I$ ist $\sup\{h_i\colon i \in I\} = \sup\{h_i\colon i \in I, h_i \geq h_{i_0}\}$. Daher können wir annehmen, daß die Familie $\{h_i\colon i \in I\}$ ein kleinstes Element h_{i_0} besitzt. Angenommen, es gibt einen Punkt $x \in R$ mit $h(x) < +\infty$. Sei U eine offene Umgebung von x, deren kompakter Abschluß $\bar{U}$ in R enthalten ist. Wie im Beweis von Satz 2.19 ist die Familie $\{h_i\colon i \in I\}$ auf U gleichmäßig beschränkt. Da diese Familie ein Netz harmonischer Funktionen mit Limes h ist, folgt aus Satz 2.18 die Harmonizität von h auf U und daher auch auf R. $\lrcorner$

Der nächste Satz ist eine Verallgemeinerung des klassischen Satzes von Dini, der besagt, daß aus der Konvergenz einer monotonen Folge stetiger Funktionen auf einem kompakten Raum gegen eine stetige Funktion bereits die gleichmäßige Konvergenz folgt.

Lemma 2.22 (*Dini-Cartan*) Sei $\{f_i\colon i\in I\}$ eine absteigend filtrierende Familie n.o.h., nichtnegativer, numerischer Funktionen auf einem kompaktem Raum X. Ist dann $\inf_{i\in I} f_i = 0$, so gibt es zu jedem $\varepsilon > 0$ ein $i_0 \in I$ mit $f_{i_0} < \varepsilon$.

Beweis: Zu jedem $x\in X$ gibt es ein i_x mit $f_{i_x}(x) < \varepsilon$. Da f_{i_x} n.o.h. ist, existiert eine Umgebung U_x von x mit $f_{i_x}(y) < \varepsilon$ für alle $y \in U_x$. Da $\{U_x\colon x\in X\}$ eine offene Überdeckung von X ist, gibt es endlich viele Punkte $x_1, \dots, x_p$ mit $X \subset \bigcup_{j=1}^{p} U_x$. Da die Familie $\{f_i\colon i\in I\}$ absteigend filtrierend ist, existiert eine Funktion $f_{i_0} \leq f_{i_{x_j}}$, $j = 1, \dots, p$. Sei $x\in X$. Dann gilt $x \in U_{x_j}$ für ein j und damit

$$f_{i_0}(x) \leq f_{i_{x_j}}(x) < \varepsilon. \qquad \lrcorner$$

Das folgende Lemma ist eine Verallgemeinerung des Satzes von *B.Levi* über monotone Konvergenz und wird später benötigt werden.

Lemma 2.23 Sei μ ein Maß auf den *Borel*schen Teilmengen eines kompakten, metrischen Raumes X, und sei $\{f_i\colon i\in I\}$ eine absteigend filtrierende Familie reeller, n.o.h. Funktionen auf X. Dann gilt

$$\inf_{i\in I} \int f_i \, d\mu = \int \inf_{i\in I} f_i \, d\mu.$$

Beweis: Da das Infimum jeder Familie n.o.h. Funktionen wiederum n.o.h. ist, ist das Integral auf der rechten Seite definiert. Ist $\inf_{i\in I} f_i = 0$, so ist das Integral auf der rechten Seite Null. Nach dem vorhergehenden Lemma gibt es zu vorgegebenem $\varepsilon > 0$ ein $i_0 \in I$ mit $f_{i_0} < \varepsilon$, also ist

$$0 \leq \inf_{i\in I} \int f_i \, d\mu \leq \int f_{i_0} \, d\mu \leq \varepsilon\mu(X).$$

Da ε beliebig war, haben wir $\inf_{i\in I} \int f_i d\mu = 0$, und das Lemma ist richtig, wann immer $\inf_{i\in I} f_i = 0$ ist. Sei jetzt $g = \inf_{i\in I} f_i \neq 0$. Sei $\lambda > \int g d\mu$. Da g n.o.h. und nach oben beschränkt ist, gibt es eine stetige, reelle Funktion $\Phi \geqq g$ mit $\int \Phi d\mu \leqq \lambda$. Da Φ stetig ist, ist $(f_i - \Phi)$ für jedes i n.o.h. und
$(f_i - \Phi)^+ = \operatorname{Max}(f_i - \Phi, 0)$ ist n.o.h. Offenbar ist $\inf_{i\in I}(f_i - \Phi)^+ = 0$. Aus dem ersten Teil des Beweises folgt

$$\inf_{i\in I} \int (f_i - \Phi) \, d\mu \leq \inf_{i\in I} \int (f_i - \Phi)^+ \, d\mu = \int \inf_{i\in I} (f_i - \Phi)^+ \, d\mu = 0.$$

Daher gilt

$$\inf_{i\in I} \int f_i d\mu \leq \int \Phi d\mu \leq \lambda;$$

da aber λ eine beliebige Zahl größer als $\int g d\mu$ war, ist

$$\inf_{i\in I} \int f_i d\mu \leq \int \inf_{i\in I} f_i d\mu.$$

Hieraus folgt die Behauptung, da die umgekehrte Ungleichung trivialerweise gültig ist. ┘

2.6 Die Kelvin-Transformation

Die Abbildung $x \to x^\star$, definiert durch

$$x^\star = y + \frac{\varrho^2}{\|y-x\|^2}(x-y), \qquad x \neq y,$$

ist besonders nützlich, um das *Dirichlet*sche Problem für unbeschränkte Gebiete zu lösen, und wird als eine *Inversion* bzgl. der Sphäre $\partial B_{y,\varrho}$ bezeichnet. Sei R eine offene Teilmenge von $E^n \sim \{y\}$, und sei $R^\star$ das Bild von R unter dieser Abbildung. Ist $f^\star$ eine auf $R^\star$ definierte, numerische Funktion, so definiert die Gleichung

$$f(x) = \frac{\varrho^{n-2}}{r^{n-1}} f^\star\left(y + \frac{\varrho^2}{r^2}(x-y)\right),$$

wenn hierbei $r = \|y-x\|$ und $r^{n-2} = 1$ für $n = 2$ ist, eine numerische Funktion f auf R. Die auf diese Weise definierte Abbildung $f^\star \to f$ wird *Kelvin-Transformation* genannt. Der Definition entnimmt man sofort, daß eine Inversion Sphären oder Ebenen in Sphären oder Ebenen abbildet.

Satz 2.24 Die Kelvin-Transformation erhält Positivität und Harmonizität.

Beweis: Daß die Positivität erhalten bleibt, folgt unmittelbar aus der Definition. Der Beweis, daß f harmonisch auf R ist, wann immer $f^\star$ harmonisch auf $R^\star$ ist, wird ausgeführt, indem man den *Laplace*-Operator $\Delta_{(x)}$ anwendet auf

$$\frac{\varrho^{n-2}}{r^{n-2}} f^\star\left(y + \frac{\varrho^2}{r^2}(x-y)\right).$$

Hierbei benutzt man die Kettenregel für die Differentiation; diese Rechnung ist einfach, aber langwierig. ┘

Als Anwendung dieses Satzes erhalten wir eine Darstellung für nichtnegative, harmonische Funktionen auf einen Halbraum.

Satz 2.25 Ist h eine positive, harmonische Funktion auf der offenen Menge $R = \{(x_1, \ldots, x_n): x_n > 0\}$, so existieren eine nichtnegative Konstante c und ein Maß μ auf ∂R mit

$$h(x) = c x_n + \frac{2x_n}{\sigma_n} \int_{\partial R} \frac{1}{\|z - x\|^n} \, d\mu(z)$$

für alle $x \in R$.

Beweis: Sei $y = (0, \ldots, 0, -1)$. Man betrachte eine Inversion bzgl. $\partial B_{y,1}$. Man sieht sofort, daß das Bild von R unter dieser Abbildung die Kugel $R^\star = \{z^\star: \|z^\star - x_0^\star\| < {}^1/_2\}$ ist, wobei $x_0^\star = (0, \ldots, 0, -{}^1/_2)$ ist. Sei $h^\star$ das Bild von h unter der Kelvin-Transformation bzgl. $\partial B_{y,1}$. Dann ist $h^\star$ eine positive, harmonische Funktion auf $R^\star$, und wir wissen, daß es ein Maß $\mu^\star$ auf $\partial R^\star$ gibt mit

$$h^\star(x^\star) = \frac{2}{\sigma_n} \int_{\partial R^\star} \frac{\frac{1}{4} - \|x^\star - x_0^\star\|^2}{\|z^\star - x^\star\|^n} \, d\mu^\star(z^\star)$$

für alle $x^\star \in R^\star$.

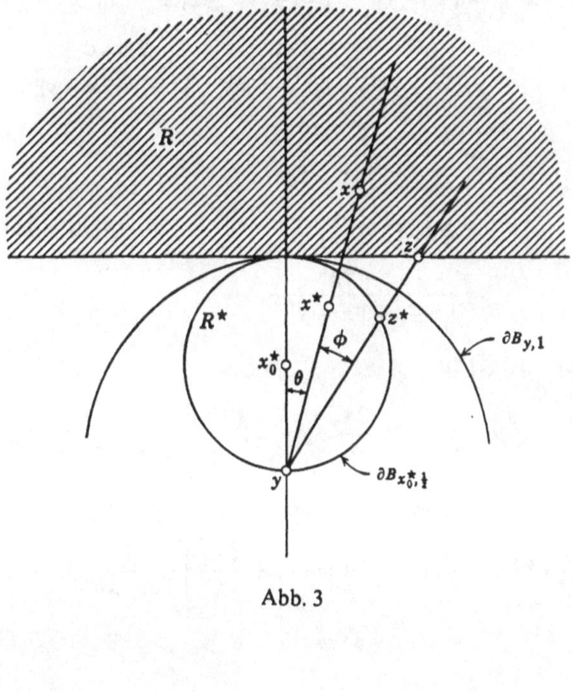

Abb. 3

Sei $c = (2/\sigma_n)\mu^\star(\{y\}) \geqq 0$, und sei $\mu_1^\star = \mu^\star|_{\partial R^\star \sim \{y\}}$. Dann gilt

$$\text{(f)} \qquad h^\star(x^\star) = c\,\frac{\tfrac{1}{4} - \|x^\star - x_0^\star\|^2}{\|y - x^\star\|^n} + \frac{2}{\sigma_n}\int\limits_{\partial R^\star} \frac{\tfrac{1}{4} - \|x^\star - x_0^\star\|^2}{\|z^\star - x^\star\|^n}\, d\mu_1^\star(z^\star).$$

Bezeichnet θ den Winkel zwischen der Strecke von y nach $x^\star$ und der x_n-Achse, so ist nach dem Kosinussatz

$$\tfrac{1}{4} - \|x^\star - x_0^\star\|^2 = -\|x^\star - y\|^2 + \|x^\star - y\|\cos\theta.$$

Wegen $\|x^\star - y\|\,\|x - y\| = 1$ nach Definition von $x^\star$ ist weiter

$$\tfrac{1}{4} - \|x^\star - x_0^\star\|^2 = \frac{1}{\|x - y\|^2}\,[-1 + \|x - y\|\cos\theta].$$

Da $\|x - y\|\cos\theta = x_n + 1$ ist, wenn x_n hierbei die n-te Komponente von x bezeichnet, haben wir

$$\text{(g)} \qquad \tfrac{1}{4} - \|x^\star - x_0^\star\|^2 = \frac{x_n}{\|x - y\|^2}.$$

Bezeichnet Φ den Winkel zwischen den Strecken von $z^\star$ nach y und von $x^\star$ nach y, so erhalten wir

$$\text{(h)} \qquad \begin{aligned} \|z^\star - x^\star\|^2 &= \|z^\star - y\|^2 + \|x^\star - y\|^2 - 2\|z^\star - y\|\,\|x^\star - y\|\cos\Phi \\ &= \frac{1}{\|z - y\|^2} + \frac{1}{\|x - y\|^2} - \frac{2\cos\Phi}{\|z - y\|\,\|x - y\|} \\ &= \frac{1}{\|z - y\|^2\|x - y\|^2} \\ &\quad \times [\|x - y\|^2 + \|z - y\|^2 - 2\|x - y\|\,\|z - y\|\cos\Phi] \\ &= \frac{\|z - x\|^2}{\|z - y\|^2\|x - y\|^2}. \end{aligned}$$

Mit (g) und (h) wird (f) zu

$$h^\star(x^\star) = c x_n \|y - x\|^{n-2} + \frac{2x_n}{\sigma_n}\|y - x\|^{n-2}\int\limits_{\partial R^\star} \frac{1}{\|z - x\|^n}\|z - y\|^n\, d\mu_1^\star(z^\star)$$

oder zu

$$\frac{1}{\|y - x\|^{n-2}}\, h^\star\!\left(y + \frac{1}{r^2}(x - y)\right) = c x_n + \frac{2x_n}{\sigma_n}\int\limits_{\partial R^\star} \frac{1}{\|z - x\|^n}\|z - y\|^n\, d\mu_1^\star(z^\star).$$

Die linke Seite der letzten Gleichung ist gerade $h(x)$. Bezeichnen wir die Abbildung $z^\star \to z$ mit $\mathbf{T}$, so induziert das Maß $\mu_1^\star$ auf $\partial R^\star$ durch $\mu_1^\star = \mu_1 \mathbf{T}^{-1}$ ein Maß μ_1 auf ∂R. Definieren wir für jede *Borel*sche Menge E $\mu(E) = \int_E \|z-y\|^n d\mu_1(z)$, so kann die letzte Gleichung als

(j) $$h(x) = cx_n + \frac{2x_n}{\sigma_n} \int\limits_{\partial R} \frac{1}{\|z-x\|^n} d\mu(z)$$

geschrieben werden, und das ist die gewünschte Darstellung. ┘

Wir werden die rechte Seite von (j) mit $\mathbf{PI}(c, \mu, R)$ bezeichnen, wenn hierbei R der Halbraum $\{(x_1, \ldots, x_n): x_n > 0\}$ ist, und nennen $\mathbf{PI}(c, \mu, R)$ das *Poissonsche Integral* des Paares (c, μ) für den Halbraum R. Wir wollen dabei erlauben, daß c eine beliebige reelle Zahl ist und daß μ ein beliebiges signiertes Maß ist. Ebenso wie vorher sei $\boldsymbol{PI}(c, f, R) = \boldsymbol{PI}(c, \mu, R)$, wenn μ eine meßbare Funktion f auf der Ebene ∂R bzgl. des *Lebesgue*schen Maßes als Dichtefunktion besitzt, d.h.

$$\boldsymbol{PI}(c, f, R)(x) = cx_n + \frac{2x_n}{\sigma_n} \int\limits_{\partial R} \frac{f(z)}{\|z-x\|^n} dz,$$

wobei $x = (x_1, \ldots, x_n)$ mit $x_n > 0$ ist. Obwohl wir nicht eine Umkehrung des vorhergehenden Satzes anstreben, werden wir eine teilweise Umkehrung angeben. Im folgenden Satz bezeichnet R den Halbraum $\{(x_1, \ldots, x_n): x_n > 0\}$. Obwohl dieser Satz mit Hilfe der *Kelvin*-Transformation bewiesen werden könnte, wollen wir einen direkten Beweis angeben.

Satz 2.26 Ist f eine beschränkte, meßbare Funktion auf ∂R und ist c eine beliebige reelle Zahl, so ist $h = \boldsymbol{PI}(c, f, R)$ harmonisch auf R. Ist f stetig in $z_0 \in \partial R$, so gilt $\lim_{x \to z_0} h(x) = f(z_0)$. Überdies konvergiert $h(x)/\|x\|$ für $\|x\| \to +\infty$ entlang der positiven x_n-Achse gegen den Grenzwert c.

Beweis: Wir zeigen zunächst, daß das Integral auf der rechten Seite der Gleichung

(k) $$h(x) = cx_n + \frac{2x_n}{\sigma_n} \int\limits_{\partial R} \frac{f(z)}{\|z-x\|^n} dz$$

für alle $x \in R$ endlich ist. Da f beschränkt ist, genügt es, das Integral

$$\int\limits_{\partial R} \frac{1}{\|z-x\|^n} dz = \int\limits_{\partial R} \frac{1}{(\|z-x\|^2)^{n/2}} dz$$

zu betrachten. Sei x^* die Projektion von x auf ∂R; es gilt $\|z-x\|^2 = x_n^2 + \|z-x^*\|^2$.

Damit wird

$$\int_{\partial R} \frac{1}{(\|z-x\|^2)^{n/2}}\,dz = \int_{\partial R\cap\{\|z-x^*\|<1\}} \frac{1}{(\|z-x\|^2)^{n/2}}\,dz + \int_{\partial R\cap\{\|z-x^*\|\geq 1\}} \frac{1}{(\|z-x\|^2)^{n/2}}\,dz$$

$$\leq \int_{\partial R\cap\{\|z-x^*\|<1\}} \frac{1}{x_n^n}\,dz + \int_{\partial R\cap\{\|z-x^*\|\geq 1\}} \frac{1}{\|z-x^*\|^n}\,dz.$$

Beachten wir, daß ∂R ein $(n-1)$-dimensionaler Euklidischer Raum ist, und führen wir sphärische Koordinaten (r, θ) eines Punktes $z\in\partial R$ bzgl. x^* ein, so wird

$$\int_{\partial R\cap\{\|z-x^*\|\geq 1\}} \frac{1}{\|z-x^*\|^n}\,dz = \int_1^\infty \int_{\|\theta\|=1} r^{n-2}\frac{1}{r^n}\,d\sigma(\theta)\,dr = \sigma_{n-1}.$$

Daher ist das fragliche Integral immer endlich. Dieselbe Art der Beweisführung kann benutzt werden, um zu zeigen, daß der *Laplace*-Operator $\Delta_{(x)}$ auf beide Seiten von (k) angewandt werden darf, um die Harmonizität von h auf R nachzuweisen. Der Beweis verläuft geradlinig, ist aber langwierig und verlangt eine Rechtfertigung der Differentiation unter dem Integralzeichen. Ist speziell $c=0$ und $f=1$, so ist

$$x \to \frac{2x_n}{\sigma_n}\int_{\partial R}\frac{1}{\|z-x\|^n}\,dz, \qquad x\in R,$$

harmonisch auf R. Man beachte, daß das Integral unverändert bleibt, wenn man zu x einen Vektor aus ∂R addiert. Eine derartige Operation ist eine Translation von x in eine Richtung senkrecht zur x_n-Achse. Mit anderen Worten: das Integral

$$\int_{\partial R} (\|z-x\|^n)^{-1}\,dz$$

ist nur eine Funktion von x_n. Sei

$$g(x_n) = \frac{2x_n}{\sigma_n}\int_{\partial R}\frac{1}{\|z-x\|^n}\,dz.$$

Da g eine harmonische Funktion von x ist, gilt $d^2 g/dx_n^2 = 0$, also $g(x_n) = ax_n + b$.

Wir zeigen jetzt $a = 0$. Sei $x = (x_1, \ldots, x_n)$ ein Punkt mit $x_n > 0$. Dann gilt

$$\begin{aligned} g(x_n) &= \frac{2x_n}{\sigma_n} \int\limits_{\partial R} \frac{1}{(\|z\|^2 + x_n^2)^{n/2}} dz_1 \ldots dz_{n-1} \\ &= \frac{2}{\sigma_n} \int\limits_{\partial R} \frac{1}{(\|z/x_n\|^2 + 1)^{n/2}} d\left(\frac{z_1}{x_n}\right) \ldots d\left(\frac{z_{n-1}}{x_n}\right) \\ &= \frac{2}{\sigma_n} \int\limits_{\partial R} \frac{1}{(\|z\|^2 + 1)^{n/2}} dz. \end{aligned}$$

Hieraus folgt $ax_n + b = g(x_n) = g(1)$ für alle $x_n > 0$ und daher $a = 0$ und $b = g(1)$. Bezeichnen (r, θ) die sphärischen Koordinaten eines Punktes $z \in \partial R$ bzgl. des Nullpunktes, so erhalten wir

$$\begin{aligned} g(1) &= \frac{2}{\sigma_n} \int\limits_{\partial R} \frac{1}{(\|z\|^2 + 1)^{n/2}} dz = \frac{2}{\sigma_n} \int\limits_0^\infty \int\limits_{\|\theta\|=1} \frac{r^{n-2}}{(r^2 + 1)^{n/2}} d\sigma(\theta)\, dr \\ &= \frac{2\sigma_{n-1}}{\sigma_n} \int\limits_0^\infty \frac{r^{n-2}}{(r^2 + 1)^{n/2}} dr. \end{aligned}$$

Mit Hilfe einer Formelsammlung können wir zeigen, daß die rechte Seite gleich 1 ist, d.h. $g(x_n) = 1$ für alle $x_n > 0$, also ist

$$\frac{2x_n}{\sigma_n} \int\limits_{\partial R} \frac{1}{\|z - x\|^n} dz = 1$$

für alle $x \in R$. Dies zeigt $\mathbf{PI}(0, 1, R) = 1$ auf R. Es folgt für $x = (0, \ldots, 0, x_n)$

$$\lim_{\|x\| \to +\infty} \frac{2}{\sigma_n} \int\limits_{\partial R} \frac{1}{\|z - x\|^n} dz = 0$$

und damit

$$\lim_{\|x\| \to +\infty} \frac{h(x)}{\|x\|} = c + \lim_{\|x\| \to +\infty} \frac{2}{\sigma_n} \int\limits_{\partial R} \frac{f(z)}{\|z - x\|^n} dz = c,$$

da f beschränkt ist.

Sei jetzt f stetig in $z_0 \in \partial R$. Um $\lim_{x \to z_0} h(x) = f(z_0)$ zu zeigen, genügt es, wie im Beweis von Lemma 2.5 zu beweisen, daß aus $f(z) \leq k$ in einer Umgebung von z_0 $\limsup_{x \to z_0} h(x) \leq k$ folgt, wobei $k > 0$ ist. Sei also $f(z) \leq k$ für alle $z \in \partial R \cap B_{z_0, \varepsilon}$.

Da der Ausdruck cx_n für $x \to z_0$ sicherlich gegen Null strebt, genügt es,

$$\frac{2x_n}{\sigma_n} \int\limits_{\partial R \cap \{\|z-z_0\|<\varepsilon\}} \frac{f(z)}{\|z-x\|^n} dz + \frac{2x_n}{\sigma_n} \int\limits_{\partial R \cap \{\|z-z_0\| \geq \varepsilon\}} \frac{f(z)}{\|z-x\|^n} dz$$

zu betrachten. Für alle $x \in R$ gilt

$$\frac{2x_n}{\sigma_n} \int\limits_{\partial R \cap \{\|z-z_0\|<\varepsilon\}} \frac{f(z)}{\|z-x\|^n} dz \leqq k\,\mathbf{PI}(0, 1, R)(x) = k.$$

Sei $|f(z)| \leqq m$ für alle $z \in \partial R$. Ist $x \in B_{z_0, \varepsilon/2}$ und ist x^* die Projektion von x auf ∂R, so folgt

$$\frac{2x_n}{\sigma_n} \int\limits_{\partial R \cap \{\|z-z_0\| \geq \varepsilon\}} \frac{f(z)}{\|z-x\|^n} dz \leq m \frac{2x_n}{\sigma_n} \int\limits_{\partial R \cap \{\|z-z_0\| \geq \varepsilon\}} \frac{1}{\|z-x^*\|^n} dz.$$

Führen wir sphärische Koordinaten (r, θ) eines Punktes $z \in \partial R \sim B_{z_0, \varepsilon}$ bzgl. x^* ein und benutzen wir die Tatsache, daß $\|z - x^*\| \geq \varepsilon/2$ für $z \in \partial R \sim B_{z_0, \varepsilon}$ gilt, so erhalten wir

$$\int\limits_{\partial R \cap \{\|z-z_0\| \geq \varepsilon\}} \frac{1}{\|z-x^*\|^n} dz \leq \int\limits_{\partial R \cap \{\|z-x^*\| \geq \varepsilon/2\}} \frac{1}{\|z-x^*\|^n} dz = \sigma_{n-1} \int\limits_{\varepsilon/2}^{\infty} r^{n-2} \frac{1}{r^n} dr = \frac{2\sigma_{n-1}}{\varepsilon}$$

und daher

$$\frac{2x_n}{\sigma_n} \int\limits_{\partial R \cap \{\|z-z_0\| \geq \varepsilon\}} \frac{f(z)}{\|z-x\|^n} dz \leq \frac{4m\sigma_{n-1} x_n}{\sigma_n \varepsilon}.$$

Wegen $x_n \to 0$ für $x \to z_0$ haben wir

$$\limsup_{x \to z_0} \frac{2x_n}{\sigma_n} \int\limits_{\partial R \cap \{\|z-z_0\| \geq \varepsilon\}} \frac{f(z)}{\|z-x\|^n} dz \leq 0$$

und daher

$$\limsup_{x \to z_0} h(x) \leqq \limsup_{x \to z_0} \frac{2x_n}{\sigma_n} \int\limits_{\partial R \cap \{\|z-z_0\|<\varepsilon\}} \frac{f(z)}{\|z-x\|^n} dz \leq k,$$

was zu beweisen war. ┘

Dieser Satz zeigt die Schwierigkeiten auf, die mit dem *Dirichlet*schen Problem für unbeschränkte Gebiete verbunden sind. Das *Dirichlet*sche Problem besitzt für den Halbraum R keine eindeutige Lösung, da die Wahl von c in $\boldsymbol{PI}(c, f, R)$ beliebig ist.

3. Randverhalten Harmonischer Funktionen

Ist $h = \boldsymbol{PI}(\mu, B)$ auf der Kugel B und ist μ das Maß mit einer stetigen Randfunktion f als Dichte bzgl. des Oberflächenmaßes σ, so wissen wir, daß $\lim_{z \to x} h(z) = f(x)$ für alle $x \in \partial B$ gilt. Da f f.ü.(σ) mit der Ableitung von μ bzgl. σ übereinstimmt, hängt das Randverhalten von h mit der Ableitung $d\mu/d\sigma$ zusammen. Da es verschiedene Wege gibt, die Ableitung $d\mu/d\sigma$ zu definieren, können wir verschiedene Sätze über das Verhalten am Rande erhalten, die davon abhängen, welche Ableitung benutzt wird. Im allgemeinen wird eine Definition der Ableitung, die die stärksten Bedingungen an μ stellt, so daß die Ableitung existiert, die schärfsten Ergebnisse liefern. Wir benutzen zuerst einen schwachen Typ einer Ableitung, der es uns erlauben wird, das Verhalten von h längs radialer Annäherung an den Rand zu beschreiben. Um eine allgemeinere Annäherung an den Rand zuzulassen, wird es nötig sein, die Differentiation genauer anzusehen. Nachdem wir dies getan haben, werden wir die „nicht-tangentiale" Annäherung an den Rand untersuchen.

3.1 Radiale Limiten

Um die Bezeichnungsweise zu vereinfachen, betrachten wir eine Kugel $B = B_{0,\varrho} \subset E^n$. Dabei ist es nicht wesentlich, daß 0 der Mittelpunkt von B ist. Man betrachte $z \in \partial B$ und $0 \leqq \alpha \leqq \pi/2$. Es bezeichne $C_{z,\alpha}$ einen Kegel mit Spitze in 0, dessen Achse mit z übereinstimmt und dessen Halbwinkel α ist, d.h.

$$C_{z,\alpha} = \left\{ y\colon \cos\alpha \leqq \frac{(y, z)}{\|y\|\,\|z\|} \leqq 1 \right\}.$$

Der Kegel $C_{z,\alpha}$ bestimmt eine *abgeschlossene Polkappe* $K_{z,\alpha} = C_{z,\alpha} \cap \partial B$, deren Mittelpunkt z und deren sphärischer Winkel α ist. Wir bezeichnen mit $\mathfrak{K}_x$ das System aller abgeschlossenen Polkappen mit Mittelpunkt x. Sei $\mathfrak{K} = \bigcup_{x \in \partial B} \mathfrak{K}_x$. Ferner sei μ ein signiertes Maß von beschränkter Variation auf den *Borel*schen Teilmengen von ∂B; überdies bezeichne σ wie üblich das Oberflächenmaß auf denselben *Borel*schen Mengen.

Definitionen 1. Existiert $\lim_{\sigma(K) \to 0} \mu(K)/\sigma(K)$, wobei K eine beliebige, $x \in \partial B$ enthaltende, abgeschlossene Polkappe ist, so heißt dieser Limes die *Ableitung* von μ bzgl. σ im Punkte x und wird mit $D\mu(x)$ bezeichnet.

2. Existiert derselbe Limes, wenn K nur $\mathfrak{K}_x$ durchläuft, so heißt dieser Limes die

symmetrische Ableitung von μ bzgl. σ im Punkte x und wird mit $D_s\mu(x)$ bezeichnet. Wenn $D\mu$ in $x \in \partial B$ definiert ist, so ist offenbar auch $D_s\mu$ in x definiert, und beide Ausdrücke sind gleich.

Der Grenzwertsatz über radiale Annäherung an den Rand, der jetzt bewiesen wird, benutzt die schwächere der beiden oben definierten Ableitungen.

Satz 3.1 Sei μ ein signiertes Maß von beschränkter Variation auf den *Borel*schen Teilmengen von ∂B, sei $h = \boldsymbol{PI}(\mu, B)$ auf B, und sei die symmetrische Ableitung $D_s\mu(x)$ in $x \in \partial B$ definiert und gleich a. Dann existiert $\lim_{\lambda\to 1-} h(\lambda x)$ und ist gleich a.

Beweis: Wir zeigen zunächst, daß wir $a = 0$ annehmen können. Dazu betrachte man das signierte Maß $\mu - a\sigma$, das auch von beschränkter Variation ist. Dann gilt $D_s(\mu - a\sigma)(x) = D_s\mu(x) - aD_s\sigma(x) = 0$ und $\boldsymbol{PI}(\mu - a\sigma, B) = \boldsymbol{PI}(\mu, B) - a\boldsymbol{PI}(\sigma, B) = h - a$. Könnten wir also $\lim_{\lambda\to 1-}[h(\lambda x) - a] = 0$ zeigen, so hätten wir $\lim_{\lambda\to 1-} h(\lambda x) = a$. Ersetzen wir somit μ notfalls durch $\mu - a\sigma$, so können wir $a = 0$ annehmen. Wegen $D_s\mu(x) = \lim_{\sigma(K)\to 0,\, K\in\mathfrak{K}_x} \mu(K)/\sigma(K) = 0$ existiert zu gegebenem $\varepsilon > 0$ ein Winkel ϕ mit $1 > \cos\phi > 1/2$ und $|\mu(K)| < \varepsilon\sigma(K)$, wann immer $K \in \mathfrak{K}_x$ und $K \subset K_{x,\phi}$ ist. Aus dem Satz von *Lebesgue* über die majorisierte Konvergenz ersieht man sofort, daß

(a)
$$\lim_{\lambda\to 1^-} \frac{1}{\sigma_n \varrho} \int\limits_{\partial B \sim K_{x,\phi}} \frac{\varrho^2 - \|\lambda x\|^2}{\|y - \lambda x\|^n}\, d\mu(y) = 0$$

gilt. Es bleibt

(b)
$$\lim_{\lambda\to 1^-} \frac{1}{\sigma_n \varrho} \int\limits_{K_{x,\phi}} \frac{\varrho^2 - \|\lambda x\|^2}{\|y - \lambda x\|^n}\, d\mu(y) = 0$$

zu beweisen. Sei γ der Winkel zwischen λx und $y \in K_{x,\phi}$. Bezeichnet $J(\lambda)$ das Integral in (b), so erhalten wir nach dem Kosinussatz

$$J(\lambda) = \int\limits_{K_{x,\phi}} \frac{\varrho^2 - \|\lambda x\|^2}{(\varrho^2 + \|\lambda x\|^2 - 2\varrho\|\lambda x\|\cos\gamma)^{n/2}}\, d\mu(y).$$

Der Winkel γ ist natürlich eine Funktion von y. Für festes λx hängt der Integrand nur von dem Winkel γ ab. Sei

$$F(\gamma) = \int\limits_{K_{x,\gamma}} d\mu(y).$$

Dann gilt

$$J(\lambda) = \int_0^{\phi} \frac{\varrho^2 - \|\lambda x\|^2}{(\varrho^2 + \|\lambda x\|^2 - 2\varrho\|\lambda x\|\cos\gamma)^{n/2}}\, dF(\gamma).$$

Durch partielle Integration erhalten wir

$$\text{(c)} \qquad J(\lambda) = \left.\frac{(\varrho^2 - \|\lambda x\|^2)\, F(\gamma)}{(\varrho^2 + \|\lambda x\|^2 - 2\varrho\|\lambda x\|\cos\gamma)^{n/2}}\right|_0^{\phi}$$

$$+ \frac{n}{2} \int_0^{\phi} \frac{(\varrho^2 - \|\lambda x\|^2)(2\varrho\|\lambda x\|\sin\gamma)\, F(\gamma)}{(\varrho^2 + \|\lambda x\|^2 - 2\varrho\|\lambda x\|\cos\gamma)^{(n+2)/2}}\, d\gamma.$$

Es sei dann $J(\lambda) = J_\phi(\lambda) - J_0(\lambda) + J_i(\lambda)$, wobei $J_\phi(\lambda)$ der an der Stelle $\gamma = \phi$ ausgerechnete erste Ausdruck ist, $J_0(\lambda)$ der an der Stelle $\gamma = 0$ ausgerechnete erste Ausdruck und $J_i(\lambda)$ der zweite Ausdruck auf der rechten Seite ist. Es ist

$$J_\phi(\lambda) = \frac{(\varrho^2 - \|\lambda x\|^2)\, F(\phi)}{(\varrho^2 + \|\lambda x\|^2 - 2\varrho\|\lambda x\|\cos\phi)^{n/2}}.$$

Mit $\lambda \to 1^-$ strebt der Nenner gegen $[2\varrho^2(1 - \cos\phi)]^{n/2} > 0$, wohingegen der Zähler gegen Null strebt, also gilt $\lim_{\lambda \to 1^-} J_\phi(\lambda) = 0$. Man betrachte jetzt

$$J_0(\lambda) = \frac{(\varrho^2 - \|\lambda x\|^2)\, F(0)}{(\varrho^2 + \|\lambda x\|^2 - 2\varrho\|\lambda x\|)^{n/2}}$$

und beachte $F(0) = \mu(\{x\})$; wegen $|\mu(K)| < \varepsilon\sigma(K)$ für jede hinreichend kleine, abgeschlossene Polkappe K mit Mittelpunkt x haben wir $\mu(\{x\}) = 0$ und daher $J_0(\lambda) = 0$. Somit gilt trivialerweise $\lim_{\lambda \to 1^-} J_0(\lambda) = 0$. Es bleibt noch, $J_i(\lambda)$ zu untersuchen. Wegen

$$|F(\gamma)| = |\mu(K_{x,\gamma})| \leq \varepsilon\sigma(K_{x,\gamma}) \quad \text{für} \quad \gamma \leq \phi$$

haben wir

$$|J_i(\lambda)| \leq \frac{n\varepsilon}{2} \int_0^{\phi} \frac{(\varrho^2 - \|\lambda x\|^2)(2\varrho\|\lambda x\|\sin\gamma)\sigma(K_{x,\gamma})}{(\varrho^2 + \|\lambda x\|^2 - 2\varrho\|\lambda x\|\cos\gamma)^{(n+2)/2}}\, d\gamma,$$

und partielle Integration liefert

$$\text{(d)} \qquad |J_i(\lambda)| \leq \varepsilon \left[- \left.\frac{(\varrho^2 - \|\lambda x\|^2)\sigma(K_{x,\gamma})}{(\varrho^2 + \|\lambda x\|^2 - 2\varrho\|\lambda x\|\cos\gamma)^{n/2}}\right|_0^{\phi} \right.$$

$$\left. + \int_0^{\phi} \frac{\varrho^2 - \|\lambda x\|^2}{(\varrho^2 + \|\lambda x\|^2 - 2\varrho\|\lambda x\|\cos\gamma)^{n/2}}\, d_\gamma(\sigma(K_{x,\gamma}))\right].$$

Auf dieselbe Weise, wie $\lim_{\lambda\to 1^-}(J_\phi(\lambda) - J_0(\lambda)) = 0$ gezeigt wurde, kann gezeigt werden, daß der erste Ausdruck in den eckigen Klammern von (d) mit $\lambda \to 1^-$ gegen Null strebt. Das Integral in den eckigen Klammern von (d) ist gerade

$$\int_{K_{x,\phi}} \frac{\varrho^2 - \|\lambda x\|^2}{\|y - \lambda x\|^n} d\sigma(y) \leq \sigma_n \varrho \, \boldsymbol{PI}(1, B) = \sigma_n \varrho.$$

Somit folgt dann aus (d) $\limsup_{\lambda\to 1^-} |J_i(\lambda)| \leq \sigma_n \varrho \varepsilon$ und damit

$$\lim_{\lambda\to 1^-} J(\lambda) = \lim_{\lambda\to 1^-} J_i(\lambda) = 0,$$

da ε beliebig war. ┘

Als ein Beispiel betrachten wir die Kugel $B = B_{0,1} \subset E^2$ und die auf ∂B wie folgt definierte Funktionen:

$$f(x, y) = \begin{cases} 1 & (x, y) \in \partial B, \quad y \geq 0, \\ 0 & (x, y) \in \partial B, \quad y < 0. \end{cases}$$

Sei $\mu(M) = \int_M f d\sigma$ für alle *Borel*schen Mengen $M \subset \partial B$. Dann existiert $D_s\mu$ und ist gleich f, wenn man von den beiden Punkten $(-1, 0)$ und $(1, 0)$ absieht, wo $D_s\mu$ gleich 1/2 ist. Man betrachte die Funktion $h = \boldsymbol{PI}(\mu, B)$ auf B, von der wir wissen, daß sie auf B harmonisch ist. Außerdem wissen wir, daß $\lim_{(x', y')\to(x, y)} h(x', y') = f(x, y)$ für alle $(x, y) \in \partial B$ gilt, die verschieden von $(-1, 0)$ und $(1, 0)$ sind. Aus dem vorhergehenden Satz wissen wir dann, daß $\lim_{\lambda\to 1^-} h(\lambda x, \lambda y) = 1/2$ gilt, wenn (x, y) einer der beiden Ausnahmepunkte ist.

3.2 Ableitungen

Um scharfe Ergebnisse für eine allgemeinere Annäherung an den Rand zu erhalten, werden wir die symmetrische Ableitung durch die Ableitung $D\mu$ zu ersetzen haben. Wir unterbrechen diese Untersuchungen, um die Ableitungstheorie zu entwickeln, die besonders auf Maße anwendbar ist, die auf den *Borel*schen Teilmengen einer Sphäre definiert sind. Der Hauptsatz dieses Abschnittes ist im wesentlichen der klassische Satz von *Lebesgue*, der besagt, daß ein Maß ν von beschränkter Variation auf den *Borel*schen Teilmengen von E^n eine „verallgemeinerte Ableitung" bzgl. des *Lebesgue*schen Maßes μ_n von E^n besitzt, d.h. bezeichnet C abgeschlossene Quader in E^n, so existiert

$$\lim_{\substack{\mu_n(C)\to 0 \\ x \in C}} \frac{\nu(C)}{\mu_n(C)}$$

für fast alle x (bzgl. des *Lebesgue*schen Maßes).

Das Folgende ist für allgemeinere als Euklidische Räume gültig. Sei X ein metrischer Raum mit Metrik d. Für $F \subset X$ bezeichnet
$\delta(F) = \sup\{d(x, y)\colon x, y \in F\}$ den Durchmesser von F; für $F \subset X$ und $x \in X$ bezeichnet
$d(F, x) = \inf\{d(y, x)\colon y \in F\}$ den Abstand zwischen F und x; eine ε-Umgebung von $F \subset X$ wird mit $N(F, \varepsilon) = \{x\colon d(F, x) < \varepsilon\}$ bezeichnet.

Lemma 3.2 Sei X ein kompakter, metrischer Raum, und sei $A \subset X$. Ferner sei $\mathscr{F}$ eine Familie abgeschlossener Teilmengen von X mit der Eigenschaft, daß es zu jedem $x \in A$ eine Menge $F \in \mathscr{F}$ von beliebig kleinem Durchmesser gibt mit $x \in F$. Dann existiert eine abzählbare Familie $\{F_j\}$ disjunkter Elemente von $\mathscr{F}$ mit (i) $A \subset \bigcup_j F_j$, falls die Familie $\{F_j\}$ endlich ist, und (ii)

$$\text{(e)} \qquad A \subset F_1 \cup \cdots \cup F_j \cup \bigcup_{k=j+1}^{\infty} N(F_k, 3\delta(F_k)) \qquad \text{für jedes } j,$$

falls die Familie $\{F_j\}$ unendlich ist.

Beweis: Um die Familie $\{F_j\}$ zu definieren, wähle man F_1 beliebig aus $\mathscr{F}$. Angenommen, $F_1, \ldots, F_k$ sind bereits gewählt worden. Ist $A \subset F_1 \cup \cdots \cup F_k$, so sind wir fertig. Sonst sei

$$\varepsilon_k = \sup\{\delta(F)\colon N(F, \delta(F)) \cap F_i = \emptyset, \qquad i = 1, \ldots, k,\ F \in \mathscr{F}\}.$$

Da es einen Punkt $y \in A$ gibt, der nicht in der abgeschlossenen Menge $\bigcup_{i=1}^{k} F_i$ liegt, und da es Mengen $F \in \mathscr{F}$ von beliebig kleinen Durchmesser gibt, die y enthalten, ist die ε_k definierende Menge nicht-leer; somit ist $\varepsilon_k > 0$. Sei F_{k+1} ein Element aus $\mathscr{F}$ mit

$$N(F_{k+1}, \delta(F_{k+1})) \cap F_i = \emptyset, \qquad i = 1, 2, \ldots, k,$$

$$\delta(F_{k+1}) > \tfrac{2}{3}\varepsilon_k.$$

Somit ist die Familie $\{F_j\}$ induktiv definiert. Angenommen, (e) ist für eine natürliche Zahl $j > 1$ falsch. Ist

$$\text{(f)} \qquad x \in A \sim \left[F_1 \cup \cdots \cup F_j \cup \bigcup_{k=j+1}^{\infty} N(F_k, 3\delta(F_k))\right],$$

so gilt $x \notin \bigcup_{i=1}^{j} F_i$, und es gibt ein $F \in \mathscr{F}$ mit $x \in F$ und $\delta(F) > 0$ und $N(F, \delta(F)) \cap F_i = \emptyset$, $i = 1, \ldots, j$. Wir zeigen jetzt $N(F, \delta(F)) \cap F_k \neq \emptyset$ für ein $k > j$. Dazu nehmen wir das Gegenteil $N(F, \delta(F)) \cap F_k = \emptyset$ für alle k an. Dann gilt

$$\tfrac{2}{3}\delta(F) \leqq \tfrac{2}{3}\varepsilon_{k-1} < \delta(F_k) \qquad \text{für alle } k > 1.$$

Für jedes $k > 1$ sei $y_k \in F_k$. Ist $p < q$, so gilt $N(F_q, \delta(F_q)) \cap F_p = \emptyset$ nach Definition von F_q. Wegen $N(y_q, 2\delta(F)/3) \subset N(F_q, \delta(F_q))$ und $y_p \notin N(F_q, \delta(F_q))$ haben wir $d(y_p, y_q) \geq 2\delta(F)/3$. Die Folge $\{y_k\}$ kann daher keine konvergente Teilfolge besitzen, und wir haben einen Widerspruch zur Kompaktheit von X. Daher gilt $N(F, \delta(F)) \cap F_k \neq \emptyset$ für ein $k > j$. Sei k_0 das kleinste derartige k. Dann gilt $N(F, \delta(F)) \cap F_{k_0 - 1} = \emptyset$ und $\delta(F) \leq \varepsilon_{k_0 - 1}$ nach der Definition von $\varepsilon_{k_0 - 1}$. Daher haben wir

$$\delta(F_{k_0}) > \tfrac{2}{3}\varepsilon_{k_0 - 1} \geq \tfrac{2}{3}\delta(F).$$

Aus (f) und der Tatsache $k_0 > j$ folgt $x \notin N(F_{k_0}, 3\delta(F_{k_0}))$. Gehört andererseits y zu der nicht-leeren Menge $N(F, \delta(F)) \cap F_{k_0}$, so gilt wegen $x \in F$

$$d(x, y) \leq 2\delta(F) < 3\delta(F_{k_0}).$$

Da y nicht in F_{k_0} liegt, haben wir $x \in N(y, 3\delta(F_{k_0})) \subset N(F_{k_0}, 3\delta(F_{k_0}))$, und wir haben einen Widerspruch. Somit ist (e) richtig für $j > 1$. Ist aber (e) für $j = 2$ richtig, so ist (e) auch für $j = 1$ wahr. ┘

Definition Sei μ ein Maß, das auf den *Borel*schen Teilmengen eines kompakten, metrischen Raumes definiert ist. Eine Menge $A \subset X$ heißt *von einer Familie $\mathcal{F}$ abgeschlossener Mengen im Sinne von Vitali überdeckt*, wenn jedes $F \in \mathcal{F}$ positives μ-Maß besitzt und wenn es eine Konstante α gibt, so daß jeder Punkt von A in Mengen $F \in \mathcal{F}$ von beliebig kleinem Durchmesser enthalten ist, für die $\mu(N(F, 3\delta(F)))/\mu(F) \leq \alpha$ gilt.

Satz 3.3 (*Überdeckungssatz von Vitali*) Sei μ ein vollständiges Maß, das auf einer σ-Algera definiert ist, die die *Borel*schen Mengen eines kompakten, metrischen Raumes X enthält. Ist dann $A \subset X$ von einer Familie $\mathcal{F}$ abgeschlossener Mengen im Sinne von Vitali überdeckt, so existiert eine Folge $\{F_j\}$ disjunkter Elemente von $\mathcal{F}$ mit $\mu(A \sim \bigcup_j F_j) = 0$.

Beweis: Wenden wir Lemma 3.2 auf die Menge A an, so erhalten wir eine Folge $\{F_j\}$ disjunkter Elemente von $\mathcal{F}$. Der Satz ist trivialerweise richtig, wenn die Folge endlich ist; anderenfalls gilt

$$A \sim \bigcup_{k=1}^{j} F_k \subset \bigcup_{k=j+1}^{\infty} N(F_k, 3\delta(F))$$

für jedes j. Sei α die Konstante aus der Definition der Überdeckung im Sinne von Vitali. Damit gilt

$$\mu\left(\bigcup_{k=j+1}^{\infty} N(F_k, 3\delta(F_k))\right) \leq \sum_{k=j+1}^{\infty} \mu(N(F_k, 3\delta(F_k))) \leq \alpha \sum_{k=j+1}^{\infty} \mu(F_k).$$

Die letzte Summe strebt für $j \to \infty$ gegen Null, da $\Sigma_k \mu(F_k) \leq \mu(X) < +\infty$ ist. Zu $\varepsilon > 0$ gibt es ein j_ε mit

$$\mu\left(\bigcup_{k=j_\varepsilon+1}^{\infty} N(F_k, 3\delta(F_k))\right) < \varepsilon.$$

Wegen

$$A \sim \bigcup_{k=1}^{\infty} F_k \subset A \sim \bigcup_{k=1}^{j_\varepsilon} F_k \subset \bigcup_{k=j_\varepsilon+1}^{\infty} N(F_k, 3\delta(F_k))$$

und

$$\mu\left(\bigcup_{k=j_\varepsilon+1}^{\infty} N(F_k, 3\delta(F_k))\right) < \varepsilon$$

ist $A \sim \bigcup_{k=1}^{\infty} F_k$ eine Teilmenge einer Menge vom μ-Maß Null und daher meßbar mit μ-Maß Null. ┘

Der Überdeckungssatz von Vitali wird auf folgende Situation angewandt. Für X werden wir ∂B nehmen, wobei $B = B_{0,\varrho} \subset E^n$ ist. Als Familie $\mathscr{F}$ des Überdeckungssatzes von Vitali werden wir das System der abgeschlossenen Polkappen benutzen. Um diesen Satz anzuwenden, werden wir zu zeigen haben, daß die abgeschlossenen Polkappen ∂B im Sinne von Vitali überdecken. Dazu sind einige Abschätzungen über das Oberflächenmaß abgeschlossener Polkappen erforderlich.
Sei $K_{z,\alpha}$, $0 \leqq \alpha < \pi/2$, eine abgeschlossene Polkappe auf ∂B. Wir werden benutzen, daß das Oberflächenmaß invariant unter Rotationen der Sphäre ist, indem wir $z = (0, \ldots, 0, \varrho)$ annehmen. Dann gilt

$$\sigma(K_{z,\alpha}) = \int_{\xi_1^2 + \cdots + \xi_{n-1}^2 \leq \varrho^2 \sin^2\alpha} \cdots \int \frac{\varrho}{(\varrho^2 - \xi_1^2 \cdots - \xi_{n-1}^2)^{1/2}} \, d\xi_1 \cdots d\xi_{n-1}.$$

Wir können dieses Integral auf eine geeignetere Form bringen, indem wir sphärische Koordinaten (θ, r) von $(\xi_1, \ldots, \xi_{n-1})$ einführen. Damit gilt dann

$$\sigma(K_{z,\alpha}) = \int_0^{\varrho \sin\alpha} \varrho \left[\int_{\|\theta\|=1} \cdots \int \frac{r^{n-2}}{(\varrho^2 - r^2)^{1/2}} \frac{1}{(1 - \theta_1^2 \cdots - \theta_{n-2}^2)^{1/2}} \, d\theta_1 \ldots d\theta_{n-2}\right] dr$$

$$= \varrho \sigma_{n-1} \int_0^{\varrho \sin\alpha} \frac{r^{n-2}}{(\varrho^2 - r^2)^{1/2}} \, dr.$$

Man sieht leicht, daß $\delta(K_{z,\alpha}) = 2\varrho \sin\alpha$ ist. Um die Bezeichnung zu vereinfachen, sei $K = K_{z,\alpha}$. Es gibt ein α_0 mit $0 < \alpha_0 < \pi/2$, so daß für $\alpha \leq \alpha_0$ gilt

$$\sigma(N(K, 3\delta(K)) \leq \varrho \sigma_{n-1} \int_0^{7\varrho \sin\alpha} \frac{r^{n-1}}{(\varrho^2 - r^2)^{1/2}} dr$$

$$= \varrho \sigma_{n-1} 7^{n-1} \int_0^{\varrho \sin\alpha} \frac{r^{n-2}}{(\varrho^2 - 49 r^2)^{1/2}} dr.$$

Damit wird dann

$$\frac{\sigma(N(K, 3\delta(K))}{\sigma(K)} \leq \frac{7^{n-1} \int_0^{\varrho\sin\alpha} [r^{n-2}/(\varrho^2 - 49 r^2)^{1/2}]\, dr}{\int_0^{\varrho\sin\alpha} [r^{n-2}/(\varrho^2 - r^2)^{1/2}]\, dr}.$$

Betrachten wir die Integrale als Funktionen der oberen Grenzen und wenden wir den zweiten Mittelwertsatz der Differentialrechnung an, so existiert ein ξ mit $0 < \xi < \varrho \sin\alpha$, und der Quotient auf der rechten Seite der letzten Ungleichung ist gleich

$$\frac{7^{n-1} [\xi^{n-2}/(\varrho^2 - 49\xi^2)^{1/2}]}{\xi^{n-2}/(\varrho^2 - \xi^2)^{1/2}}.$$

Daher gilt

$$\frac{\sigma(N(K, 3\delta(K)))}{\sigma(K)} \leq 7^{n-1} \frac{(\varrho^2 - \xi^2)^{1/2}}{(\varrho^2 - 49\xi^2)^{1/2}}.$$

Mit $\alpha \to 0$ gilt $\xi \to 0$, und der rechte Ausdruck dieser Ungleichung strebt gegen 7^{n-1}. Somit existiert ein α_0' mit $0 < \alpha_0' < \pi/2$, so daß

$$\frac{\sigma(N(K, 3\delta(K)))}{\sigma(K)} \leq \mathit{const.}$$

gilt, wann immer K eine abgeschlossene Polkappe auf ∂B mit sphärischem Winkel $\alpha \leqq \alpha_0'$ ist. Die Familie aller derartigen abgeschlossenen Polkappen überdeckt ∂B im Sinne von Vitali.

Lemma 3.4 Sei μ ein Maß auf den *Borel*schen Teilmengen von ∂B, wobei $B = B_{0,\varrho}$ sei, und sei $0 < r < +\infty$.

(i) Gilt für jedes z in einer Menge $A \subset \partial B$

$$\liminf_{\substack{\sigma(K) \to 0 \\ z \in K \in \mathfrak{K}}} \frac{\mu(K)}{\sigma(K)} < r,$$

so enthält jede Umgebung von A eine offene Menge Q mit $\sigma(A \sim Q) = 0$ und $\mu(Q) < r\sigma(Q)$.

(ii) Gilt für jedes z in einer Menge $A \subset \partial B$

$$\limsup_{\substack{\sigma(K)\to 0\\ z\in K\in\mathfrak{K}}} \frac{\mu(K)}{\sigma(K)} > r,$$

so enthält jede Umgebung von A eine *Borel*sche Menge A_0 mit $\sigma(A \sim A_0) = 0$ und $\mu(A_0) > r\sigma(A_0)$.

Beweis: Zum Beweis von (i) sei U eine offene Menge mit $A \subset U \subset \partial B$. Sei $\mathscr{F}$ die Familie aller abgeschlossenen Polkappen $K \subset U$ mit $\mu(K) < r\sigma(K)$. Dann überdeckt $\mathscr{F}$ die Menge A im Sinne von Vitali. Nach dem Überdeckungssatz von Vitali (angewandt auf σ) existiert eine Folge $\{K_j\}$ disjunkter Polkappen in $\mathscr{F}$ mit $\sigma(A \sim \bigcup_{j=1}^{\infty} K_j) = 0$. Sei K_j^0 das Innere (bzgl. ∂B) von K_j. Wegen $\sigma(K_j \sim K_j^0) = 0$ haben wir $\sigma(A \sim \bigcup_{j=1}^{\infty} K_j^0) = 0$ und

$$\mu(K_j^0) \leq \mu(K_j) < r\sigma(K_j) = r\sigma(K_j^0).$$

Ist $Q = \bigcup_{j=1}^{\infty} K_j^0$, so ist Q offen, $Q \subset U$ und $\sigma(A \sim Q) = 0$. Überdies ist

$$\mu(Q) = \sum_{j=1}^{\infty} \mu(K_j^0) < r \sum_{j=1}^{\infty} \sigma(K_j^0) = r\sigma(Q).$$

Zum Beweis von (ii) sei U eine offene Menge mit $A \subset U \subset \partial B$. Nach Voraussetzung überdeckt die Familie $\mathscr{F}$ aller abgeschlossener Polkappen $K \subset U$ mit $\mu(K) > r\sigma(K)$ die Menge A im Sinne von Vitali. Nach dem Überdeckungssatz von Vitali gibt es wiederum eine Folge $\{K_j\}$ disjunkter, abgeschlossener Polkappen in $\mathscr{F}$ mit $\sigma(A \sim \bigcup_{j=1}^{\infty} K_j) = 0$. Sei $A_0 = \bigcup_{j=1}^{\infty} K_j$. Wegen

$$\mu(A_0) = \sum_{j=1}^{\infty} \mu(K_j) > r \sum_{j=1}^{\infty} \sigma(K_j) = r\sigma(A_0)$$

genügt A_0 den Forderungen von (ii). ┘

Lemma 3.5 Sei μ ein Maß auf den *Borel*schen Teilmengen von ∂B, so daß $\lim\limits_{\sigma(K)\to 0,\, x\in K\in\mathfrak{K}} \mu(K)/\sigma(K)$ für σ- fast alle Punkte $x \in \partial B$ existiert. Man definiere $D\mu(x)$ als diesen Limes, wo er existiert, und beliebig in den Punkten x, wo dieser Limes nicht existiert. Dann ist $D\mu$ *Lebesgue*-meßbar.

Beweis: Für jede natürliche Zahl m sei $K_{m1}, \ldots, K_{mp_m}$ ein endliches System abgeschlossener Polkappen, das ∂B überdeckt, so daß $\sigma(K_{mj}) < 1/m$ gilt. Man definiere eine Folge $\{f_j\}$ von Funktionen auf ∂B wie folgt. Sei $K_{m0} = \emptyset$. Ist $x \in K_{mj} \sim \sim \bigcup_{i=0}^{j-1} K_{mi}$, $j = 1, \ldots, p_m$, so sei $f_m(x) = \mu(K_{mj})/\sigma(K_{mj})$. Dann ist jedes f_m meßbar, und die Folge $\{f_m\}$ konvergiert f.ü. gegen $D\mu$. ┘

Satz 3.6 (*Lebesgue*) Sei μ ein signiertes Maß von beschränkter Variation auf den *Borel*schen Teilmengen von ∂B. Dann existiert $D\mu$ f.ü. (σ) auf ∂B und ist *Lebesgue*-meßbar.

Beweis: Indem wir μ in Positiv- und Negativteil zerlegen, können wir annehmen, daß μ ein Maß ist. Sei A die Menge aller Punkte $x \in \partial B$ mit

$$\limsup_{\substack{\sigma(\mathfrak{K})\to 0\\ x\in K\in\mathfrak{K}}} \frac{\mu(K)}{\sigma(K)} > \liminf_{\substack{\sigma(K)\to 0\\ x\in K\in\mathfrak{K}}} \frac{\mu(K)}{\sigma(K)}.$$

Sei $A_{p,q}$ für eine nichtnegative ganze Zahl p und für eine natürliche Zahl q die Menge aller Punkte $x \in \partial B$ mit

$$\limsup_{\substack{\sigma(K)\to 0\\ x\in K\in\mathfrak{K}}} \frac{\mu(K)}{\sigma(K)} > \frac{p+1}{q} > \frac{p}{q} > \liminf_{\substack{\sigma(K)\to 0\\ x\in K\in\mathfrak{K}}} \frac{\mu(K)}{\sigma(K)}$$

Angenommen $\sigma^*(A) > 0$, wobei σ^* das durch σ induzierte äußere Maß ist. Wegen $A = \bigcup A_{p,q}$ gilt $\sigma^*(A_{p,q}) > 0$ für ein p und ein q. Ist $\beta = \inf\{\sigma(M)\colon M \supset A_{p,q},\ M$ *Borel*sche Menge$\}$, so ist $\beta > 0$. Zu gegebenem $\varepsilon > 0$ gibt es eine offene Menge U mit $A_{p,q} \subset U$ und $\sigma(U) < \beta + \varepsilon$. Wir wenden jetzt Teil (i) von Lemma 3.4 mit p/q anstelle von r an. Dann existiert eine offene Menge Q mit $Q \subset U$, $\sigma(A_{p,q} \sim Q) = 0$ und

$$\mu(Q) < \frac{p}{q}\sigma(Q) < \frac{p}{q}(\beta + \varepsilon).$$

Wenden wir Teil (ii) von Lemma 3.4 auf die Menge $A_{p,q} \cap Q$ an, so existiert eine *Borel*sche Menge $M \subset Q$ mit $\sigma(A_{p,q} \cap Q \sim M) = 0$ und $\mu(M) > [(p+1)/q]\sigma(M)$. Wegen

$$A_{p,q} \subset M \cup (A_{p,q} \sim Q) \cup (A_{p,q} \cap Q \sim M)$$

und

$$\sigma(A_{p,q} \sim Q) = 0 = \sigma(A_{p,q} \cap Q \sim M)$$

gilt $\sigma(M) = \beta$, daher also

$$\frac{p}{q}(\beta + \varepsilon) > \mu(Q) \geq \mu(M) > \frac{p+1}{q}\sigma(M) \geq \frac{p+1}{q}\beta.$$

Mit $\varepsilon \to 0$ erhalten wir $(p/q)\beta \geq [(p+1)/q]\beta$, also einen Widerspruch. Daher gilt $\sigma(A) = 0$, und $D\mu(x)$ existiert als endlicher oder unendlicher Limes für alle $x \notin A$. Sei $E = \{x \in A\colon D\mu(x) = +\infty\}$. Nach (ii) von Lemma 3.4 gibt es zu jeder natürlichen Zahl j eine *Borel*sche Menge $A_j \subset \partial B$ mit $\sigma(E \sim A_j) = 0$ und $\mu(A_j) > j\sigma(A_j)$. Wegen $\sigma^*(E) \leq \sigma^*(E \cap A_j) + \sigma^*(E \sim A_j)$ haben wir $\sigma^*(E) \leq \sigma(A_j)$ und

$+\infty > \mu(\partial B) \geq \mu(A_j) > j\sigma(A_j) \geq j\sigma^*(E)$ für alle natürlichen Zahlen j. Daher gilt $\sigma^*(E) = 0$ und $D\mu < +\infty$ f.ü.(σ) auf $\complement A$. Die Meßbarkeit von $D\mu$ folgt dann aus Lemma 3.5. ┘

Obwohl uns der vorhergehende Satz die Existenz von $D\mu$ in σ-fast allen Punkten von ∂B sichert, verlangt der Beweis des Hauptsatzes über das Randverhalten harmonischer Funktionen, daß wir eine Punktmenge vom Oberflächenmaß Null ausschließen, selbst wenn $D\mu$ in diesen Punkten definiert ist. Dies ist erforderlich wegen der Notwendigkeit, mehrere Reduktionen vorzunehmen. Die nächsten beiden Sätze zeigen den Weg für diese Reduktionen auf.

Satz 3.7 (*Lebesgue*) Sei μ ein signiertes Maß von beschränkter Variation auf den *Borel*schen Teilmengen von ∂B.

(i) Ist f eine integrierbare Funktion auf ∂B und ist $\mu(M) = \int_M f d\sigma$ für jede *Borel*sche Menge $M \subset \partial B$, so gilt $D\mu = f$ f.ü.(σ).

(ii) Ist μ singulär bzgl. σ, so gilt $D\mu = 0$ f.ü.(σ).

Beweis: Zum Beweis von (i) können wir $f \geq 0$ annehmen, indem wir f notfalls in Positiv- und Negativteil zerlegen. Sei

$$A = \{x : f(x) > D\mu(x)\}.$$

Angenommen $\sigma(A) > 0$. Dann gibt es positive Zahlen α und β mit $\sigma(A_{\alpha,\beta}) > 0$, wenn hierbei $A_{\alpha,\beta} = \{x : f(x) > \alpha > \beta > D\mu(x)\}$ ist. Da σ ein reguläres *Borel*-Maß ist, existiert eine kompakte Menge $C \subset A_{\alpha,\beta}$ mit $\sigma(C) > 0$. Daher gilt

$$\mu(C) = \int_C f d\sigma \geq \alpha\sigma(C).$$

Wegen $D\mu(x) = \lim\limits_{\sigma(K)\to 0,\, x \in K \in \mathfrak{K}} \mu(K)/\sigma(K) < \beta$ für alle $x \in C$ enthält jede Umgebung von C eine offene Menge U mit $\mu(U) < \beta\sigma(U)$ und $\sigma(C \sim U) = 0$. Dies folgt aus Teil (i) von Lemma 3.4. Da $\sigma(C \sim U) = 0$ ist und da μ eine integrierbare Dichte bzgl. σ besitzt, können wir notfalls eine kleine, offene Menge zu U hinzufügen, so daß $C \subset U$ und $\mu(U) < \beta\sigma(U)$ gilt. Da C der Durchschnitt einer Folge solcher Umgebungen U ist, erhalten wir $\mu(C) \leq \beta\sigma(C) < \alpha\sigma(C) \leq \mu(C)$ und damit einen Widerspruch. Also gilt $\sigma(A) = 0$. In ähnlicher Weise (man benutze Teil (ii) von Lemma 3.4) können wir $\sigma(\{x : f(x) < D\mu(x)\}) = 0$ zeigen. Somit gilt (i).
Wir beweisen jetzt (ii). Sei also μ singulär bzgl. σ. Da der Positiv- und der Negativteil von μ ebenfalls singulär zu σ sind, können wir annehmen, daß μ ein Maß mit $D\mu \geq 0$ ist. Es existiert dann eine meßbare Menge $N \subset \partial B$ mit $\sigma(N) = 0$ und $\mu(\partial B \sim N) = 0$. Sei $A = \{x : D\mu(x) > 0\}$. Angenommen $\sigma(A) > 0$. Wegen der Meßbarkeit von $D\mu$ und wegen $\sigma(N) = 0$ gibt es zu jedem $\varepsilon > 0$ eine meßbare Menge

$E \subset A \sim N$ mit $\sigma(E) > 0$ und $D\mu(x) > \varepsilon$ für $x \in E$. Da μ ein reguläres Borel-Maß ist, können wir sogar annehmen, daß E kompakt ist. Nach (ii) von Lemma 3.4 hat jede Umgebung von E ein μ-Maß größer als $\varepsilon\sigma(E)$. Da E der Durchschnitt solcher Umgebungen ist, gilt $\mu(E) \geq \varepsilon\sigma(E) > 0$; aber dies widerspricht der Tatsache $0 \leqq \mu(E) \leqq \mu(A \sim N) \leqq \mu(\partial B \sim N) = 0$. Daher gilt $\sigma(A) = 0$, und (ii) ist bewiesen. ┘

Satz 3.8 (*Lebesgue*) Sei f eine meßbare Funktion auf B, die bzgl. σ integrierbar ist, und sei $\mu(M) = \int_M f d\sigma$ für jede *Borel*sche Menge $M \subset \partial B$. Dann gilt

$$\lim_{\substack{\sigma(K) \to 0 \\ x \in K \in \mathfrak{K}}} \frac{1}{\sigma(K)} \int_K |f(y) - f(x)|\, d\sigma(y) = 0$$

für σ-fast alle Punkte $x \in \partial B$.

Beweis: Sei $\{r_i\}$ eine Abzählung der rationalen Zahlen. Nach Satz 3.7 gibt es eine Menge $N_i \subset \partial B$ mit $\sigma(N_i) = 0$, so daß für alle $x \notin N_i$ gilt

$$\lim_{\substack{\sigma(K) \to 0 \\ x \in K \in \mathfrak{K}}} \frac{1}{\sigma(K)} \int_K |f(y) - r_i|\, d\sigma(y) = |f(x) - r_i|.$$

Die Menge $N = \bigcup_{i=1}^{\infty} N_i$ hat das Oberflächenmaß Null. Sei $x \in \partial B \sim N$, und sei $\varepsilon > 0$. Man wähle ein r_j mit $|f(x) - r_j| < \varepsilon/2$. Dann gilt

$$\limsup_{\substack{\sigma(K) \to 0 \\ x \in K \in \mathfrak{K}}} \frac{1}{\sigma(K)} \int_K |f(y) - f(x)|\, d\sigma(y)$$

$$\leq \limsup_{\substack{\sigma(K) \to 0 \\ x \in K \in \mathfrak{K}}} \frac{1}{\sigma(K)} \int_K \{|f(y) - r_j| + |r_j - f(x)|\}\, d\sigma(y)$$

$$\leq \limsup_{\substack{\sigma(K) \to 0 \\ x \in K \in \mathfrak{K}}} \frac{1}{\sigma(K)} \int_K |f(y) - r_j|\, d\sigma(y) + \frac{\varepsilon}{2}$$

$$= |f(x) - r_j| + \frac{\varepsilon}{2} < \varepsilon.$$ ┘

3.3 Nicht-tangentiale Limiten

Wie im vorhergehenden Abschnitt werden wir eine Kugel $B = B_{0,\varrho}$ betrachten; wir bemerken erneut, daß es nicht wesentlich ist, daß der Mittelpunkt von B so gewählt wurde. Es ist nicht schwierig, Beispiele harmonischer Funktionen auf $B \subset E^2$ zu konstruieren, die sich unschön in einer Umgebung eines Punktes $z \in \partial B$ verhalten. In der Tat, sei $h = \boldsymbol{PI}(\delta_z, B)$ auf B, wobei δ_z die im Punkte z konzentrierte Einheitsmasse ist. Dann gilt

$$h(x) = \frac{1}{\sigma_n \varrho} \frac{\varrho^2 - \|x\|^2}{\|z - x\|^2}$$

für $x \in B$. Sei $x = \lambda z$. Vollziehen wir den Grenzübergang $\lambda \uparrow 1$, so erhalten wir

$$\lim_{\lambda \uparrow 1} h(\lambda z) = \frac{1}{\sigma_n \varrho} \lim_{\lambda \uparrow 1} \frac{\varrho^2 - \lambda^2 \varrho^2}{(1-\lambda)^2 \varrho^2} = \frac{1}{\sigma_n \varrho} \lim_{\lambda \uparrow 1} \frac{1+\lambda}{1-\lambda} = +\infty,$$

das heißt bei radialer Annäherung von $x \in B$ an $z \in \partial B$ gilt $h(x) \to +\infty$. Angenommen, wir vollziehen den Grenzübergang $x \to z$ in der folgenden Weise: wegen $B \subset E^2$ können wir Polarkoordinaten (θ, r) einführen, wobei θ der Winkel zwischen den Vektoren x und z ist und wobei $r = \|x\|$ ist. Unterliegt nun $x \to z$ der Bedingung $r = \varrho \cos \theta$, so gilt in diesem Falle

$$\lim_{\substack{x \to z \\ \|x\| = \varrho \cos \theta}} h(x) = \lim_{\theta \to 0} \frac{1}{\sigma_n \varrho} \frac{\varrho^2 (1 - \cos^2 \theta)}{\varrho^2 (1 - \cos^2 \theta)} = \frac{1}{\sigma_n \varrho}.$$

Aber $+\infty$ und $1/\sigma_n \varrho$ sind nicht die einzig möglichen Grenzwerte; unterliegt $x \to z$ z.B. der Bedingung $r = \varrho \cos^2 \theta$ und $\theta > 0$, so wird der Grenzwert $2/\sigma_n \varrho$ sein (tatsächlich ist jeder Wert zwischen 0 und $+\infty$ ein möglicher Grenzwert). Eine einfache Rechnung zeigt, daß in den beiden letzteren Fällen die Annäherung an z entlang einer Kurve erfolgt, die den Kreis ∂B im Punkte z von innen tangiert. Wenn wir also etwa Positives über das Randverhalten von h in z aussagen wollen, so müssen wir tangentiale Annäherungen an z ausschließen.

Sei u eine auf der Kugel $B = B_{0,\varrho}$ definierte Funktion, und sei $0 \leq \theta < \pi/2$. Man betrachte einen festen Punkt $z \in \partial B$ und einen Kegel C mit der Spitze z, dessen Achse mit der Strecke von 0 nach z übereinstimmt und dessen Halbwinkel θ ist, d.h. es ist

$$C = \left\{ x \colon 1 \geq \frac{(-z, x - z)}{\|z\| \|x - z\|} \geq \cos \theta \right\}.$$

Der *nicht-tangentiale Limes* $\theta\text{-}\lim_{x\to z} u(x)$ wird wie folgt definiert:

$$\theta\text{-}\lim_{x\to z} u(x) = \lim_{\substack{x\to z\\ x\in C\cap B}} u(x),$$

vorausgesetzt, der Limes auf der rechten Seite existiert. In der folgenden Untersuchung bezeichnet θ durchweg einen festen Winkel mit $0 \leqq \theta < \pi/2$.

Satz 3.9 (*Fatou*) Sei μ ein signiertes Maß von beschränkter Variation auf den *Borel*schen Teilmengen von ∂B mit $B = B_{0,\varrho}$, und sei $h = \boldsymbol{PI}(\mu, B)$ auf B. Dann existiert $\theta\text{-}\lim_{x\to z} h(x)$ und ist gleich $D\mu(z)$ für $\sigma-$ fast alle $z \in \partial B$.

Beweis: Wir zeigen zuerst, daß es genügt, die folgende Aussage zu beweisen:
(g) Ist ν ein Maß auf ∂B mit $D\nu(z) = 0$, so gilt $\theta\text{-}\lim_{x\to z} \boldsymbol{PI}(\nu, B)(x) = 0$.
Nehmen wir also an, daß (g) wahr ist. Man betrachte die Zerlegung $\mu = \mu_a + \mu_s$ von μ bzgl. σ, wobei μ_a und μ_s der absolut stetige bzw. singuläre Teil von μ ist. Ferner gilt
$\mu_s = \mu_s^+ - \mu_s^-$, wobei μ_s^+ und μ_s^- Positiv- bzw. Negativteil von μ_s sind. Nach (ii) von Satz 3.7 gilt $D\mu_s^+ = 0$ f.ü. (σ) und $D\mu_s^- = 0$ f.ü. (σ). Da μ_s^+ und μ_s^- beides Maße sind, folgt $\theta\text{-}\lim_{x\to z} \boldsymbol{PI}(\mu_s^\pm, B)(x) = 0$ f.ü. (σ) nach (g). Man betrachte jetzt μ_a. Für jede *Borel*sche Menge M können wir μ_a schreiben als

$$\mu_a(M) = \int_M f\, d\sigma$$

für eine integrierbare Funktion f auf ∂B. Nach (i) von Satz 3.7 gilt $D\mu_a = f$ f.ü. (σ), und daher ist für jede *Borel*sche Menge M

$$(\mu_a - f(z)\sigma)(M) = \int_M [f(y) - f(z)]\, d\sigma(y)$$

und

$$|\mu_a - f(z)\sigma|(M) = \int_M |f(y) - f(z)|\, d\sigma(y).$$

Nach Satz 3.8 gilt $D|\mu_a - f(z)\sigma|(z) = 0$ für σ-fast alle $z \in \partial B$. Sei N_a die Menge aller Punkte $z \in \partial B$ mit $D|\mu_a - f(z)\sigma|(z) \neq 0$. Für $z \notin N_a$ gilt $D|\mu_a - f(z)\sigma|(z) = 0$ und nach (g)

$$\theta\text{-}\lim_{x\to z} \boldsymbol{PI}(|\mu_a - f(z)\sigma|, B)(x) = 0.$$

Wegen

$$|\boldsymbol{PI}(\mu_a - f(z)\sigma, B)(z)| \leq \boldsymbol{PI}(|\mu_a - f(z)\sigma|, B)(z)$$

haben wir für $z \notin N_a$

$$\theta\text{-}\lim_{x\to z} [\boldsymbol{PI}(\mu_a, B)(x) - f(z)] = 0.$$

Die Menge N_a hat das σ-Maß Null. Wir fügen zur Menge N_a diejenigen Punkte $z \in \partial B$ hinzu, für die $D\mu_a(z) \neq f(z)$ gilt. Dies ändert nichts an der Gleichung $\sigma(N_a) = 0$. Dann gilt für $z \notin N_a$

$$\theta\text{-}\lim_{x \to z} \boldsymbol{PI}(\mu_a, B)(x) = f(z) = D\mu_a(z),$$

mit anderen Worten

$$\theta\text{-}\lim_{x \to z} \boldsymbol{PI}(\mu_a, B)(x) = D\mu_a(z)$$

f.ü.(σ), woraus für σ-fast alle z folgt

$$\begin{aligned}\theta\text{-}\lim_{x \to z} h(x) &= \theta\text{-}\lim_{x \to z} \boldsymbol{PI}(\mu, B)(x)\\ &= \theta\text{-}\lim_{x \to z} \left[\boldsymbol{PI}(\mu_a, B)(x) + \boldsymbol{PI}(\mu_s^+, B)(x) - \boldsymbol{PI}(\mu_s^-, B)(x)\right]\\ &= D\mu(z)\end{aligned}$$

Es genügt daher, (g) zu beweisen. Sei also ν ein Maß auf ∂B mit $D\nu(z) = 0$. Setzen wir $h = \boldsymbol{PI}(\nu, B)$ auf B, so wissen wir nach Satz 3.1, daß $\lim_{\lambda \to 1-} h(\lambda z) = 0$ ist. Ist C ein Kegel mit der Spitze z, dessen Achse z und dessen Halbwinkel θ ist, so gibt es nach Korollar 2.15 eine Konstante m, die nur von θ abhängt, so daß $h(x^*)/h(x) \le m$ gilt, wann immer x^* und x gleichzeitig in einer Kugel liegen, die in $C \cap B$ enthalten ist. Hierbei wird natürlich angenommen, daß der Kegel echt gestutzt ist. Man betrachte ein $x \in C \cap B$, das nahe bei z liegt. Sei x' die Projektion von x auf die Achse von C. Dann gilt $h(x)/h(x') \le m$ und

$$|h(x') - h(x)| = h(x')\left|1 - \frac{h(x)}{h(x')}\right| \le h(x')(1 + m).$$

Wegen $h(x') \to 0$ für $x \to z$ haben wir $h(x) \to 0$ *für* $x \to z$. ┘

4. Superharmonische Funktionen

Zweimal stetig differenzierbare Funktionen u auf der offenen Menge R mit $\Delta u \leqq 0$ auf R sind von eigenem Interesse; insbesondere sind Lösungen der *Poisson*schen Gleichung $\Delta u = -f$ von diesem Typ, wenn hierbei f eine nichtnegative Funktion auf R ist. Die Definition superharmonischer Funktionen wird unstetige, superharmonische Funktionen zulassen.

4.1 Definitionen superharmonischer Funktionen

Wir werden eine vorläufige Definition superharmonischer Funktionen geben und eine Eigenschaft solcher Funktionen nachweisen, die später zur endgültigen Definition benötigt wird.

Vorläufige Definition: Eine zweimal stetig differenzierbare Funktion u auf der offenen Menge R heißt *superharmonisch* auf R, wenn $\Delta u \leq 0$ auf R gilt.

Lemma 4.1 Ist u superharmonisch auf der offenen Menge $R \subset E^n$, so gilt $u(x) \geqq L(u\colon x, \delta)$, wann immer $\bar{B}_{x,\delta} \subset R$ ist.

Beweis: Sei zunächst $\Delta u < 0$ auf $\bar{B} = \bar{B}_{x,\delta} \subset R$, und sei

$$h = \begin{cases} u & \text{auf } \partial B, \\ \boldsymbol{PI}(u, B) & \text{auf } B. \end{cases}$$

Dann ist h stetig auf $\bar{B}$ und harmonisch auf B. Falls wir $u \geq h$ auf B zeigen können, folgt die Behauptung in diesem Fall aus $u(x) \geq h(x) = \boldsymbol{PI}(u, B)(x) = L(u\colon x, \delta)$. Sei also $w = u - h$. Dann gilt $\Delta w = \Delta u - \Delta h < 0$ auf B und $w = 0$ auf ∂B; ferner ist w stetig auf $\bar{B}$. Angenommen, w nimmt das Minimum auf $\bar{B}$ in x_0 an. Für $x_0 \in B$ gilt

$$\left.\frac{\partial^2 w}{\partial x_i^2}\right|_{x_0} \geq 0, \quad i = 1, \ldots, n,$$

und damit $\Delta w(x_0) \geq 0$, also ein Widerspruch. Daher ist $w = u - h \geq 0$ auf $\bar{B}$, somit $u \geq h$ auf $\bar{B}$. Jetzt setzen wir nur $\Delta u \leq 0$ auf R voraus. Für die durch $q(x) = \|x\|^2$ definierte Funktion q auf R gilt $\Delta q = 2n$. Für jedes $\varepsilon > 0$ gilt $\Delta(u - \varepsilon q) =$

$\Delta u - \varepsilon \Delta q < 0$ auf R. Nach dem ersten Teil des Beweises haben wir

$$u(x) - \varepsilon q(x) \geq L(u - \varepsilon q\colon x, \delta) = L(u\colon x, \delta) - \varepsilon L(q\colon x, \delta),$$

und mit $\varepsilon \to 0$ erhalten wir $u(x) \geq L(u\colon x, \delta)$. ┘

Bevor wir superharmonische Funktionen mit Hilfe von Mittelwerten definieren, wollen wir die folgende Verabredung treffen. Sei f eine numerische Funktion auf $\partial B_{x,\delta}$. Ist $f \geq 0$ und integrierbar bzgl. des Oberflächenmaßes von $\partial B_{x,\delta}$, so ist $L(f\colon x, \delta)$ definiert und endlich; ist $f \geqq 0$ *Borel*-meßbar und nicht integrierbar, so sei $L(f\colon x, \delta) = +\infty$. Ist allgemeiner $f = f^+ - f^-$ *Borel*-meßbar auf $\partial B_{x,\delta}$, so sei $L(f\colon x, \delta) = L(f^+\colon x, \delta) - L(f^-\colon x, \delta)$ vorausgesetzt, einer der beiden letzteren Mittelwerte ist endlich. Ist f n.u.h. auf $\partial B_{x,\delta}$, so ist f auf $\partial B_{x,\delta}$ nach unten beschränkt, falls $f > -\infty$ ist, und $L(f\colon x, \delta)$ ist immer definiert, wobei $L(f\colon x, \delta)$ allerdings den Wert $+\infty$, nicht aber den Wert $-\infty$ annehmen kann.

Definition Eine numerische, *Borel*-meßbare Funktion u auf einer offenen Menge R heißt

(i) *supermedian* in $x \in R$, wenn $L(u\colon x, \delta)$ definiert und $u(x) \geq L(u\colon x, \delta)$ ist, sofern $\bar{B}_{x,\delta} \subset R$ ist;
(ii) *supermedian* auf R, wenn u in jedem Punkte von R supermedian ist;
(iii) *lokal-supermedian* in $x \in R$, wenn es ein $\delta_x > 0$ gibt, so daß $L(u\colon x, \delta)$ für alle $\delta < \delta_x$ definiert ist und $u(x) \geq L(u\colon x, \delta)$ für alle $\delta < \delta_x$ gilt;
(iv) *lokal-supermedian* auf R, wenn u in jedem Punkte von R lokal-supermedian ist.

Durch Umkehren der Ungleichungen erhält man analoge Definitionen für „submedian" und „lokal-submedian". Eine numerische Funktion, die sowohl submedian als auch supermedian im Sinne jeder der obigen Definitionen ist, heißt *median*. Anstelle der Sprechweisen in (i), (ii), (iii) und (iv) der obigen Definitionen benutzt man auch die Ausdrücke „besitzt die Mittelwerteigenschaft in $x \in R$ (auf R, lokal in $x \in R$ bzw. lokal auf R)".

Definition Ist R eine offene Menge in E^n, so bezeichnet $\mathscr{L}_R$ die Menge aller numerischen Funktionen u auf R mit

(i) u ist nicht identisch $+\infty$ auf jeder Komponente von R,
(ii) $u > -\infty$,
(iii) u ist n.u.h. auf R.

Man beachte, daß $L(u\colon x, \delta)$ für jedes $u \in \mathscr{L}_R$ definiert ist, sofern $\bar{B}_{x,\delta} \subset R$ ist.

Definition Eine numerische Funktion u auf einer offenen Menge R heißt *super-*

harmonisch auf R, wenn $u \in \mathscr{L}_R$ und supermedian auf R ist; die Funktion u heißt *subharmonisch* auf R, wenn $-u$ superharmonisch auf R ist.
Die Menge der superharmonischen Funktionen auf R wird mit $\mathscr{S}_R$ bezeichnet, während die Menge der nichtnegativen, superharmonischen Funktionen auf R mit $\mathscr{S}_R^+$ bezeichnet wird. Man sieht sofort, daß $u+h \in \mathscr{S}_R$ ist, wenn $u \in \mathscr{S}_R$ und wenn h harmonisch auf R ist; es ist aber nicht augenscheinlich, daß $\mathscr{S}_R$ bzgl. der Addition abgeschlossen ist. Das letztere Problem wird später behandelt. Bevor wir Beispiele superharmonischer Funktionen angeben, werden wir uns andere Definitionen ansehen, die es uns erleichtern werden, Superharmonizität nachzuweisen.

Satz 4.2 Sei R eine offene, zusammenhängende Menge und $u \in \mathscr{L}_R$. Gibt es dann zu jedem $x \in R$ ein $\delta_x > 0$ mit $B_{x,\delta_x} \subset R$ und $u(x) \geq L(u\colon x, \delta)$ (oder $u(x) \geq A(u\colon x, \delta)$) für alle $\delta < \delta_x$, so genügt u dem Minimum-Prinzip auf R.

Beweis: Angenommen, es gibt einen Punkt $x_0 \in R$ mit $u(x_0) = \inf_R u$. Wegen $u \in \mathscr{L}_R$ haben wir $-\infty < u(x_0) = \inf_R u < +\infty$. Sei $M = \{x\colon u(x) = \inf_R u\}$. Dann ist M eine relativ-abgeschlossene Teilmenge von R, da u n.u.h. ist. Wir zeigen, daß M auch offen ist. Sei dazu $y \in M$ beliebig. Dann gibt es ein $\delta_y > 0$ mit $B_{y,\delta_y} \subset R$ und $u(y) \geq L(u\colon y, \delta)$ für alle $\delta < \delta_y$. Angenommen, es gibt einen Punkt $z \in B_{y,\delta_y} \sim M$. Sei $\varrho = \|y-z\|$. Wegen $y \in M$ haben wir $u(y) \geq L(u\colon y, \varrho)$, daher $u(y) = L(u\colon y, \varrho)$ oder $L(u-u(y)\colon y, \varrho) = 0$. Wegen $u - u(y) \geq 0$ auf $\partial B_{y,\varrho}$ gilt $u - u(y) = 0$ f.ü.(σ) auf $\partial B_{y,\varrho}$. Aber wegen $u(z) > u(y)$ gibt es ein α mit $u(z) > \alpha > u(y)$. Da u n.u.h. ist, existiert eine Umgebung U_z von z mit $u > \alpha > u(y)$ auf $U_z \cap \partial B_{y,\varrho}$. Da die letztere Menge strikt positives Oberflächenmaß hat, gilt $u - u(y) > 0$ auf einer Menge von strikt positivem Oberflächenmaß, das ist aber ein Widerspruch. Somit gilt $B_{y,\delta_y} \subset M$, d.h. M ist offen. Wegen des Zusammenhanges von R muß daher $M = \emptyset$ oder $M = R$ sein, wobei die erste Möglichkeit wegen $x_0 \in M$ auszuschließen ist. Also ist $M = R$, und u ist eine Konstante, sofern u das Minimum in R annimmt.
Der Beweis erfordert nur kleine Abänderungen, wenn man Mittelwerte über die Vollkugeln anstelle der sphärischen Mittelwerte benutzt. ⌋

Korollar 4.3 Ist u superharmonisch auf der offenen, zusammenhängenden Menge R, so genügt u dem Minimum-Prinzip auf R. Ist R eine beschränkte, offene Menge und ist u superharmonisch auf R mit $\liminf_{z \to x} u(z) \geq 0$ für alle $x \in \partial R$, so gilt $u \geq 0$ auf R.

Beweis: Daß u dem Minimum-Prinzip genügt, folgt unmittelbar aus der Definition superharmonischer Funktionen und aus Satz 4.2. Zum Beweis der zweiten Behauptung genügt es, $u \geq 0$ auf jeder Komponente von R nachzuweisen, d.h. wir können R als zusammenhängend voraussetzen. Angenommen, es gibt einen Punkt

$y \in R$ mit $u(y) < 0$. Dann ist u keine konstante Funktion. Man definiere eine Funktion v auf $\bar{R}$ durch $v(x) = \varliminf_{z \to x} u(z)$, $x \in \bar{R}$. Dann ist v n.u.h. auf $\bar{R}$, $v \geq 0$ auf ∂R und $v(y) < 0$. Da v n.u.h. auf $\bar{R}$ ist, muß v ein negatives Infimum auf $\bar{R}$ annehmen, genauer sogar auf R; aber dies widerspricht dem Minimum-Prinzip. Daher haben wir $u \geq 0$ auf R. ┘

Satz 4.4 Sei u superharmonisch auf der offenen Menge R, und sei W eine offene Teilmenge von R mit kompaktem Abschluß $\bar{W} \subset R$. Ist dann h stetig auf $\bar{W}$, harmonisch auf W und ist $u \geq h$ auf ∂W, so gilt $u \geq h$ auf W.

Beweis: Besitzt h die obigen Eigenschaften, so besitzt h dieselben Eigenschaften auf jeder Komponente von W. Indem wir also nur Komponenten betrachten, können wir W als zusammenhängend voraussetzen. Man betrachte die Funktion $u - h$ auf $\bar{W}$. Auf ∂W gilt $u - h \geq 0$. Da h harmonisch auf W ist, muß $u - h$ superharmonisch auf W sein, kann also nach dem vorhergehenden Korollar das Infimum nicht auf W annehmen. Als eine n.u.h. Funktion auf der kompakten Menge $\bar{W}$ nimmt $u - h$ das Infimum auf $\bar{W}$ und daher auf ∂W an. Wegen $u - h \geq 0$ auf ∂W haben wir somit $u - h \geq 0$ auf $\bar{W}$. ┘

Satz 4.4 wird benutzt, um eine andere Definition superharmonischer Funktionen zu formulieren.

Zweite Definition Eine numerische Funktion $u \in \mathscr{L}_R$ heißt superharmonisch auf der offenen Menge R, wenn u die folgende Eigenschaft besitzt:

(E) Ist W eine offene, relativ-kompakte Menge mit $\bar{W} \subset R$ und ist h stetig auf $\bar{W}$, harmonisch auf W und ist $u \geq h$ auf ∂W, so gilt $u \geq h$ auf W.

Man erinnere sich, daß $\mathscr{S}_R$ die Menge der bzgl. der ursprünglichen Definition superharmonischen Funktionen auf R ist. Sei $\mathscr{S}'_R$ die Menge aller numerischen Funktionen $u \in \mathscr{L}_R$, die die Eigenschaft (E) besitzen. Nach Satz 4.4 gilt $\mathscr{S}_R \subset \mathscr{S}'_R$. Wir zeigen jetzt $\mathscr{S}'_R \subset \mathscr{S}_R$. Man betrachte dazu ein $u \in \mathscr{S}'_R$ und eine Kugel $B_{x,\delta}$ mit $\bar{B}_{x,\delta} \subset R$. Da u n.u.h. auf $\partial B_{x,\delta}$ ist, gibt es eine Folge $\{\phi_j\}$ stetiger Funktionen auf $\partial B_{x,\delta}$ mit $\phi_j \uparrow u$ auf $\partial B_{x,\delta}$. Man setze

$$h_j = \begin{cases} \phi_j & \text{auf } \partial B_{x,\delta}, \\ \boldsymbol{PI}(\phi_j, B_{x,\delta}) & \text{auf } B_{x,\delta}. \end{cases}$$

Dann ist h_j stetig auf $\bar{B}_{x,\delta}$, harmonisch auf $B_{x,\delta}$ mit $u \geq \phi_j = h_j$ auf $\partial B_{x,\delta}$. Da u die Eigenschaft (E) besitzt, haben wir $u \geq h_j$ auf $B_{x,\delta}$ und daher

$$u(x) \geq h_j(x) = \boldsymbol{PI}(\phi_j, B_{x,\delta})(x) = L(\phi_j\colon x, \delta),$$

wobei die letzte Ungleichung deshalb gilt, weil x der Mittelpunkt der Kugel $B_{x,\delta}$ ist. Wegen $\phi_j \uparrow u$ auf $\partial B_{x,\delta}$ haben wir $u(x) \geq L(u\colon x, \delta)$ nach dem Satz von *Lebesgue*

von der majorisierten Konvergenz. Dies beweist $\mathscr{S}'_R \subset \mathscr{S}_R$, und die beiden Definitionen für superharmonische Funktionen sind äquivalent.
Der Nachteil der ursprünglichen Definition besteht darin, daß man die Ungleichung $u(x) \geqq L(u\colon x, \delta)$ für jede Kugel $B_{x,\delta}$ mit $\bar{B}_{x,\delta} \subset R$ nachweisen muß.

Satz 4.5 Sei R eine offene Menge und $u \in \mathscr{L}_R$. Ist dann u lokal-supermedian auf R, so ist u superharmonisch auf R.

Beweis: Wir zeigen, daß u bzgl. der zweiten Definition superharmonisch ist. Wir müssen also nur zeigen, daß (E) erfüllt ist. Sei dazu W eine offene, relativ-kompakte Menge mit $\bar{W} \subset R$, und sei h stetig auf $\bar{W}$ und harmonisch auf W mit $u \geq h$ auf ∂W. Indem wir jede der Komponenten von W betrachten, können wir annehmen, daß W zusammenhängend ist. Man betrachte die Funktion $u - h$, die auf $\bar{W}$ n.u.h. ist und die ihr Infimum auf $\bar{W}$ annimmt. Da h median auf R ist, muß $u - h$ lokal-supermedian auf R sein. Nach Satz 4.2 und wegen $u \geqq h$ auf ∂W gilt $u - h \geqq 0$ auf W, und wir haben $u \in \mathscr{S}'_R = \mathscr{S}_R$ gezeigt. ⌋

Satz 4.5 kann benutzt werden, um noch eine Definition superharmonischer Funktionen anzugeben.

Dritte Definition Eine numerische Funktion u auf der offenen Menge R heißt superharmonisch, wenn $u \in \mathscr{L}_R$ und wenn u lokal-supermedian auf R ist.
Bezeichnen wir mit $\mathscr{S}''_R$ die Menge aller numerischen Funktionen $u \in \mathscr{L}_R$, die lokal-supermedian auf R sind, so haben wir gerade $\mathscr{S}''_R \subset \mathscr{S}_R = \mathscr{S}'_R$ gezeigt. Trivialerweise gilt $\mathscr{S}_R \subset \mathscr{S}''_R$ und daher $\mathscr{S}_R = \mathscr{S}'_R = \mathscr{S}''_R$, und alle drei Definitionen sind äquivalent.
Die letzte Definition ist gewöhnlich die geeigneteste, um nachzuweisen, ob eine bestimmte Funktion superharmonisch ist.

Beispiel 1 Jede harmonische Funktion auf R ist sowohl subharmonisch als auch superharmonisch.

Beispiel 2 Die fundamentale harmonische Funktion u_y mit Pol y ist superharmonisch auf E^n. Wir wissen bereits, daß u_y harmonisch auf $E^n \sim \{y\}$ und daher lokal-supermedian auf $E^n \sim \{y\}$ ist. Wegen $+\infty = u_y(y) \geq L(u_y\colon y, \delta)$ für jedes $\delta > 0$ ist u_y auch lokal-supermedian in y. Wegen $u_y \in \mathscr{L}_{E^n}$ ist dann u_y superharmonisch auf E^n.

Beispiel 3 Für jede harmonische Funktion u auf der offenen Menge R ist $|u|$ subharmonisch auf R und $-|u|$ superharmonisch auf R. Dies folgt aus der Tatsache, daß $|u|$ eine reelle, stetige Funktion auf R mit
$|u(x)| = |L(u\colon x, \delta)| \leqq L(|u|\colon x, \delta)$ für alle $\bar{B}_{x,\delta} \subset R$ ist.

Beispiel 4 Für jede harmonische Funktion u auf der offenen Menge R sind $u^+ = u \vee 0$ und $u^- = (-u) \vee 0$ subharmonisch auf R. Mit u sind auch u^+ und u^- reelle, stetige Funktionen auf R. Wegen $u(x) = L(u\colon x, \delta) \leq L(u^+\colon x, \delta)$ für $\bar{B}_{x,\delta} \subset R$ haben wir $u^+(x) \leq L(u^+\colon x, \delta)$ für alle $\bar{B}_{x,\delta} \subset R$. Dies zeigt die Subharmonizität von u^+.

Beispiel 5 Sei f eine analytische Funktion auf einer offenen Teilmenge der komplexen Ebene. Dann ist $|f|$ subharmonisch auf R. Dies folgt aus der *Cauchyschen* Integralformel

$$f(z) = \frac{1}{2\pi i} \int_C \frac{f(\zeta)}{\zeta - z}\, d\zeta,$$

wenn hierbei $c = \{\zeta : |z - \zeta| = \delta\} \subset R$ und $\{\zeta : |z - \zeta| \leq \delta\} \subset R$ ist. Damit erhalten wir

$$|f(z)| \leq \frac{1}{2\pi} \int_C \frac{|f(\zeta)|}{|\zeta - z|} |d\zeta| = \frac{1}{2\pi\delta} \int_C |f(\zeta)||d\zeta|$$
$$= L(|f|\colon z, \delta).$$

Die Beispiele 3 und 4 sind Spezialfälle einer allgemeineren Aussage, daß eine konvexe Funktion einer harmonischen Funktion eine subharmonische Funktion ist. Um präziser zu sein, sei ϕ eine reelle Funktion, die auf einem endlichen oder unendlichen Intervall (a, b) definiert ist. Die Funktion ϕ heißt *konvex* auf (a, b), wenn $\phi(\lambda x + (1 - \lambda)y) \leq \lambda\phi(x) + (1 - \lambda\phi(y)$ für alle $a < x < y < b$ und alle $0 < \lambda < 1$ gilt. Eine reelle Funktion ψ auf (a, b) heißt *konkav* auf (a, b), wenn $-\psi$ konvex auf (a, b) ist. Wir werden im folgendem voraussetzen, daß ϕ eine konvexe Funktion ist. Es ist einfach, die Stetigkeit von ϕ auf (a, b) nachzuweisen. Überdies existieren die recht- und linksseitigen Ableitungen $D_x^+\,\phi$ und $D_x^-\,\phi$ für jedes $x \in (a, b)$, und es gilt $-\infty < D_x^-\phi \leq D_x^+\phi < +\infty$. Man kann zeigen daß es zu jedem $x \in (a, b)$ eine lineare Funktion χ mit $\chi \leq \phi$ und $\chi(x) = \phi(x)$ gibt. Sei $(\Omega, \mathscr{B}, \mu)$ ein Wahrscheinlichkeitsraum, d. h. $\mathscr{B}$ ist eine σ-Algebra von Teilmengen von Ω, und μ ist ein Maß auf $\mathscr{B}$ mit der Gesamtmasse 1. Man betrachte eine reelle Funktion f auf Ω, deren Werte in dem Definitionsbereich (a, b) von ϕ liegen und die meßbar bzgl. $\mathscr{B}$ und integrierbar bzgl. μ ist. Dann ist $\alpha = \int f d\mu$ definiert und eine Zahl aus (a, b). Sei χ eine lineare Funktion auf (a, b) mit $\chi \leq \phi$ und $\chi(\alpha) = \phi(\alpha)$. Sei etwa $\chi(x) = px + q$ auf (a, b). Dann gilt $\phi(f) \geq \chi(f) = pf + q$ und daher

$$\int \phi(f) d\mu \geq \int (pf + q) d\mu = p\alpha + q = \chi(\alpha) = \phi(\alpha) = \phi\left(\int f d\mu\right).$$

Diese Ungleichung

$$\phi\left(\int f d\mu\right) \leq \int \phi(f) d\mu$$

ist als *Jensensche Ungleichung* bekannt. Ist ϕ konvex auf $(-\infty, +\infty)$, ist f integrierbar bzgl. μ und kann f die Werte $+\infty$ und $-\infty$ annehmen, so ist die *Jensen*sche Ungleichung auch dann noch gültig, wenn man ϕ in $+\infty$ und $-\infty$ beliebig definiert. Dies folgt, wenn man die *Jensen*sche Ungleichung auf $\int_{\complement F} f d\mu$ anwendet, wobei die Menge $F = \{\omega: |f(\omega)| = +\infty\}$ das μ-Maß Null hat.

Ist f eine numerische Funktion auf $\partial B_{x,\delta}$ mit $L(|f|: x, \delta) < +\infty$ und ist ϕ eine konvexe Funktion auf einem Intervall, das den Wertebereich von f umfaßt, so gilt $\phi(L(f: x, \delta)) \leq L(\phi(f): x, \delta)$. Das Beispiel 3 ist eine spezielle Anwendung dieser Ungleichung mit $\phi(\zeta) = |\zeta|$ für $\zeta \in (-\infty, +\infty)$ und ebenso Beispiel 4 mit $\phi(\zeta) = \zeta \vee 0$ für $\zeta \in (-\infty, +\infty)$.

Satz 4.6 Sei h harmonisch auf der offenen Menge R, und sei ϕ eine konvexe Funktion, deren Definitionsbereich ein Intervall ist, das den Wertebereich von h umfaßt. Dann ist $\phi(h)$ subharmonisch auf R.

Beweis: Mit h ist auch $\phi(h)$ eine reelle, stetige Funktion. Sei $\bar{B}_{x,\delta} \subset R$. Dann ist $h(x) = L(h: x, \delta)$, und daher folgt $\phi(h(x)) = \phi(\mathrm{L}(h: \mathrm{x}, \delta)) \leq L(\phi(h): x, \delta)$ nach der *Jensen*schen Ungleichung, also ist $\phi(h)$ subharmonisch auf R. ┘

Satz 4.7 Sei u subharmonisch auf der offenen Menge R, und sei ϕ eine isotone, konvexe Funktion, deren Definitionsbereich ein Intervall ist, das den Wertebereich von u umfaßt. Dann ist $\phi(u)$ subharmonisch auf R.

Beweis: Mit ϕ ist auch $\phi(u)$ reellwertig. Da eine konvexe Funktion stetig ist, muß mit u auch $\phi(u)$ n.u.h. sein. Aus der *Jensen*schen Ungleichung und aus der Tatsache, daß ϕ isoton ist, ergibt sich dann für $\bar{B}_{x,\delta} \subset R$ die folgende Abschätzung $\phi(u(x)) \leq \phi(L(u: x, \delta)) \leq L(\phi(u): x, \delta)$. ┘

Beispiel 6 Ist h harmonisch auf der offenen Menge R und $p > 1$, so ist $|h|^p$ subharmonisch auf R. Wir wissen bereits, daß $|h|$ subharmonisch auf R ist. Da

$$\phi(\zeta) = \begin{cases} 0 & \text{für } \zeta < 0, \\ \zeta^p & \text{für } \zeta \geq 0 \end{cases}$$

eine isotone, konvexe Funktion ist, ist $|h|^p$ subharmonisch auf R.

4.2 Der verallgemeinerte Laplace-Operator

Anfänglich haben wir superharmonische Funktionen als diejenigen zweimal stetig differenzierbaren Funktionen u definiert, für die $\Delta u \leqq 0$ galt. Am Anfang dieses Kapitels haben wir bewiesen, daß solche Funktionen supermedian sind, und diese

Eigenschaften haben wir dann benutzt, um eine umfassendere Menge von superharmonischen Funktionen zu definieren. Der folgende Satz zeigt, daß wir hierdurch aber keine neuen, zweimal stetig differenzierbaren, superharmonischen Funktionen erhalten haben.

Satz 4.8 Sei u eine zweimal stetig differenzierbare Funktion auf einer offenen Menge $R \subset E^n$. Dann und nur dann ist u superharmonisch auf R, wenn $\Delta u \leqq 0$ auf R gilt.

Beweis: Wegen Lemma 4.1 ist nur zu zeigen, daß die Bedingung notwendig ist. Sei also u superharmonisch und zweimal stetig differenzierbar auf R. Dann ist Δu stetig auf R. Sei $R_1 = \{x\colon \Delta u(x) > 0\}$. R_1 ist eine offene Teilmenge von R. Angenommen $R_1 \neq \emptyset$. Dann gilt $\Delta(-u) < 0$ auf R_1, und nach Lemma 4.1 ist $-u$ superharmonisch auf R_1, oder mit anderen Worten: u ist subharmonisch auf R_1. Damit haben wir $u(x) \leq L(u\colon x, \delta)$ und $u(x) \geq L(u\colon x, \delta)$ für $\bar{B}_{x,\delta} \subset R_1$. Nach Korollar 2.9 ist u somit harmonisch auf R_1, und wir erhalten mit $\Delta u = 0$ auf R_1 einen Widerspruch. ⌋

Oberflächlich gesehen scheint es, daß die Differentialrechnung zugunsten einer Behandlung durch Mittelwerte zurückgestellt wurde. Man erinnere sich jedoch, daß eine gewöhnliche Ableitung nichts Anderes als ein Limes von Mittelwerten ist. Das gleiche gilt auch für den *Laplace*-Operator, wie wir jetzt zeigen werden.

Sei R eine offene Teilmenge in E^n, und sei x ein fester Punkt aus R. Man betrachte die wie folgt definierte Funktion v auf R:

$$v(y) = \frac{\|y-x\|^2}{2n}, \qquad y \in R.$$

Dann gilt $v(x) = 0$, $\Delta v = 1$ und

$$L(v\colon x, \delta) = \frac{1}{\sigma_n \delta^{n-1}} \int\limits_{\partial B_{x,\delta}} \frac{\|y-x\|^2}{2n}\, d\sigma(y) = \frac{\delta^2}{2n}.$$

Man betrachte eine beliebige zweimal stetig differenzierbare Funktion u auf R. Man betrachte nur diejenigen Kugeln $B = B_{x,\delta}$, für die $\bar{B} \subset$ R gilt. Da Δu und Δv stetig auf R sind, ergibt sich $\Delta(u + tv) = \Delta u + t\Delta v > 0$ auf $\bar{B}$, für hinreichend großes t, etwa für t mit $t \geq \sup_{\bar{B}}(-\Delta u/\Delta v) = -\inf_{\bar{B}}(\Delta u/\Delta v)$. Für solche t ist

$$u(x) + tv(x) \leq L(u + tv\colon x, \delta) = L(u\colon x, \delta) + tL(v\colon x, \delta),$$

d.h.

$$-t[L(v\colon x, \delta) - v(x)] \leq L(u\colon x, \delta) - u(x).$$

Da $t = -\inf_{\bar{B}}(\Delta u/\Delta v)$ einer der Werte von t ist, für den obige Abschätzung richtig ist, erhalten wir unter Beachtung der Eigenschaften von v

$$\inf_{\bar{B}} \Delta u \leq 2n \frac{L(u\colon x, \delta) - u(x)}{\delta^2}.$$

Wählen wir andererseits t so, daß $\Delta(u + tv) < 0$ auf $\bar{B}$ gilt, so können wir

$$\inf_{\bar{B}} \Delta u \leq 2n \frac{L(u\colon x, \delta) - u(x)}{\delta^2} \leq \sup_{\bar{B}} \Delta u$$

zeigen. Da Δu stetig in x ist, streben die extremen Werte mit $\delta \downarrow 0$ gegen $\Delta u(x)$, und daher gilt

$$\Delta u(x) = \lim_{\delta \downarrow 0} 2n \frac{L(u\colon x, \delta) - u(x)}{\delta^2}.$$

Betrachten wir den *Laplace*-Operator unter diesem Gesichtspunkt, so sind unsere Definitionen mit Hilfe der Mittelwerte ganz natürlich. Man beachte, daß der Limes auf der rechten Seite existieren kann, ohne daß u zweimal stetig differenzierbar zu sein braucht. Sei u eine beliebige Funktion auf R. Der *verallgemeinerte Laplace-Operator* $\tilde{\Delta}$ ist durch

$$\tilde{\Delta} u(x) = \lim_{\delta \downarrow 0} 2n \frac{L(u\colon x, \delta) - u(x)}{\delta^2}$$

definiert, sofern der Limes auf der rechten Seite existiert. Ist u zweimal stetig differenzierbar auf R, so gilt $\Delta u = \tilde{\Delta} u$ auf R.

4.3 Eigenschaften superharmonischer Funktionen

Sind u und v superharmonisch auf einer offenen Menge R, so ist es nicht unmittelbar klar, daß auch $u + v$ superharmonisch auf R ist, und zwar wegen der Forderung, daß $u + v$ nicht identisch $+\infty$ auf jeder Komponente von R ist. Um zu zeigen, daß $u + v$ superharmonisch ist, müssen wir nachweisen, daß v nicht auf der Menge, wo u endlich ist, identisch $+\infty$ sein kann. Die Punktmenge, wo eine superharmonische Funktion unendlich ist, steht in vielerlei Hinsicht in den restlichen Kapiteln im Brennpunkt. Der folgende Satz begrenzt nicht nur die Unendlichkeitsstellen einer superharmonischen Funktion, sondern zeigt auch, daß wir superharmonische Funktionen mit Hilfe von Mittelwerten von Volumen anstelle von sphärischen Mittelwerten hätten definieren können.

Satz 4.9 Sei R eine offene Menge und $u \in \mathscr{L}_R$. Gibt es dann zu jedem $x \in R$ ein $\delta_x > 0$, so daß $B_{x,\delta_x} \subset R$ und $u(x) \geq A(u\colon x, \delta)$ für alle $\delta < \delta_x$ gilt, so ist u superharmonisch auf R. Ist umgekehrt u superharmonisch auf R, so gilt $u(x) \geq A(u\colon x, \delta)$, wann immer $B_{x,\delta} \subset R$ ist.

Beweis: $u \in \mathscr{L}_R$ genüge den Voraussetzungen der ersten Behauptung. Sei W eine offene, relativ-kompakte Menge mit $\bar{W} \subset R$, und sei h stetig auf $\bar{W}$, harmonisch auf W und $u \geq h$ auf ∂W. Wie gewöhnlich können wir annehmen, daß W zusammenhängend ist. Nach Satz 4.2 genügt $u - h$ dem Minimum-Prinzip auf W. Da $u - h$ n.u.h. auf $\bar{W}$ ist und da $u - h \geq 0$ auf ∂W gilt, folgt $u - h \geq 0$ auf W nach dem Minimum-Prinzip. Somit ist u superharmonisch nach der zweiten Definition. Sei jetzt u superharmonisch auf R, $x \in R$ und $B_{x,\delta} \subset R$. Es ist dann $u(x) \geq A(u\colon x, \delta)$ zu zeigen. Ist $u(x) = +\infty$, so gilt die Ungleichung trivialerweise. Daher nehmen wir $u(x) < +\infty$ an. Wegen $u(x) \geq L(u\colon x, \varrho)$ für $0 < \varrho < \delta$ erhalten wir

$$\sigma_n \varrho^{n-1} u(x) \geq \int_{\partial B_{x,\varrho}} u(z)\, d\sigma(z), \qquad 0 < \varrho < \delta.$$

Integrieren wir über $(0, \delta)$ bzgl. ϱ, so ergibt sich

$$\frac{\sigma_n \delta^n}{n} u(x) > \int_0^\delta \int_{\partial B_{x,\varrho}} u(z)\, d\sigma(z)\, d\varrho = \int_{B_{x,\delta}} u(z)\, dz.$$

Wegen $v_n = \sigma_n/n$ ist damit $u(x) \geq A(u\colon x, \delta)$, sofern $B_{x,\delta} \subset R$ ist. ┘

Dieser Satz vermittelt einige Informationen über die Unendlichkeitsstellen einer superharmonischen Funktion u, und zwar ist u f.ü. bzgl. des *Lebesgue*schen Maßes endlich auf $B_{x,\delta}$, sofern $u(x) < +\infty$ ist. Es gilt sogar:

Satz 4.10 Sei u superharmonisch auf der offenen Menge R. Dann ist u f.ü. auf R endlich und *Lebesgue*-integrierbar über jede kompakte Menge $K \subset R$.

Beweis: Es genügt zu zeigen, daß u f.ü. auf jeder Komponente von R endlich ist. Daher können wir gleich annehmen, daß R zusammenhängend ist. Da u nicht identisch $+\infty$ auf R ist, gibt es einen Punkt aus R, wo u endlich ist. Sei

$$M = \{x \in R\colon u \text{ ist f.ü. auf } B_{x,\delta} \subset R \text{ für ein } \delta > 0 \text{ endlich}\}.$$

M ist nicht-leer, denn es gibt mindestens einen Punkt aus R, wo u endlich ist. Nach Satz 4.9 ist u f.ü. auf jeder Kugel endlich, die diesen Punkt als Mittelpunkt hat. Wir zeigen zuerst, daß M offen ist. Sei $x \in M$. Dann ist u f.ü. auf $B_{x,\delta}$ endlich für ein $\delta > 0$. Man betrachte ein beliebiges $y \in B_{x,\delta}$ und die Kugel $B_{y,\varrho}$, wobei $2\varrho = \text{Min}\, \{\|y - x\|, \delta - \|y - x\|\}$ ist. Dann gilt $B_{y,\varrho} \subset B_{x,\delta}$, und u ist f.ü. auf $B_{y,\varrho}$ endlich, d.h. $y \in M$. Somit ist $B_{x,\delta} \subset M$ und daher M offen. Als nächstes zeigen wir, daß

M relativ-abgeschlossen in R ist. Sei $\{x_j\}$ eine Folge in M mit $x_j \to x \in R$ für $j \to \infty$. Da R offen ist, gibt es ein ε mit $B_{x,\varepsilon} \subset R$. Man wähle ein i, so daß $x_i \in B_{x,\varepsilon/2}$ gilt. Wegen $x_i \in M$ gibt es ein δ, so daß u f.ü. auf $B_{x_i,\delta}$ endlich ist. Insbesondere ist u f.ü. auf $B_{x_i,\delta} \cap B_{x,\varepsilon/2}$ endlich, wobei die letzte Menge positives *Lebesgue*sches Maß hat. Hieraus folgt die Existenz eines Punktes $z \in B_{x_i,\delta} \cap B_{x,\varepsilon/2}$ mit $u(z) < +\infty$. Nach Satz 4.9 ist u f.ü. auf $B_{z,\varepsilon/2} \subset R$ endlich. Wegen $x \in B_{z,\varepsilon/2}$ gibt es eine Kugel $B_{x,\varrho} \subset$ $\subset B_{z,\varepsilon/2}$, auf der u f.ü. endlich ist. Somit folgt $x \in M$, und M ist relativ-abgeschlossen in R. Wegen $M \neq \emptyset$ haben wir $M = R$, da R zusammenhängend ist. Somit gibt es zu jedem $x \in R$ eine Kugel $B_{x,\delta_x} \subset R$, auf der u f.ü. endlich ist. Da diese Kugeln R überdecken, genügt bereits eine abzählbare Anzahl von ihnen, um R zu überdecken. Da u f.ü. auf jedem Element einer abzählbaren Überdeckung von R endlich ist, muß u f.ü. auf R endlich sein. Zum Beweis der *Lebesgue*-Integrierbarkeit von u über jede kompakte Menge $K \subset R$ überdecke man K durch endlich viele Kugeln B_{x_i,δ_i} mit $\bar{B}_{x_i,\delta_i} \subset R$, $i = 1, \ldots, p$. Da u f.ü. auf beliebig kleinen, x_i enthaltenden Kugeln endlich ist, können wir $u(x_i) < +\infty$ annehmen. Dies erreicht man dadurch, daß man x_i durch einen nahebeigelegenen Punkt x_i^* ersetzt und δ_i ein wenig vergrößert. Dann gilt $+\infty > u(x_i) \geq A(u\colon x_i, \delta_i)$ für jedes i. Da u auf $\bigcup_{i=1}^{p} \bar{B}_{x_i,\delta_i}$ nach unten beschränkt ist, können wir $u \geq 0$ auf dieser Menge annehmen. Dann gilt

$$-\infty < \int_K u(z)dz \leqq \sum_{i=1}^{p} \int_{B_{x_i,\delta_i}} u(z)dz \leqq \sum_{i=1}^{p} v_n \delta_i^n u(x_i) < +\infty,$$

und u ist integrierbar über K. ┘

Satz 4.11 Sei u superharmonisch auf der offenen Menge R, und sei B eine Kugel mit $\bar{B} \subset R$. Dann ist u integrierbar bzgl. des Oberflächenmaßes von ∂B, $\boldsymbol{PI}(u, B)$ ist harmonisch auf B, und es gilt $u \geq \boldsymbol{PI}(u, B)$ auf B.

Beweis: Wir können $u \geq 0$ auf ∂B annehmen. Da u n.u.h. ist, existiert eine Folge $\{\phi_i\}$ nichtnegativer, stetiger, reeller Funktionen auf ∂B mit $\phi_j \uparrow u$ auf ∂B. Man setze

$$v_j = \begin{cases} \boldsymbol{PI}(\phi_j, B) & \text{auf } B, \\ \phi_j & \text{auf } \partial B. \end{cases}$$

Da $u \geq v_j = \phi_j$ auf ∂B ist, v_j harmonisch auf B und stetig auf $\bar{B}$ ist, ergibt sich $u \geq v_j$ auf B nach der zweiten Definition superharmonischer Funktionen. Da $\{v_j\}$ eine isotone Folge harmonischer Funktionen auf B ist, muß $v = \lim_{j\to\infty} v_j$ nach Satz 2.19 auf B entweder identisch $+\infty$ oder harmonisch sein. Da u f.ü. auf R endlich ist und $u \geq v$ auf B gilt, muß v harmonisch auf B sein. Aus dem Satz von *Lebesgue* von der majorisierten Konvergenz folgt $v = \boldsymbol{PI}(u, B)$ auf B, und die letzten beiden Behauptungen sind bewiesen. Ist $B = B_{x,\delta}$, so ergibt sich

$+\infty > v(x) = \boldsymbol{PI}(u, B) = L(u\colon x, \delta)$, und u ist bzgl. des Oberflächenmaßes auf ∂B integrierbar. ┘

Da wir jetzt über einige Begrenzungen der Unendlichkeitsstellen einer superharmonischen Funktion Bescheid wissen, können wir die Summe zweier superharmonischer Funktionen untersuchen.

Satz 4.12 Sind u und v superharmonische Funktionen auf der offenen Menge R und ist $c > 0$, so gilt

(i) cu ist superharmonisch auf R,

(ii) $u + v$ ist superharmonisch auf R,

(iii) $u \wedge v = \inf(u, v)$ ist superharmonisch auf R.

Beweis: *(i)* folgt unmittelbar aus der Definition einer superharmonischen Funktion. Zum Beweis von (ii) beachte man, daß $u + v$ nicht auf jeder Komponente U von R identisch $+\infty$ sein kann, denn U hat positives *Lebesgue*sches Maß, und u und v sind beide f.ü. auf U endlich. Überdies gilt $u + v > -\infty$, denn u und v haben beide diese Eigenschaft. Ferner ist $u + v$ n.u.h. auf R, da die Summe zweier n.u.h. Funktionen wiederum n.u.h. ist. Wegen $u(x) \geq L(u\colon x, \delta)$ und $v(x) \geq L(v\colon x, \delta)$ haben wir dann $u(x) + v(x) \geq L(u + v\colon x, \delta)$, sofern $\bar{B}_{x,\delta} \subset R$ ist. Somit ist (ii) bewiesen. Zum Beweis von (iii) werden wir nur zeigen, daß $u \wedge v$ supermedian auf R ist, da offenbar $u \wedge v \in \mathscr{L}_R$ gilt. Sei also $\bar{B}_{x,\delta} \subset R$. Dann gilt

$$u(x) \geq L(u\colon x, \delta) \geq L(u \wedge v\colon x, \delta)$$

und

$$v(x) \geq L(v\colon x, \delta) \geq L(u \wedge v\colon x, \delta).$$

Daher ergibt sich

$$(u \wedge v)(x) = \inf\big(u(x), v(x)\big) \geq L(u \wedge v\colon x, \delta).$$ ┘

Satz 4.13 Ist u sowohl subharmonisch als auch superharmonisch auf einer offenen Menge R, so ist u harmonisch auf R. ┘

Beweis: Offenbar gilt $-\infty < u < +\infty$. Da u sowohl n.u.h. und n.o.h. ist, muß u stetig auf R sein. Da überdies $u(x) = L(u\colon x, \delta)$ für alle $\bar{B}_{x,\delta} \subset R$ gilt, ist u nach Korollar 2.9 harmonisch auf R. ┘

Satz 4.14 Für jede superharmonische Funktion u auf der offenen Menge R gilt $\liminf\limits_{y \to x,\, y \neq x} u(y) = u(x)$ für alle $x \in R$.

Beweis: Für $x \in R$ gilt

$$u(x) = \liminf_{y \to x} u(y) \leq \liminf_{y \to x,\, y \neq x} u(y).$$

Ist $u(x) = +\infty$, so sind alle drei Ausdrücke gleich, und der Satz ist trivialerweise richtig. Daher können wir $u(x) < +\infty$ annehmen. Wegen

$$u(x) \geq A(u\colon x, \delta) \geq \inf\{u(y)\colon y \in B_{x,\delta}, y \neq x\}$$

für $\bar{B}_{x,\delta} \subset R$ gilt $u(x) \geq \liminf\limits_{y \to x,\, y \neq x} u(y)$. ┘

Wir beschließen diesen Abschnitt, indem wir monotone Folgen superharmonischer Funktionen betrachten, allgemeiner werden wir filtrierende Familien superharmonischer Funktionen betrachten.

Satz 4.15 Sei $\{u_i\colon i \in I\}$ eine aufsteigend filtrierende Familie superharmonischer Funktionen auf der offenen Menge R. Dann ist $u = \sup_{i \in I} u_i$ auf jeder Komponente von R entweder identisch $+\infty$ oder superharmonisch.

Beweis: u ist als Supremum einer Familie n.u.h. Funktionen selbst n.u.h. Für $i_0 \in I$ gilt $u \geqq u_{i_0} > -\infty$. Ist $\bar{B}_{x,\delta} \subset R$, so gilt $u_i(x) \geq L(u_i\colon x, \delta)$ und daher nach Lemma 2.23

$$u(x) = \sup_{i \in I} u_i(x) \geq \sup_{i \in I} L(u_i\colon x, \delta) = L\big(\sup_{i \in I} u_i\colon x, \delta\big)$$
$$= L(u\colon x, \delta).$$

Somit ist u supermedian auf R und superharmonisch auf jeder Komponente von R, auf der u nicht identisch $+\infty$ ist. ┘

Der vorhergehende Satz ist natürlich auch auf isotone Folgen superharmonischer Funktionen anwendbar. Der analoge Satz für antitone Folgen ist nicht richtig. Man betrachte z.B. die superharmonische Funktion u_y auf E^3 mit Pol y. Man definiere $u_j = j^{-1} u_y$. Dann ist $\{u_j\}$ eine antitone Folge superharmonischer Funktionen. Setzt man $u = \inf_{j \geq 1} u_j$, so gilt $u = 0$ außer in y, wo u gleich $+\infty$ ist. Offenbar ist u nicht superharmonisch, da u nicht n.u.h. in y ist. Nicht nur die Halbstetigkeit ist eine der auftretenden Schwierigkeiten, sondern auch die Forderung, daß die untere Einhüllende nicht den Wert $-\infty$ annehmen darf. Die untere Einhüllende ist jedoch „nahezu-superharmonisch“, vorausgesetzt, man kann die letztere Schwierigkeit ausschließen.

Satz 4.16 Sei $\{u_i\colon i \in I\}$ eine absteigend filtrierende Familie superharmonischer Funktionen auf der offenen Menge R, die lokal nach unten beschränkt ist. Dann ist die untere Regularisierte $\hat{u}$ von $u = \inf_{i \in I} u_i$ superharmonisch auf R.

Beweis: Aus der lokalen Beschränktheit folgt, daß $\hat{u}$ nicht den Wert $-\infty$ annehmen kann. Wegen $u_i \geq u \geq \hat{u}$, $i \in I$, ist $\hat{u}$ nicht identisch $+\infty$ auf jeder Komponente von R. Wir zeigen gemäß der zweiten Definition, daß $\hat{u}$ superharmonisch ist.

Sei W eine offene, relativ-kompakte Menge mit $\bar{W} \subset R$, und sei h stetig auf $\bar{W}$, harmonisch auf W und $\hat{u} \geq h$ auf ∂W. Dann gilt $u_i \geq h$ auf ∂W und daher $u_i \geq h$ auf W nach der zweiten Definition einer superharmonischen Funktion. Hieraus folgt dann aber $u \geq h$ auf W und damit $\hat{u} \geq h$ auf W, und $\hat{u}$ ist superharmonisch auf R. ┘

Die Menge der Punkte, für die im vorhergehenden Satz $\hat{u} \neq u$ gilt, ist nicht zu groß. Wir werden später zu dieser Punktmenge zurückkehren und zeigen, daß $\hat{u}$ und u f.ü. gleich sind.

Die Abänderung einer superharmonischen Funktion, so daß sie auf einer Teilmenge ihres Definitionsbereiches harmonisch wird, ist eine grundlegende Operation, die durch das folgende Lemma begründet wird.

Lemma 4.17 Sei u superharmonisch auf der offenen Menge R und sei $B = B_{x,\delta}$ eine Kugel mit $\bar{B} \subset R$. Man setze

$$v = \begin{cases} \boldsymbol{PI}(u, B) & \text{auf } B, \\ u & \text{auf } R \sim B. \end{cases}$$

Dann ist $u \geq v$ auf R, v ist harmonisch auf B und superharmonisch auf R.

Beweis: $\boldsymbol{PI}(u, B)$ ist definiert, und es gilt $v \leq u$ auf B nach Satz 4.11, offenbar also $v \leq u$ auf R. Weiter ist v harmonisch auf B. Es bleibt nur zu zeigen, daß v n.u.h. und supermedian in den Punkten von ∂B ist. Man betrachte ein beliebiges $y \in \partial B$. Nach Lemma 2.6 gilt

$$\liminf_{\substack{z \to y \\ z \in B}} v(z) \geq \liminf_{\substack{z \to y \\ z \in \partial B}} u(z) \geq \liminf_{z \to y} u(z) = u(y) = v(y).$$

Wegen $v = u$ auf $R \sim B$ ergibt sich

$$\liminf_{\substack{z \to y \\ z \in R \sim B}} v(z) = \liminf_{\substack{z \to y \\ z \in R \sim B}} u(z) \geq \liminf_{z \to y} u(z) = u(y) = v(y).$$

Daher haben wir $\liminf_{z \to y} v(z) \geq v(y)$, und v ist n.u.h. in y. Schließlich zeigen wir, daß v supermedian in $y \in \partial B$ ist. Sei $\bar{B}_{y,\varrho} \subset R$. Dann gilt wegen $u \geq v$ auf R

$$v(y) = u(y) \geq L(u\colon y, \varrho) \geq L(v\colon y, \varrho)$$

Da v offenbar lokal-supermedian und n.u.h. in den Punkten von $R \sim \partial B$ ist, folgt die Superharmonizität von v auf R nach der dritten Definition einer superharmonischen Funktion. ┘

4.4 Approximation superharmonischer Funktionen

In diesem Abschnitt werden wir zeigen, daß superharmonische Funktionen durch glatte, superharmonische Funktionen approximiert werden können. Das folgende Lemma bildet die Grundlage für derartige Approximationen.

Lemma 4.18 Sei u superharmonisch auf der offenen Menge R. Ferner sei $x \in R$ und $\delta_x = d(x, \complement R)$. Dann sind $L(u: x, .)$ und $A(u: x, .)$ antitone Funktionen auf $[0, \delta_x)$, die unter der Voraussetzung, daß man $L(u: x, 0) = A(u: x, 0) = u(x)$ definiert, rechtsseitig stetig in $\delta = 0$ sind; überdies ist $A(u: x, .)$ stetig auf $[0, \delta_x)$.

Beweis: Sei $0 \leq \delta < \delta_1 < \delta_x$. Man definiere eine Funktion h auf B_{x,δ_1} durch $h = \boldsymbol{PI}(u, B_{x,\delta_1})$. Nach Satz 4.11 gilt $u \geq h$ auf B_{x,δ_1}. Da $\bar{B}_{x,\delta} \subset B_{x,\delta_1}$ und da h auf der letzteren Kugel harmonisch ist, ergibt sich

$$L(u: x, \delta) \geq L(h: x, \delta) = h(x) = L(u: x, \delta_1).$$

Somit ist $L(u: x, .)$ antiton auf $[0, \delta_x)$. Da u in x n.u.h. ist, ist für jedes $\varepsilon > 0$ $\{y: u(y) > u(x) - \varepsilon\}$ eine Umgebung von x, und für alle hinreichend kleinen δ gilt $L(u: x, \delta) \geq L(u(x) - \varepsilon: x, \delta) = u(x) - \varepsilon$. Hieraus folgt $L(u: x, \delta) \uparrow u(x)$ für $\delta \downarrow 0$, Für alle $\delta \leq \delta_1 < \delta_x$ ist $A(u: x, \delta)$ endlich, und es gilt

$$\begin{aligned} A(u: x, \delta) &= \frac{1}{v_n \delta^n} \int_{B_{x,\delta}} u(z)\,dz \\ &= \frac{1}{v_n \delta^n} \int_0^\delta \varrho^{n-1} \left(\int_{\|\theta\|=1} u(x + \varrho\theta)\,d\sigma(\theta) \right) d\varrho \\ &= \frac{\sigma_n}{v_n \delta^n} \int_0^\delta \varrho^{n-1} L(u: x, \varrho)\,d\varrho. \end{aligned}$$

Dies zeigt unter anderem, daß $\varrho^{n-1} L(u: x, \varrho)$ integrierbar auf $[0, \delta_1]$ ist. Da das unbestimmte Integral einer integrierbaren Funktion absolut stetig ist, muß $A(u: x, .)$ stetig auf $(0, \delta_1)$ sein. Die obige Gleichung ergibt auch auf jedem abgeschlossenen Interval $[a, b] \subset (0, \delta_x)$ eine Darstellung von $A(u: x, .)$ als Produkt zweier beschränkter, absolut stetiger Funktionen auf $[a, b]$. Direkt aus der Definition derartiger Funktionen folgt, daß $A(u: x, .)$ absolut stetig auf $[a, b]$ ist. Somit ist $A(u: x, .)$ f.ü. auf $(0, \delta_x)$ differenzierbar. Man erinnere sich, daß die Ableitung eines unbestimmten Integrals existiert und f.ü. gleich dem Integranden ist. Daher haben wir für fast alle $\delta \in (0, \delta_1)$

$$D_\delta A(u: x, \delta) = \frac{\sigma_n}{v_n \delta} L(u: x, \delta) - \frac{n\sigma_n}{v_n \delta^{n+1}} \int_0^\delta \varrho^{n-1} L(u: x, \varrho)\, d\varrho$$

$$= \frac{n}{\delta} [L(u: x, \delta) - A(u: x, \delta)],$$

da $v_n = \sigma_n/n$ gilt. Im Hinblick auf die Tatsache, daß $L(u: x, .)$ antiton auf $(0, \delta)$ ist, erhalten wir

$$A(u: x, \delta) = \frac{\sigma_n}{v_n \delta^n} \int_0^\delta \varrho^{n-1} L(u: x, \varrho)\, d\varrho$$

$$\geq \frac{\sigma_n}{v_n \delta_n} \left(\int_0^\delta \varrho^{n-1}\, d\varrho \right) L(u: x, \delta)$$

$$= L(u: x, \delta)$$

und $D_\delta A(u: x, \delta) \leq 0$ für fast alle $\delta \in (0, \delta_x)$. Für $0 < a < \delta$ ergibt sich

$$A(u: x, \delta) - A(u: x, a) = \int_a^\delta D_\varrho A(u: x, \varrho)\, d\varrho,$$

und $A(u: x, .)$ ist antiton auf $(0, \delta_x)$. Wegen

$$A(u: x, 0) = u(x) \geq A(u: x, \delta) = L(u: x, \delta)$$

für jedes $\delta \in (0, \delta_x)$ ist $A(u: x, .)$ antiton auf $[0, \delta_x]$ und rechtsseitig stetig in 0. ⌟

Man erinnere sich, daß die Menge R_α für eine offene Menge R und für $\alpha > 0$ wie folgt definiert ist: $R_\alpha = \{y: d(y, \complement R) > \alpha\}$. Sind $\alpha, \beta > 0$, so erhält man unmittelbar aus der Dreiecksungleichung die Inklusion $R_{\alpha+\beta} \subset (R_\alpha)_\beta$.

Satz 4.19 Sei u superharmonisch auf der offenen Menge R, und sei $u_\delta(x) = A(u: x, \delta)$ für $x \in R_\delta$. Dann ist u_δ für jedes δ eine stetige, superharmonische Funktion auf R_δ, und u_δ strebt für $\delta \downarrow 0$ isoton gegen u; ist u zusätzlich harmonisch auf einer offenen Menge $U \subset R$, so ist u_δ für jedes δ harmonisch auf U.

Beweis: Die Stetigkeit von u_δ auf R_δ folgt nach Satz 1.14. Seien $\delta, \varrho > 0$ und $x \in R_{\delta+\varrho}$. Wegen $x \in R_{\delta+\varrho} \subset (R_\delta)_\varrho$ haben wir $B_{x,\varrho} \subset R_\delta$, auf ähnliche Weise erhält man $B_{x,\delta} \subset R_\varrho$. Hieraus folgt, daß $A(u: x, \varrho)$ und $A(u_\varrho: x, \delta)$ beide definiert sind.

Der Satz von Fubini impliziert dann

$$\begin{aligned} A(u_\delta\colon x, \varrho) &= \frac{1}{v_n \varrho^n} \int_{B_{x,\varrho}} u_\delta(y)\,dy \\ &= \frac{1}{v_n \varrho^n} \int \chi_{B_{x,\varrho}}(y) \left(\frac{1}{v_n \delta^n} \int \chi_{B_{y,\delta}}(z) u(z)\,dz \right) dy \\ &= \frac{1}{v_n^2 \varrho^n \delta^n} \int u(z) \left(\int \chi_{B_{x,\varrho}}(y) \chi_{B_{y,\delta}}(z)\,dy \right) dz. \end{aligned}$$

Da $z \in B_{y,\delta}$ genau dann gilt, wenn $y \in B_{z,\delta}$ gilt, ist das Integral in den letzten Klammern gerade das Volumen von $B_{z,\delta} \cap B_{x,\varrho}$, also eine symmetrische Funktion von δ und ϱ. Daher ist $A(u_\delta\colon x, \varrho)$ eine symmetrische Funktion von δ und ϱ. Man betrachte jetzt ein beliebiges $x \in R$ und wähle ein r mit $x \in B_{\delta+r}$. Dann gilt $x \in R_{\delta+r} \subset \subset R_{\delta+\varrho}$ für alle $\varrho < r$ und daher

$$A(u_\delta\colon x, \varrho) = A(u_\varrho\colon x, \delta) \leq A(u\colon x, \delta) = u_\delta(x)$$

für alle $\varrho < r$. Nach Satz 4.9 folgt hieraus die Superharmonizität von u_δ auf R. Die Behauptung, daß die u_δ gegen u aufsteigen, folgt aus Lemma 4.18. Ist u zusätzlich harmonisch auf der offenen Menge U, so gilt $u_\delta(x) = A(u\colon x, \delta) = u(x)$ für alle $x \in U$, und u_δ ist harmonisch auf U. ⌟

Gemäß dem vorhergehenden Satz liefert die Mittelwertbildung einer superharmonischen Funktion über Kugeln mit einem festen Radius auf Kosten eines etwas kleineren Definitionsbereiches eine glattere, superharmonische Funktion. Man kann erwarten, eine noch glattere Funktion zu erhalten, etwa eine stetig differenzierbare, wenn man die Mittelwertbildung erneut vornimmt und den Definitionsbereich wiederum reduziert.

Satz 4.20 Sei R eine offene Menge und $V \subset R$ offen und relativ-kompakt mit $\bar{V} \subset R$. Ist dann u superharmonisch auf R, so existiert eine isotone Folge $\{v_j\}$ zweimal stetig differenzierbarer, superharmonischer Funktionen auf V mit $u = \lim_{j \to \infty} v_j$ auf V.

Beweis: Sei $3\delta = d(\bar{V}, \complement R)$, und sei $\{\delta_j\}$ eine antitone Folge in $(0, \delta)$ mit $\lim_{j \to \infty} \delta_j = 0$. Für jedes $\varrho > 0$ und für jede superharmonische Funktion w auf R definiere man w_ϱ auf R_ϱ wie im vorhergehenden Satz. Man betrachte zunächst ein festes j. Da u_{δ_j} superharmonisch und da $u_{\delta_j} \leq u$ auf R_{δ_j} ist, ist $(u_{\delta_j})_{\delta_j}$ superharmonisch und $(u_{\delta_j})_{\delta_j} \leq u_{\delta_j} \leq u$ auf $(R_{\delta_j})_{\delta_j}$, und somit ist $((u_{\delta_j})_{\delta_j})_{\delta_j}$ superharmonisch mit $((u_{\delta_j})_{\delta_j})_{\delta_j} \leq (u_{\delta_j})_{\delta_j} \leq u_{\delta_j} \leq u$ auf $((R_{\delta_j})_{\delta_j})_{\delta_j} \supset V$. Man setze $v_j = ((u_{\delta_j})_{\delta_j})_{\delta_j}$ auf $((R_{\delta_j})_{\delta_j})_{\delta_j}$. Dann ist v_j superharmonisch und zweimal stetig differenzierbar auf V nach Satz 1.14. Wegen $w_{\delta_j} \leq w_{\delta_{j+1}}$ auf R_{δ_j} für jede superharmonische Funktion w auf R ergibt sich

$$\begin{aligned} v_j = ((u_{\delta_j})_{\delta_j})_{\delta_j} &\leq ((u_{\delta_{j+1}})_{\delta_j})_{\delta_j} \\ &\leq ((u_{\delta_{j+1}})_{\delta_{j+1}})_{\delta_j} \\ &\leq ((u_{\delta_{j+1}})_{\delta_{j+1}})_{\delta_{j+1}} = v_{j+1} \end{aligned}$$

auf $((R_{\delta_j})_{\delta_j})_{\delta_j} \supset V$, und die Folge $\{v_j\}$ ist isoton auf V. Wegen $w_{\delta_j} \leq w_{\delta_{j+k}}$ auf R_{δ_j} für jede superharmonische Funktion w auf R für alle natürlichen Zahlen j, k erhalten wir

$$((u_{\delta_{j+k}})_{\delta_j})_{\delta_j} \leq ((u_{\delta_{j+k}})_{\delta_{j+k}})_{\delta_{j+k}} = v_{j+k}$$

auf $((R_{\delta_{j+k}})_{\delta_j})_{\delta_j}$. Nach dem vorangehenden Satz ist $u_{\delta_{j+k}} \uparrow u$ auf R für $k \uparrow \infty$, also ergibt sich $((u_{\delta_{j+k}})_{\delta_j})_{\delta_j} \to (u_{\delta_j})_{\delta_j}$ auf $(R_{\delta_j})_{\delta_j}$ für $k \to \infty$. Daher gilt $(u_{\delta_j})_{\delta_j} \leq \lim_{k\to\infty} v_k$ auf $(R_{\delta_j})_{\delta_j}$. Wiederholen wir dieses Argument zweimal, so erhalten wir $u \leq \lim_{k\to\infty} v_k$ auf R. Wegen $v_k = ((u_{\delta_k})_{\delta_k})_{\delta_k} \leq u$ auf $((R_{\delta_k})_{\delta_k})_{\delta_k}$ gilt $\lim_{k\to\infty} v_k \leq u$ auf R, somit also $\lim_{k\to\infty} v_k = u$ auf R. Restringieren wir die Funktionen v_j auf V, so erhalten wir die gewünschte Folge. ┘

Satz 4.21 Sei u superharmonisch auf der offenen Menge R und harmonisch auf $R \sim K$, wobei K eine kompakte Teilmenge von R ist. Dann existiert eine isotone Folge $\{u_j\}$ superharmonischer Funktionen auf R mit

(i) jedes u_j ist zweimal stetig differenzierbar auf R,

(ii) $\lim_{j\to\infty} u_j = u$

(iii) ist V eine beliebige Umgebung von K mit kompaktem Abschluß $\bar{V} \subset R$, so gilt $u_j = u$ auf $R \sim \bar{V}$ für alle hinreichend großen j.

Beweis: Sei $6\delta = d(K, \complement R)$, und sei $\{\delta_j\}$ eine antitone Folge in $(0, \delta)$ mit $\lim_{j\to\infty} \delta_j = 0$. Dann gilt $K \subset R_{3\delta_j}$ und $\partial R_{3\delta_j} \subset R \sim K$, $j \geq 1$. Hieraus folgt für jedes j, daß $((u_{\delta_j})_{\delta_j})_{\delta_j} = u$ auf einer Umgebung von $\partial R_{3\delta_j} \subset R \sim K$ ist. Man definiere

$$u_j = \begin{cases} ((u_{\delta_j})_{\delta_j})_{\delta_j} & \text{auf } R_{3\delta_j}, \\ u & \text{auf } R \sim R_{3\delta_j}. \end{cases}$$

Da $((u_{\delta_j})_{\delta_j})_{\delta_j}$ superharmonisch auf $R_{3\delta_j}$ und gleich u auf einer Umgebung von $\partial R_{3\delta_j}$ ist, muß jedes u_j superharmonisch auf R sein, stetig differenzierbar auf R und $u_j = u$ auf $R \cap (\complement K)_{3\delta_k}$ sein. Wie im vorhergehenden Beweis steigen die u_j

gegen u auf R auf. Sei jetzt V eine Umgebung von K mit kompaktem Abschluß $\bar{V} \subset R$. Für hinreichend großes j gilt $R \cap (\complement K)_{3\delta_j} \supset R \sim \bar{V}$ und $u_j = u$ auf $R \sim \bar{V}$. ⌟

Satz 4.22 Sei u superharmonisch auf der offenen Menge R, und sei $\partial B_{x,\varrho} \subset R$ für $r_1 \leq \varrho \leq r_2$. Dann ist $L(u\colon x, \varrho)$ im Falle $n = 2$ eine konkave Funktion von $-\log\varrho$ und im Falle $n \geq 3$ eine konkave Funktion von ϱ^{-n+2} auf (r_1, r_2); insbesondere ist $L(u\colon x, \varrho)$ eine stetige Funktion von ϱ auf (r_1, r_2). Ist u zusätzlich harmonisch auf R, so gilt auf (r_1, r_2)

im Falle $n = 2$:

$$L(u\colon x, \varrho) = \left[\frac{1}{\sigma_2} \int_{\partial B_{x,r_1}} D_n u \, d\sigma(z)\right] \log\varrho + \text{const.};$$

im Falle $n \geq 3$:

$$L(u\colon x, \varrho) = \left[-\frac{1}{\sigma_n(n-2)} \int_{\partial B_{x,r_1}} D_n u \, d\sigma(z)\right] \varrho^{-n+2} + \text{const.}$$

B e w e i s: Wir werden diesen Satz zunächst unter der zusätzlichen Voraussetzung beweisen, daß u zweimal stetig differenzierbar auf R ist. Bezeichnet A_ϱ die abgeschlossene Kugelschale $\bar{B}_{x,\varrho} \sim B_{y,r_1} \subset R$, $r_1 < \varrho \leq r_2$, so hat u eine beschränkte Normalenableitung auf ∂A_ϱ. Da u superharmonisch auf R ist, gilt $\Delta u \leq 0$ auf R. Wenden wir die *Green*sche Formel auf das Gebiet A_ϱ an, so ergibt sich

$$0 \geq \int_{A_\varrho} \Delta u \, dz = \int_{\partial B_{x,\varrho}} D_n u \, d\sigma(z) - \int_{\partial B_{x,r_1}} D_n u \, d\sigma(z)$$

für $r_1 < \varrho \leq r_2$. Benutzt man nun die Tatsache, daß u eine beschränkte Normalenableitung auf ∂A_ϱ hat, so folgt weiter

$$\begin{aligned}
\int_{\partial B_{x,\varrho}} D_n u \, d\sigma(z) &= \int_{\|\theta\|=1} \varrho^{n-1} D_r u(x + r\theta)|_{r=\varrho} \, d\sigma(\theta) \\
&= \varrho^{n-1} \int_{\|\theta\|=1} \lim_{\eta \to 0} \frac{u(x + (\varrho + \eta)\theta) - u(x + \varrho\theta)}{\eta} \, d\sigma(\theta) \\
&= \varrho^{n-1} \lim_{\eta \to 0} \frac{1}{\eta} \left[\int_{\|\theta\|=1} u(x + (\varrho + \eta)\theta) \, d\sigma(\theta) \right. \\
&\qquad \left. - \int_{\|\theta\|=1} u(x + \varrho\theta) \, d\sigma(\theta)\right] \\
&= \sigma_n \varrho^{n-1} D_\varrho L(u\colon x, \varrho)
\end{aligned}$$

und daher

$$\sigma_n \varrho^{n-1} D_\varrho L(u: x, \varrho) = \int_{A_\varrho} \Delta u dz + \int_{\partial B_{x,r_1}} D_n u d\sigma(z).$$

Ist u harmonisch auf R, so ist das erste Integral auf der rechten Seite Null und das zweite Integral eine Konstante; eine Integration bzgl. ϱ liefert dann die endgültige Behauptung des Satzes. Betrachten wir jetzt den allgemeinen Fall. Sei zunächst $n \geq 3$. Setzt man $\zeta = 1/\varrho^{n-2}$, bezeichnet $\varrho(\zeta)$ die Umkehrfunktion und k den letzten Ausdruck auf der rechten Seite der vorhergehenden Gleichung, so ergibt sich

$$-\sigma_n(n-2) D_\zeta L(u: x, \varrho(\zeta)) = \int_{A_{\varrho(\zeta)}} \Delta u dz + k.$$

Wächst ϱ auf dem Intervall (r_1, r_2), so fallen ζ und $\int_{A_\varrho} \Delta u dz$. Hieraus folgt, daß $D_\zeta L(u: x, \varrho(\zeta))$ anwächst, wenn ζ fällt. Daher ist $L(u: x, \varrho(\zeta))$ eine konkave Funktion von $\zeta = 1/\varrho^{n-2}$. Der Beweis für den Fall $n = 2$ wird in derselben Weise vervollständigt, indem man $\zeta = -\log \varrho$ setzt. Man betrachte nun im Falle $n \geq 3$ eine beliebige superharmonische Funktion u auf R. Nach Satz 4.20 gibt es eine Folge $\{u_j\}$ superharmonischer Funktionen, die auf einer Umgebung von $\bar{B}_{x,r_2} \sim B_{x,r_1}$ definiert und dort zweimal stetig differenzierbar sind. Außerdem gilt $u_j \uparrow u$. Zu jedem j existiert eine konkave Funktion ψ_j, die auf einem Intervall definiert ist, so daß $L(u_j: x, \varrho) = \psi_j(\varrho^{-n+2})$ für $\varrho \in (r_1, r_2)$ gilt. Man beachte, daß die Folge $\{\psi_j\}$ isoton ist. Man sieht leicht, daß $\psi = \lim_{j\to\infty} \psi_j$ ebenfalls eine konkave Funktion ist und daß $L(u: x, \varrho) = \psi(\varrho^{-n+2})$ für $\varrho \in (r_1, r_2)$ gilt. Dasselbe Argument führt auch im Falle $n = 2$ zum Ziele. Die Stetigkeit von $L(u: x, .)$ auf (r_1, r_2) folgt aus der Tatsache, daß eine konkave Funktion auf einem offenen Intervall notwendigerweise stetig ist. ┘

5. Green-Funktionen

Die bisher erhaltenen Ergebnisse ergaben sich aus der *Green*schen Formel, indem man eine der beiden auftretenden Funktionen geschickt wählte. Wie bereits früher angedeutet wurde, gilt die *Green*sche Formel auch für andere Gebiete als Kugeln. Insbesondere ist Satz 1.4 für offene Mengen mit glatten Rändern richtig. In genau derselben Weise, wie wir Satz 1.4 bewiesen haben, können wir zeigen, daß für eine in einer Umgebung des Abschlusses einer beschränkten, offenen Menge R mit glattem Rand definierten harmonischen Funktion u für $x \in R$ im Falle $n \geq 3$ gilt

$$u(x) = \frac{1}{\sigma_n(n-2)} \int_{\partial R} \left[\frac{1}{\|x-z\|^{n-2}} D_n u - u D_n \left(\frac{1}{\|x-z\|^{n-2}} \right) \right] d\sigma(z).$$

Beim Ableiten der *Poisson*schen Integralformel wählten wir im Grunde genommen eine Funktion v_x, die von $x \in R$ abhing und die in einer Umgebung von $\bar{R}$ harmonisch war, so daß

$$0 = \frac{1}{\sigma_n(n-2)} \int_{\partial R} (v_x D_n u - u D_n v_x) d\sigma(z)$$

galt. Durch Addition dieser beiden Gleichungen erhalten wir

$$u(x) = \frac{1}{\sigma_n(n-2)} \int_{\partial R} \left[\left(\frac{1}{\|x-z\|^{n-2}} + v_x \right) D_n u - u D_n \left(\frac{1}{\|x-z\|^{n-2}} + v_x \right) \right] d\sigma(z).$$

In dem Falle, wo R eine Kugel ist, war es möglich, eine harmonische Funktion v_x zu wählen mit

$$\frac{1}{\|x-z\|^{n-2}} + v_x(z) = 0$$

für $z \in \partial R$, und die obige Integraldarstellung wurde gerade die *Poisson*sche Integraldarstellung. Ob dasselbe Verfahren auch für eine offene Menge R mit glattem Rand zum Ziel führt, hängt davon ab, ob das *Dirichlet*sche Problem für die Randfunktion

$$f_x(z) = \frac{1}{\|x-z\|^{n-2}}, \qquad z \in \partial R$$

für jedes $x \in R$ gelöst werden kann. Dies ist ein Zugang zu den *Green*-Funktionen, wir aber werden diesen Weg nicht weiter verfolgen zugunsten eines direkten Studiums von Funktionen der Art (für $n \geq 3$)

$$\frac{1}{\|x-z\|^{n-2}} + v_x(z), \qquad z \in R,$$

wobei v_x harmonisch auf R ist.

5.1 Die Green-Funktion für die Kugel

Wie in der Einleitung angedeutet wurde, haben wir die *Green*-Funktion für die Kugel bereits konstruiert. Wir werden nun die *Green*-Funktion für die Kugel formal definieren.

Definition Für $n = 2$ ist die *Green-Funktion* für die Kugel $B = B_{y,\varrho}$ gegeben durch

$$G_B(x, z) = \begin{cases} \log \dfrac{\|y-x\|}{\varrho} \dfrac{\|z-x^\star\|}{\|z-x\|} & \text{für} \quad z \in B \sim \{x\}, \quad x \neq y, \\ \log \dfrac{\varrho}{\|z-y\|} & \text{für} \quad z \in B \sim \{x\}, \quad x = y, \\ +\infty & \text{für} \quad z = x, \end{cases}$$

wobei $x^\star$ das Inverse von x bzgl. ∂B ist. Für $n \geq 3$ ist die *Green-Funktion* für B gegeben durch

$$G_B(x, z) = \begin{cases} \dfrac{1}{\|z-x\|^{n-2}} - \left(\dfrac{\varrho}{\|x-y\|}\right)^{n-2} \dfrac{1}{\|z-x^\star\|^{n-2}} & \text{für} \quad z \in B \sim \{x\}, \quad x \neq y, \\ \dfrac{1}{\|z-y\|^{n-2}} - \dfrac{1}{\varrho^{n-2}} & \text{für} \quad z \in B \sim \{x\}, \quad x = y, \\ +\infty & \text{für} \quad z = x. \end{cases}$$

Mit diesen Definitionen kann die Integraldarstellung von Satz 1.7 neu aufgeschrieben werden, indem man G_B benutzt; d.h. ist h harmonisch in einer Umgebung des Abschlusses von $B = B_{y,\varrho}$ und ist $x \in B$, so gilt für $n = 2$

(a) $$h(x) = -\frac{1}{2\pi} \int_{\partial B} h(z) D_n G_B(x, z) d\sigma(z).$$

Für $x \neq y$ ist diese Gleichung gerade (i) von Satz 1.7. Es bleibt nur zu zeigen, daß (a) auch für $x = y$ richtig ist. In diesem Fall gilt in den Punkten von ∂B

$$D_{\mathbf{n}} G_B(y, z) = D_{\mathbf{n}} \log \frac{\varrho}{\|z - y\|} = D_r \log \frac{\varrho}{r}\bigg|_{r=\varrho} = \frac{-1}{\varrho}$$

und (a) kann geschrieben werden als

$$h(y) = \frac{1}{2\pi\varrho} \int_{\partial B} h(z)\, d\sigma(z).$$

Aber dies besagt gerade, daß $h(y)$ der Mittelwert von h über ∂B ist. In ähnlicher Weise gilt für $n \geq 3$ und $x \in B$

$$h(x) = -\frac{1}{\sigma_n(n-2)} \int_{\partial B} h(z) D_{\mathbf{n}} G_B(x, z)\, d\sigma(z),$$

wann immer h in einer Umgebung von $\bar{B}$ harmonisch ist.

Wir bemerken außerdem, daß $\lim_{z \to z_0} G_B(x, z) = 0$ für alle $z_0 \in \partial B$ und festes $x \in B$ ist.

Man sollte weiterhin bemerken, daß $G_B(x, z)$ durch stetige Fortsetzung für $x = y$ definiert wurde. Dies war notwendig, weil $x^\star$ nicht definiert ist für $x = y$. Wegen

$$x^\star = y + \frac{\varrho^2}{\|x - y\|^2}(x - y)$$

für $x \neq y$ haben wir

$$\frac{\|y - x\|}{\varrho} \frac{\|z - x^\star\|}{\|z - x\|} = \frac{\|y - x\| \left\| (z - y) - \frac{\varrho^2}{\|y - x\|^2}(x - y) \right\|}{\varrho \|z - x\|}$$

$$\to \frac{\varrho}{\|z - y\|},$$

wenn $x \to y$, d. h. $G_B(y, z) = \lim_{x \to y} G_B(x, z)$, $z \in B \sim \{y\}$. Schließlich bemerken wir die Beziehung

$$PI(\mu, B)(x) = \begin{cases} -\dfrac{1}{2\pi} \displaystyle\int_{\partial B} D_{\mathbf{n}} G_B(x, z)\, d\mu(z), & n = 2 \\[2ex] -\dfrac{1}{\sigma_n(n-2)} \displaystyle\int_{\partial B} D_{\mathbf{n}} G_B(x, z)\, d\mu(z), & n \geq 3. \end{cases}$$

für $x \in B$.

Diese Bemerkungen zusammen mit Satz 1.4 erlauben es uns, den *Riesz*schen Zerlegungssatz für superharmonische Funktionen mit Hilfe der Infinitesimalrechnung zu beweisen.

Satz 5.1 Ist u in einer Umgebung des Abschlusses einer Kugel $B = B_{y,\varrho}$ zweimalig stetig differenzierbar, so gilt
(i) für jedes $x \in B$ und $n = 2$

$$u(x) = -\frac{1}{2\pi}\int_{\partial B} u(z) D_n G_B(x,z)\, d\sigma(z) - \frac{1}{2\pi}\int_B G_B(x,z)\Delta u(z)\, dz;$$

(ii) für jedes $x \in B$ und $n \geq 3$

$$u(x) = -\frac{1}{\sigma_n(n-2)}\int_{\partial B} u(z) D_n G_B(x,z)\, d\sigma(z) - \frac{1}{\sigma_n(n-2)}\int_B G_B(x,z)\Delta u(z)\, dz.$$

Beweis: Wir werden nur (i) beweisen. Sei zunächst $x \neq y$. Wenden wir die *Green*sche Formel an auf u und die Funktion

$$v_x(z) = \log\left(\frac{\|y-x\|\,\|z-x^\star\|}{\varrho}\right),$$

so erhalten wir

$$-\int_B v_x \Delta u\, dz = \int_{\partial B} (u D_n v_x - v_x D_n u)\, d\sigma(z),$$

da $\Delta v_x = 0$ auf B ist; d.h. es ist

$$0 = \frac{1}{2\pi}\int_{\partial B} (v_x D_n u - u D_n v_x)\, d\sigma(z) - \frac{1}{2\pi}\int_B v_x \Delta u\, dz.$$

Die Addition dieser Gleichung zur Gleichung von Teil (i) von Satz 1.4 liefert

$$u(x) = \frac{1}{2\pi}\int_{\partial B}\left[\left(\log\frac{\|y-x\|}{\varrho}\frac{\|z-x^\star\|}{\|z-x\|}\right) D_n u - u D_n\left(\log\frac{\|y-x\|}{\varrho}\frac{\|z-x^\star\|}{\|z-x\|}\right)\right] d\sigma(z)$$

$$-\frac{1}{2\pi}\int_B \Delta u\left(\log\frac{\|y-x\|}{\varrho}\frac{\|z-x^\star\|}{\|z-x\|}\right) dz.$$

Wegen

$$\frac{\|y-x\|}{\varrho}\frac{\|z-x^\star\|}{\|z-x\|}=1$$

für $z\in\partial B$ haben wir für $x\in B\sim\{y\}$

$$u(x)=-\frac{1}{2\pi}\int_{\partial B}u(z)D_{\mathbf{n}}G_B(x,z)d\sigma(z)-\frac{1}{2\pi}\int_B\Delta u(z)G_B(x,z)dz.$$

Die Richtigkeit dieser Gleichung für $x=y$ kann gezeigt werden, indem man die obige Beweisführung mit $v_x(z)=\log\varrho$ wiederholt. ⌟

Definition Das *Green-Potential* eines signierten Maßes μ auf B ist die durch

$$u(x)=\int G_B(x,z)d\mu(z),\qquad x\in B$$

definierte Funktion u, vorausgesetzt, daß das Integral überall auf B definiert ist.

Korollar 5.2 Ist u zweimal stetig differenzierbar in einer Umgebung von $\bar{B}$, so ist u die Summe einer auf B harmonischen Funktion und des *Green*-Potentials eines signierten Maßes μ auf B.

Wir werden zu diesem Korollar in Kapitel 6 zurückkehren, um eine ähnliche Darstellung für superharmonische Funktionen zu erhalten.

Lemma 5.3 G_B ist symmetrisch auf $B\times B$; außerdem ist $G_B(x,.)$ für jedes $x\in B$ strikt positiv und superharmonisch auf B. Ferner gilt $\lim_{z\to z_0}G_B(x,z)=0$ für alle $z_0\in\partial B$.

Beweis: Wir werden nur den Fall $n=2$ beweisen, da der Fall $n\geq 3$ genauso verläuft. Sei $B=B_{y,\varrho}$. Ist $x=z=y$, so ist $G_B(x,z)=G_B(z,x)=+\infty$, ist dagegen $x=y$ und $z\in B\sim\{x\}$, so haben wir

$$G_B(x,z)=\log(\varrho/\|z-x\|)$$

und daher

$$G_B(z,x)=\log\frac{\|y-z\|}{\varrho}\frac{\|x-z^\star\|}{\|x-z\|}=\log\frac{\|x-z^\star\|}{\varrho}=\log\frac{\varrho}{\|x-z\|},$$

also $G_B(x,z)=G_B(z,x)$. Sei jetzt $x\neq y$, $z\neq y$ und $z\in B\sim\{x\}$. Ferner sei ϕ der Winkel zwischen der Strecke von $x^\star$ nach y (äquivalenterweise auch von x nach y) und der Strecke von z nach y (äquivalenterweise auch von $z^\star$ nach y). Damit wird

$$\begin{aligned}\|z-x^\star\|^2&=\|z-y\|^2+\|y-x^\star\|^2-2\|z-y\|\|y-x^\star\|\cos\phi\\&=\|z-y\|^2+\frac{\varrho^4}{\|y-x\|^2}-2\|z-y\|\frac{\varrho^2}{\|y-x\|}\cos\phi\end{aligned}$$

und

$$\|y-x\|^2\|z-x^\star\|^2=\|z-y\|^2\|y-x\|^2+\varrho^4-2\varrho^2\|z-y\|\|y-x\|\cos\phi.$$

In ähnlicher Weise erhalten wir

$$\|y-z\|^2\|x-z^\star\|^2=\|x-y\|^2\|y-z\|^2+\varrho^4-2\varrho^2\|x-y\|\|y-z\|\cos\phi$$

für $x \neq y$ und $z \in B \sim \{x\}$, woraus

$$G_B(x,z)=\log\frac{\|y-x\|}{\varrho}\frac{\|z-x^\star\|}{\|z-x\|}=\log\frac{\|y-z\|}{\varrho}\frac{\|x-z^\star\|}{\|x-z\|}=G_B(z,x)$$

folgt. Dies vervollständigt den Beweis, daß G_B symmetrisch ist. Daß $G_B(x,.)$ sich in den Punkten von ∂B Null annähert, folgt direkt aus der Definition und Gleichung (g) von Kapitel 1. Ebenso ergibt sich unmittelbar aus der Definition, daß $G_B(x,.)$ superharmonisch auf B ist. Nach Korollar 4.3 gilt $G_B(x,.)\geq 0$ auf B. Da $G_B(x,.)$ dem Minimum-Prinzip genügt, kann diese Funktion in keinem Punkt von B Null sein, denn sonst wäre sie identisch Null, was sie offenbar nicht ist. ┘

Satz 5.4 (*Bôcher*) Sei V eine Umgebung von $x_0 \in E^n$, und sei h auf $V \sim \{x_0\}$ definiert, harmonisch und nichtnegativ. Dann gilt genau einer der beiden folgenden Fälle:

(i) h kann auf V harmonisch fortgesetzt werden.

(ii) Es gibt eine Konstante $c>0$ mit

$$h=cu_{x_0}+v,$$

wobei v eine harmonische Funktion auf V ist.

Beweis: Sei $B=B_{x_0,\delta}$ derart, daß $\bar{B}\subset$ V. Man definiere

$$u(x)=\begin{cases}+\infty & \text{für } x=x_0,\\ h(x)+u_{x_0}(x) & \text{für } x\in V\sim\{x_0\}.\end{cases}$$

Mit h und u_{x_0} ist auch u auf $V\sim\{x_0\}$ harmonisch. Wir zeigen, daß u superharmonisch auf V ist. Nach Definition ist u in x_0 im erweiterten Sinne stetig, da $h(x)\geq 0$ und $u_{x_0}(x)\to+\infty$ gilt, wenn $x\to x_0$, $x\in V\sim\{x_0\}$. Wegen $u(x_0)=+\infty\geq L(u\colon x,\varrho)$ für $\varrho<\delta$ ist u lokal-supermedian in x_0, also ist u superharmonisch auf V. Nach Satz 4.21 gibt es eine Folge $\{u_j\}$ zweimal stetig differenzierbarer, superharmonischer Funktionen auf V mit $u_j\uparrow u$. Außerdem ist außerhalb jeder beliebig kleinen Umgebung von x_0 für jedes hinreichend große j $u_j=u$ und dort harmonisch. Der Rest des Beweises wird für $n \geq 3$ ausgeführt werden. Nach Satz 5.1 gilt für jedes $x \in B$

$$u_j(x) = -\frac{1}{\sigma_n(n-2)} \int_{\partial B} u_j(z)\, D_n\, G_B(x, z)\, d\sigma(z)$$

$$-\frac{1}{\sigma_n(n-2)} \int_B G_B(x, z)\, \Delta u_j(z)\, dz.$$

Wegen $u_j = u$ außerhalb jeder beliebig kleinen Umgebung von x_0 gilt für hinreichend großes j

$$u_j(x) = -\frac{1}{\sigma_n(n-2)} \int_{\partial B} u(z)\, D_n\, G_B(x, z)\, d\sigma(z)$$

$$-\frac{1}{\sigma_n(n-2)} \int_B G_B(x, z)\, \Delta u_j(z)\, dz$$

und somit wegen $u_j \uparrow u$

(b)
$$u(x) = -\frac{1}{\sigma_n(n-2)} \int_{\partial B} u(z)\, D_n\, G_B(x, z)\, d\sigma(z)$$

$$-\frac{1}{\sigma_n(n-2)} \lim_{j\to\infty} \int_B G_B(x, z)\, \Delta u_j(z)\, dz.$$

Für jedes j und jede *Borel*sche Menge $M \subset \bar{B}$ definiere man

$$\mu_j(M) = -\frac{1}{\sigma_n(n-2)} \int_M \Delta u_j\, dz.$$

Da u_j superharmonisch ist, haben wir $\Delta u_j \leq 0$, und μ_j ist ein Maß auf $\bar{B}$. Ist M im Komplement einer kleinen Umgebung von x_0 enthalten, so gilt $\mu_j(M) = 0$ für große j, da u_j für derartige j auf M harmonisch ist; d. h. $\lim_{j\to\infty} \mu_j(M) = 0$ für $M \subset B \sim B_{x_0,\varrho}$ für ein ϱ. Wir betrachten jetzt ein $y \in B$ mit $y \neq x_0$ und eine Umgebung W von x_0 mit $\bar{W} \subset B$, aber $y \notin \bar{W}$. Wegen $u(y) < +\infty$ folgt aus (b)

$$\lim_{j\to\infty} \int_B G_B(y, z)\, d\mu_j(z) < +\infty$$

und wegen $\mu_j(\bar{B} \sim \bar{W}) = 0$ für große j

(c)
$$\lim_{j\to\infty} \int_W G_B(y, z)\, d\mu_j(z) < +\infty.$$

Nach Lemma 5.3 ist $G_B(y,.)>0$ auf $\bar{W}$, wegen der Stetigkeit von $G_B(y,.)$ auf $\bar{W}$ existiert also eine Konstante $m>0$ mit $G_B(y,x)>m$ für alle $x \in \bar{W}$. Daher ist

$$\int_W G_B(y,z)\,d\mu_j(z) \geq m\mu_j(\bar{W})$$

und dies zeigt $\sup_j \mu_j(\bar{W}) < +\infty$. Für große j gilt aber

$$\|\mu_j\| = \mu_j(\bar{B}) = \mu_j(\bar{W}) + \mu_j(\bar{B} \sim \bar{W}) = \mu_j(\bar{W}),$$

also gibt es eine Konstante k mit $\|\mu_j\| \leq k$ für alle j. Nach Lemma 2.10 gibt es ein Maß μ und eine Teilfolge $\{\mu_{j_k}\}$ mit $\mu_{j_k} \to \mu$ in der vagen Topologie.
Wir können dabei $\mu_j \to \mu$ in der vagen Topologie annehmen, indem wir notfalls die Folge durch obige Teilfolge ersetzen. Da μ Null auf dem Komplement jeder kleinen Umgebung von x_0 ist, muß μ ein positives Vielfaches des Punktmaßes in x_0 sein. Für $x \neq x_0$ ist $G_B(x,.)$ stetig in x_0, und es gilt

$$\lim_{j\to\infty} \int_B G_B(x,z)\,d\mu_j(z) = \mu(\{x_0\})G_B(x,x_0),$$

und (b) wird zu

$$u(x) = \boldsymbol{PI}(u,B)(x) + \mu(\{x_0\})G_B(x,x_0) \qquad \lrcorner$$

für $x \neq x_0$. Aus der Definition von u folgt

$$h(x) = \boldsymbol{PI}(u,B)(x) + \mu(\{x_0\})G_B(x,x_0) - u_{x_0}(x)$$

für $x \neq x_0$. Nach Lemma 5.3 ist $G_B(.,x_0) = G_B(x_0,.)$, daher kann $G_B(.,x_0)$ als Summe von u_{x_0} und einer harmonischen Funktion geschrieben werden, es ist also für $x \neq x_0$

$$h(x) = v(x) + [\mu(\{x_0\}) - 1]u_{x_0},$$

wobei v harmonisch auf B ist. Ist $\mu(\{x_0\}) - 1 = 0$, so kann h in x_0 harmonisch fortgesetzt werden, indem man $h(x_0) = v(x_0)$ setzt. Der Fall $\mu(\{x_0\}) - 1 < 0$ kann nicht eintreten, denn sonst würden wir $h(x) \to -\infty$ mit $x \to x_0$ haben, was der Tatsache $h \geq 0$ auf $V \sim \{x_0\}$ widerspricht. Mit $c = \mu(\{x_0\}) - 1$ erhalten wir schließlich im Falle $c > 0$ die Bedingung (ii). $\lrcorner$

Wir werden den Rest dieses Abschnittes dazu benutzen, einen Satz zu beweisen, der später benötigt werden wird. Das Hauptproblem besteht darin, eine harmonische Funktion fortzusetzen. Ein Fall ist besonders einfach. Sei R der durch $R = \{(x_1, \ldots, x_n): x_n > 0\}$ definierte Halbraum; für jeden anderen Halbraum lassen sich die folgenden Überlegungen genauso durchführen. Für $y \in E^n$ bezeichnen wir mit y^r den Punkt, der aus y durch Spiegelung an ∂R entsteht, d.h. es ist $y^r = (y_1, \ldots, y_{n-1}, -y_n)$ für $y = (y_1, \ldots, y_n)$. Für $E \subset E^n$ sei $E^r = \{y^r: y \in E\}$, d.h.

E^r entsteht durch Spiegelung von E an ∂R. Sei nun K eine kompakte Teilmenge von R, und sei h eine Funktion, die auf $\bar{R} \sim K$ stetig, auf $R \sim K$ harmonisch und gleich Null auf ∂R ist. Wir definieren dann eine Funktion h^* auf $E^n \sim (K \cup K^r)$ durch

$$h^*(y) = \begin{cases} h(y), & y \in R \sim K, \\ 0, & y \in \partial R, \\ -h(y^r), & y \in (R \sim K)^r. \end{cases}$$

Mit Hilfe von Korollar 2.9 sieht man sofort, daß h^* harmonisch auf $E^n \cup (K \sim K^r)$ ist. Wir können daher h über ∂R hinaus harmonisch fortsetzen. Im Laufe des Beweises des folgenden Satzes werden wir die Tatsache benutzen, daß die Kelvin-Transformation idempotent ist, d.h. ist f eine reelle Funktion auf der offenen Menge R und ist $f^\star$ ihre Kelvin-Transformierte auf $R^\star$, so ist die Kelvin-Transformierte $f^{\star\star}$ von $f^\star$ gerade f auf R (hierbei ist natürlich vorausgesetzt worden, daß R nicht den Bezugspunkt der Inversion enthält). Diese Eigenschaft der Kelvin-Transformation folgt unmittelbar aus der Definition dieser Transformation.

Satz 5.5 Sei $0 < \delta < \varrho$. Ist h stetig auf $\bar{B}_{x,\varrho} \sim B_{x,\delta}$, harmonisch auf dem Inneren und $h = 0$ auf $\partial B_{x,\varrho}$, dann existiert ein $\varepsilon > 0$, so daß h eine harmonische Fortsetzung auf $B_{x,\varrho+\varepsilon} \sim \bar{B}_{x,\delta}$ besitzt.

Beweis: Wir werden den Beweis nur für $n = 2$ führen, da der Fall $n \geqq 3$ ebenso verläuft.
Aus dem folgenden Grunde können wir dabei $h \geq 0$ auf $\bar{B}_{x,\varrho} \sim B_{x,\delta}$ voraussetzen. Wegen der Stetigkeit von h auf $\partial B_{x,\delta}$ ist $v_\alpha(z) = h(z) + \alpha \log(\varrho/\|x - z\|)$ für hinreichend großes α strikt positiv auf $\partial B_{x,\delta}$, harmonisch auf $B_{x,\varrho} \sim \bar{B}_{x,\delta}$ und Null auf $\partial B_{x,\varrho}$. Daher gilt nach dem Minimum-Prinzip $v_\alpha > 0$ auf $B_{x,\varrho} \sim B_{x,\delta}$ für gewisse große α. Falls nun v_α über $\partial B_{x,\varrho}$ hinaus harmonisch fortgesetzt werden kann, so ist dies auch für h richtig, denn $\alpha \log(\varrho/\|x - z\|)$ ist harmonisch auf $\complement \bar{B}_{x,\delta}$. Somit können wir $h \geq 0$ auf $\bar{B}_{x,\varrho} \sim B_{x,\delta}$ annehmen. Sei jetzt y ein beliebiger Punkt von $\partial B_{x,\varrho}$, und man betrachte eine Inversion bzgl. $\partial B_{y,2\varrho}$. Unter dieser Inversion wird die Kugel $B_{x,\varrho}$ auf einen Halbraum R abgebildet, wobei die Hyperebene ∂R die Kugel $B_{x,\varrho}$ von außen tangiert, die Kugel $B = B_{x,\delta}$ wird auf eine Kugel $B^\star$ abgebildet mit $\bar{B}^\star \subset R$ und $B_{x,\varrho} \sim \bar{B}_{x,\delta}$ wird schließlich auf $R \sim \bar{B}^\star$ abgebildet. Die *Kelvin*-Transformierte $h^\star$ von h ist stetig auf $R \sim B^\star$, harmonisch auf $R \sim \bar{B}^\star$ und Null auf ∂R. Weiterhin gilt $h^\star \geq 0$. Man restringiere $h^\star$ auf $R \sim \bar{B}^\star$. Nach den Bemerkungen, die diesem Satz vorangingen, besitzt $h^\star$ eine harmonische Fortsetzung, die wieder mit $h^\star$ bezeichnet werde, auf $R^n \sim (\bar{B}^\star \cup \bar{B}^{\star r})$, wobei $\bar{B}^{\star r}$ aus der Spiegelung von $\bar{B}^\star$ an ∂R entsteht. Man beachte, daß $\complement \bar{B}^{\star r}$ unter dieser Inversion auf eine Kugel abgebildet wird, die $\bar{B}_{x,\varrho}$ in ihrem Innern enthält, und daß außerdem $h^\star \leq 0$ auf

$(R \sim \bar{B}^{\star})^r$ gilt. Hieraus folgt die Existenz eines $\varepsilon > 0$, so daß $B_{x,\varrho+\varepsilon}$ eine Teilmenge des Bildes von $\complement \bar{B}^{\star r}$ unter dieser Inversion ist. Sei h^* die Restriktion der Kelvin-Transformierten $h^\star$ auf $B_{x,\varrho+\varepsilon} \sim \bar{B}_{x,\delta} \sim \{y\}$ (man beachte, daß y nicht das Bild eines Punktes aus $E^n \sim (\bar{B}^\star \cup \bar{B}^{\star r})$ ist). Dann ist h^* eine harmonische Fortsetzung von h auf $B_{x,\varrho+\varepsilon} \sim \bar{B}_{x,\delta} \sim \{y\}$. Wegen $h^\star \leq 0$ auf $(R \sim \bar{B}^\star)^r$ ist $h^* \leq 0$ auf $B_{x,\varrho+\varepsilon} \sim \bar{B}_{x,\delta}$. Wegen $\lim_{\substack{z \to y \\ z \in B_{x,\varrho} \sim B_{x,\delta}}} h(z) = 0$ ist h^* nach oben beschränkt auf $W \sim \{y\}$ für eine Umgebung W von y. Somit folgt $h^* = w + cu_y$ auf $W \sim \{y\}$ nach Satz 5.4 für ein $c \leq 0$ und eine harmonische Funktion w auf W. Es ist aber $c = 0$, denn sonst würden wir $\lim_{\substack{z \to y \\ z \in B_{x,\varrho} \sim B_{x,\delta}}} h^*(z) = -\infty$ haben. Es folgt daher, daß h^* in y so definiert werden kann, daß h^* harmonisch auf W ist, und daher kann h auf $B_{x,\varrho+\varepsilon} \sim \bar{B}_{x,\delta}$ harmonisch fortgesetzt werden. ┘

5.2 Green-Funktionen für offene Mengen

Obwohl die *Green*-Funktion für eine Kugel direkt definiert wurde, werden wir eine andere Definition benutzen, um beliebige offene Mengen zu handhaben. Daher ist es erforderlich zu zeigen, daß die Definition im Falle einer Kugel mit der Definition, die unten gegeben wird, übereinstimmt. Im allgemeinen existiert eine *Green*-Funktion nicht immer, und es wird unsere Aufgabe sein, zu entscheiden, wann eine existiert.

Definition Sei R eine offene Teilmenge von E^n. Eine numerische Funktion G_R auf $R \times R$ heißt *Green-Funktion* für R, wenn sie folgende Eigenschaften besitzt:

(i) $G_R(x, .) = u_x + h_x$, wobei h_x für jedes $x \in R$ harmonisch auf R ist.

(ii) $G_R \geq 0$.

(iii) Ist v_x für $x \in R$ eine nichtnegative, superharmonische Funktion, die die Summe von u_x und einer superharmonischen Funktion ist, so gilt $v_x \geq G_R(x, .)$.

Mit anderen Worten: Für jedes $x \in R$ ist $G_R(x, .)$ minimal in der Klasse der nichtnegativen, superharmonischen Funktionen der Form $u_x + w_x$, wobei w_x superharmonisch auf R ist.

Wir werden jetzt zeigen, daß die *Green*-Funktion G_B für eine Kugel B die Eigenschaften (i), (ii) und (iii) erfüllt. Aus der Definition von G_B folgt augenscheinlich (i). Nach Lemma 5.3 ist (ii) erfüllt. Sei jetzt $v_x = u_x + w_x$ für jedes $x \in B$, wobei $v_x \geq 0$ und w_x superharmonisch auf B ist. Ferner sei $G_B(x, .) = u_x + h_x$, wobei h_x

für jedes $x \in B$ harmonisch auf B ist. Da u_x und h_x beide Limiten in den Punkten $z_0 \in \partial B$ haben, gilt

$$\begin{aligned}
&\liminf_{z \to z_0} \left[u_x(z) + w_x(z) - (u_x(z) + h_x(z))\right] \\
&\quad = \liminf_{z \to z_0} \left[u_x(z) + w_x(z)\right] - \lim_{z \to x} G_B(x, z) \\
&\quad = \liminf_{z \to z_0} \left[u_x(z) + w_x(z)\right] \geq 0 \quad \text{für} \quad z_0 \in \partial B;
\end{aligned}$$

d.h. es ist

$$\liminf_{z \to z_0} (w_x(z) - h_x(z)) \geq 0 \quad \text{für} \quad z_0 \in \partial B.$$

Da aber $w_x - h_x$ superharmonisch auf B ist, erhalten wir $w_x - h_x \geq 0$ auf R nach Korollar 4.3, daher also $G_B(x, .) \leq v_x$ auf B, und wir haben gezeigt, daß G_B die Eigenschaft (iii) erfüllt. Somit ist es gerechtfertigt, G_B eine *Green*-Funktion für die Kugel B zu nennen. ⌟

Satz 5.6 Existiert eine *Green*-Funktion G_R für eine offene Menge R, so ist sie eindeutig bestimmt.

Beweis: Sei G_R^* eine zweite *Green*-Funktion für R. Nach (iii) der Definition gilt dann $G_R \geq G_R^*$ und $G_R^* \geq G_R$. ⌟

Lemma 5.7 Besitzt eine offene Menge R eine *Green*-Funktion G_R, so gilt $\inf_{y \in R} G_R(x, y) = 0$ für jedes $x \in R$.

Beweis: Angenommen, $c = \inf_{y \in R} G_R(x, y) > 0$. Dann ist $G_R(x, .) - c$ eine nichtnegative, superharmonische Funktion, die als Summe von u_x und einer harmonischen Funktion darstellbar ist. Wegen $G_R(x, .) - c < G_R(x, .)$ ist aber die Minimalität von G_R verletzt. ⌟

Lemma 5.8 Besitzt eine offene Menge R eine *Green*-Funktion G_R und ist B eine Kugel mit $\bar{B} \subset R$, die $x \in R$ enthält, so ist $G_R(x, .)$ außerhalb von B beschränkt.

Beweis: Außerhalb von B ist $G_R(x, .)$ stetig und nicht negativ. Man beachte, daß $G_R(x, .)$ auf der x enthaltenden Komponente von R strikt positiv ist, denn sonst wäre $G_R(x, y) = 0$ für ein y in dieser Komponente, und $G_R(x, .)$ wäre im Widerspruch zu $G_R(x, x) = +\infty$ nach dem Minimum-Prinzip identisch Null in dieser Komponente. Da $\bar{B} \subset R$ und da B eine Teilmenge der Komponente von R ist, die x enthält, ist $G_R(x, .)$ strikt positiv auf $\bar{B}$. Sei $m = \sup_{y \in \partial B} G_R(x, y)$. Dann ist $m > 0$

nach dem Minimum-Prinzip. Man definiere

$$g(x,y)=\begin{cases} G_R(x,y), & y\in B,\\ \min[G_R(x,y),2m], & y\in R\sim B.\end{cases}$$

Da $g(x,.)$ mit $G_R(x,.)$ auf B übereinstimmt, ist $g(x,.)$ superharmonisch auf B. Als Infimum zweier superharmonischer Funktionen auf $R\sim\bar{B}$ ist $g(x,.)$ superharmonisch auf $R\sim\bar{B}$. Wegen $G_R(x,.)\le m<2m$ auf ∂B und der Stetigkeit von $G_R(x,.)$ in den Punkten von ∂B gilt $g(x,.)=G_R(x,.)$ in einer Umgebung von ∂B, daher ist $g(x,.)$ dort superharmonisch und damit auch auf R. Wegen $g(x,.)-u_x=G_R(x,.)-u_x$ auf $B\sim\{x\}$ und wegen der Möglichkeit, $G_R(x,.)-u_x$ auf B harmonisch fortzusetzen, kann auch $g(x,.)-u_x$ auf B harmonisch fortgesetzt werden; diese Fortsetzung werde mit $[g(x,\cdot)-u_x]$ bezeichnet. Wegen $0\le g(x,\cdot)=u_x+[g(x,\cdot)-u_x]$, wobei die Funktion in den eckigen Klammern superharmonisch auf R ist, haben wir $G_R(x,\cdot)\le g(x,\cdot)$ nach Definition der *Green*-Funktion. Es gilt aber $g(x,\cdot)\le 2m$ auf $R\sim B$, also auch $G_R(x,\cdot)\le 2m$ auf $R\sim B$. ┘

Definition Eine Familie $\mathscr{F}$ superharmonischer Funktionen auf einer offenen Menge R heißt *gesättigt*, wenn die beiden folgenden Eigenschaften erfüllt sind:

(i) $u,v\in\mathscr{F}\ \Rightarrow\ u\wedge v\in\mathscr{F}$,

(ii) $u\in\mathscr{F}\ \Rightarrow\ u_B^*\in\mathscr{F}$ für jede Kugel B mit $\bar{B}\subset R$;

dabei ist die Funktion u_B^* wie folgt definiert:

$$u_B^*=\begin{cases} u & \text{auf } R\sim B,\\ \boldsymbol{PI}(u,B) & \text{auf } B.\end{cases}$$

Der folgende Satz wird es uns nicht nur gestatten, die Existenz einer *Green*-Funktion für gewisse Gebiete zu beweisen, sondern er wird es uns auch gestatten, das *Dirichlet*sche Problem für gewisse Gebiete zu lösen.

Satz 5.9 Ist $\mathscr{F}$ eine gesättigte Familie superharmonischer Funktionen auf einer offenen Menge R, so ist $\inf_{u\in\mathscr{F}} u$ entweder identisch $-\infty$ oder harmonisch auf jeder Komponente von R.

Beweis: Sei $v=\inf_{u\in\mathscr{F}} u$, und sei B eine Kugel mit $\bar{B}\subset R$. Da die Behauptung des Satzes nur die Komponenten von R betrifft, können wir annehmen, daß R zusammenhängend ist. Für $u\in\mathscr{F}$ sei

$$u^*=\begin{cases} u & \text{auf } R\sim B,\\ \boldsymbol{PI}(u,B) & \text{auf } B.\end{cases}$$

Dann ist $u^* \leq u$, u^* ist harmonisch auf B und $v = \inf_{u \in \mathcal{F}} u^*$ auf B. Da $u \wedge w \in \mathcal{F}$ aus $u, w \in \mathcal{F}$ folgt, ist $\mathcal{F}$ absteigend filtrierend, und wegen $(u \wedge w)^* \leq u^* \wedge w^*$ ist die Familie $\{u^*: u \in \mathcal{F}\}$ ebenfalls absteigend filtrierend. Nach Lemma 2.21 ist $v = \inf_{u \in \mathcal{F}} u^*$ identisch $-\infty$ auf B oder harmonisch auf B. Hieraus folgt, daß v entweder subharmonisch auf R oder identisch $-\infty$ auf R ist; ist also v nicht identisch $-\infty$ auf R, so ist v subharmonisch auf R und harmonisch auf jeder Kugel B mit $\bar{B} \subset R$. ┘

Definition Für eine offene Teilmenge R von E^n und für $x \in R$ setzen wir

$$\mathfrak{V}_x = \{v_x \colon v_x \geq 0,\ v_x = u_x + w_x,\ w_x \ \text{ superharmonisch auf } R\}.$$

Die Familie $\mathfrak{V}_x$ wird im allgemeinen von x und R abhängen, und es kann sehr gut $\mathfrak{V}_x = \emptyset$ für ein $x \in R$ sein.

Lemma 5.10 $\mathfrak{V}_x$ ist eine gesättigte Familie superharmonischer Funktionen auf $R \sim \{x\}$.

Beweis: Wir können $\mathfrak{V}_x \neq \emptyset$ voraussetzen, denn sonst ist nichts zu beweisen. Seien $v, v' \in \mathfrak{V}_x$. Dann gilt $v, v' \geq 0$, $v = u_x + u$ und $v' = u_x + u'$, wobei u, u' superharmonisch auf R sind. Wegen $v \wedge v' = u_x + (u \wedge u') \geq 0$ und der Superharmonizität von $u \wedge u'$ gilt dann $v \wedge v' \in \mathfrak{V}_x$. Sei jetzt B eine Kugel mit $\bar{B} \subset R \sim \{x\}$. Da u_x harmonisch auf B ist, liegt

$$v^* = \begin{cases} u + u_x & \text{auf } R \sim B, \\ \boldsymbol{PI}(u + u_x, B) = \boldsymbol{PI}(u, B) + u_x & \text{auf } B \end{cases}$$

in $\mathfrak{V}_x$, denn $v^* = u_x + u^* \geq 0$, wobei

$$u^* = \begin{cases} u & \text{auf } R \sim B, \\ \boldsymbol{PI}(u, B) & \text{auf } B \end{cases}$$

superharmonisch auf R ist. ┘

Lemma 5.11 Ist $\mathfrak{V}_x \neq \emptyset$ für jedes $x \in R$, so besitzt R eine *Green*-Funktion $G_R(x, \cdot) = \inf\{v_x \colon v_x \in \mathfrak{V}_x\}$.

Beweis: Sei $\underline{v}_x = \inf\{v_x \colon v_x \in \mathfrak{V}_x\}$, und sei $x \in R$ fest. Da $\mathfrak{V}_x$ eine gesättigte Familie superharmonischer Funktionen auf $R \sim \{x\}$ ist, ist $\underline{v}_x$ wegen $\underline{v}_x \geq 0$ nach Satz 5.9 harmonisch auf $R \sim \{x\}$. Gemäß Satz 5.4 existiert eine Konstante $c \geq 0$ mit $\underline{v}_x = cu_x + h_x$ auf $R \sim \{x\}$, wobei h_x harmonisch auf R ist. Wir werden $c = 1$ zeigen. Sei $B = B_{x,\delta}$ eine Kugel mit $\bar{B} \subset R$ und der *Green*-Funktion $G_B(x, \cdot)$. Aus (iii) der Definition der *Green*-Funktion G_B folgt $v_x \geq G_B(x, \cdot)$ auf B für alle $v_x \in \mathfrak{V}_x$, damit also auch $v_x \geq G_B(x, \cdot)$ auf B und daher $c \neq 0$. Wegen $cu_x + h_x = v_x \geq G_B(x, \cdot) = u_x + h_x^*$ auf B, wobei h_x^* harmonisch auf B ist, erhalten wir

$$(h_x^* - h_x) \leq (c-1)u_x \qquad \text{auf } B \sim \{x\}.$$

Wäre $c < 1$, so würde die harmonische Funktion auf der linken Seite den Limes $-\infty$ in x haben, also ein Widerspruch. Somit gilt $c \geq 1$ und

$$\frac{\underline{v}_x}{c} = u_x + H_x$$

auf R, wobei $H_x = h_x/c$ eine harmonische Funktion auf R ist. Daher ist $\underline{v}_x/c \in \mathfrak{B}_x$ und

$$\underline{v}_x \leq \frac{\underline{v}_x}{c} \leq \underline{v}_x.$$

Die zeigt $c = 1$, und $G_R(x, y) = \underline{v}_x(y)$ ist die *Green*-Funktion für R. ┘

Satz 5.12 Eine offene Teilmenge R von E^n besitzt eine *Green*-Funktion, wenn eine der drei folgenden Bedingungen erfüllt ist:

(i) $n > 2$.
(ii) $n = 2$, und R ist beschränkt.
(iii) $n = 2$, und R ist Teilmenge einer Menge, die eine *Green*-Funktion besitzt.

Beweis:

(i) Für $n > 2$ ist $u_x \in \mathfrak{B}_x$ für alle $x \in R$. ┘

(ii) Ist $n = 2$ und R beschränkt, so gibt es eine Konstante c mit $v_x = u_x + c \in \mathfrak{B}_x$ für alle $x \in$ R.

(iii) Ist $n = 2$, $R \subset R^*$ und besitzt R^* eine *Green*-Funktion g^*, so gilt

$$v_x = g^*(x, \cdot)|_R \in \mathfrak{B}_x$$

für alle $x \in R$. ┘

Satz 5.13 $G(x, y) = u_x(y)$ ist die *Green*-Funktion für E^n, $n > 2$.

Beweis: Sei $G(x, y)$ die *Green*-Funktion für E^n, $n > 2$, die nach dem vorausgehenden Satz existiert. Dann gilt $G(x, \cdot) = u_x + h_x$, wobei h_x harmonisch auf E^n ist. Wegen $u_x \in \mathfrak{B}_x$ gilt $u_x + h_x \leq u_x$ und damit $h_x \leq 0$. Nach Satz 1.11 ist $h_x = c$ mit $c \leq 0$. Angenommen, es ist $c < 0$. Wegen $u_x(y) \to 0$, wenn $\|y\| \to +\infty$, haben wir $G(x, y) < 0$ für großes $\|y\|$, dies ist ein Widerspruch zu (ii) in der Definition der *Green*-Funktion. Somit ist $c = 0$ und daher $h_x = 0$. ┘

Die Frage nach der Existenz einer *Green*-Funktion für eine offene Menge $R \subset E^n$ ist im Falle $n > 2$ durch (i) von Satz 5.12 vollständig beantwortet. Der Fall $n = 2$ erfordert zusätzliche Untersuchungen. Zuvor wollen wir zwei Sätze beweisen, die in späteren Kapiteln benötigt werden.

Satz 5.14 Sind $R_1 \subset R_2$ offene Teilmengen von E^n mit *Green*-Funktionen G_{R_1} bzw. G_{R_2}, so gilt $G_{R_1} \leq G_{R_2}$ auf $R_1 \times R_1$. ⌟

Beweis: Sei $\mathfrak{B}_x$ diejenige Familie, die bzgl. R_1 definiert ist. Dann gilt $G_{R_2}(x, \cdot) \in \mathfrak{B}_x$ und daher nach Lemma 5.11 $G_{R_1}(x, \cdot) \leq G_{R_2}(x, \cdot)$ für alle $x \in R_1$.

Satz 5.15 Sei $\{R_j\}$ eine isotone Folge offener Mengen mit $R = \bigcup_{j=1}^{\infty} R_j$. Besitzt dann R_j für jedes j eine *Green*-Funktion G_j und besitzt R eine *Green*-Funktion G_R, so gilt $G_j \uparrow G_R$ auf $R \times R$.

Beweis: Sei $G_\infty = \lim_{j \to \infty} G_j$; diese Definition ist sinnvoll, da die G_j nach dem vorhergehenden Satz eine isotone Folge bilden. Obwohl G_j nur auf $R_j \times R_j$ definiert ist, ist G_∞ auf $R \times R$ definiert. Ebenfalls nach Satz 5.14 gilt $G_j \leq G_R$ auf $R_j \times R_j$, daher also $G_\infty \leq G_R$ auf $R \times R$. Weiter ist $G_\infty(x, \cdot)$ harmonisch auf $R \sim \{x\}$, denn der Limes einer isotonen Folge harmonischer Funktionen ist harmonisch oder identisch $+\infty$ auf jeder Komponente von $R \sim \{x\}$. Der letztere Fall muß aber wegen $G_\infty(x, \cdot) \leq G_R(x, \cdot) < +\infty$ auf $R \sim \{x\}$ ausgeschlossen werden. Außerdem ist $G_\infty(x, \cdot) - u_x$ harmonisch auf $R \sim \{x\}$ und kann auf R harmonisch fortgesetzt werden, da diese Funktion der Limes der isotonen Folge $\{G_j(x, \cdot) - u_x\}$ von Funktionen ist, die alle diegleichen Eigenschaften besitzen. Wegen $G_j(x, \cdot) \geq 0$ auf R_j haben wir $G_\infty(x, \cdot) \geq 0$ auf R. Man betrachte die Darstellung

$$G_\infty(x, \cdot) = u_x + [G_\infty(x, \cdot) - u_x].$$

Da der Ausdruck in den eckigen Klammern auf R harmonisch fortgesetzt werden kann, haben wir $G_R(x, \cdot) \leq G_\infty(x, \cdot)$ wegen der Minimalität von G_R, somit also $G_R = G$. ⌟

Satz 5.16 Ist die offene Menge R nicht überall dicht in E^2, so besitzt R eine *Green*-Funktion.

Beweis: Da R nicht überall dicht in E^2 ist, gibt es einen Punkt, so daß eine Kugel um diesen Punkt die Menge R nicht schneidet. Angenommen, daß R z.B. die abgeschlossene Einheitskugel $\bar{B}_{0,1}$ nicht schneidet. Seien x, y aus R beliebig. Da x^{-1} und y^{-1} in $B_{0,1}$ liegen (wir betrachten x und y als komplexe Zahlen), gilt

$$\left|\frac{1}{x} - \frac{1}{y}\right| < 2$$

und daher

$$\log \frac{2}{|1/x - 1/y|} = \log \frac{2|xy|}{|x-y|} > 0.$$

Dabei ist

$$v_x(y) = \log \frac{2}{|1/x - 1/y|} = \log 2|x| + \log|y| - \log|x-y|.$$

nichtnegativ auf R für jedes $x \in R$. Für festes $x \in R$ ist der erste Ausdruck auf der rechten Seite eine konstante harmonische Funktion auf R, und der zweite Ausdruck ist die fundamentale harmonische Funktion und ist deshalb harmonisch auf R, also haben wir

$$v_x(y) = (\text{harmonische Funktion auf } R) + \log \frac{1}{|x-y|} \text{ auf } R.$$

Hieraus folgt $\mathfrak{B}_x \neq \emptyset$ für jedes $x \in R$, und die *Green*-Funktion für R existiert nach Lemma 5.11. ⌟

Satz 5.17 E^2 besitzt keine *Green*-Funktion.

Beweis: Angenommen, E^2 besitzt eine *Green*-Funktion

$$G(x, y) = -\log\|x-y\| + h_x(y),$$

wobei h_x harmonisch auf E^2 für jedes x ist. Sei x fest. Dann gilt $h_x(y) \to +\infty$, wenn $\|y\| \to +\infty$, da $-\log\|x-y\| \to -\infty$ für $\|y\| \to +\infty$. Ist N eine beliebige natürliche Zahl, so gibt es eine Kugel B um 0, so daß $h_x \geq N$ auf dem Rand von B gilt, nach dem Minimum-Prinzip haben wir also $h_x \geq N$ auf B. Daher gilt $h_x(0) = +\infty$ was der Endlichkeit einer harmonischen Funktion widerspricht. ⌟

Satz 5.18 Sei $R = E^2 \sim F$, wobei F eine abgeschlossene Menge ist, die nur isolierte Punkte enthält. Dann besitzt R keine *Green*-Funktion.

Beweis: Angenommen, R besitzt eine *Green*-Funktion G. Sei $x \in R$. Da R offen ist, gibt es eine Umgebung U von x, so daß $G(x,\cdot)$ nach Lemma 5.8 außerhalb von U beschränkt ist. Wir können dabei annehmen, daß U keine Punkte von F enthält. Sei $y \in F$. Dann gibt es eine Umgebung V von y, die x nicht enthält und außerdem keinen weiteren Punkt von F enthält, so daß $G(x,\cdot)$ beschränkt und harmonisch auf $V \sim \{y\}$ ist. Daher kann $G(x,\cdot)$ auf F so definiert werden, daß $G(x,\cdot)$ auf $E^2 \sim \{x\}$ harmonisch ist. Schreiben wir also $G(x,\cdot) = u_x + h_x$, wobei h_x harmonisch auf R ist, so bedeutet dies, daß h_x harmonisch auf E^2 fortgesetzt werden kann. Die Familie $\mathfrak{B}_x$ bzgl. E^2 ist daher nicht-leer. Dasgleiche ist auch für $\mathfrak{B}_{x_0}$ bzgl. E^2 für beliebiges $x_0 \in E^2$ richtig. Dies sieht man vermittels der Translation, die x auf x_0 abbildet, da harmonische Funktionen in harmonische Funktionen und u_x auf

u_{x_0} unter dieser Transformation abgebildet werden. Hieraus folgt dann, daß E^2 im Widerspruch zum vorhergehenden Satz eine *Green*-Funktion besitzt. ⌟

5.3 Harmonische Minoranten

Das Hauptergebnis dieses Abschnittes ist, daß die *Green*-Funktion eine symmetrische Funktion ist. Um dies zu beweisen, werden wir den Begriff der größten harmonischen Minorante und eine Glättungsoperation einführen. Die Glättungsoperation hat ihren Ursprung in der Arbeit von Poincaré und ist bekannt als „Balayage", „Fegen" oder „sweeping out". Wir werden zur Balayage-Theorie in einem späteren Kapitel zurückkehren.
Sei R eine offene Teilmenge von E^n, W eine offene Teilmenge von R, und sei u eine superharmonische Funktion auf R. Außerdem sei $\{B_j\}$ eine Folge von Kugeln mit

(i) $\bar{B}_j \subset W$ für alle j,
(ii) $W = \bigcup_{j=1}^{\infty} B_j$,
(iii) für jedes j erscheint B_j unendlich oft in der Folge $\{B_j\}$.

Wir definieren dann induktiv eine Folge u_j durch

$$u_1 = \begin{cases} u & \text{auf } R \sim B_1 \\ PI(u, B_1) & \text{auf } B_1 \end{cases}$$

und

$$u_j = \begin{cases} u_{j-1} & \text{auf } R \sim B_j, \\ PI(u_{j-1}, B_j) & \text{auf } B_j. \end{cases}$$

Nach Lemma 4.17 gilt $u_j \leq u_{j-1}$ auf R, u_j ist harmonisch auf B_j und superharmonisch auf R. Da die Folge $\{u_j\}$ antiton ist, können wir $u_\infty = \lim_{j\to\infty} u_j$ auf R definieren.

Definition u_∞ heißt die *Reduktion* von u über W bzgl. R.
Im Anschluß an Satz 5.21 werden wir zeigen, daß u_∞ unabhängig von der zur Definition benutzten Folge $\{B_j\}$ ist.

Satz 5.19 Sei u superharmonisch auf der offenen Menge R, sei W eine offene Teilmenge von R, und sei u_∞ die Reduktion von u über W. Dann ist u_∞ auf jeder Komponente von W entweder identisch $-\infty$ oder harmonisch, und es gilt $u_\infty = u$ auf $R \sim W$. ⌟

Beweis: Wir können annehmen, daß R zusammenhängend ist, da nur Komponenten betrachtet werden. Sei $\{B_j\}$ die Folge der Kugeln und $\{u_j\}$ die zugehörige Folge der superharmonischen Funktionen, die u_∞ definieren. Sei j fest. Da B_j

unendlich oft in der Folge der Kugel erscheint, gibt es eine Teilfolge $\{B_{j_k}\}$ mit $B_{j_k} = B_j$ für alle $k \geq 1$. Auf B_j haben wir $u_\infty = \lim_{k\to\infty} u_{j_k}$. Da u_{j_k} harmonisch ist auf $B_{j_k} = B_j$, muß u_∞ entweder harmonisch oder identisch $-\infty$ auf B_j nach Satz 2.19 sein. Aus der Definition der subharmonischen Funktionen folgt, daß u_∞ entweder subharmonisch oder identisch $-\infty$ auf W ist; ist u_∞ nicht identisch $-\infty$ auf W, so ist u_∞ also subharmonisch auf W und daher harmonisch auf W, da u_∞ auf jeder Kugel B_j harmonisch ist. Wegen $u_j = u$ auf $R \sim W$ für jedes j haben wir $u_\infty = u$ auf $R \sim W$. ⌟

Natürlich ist im Falle $W = R$ die Reduktion einer superharmonischen Funktion u über R auf jeder Komponente von R entweder harmonisch oder identisch $-\infty$. Für $W \neq R$ müssen wir vorsichtig sein, nicht fälschlicherweise zu schließen, daß u_∞ superharmonisch auf R ist, sogar wenn R zusammenhängend und u_∞ nicht identisch $-\infty$ ist. u_∞ ist zwar der Limes einer antitonen Folge superharmonischer Funktionen, braucht aber nicht n.u.h. zu sein.

Lemma 5.20 Sei u superharmonisch auf der offenen Menge R, sei W eine offene Teilmenge von R, und sei v harmonisch auf W mit $v \leq u$ auf W. Dann gilt $v \leq u_\infty \leq u$ auf W, wobei u_∞ die Reduktion von u über W ist.

Beweis: Sei $\{B_j\}$ eine Folge von Kugeln, die u_∞ definiert. Auf B_1 haben wir $v = \boldsymbol{PI}(v, B_1) \leq \boldsymbol{PI}(u, B_1) = u_1$ und $v \leq u = u_1$ auf $W \sim B_1$, also $v \leq u_j \leq u$ auf W, wie man durch Induktion beweist. ⌟

Definition Ist u superharmonisch auf der offenen Menge R, so heißt eine harmonische Funktion h auf R eine *harmonische Minorante* von u, wenn $h \leq u$ auf R gilt. Gilt zusätzlich $h \geq v$ auf R für alle harmonischen Minoranten v von u, so heißt h eine *größte harmonische Minorante* von u.

Satz 5.21 Ist u superharmonisch auf der offenen Menge R und besitzt u eine harmonische Minorante, so besitzt u eine eindeutige größte harmonische Minorante, nämlich u_∞, die Reduktion von u über R.

Beweis: Sei h eine harmonische Minorante von u. Aus dem vorhergehenden Lemma folgt $h \leq u_\infty \leq u$ auf R. Wegen der Harmonizität von h kann u_∞ nicht den Wert $-\infty$ auf R annehmen, muß daher also nach Satz 5.19 auf R harmonisch sein. Da h eine beliebige harmonische Minorante von u war, haben wir gezeigt, daß u_∞ die größte harmonische Minorante von u ist. Die Eindeutigkeit folgt unmittelbar aus der Definition einer größten harmonischen Minorante. ⌟

Beim Definieren der Reduktion einer superharmonischen Funktion u über eine offene Menge $W \subset R$ haben wir nicht gezeigt, daß die Reduktion u_∞ unabhängig von der benutzten Folge von Kugeln ist. Wenn u eine harmonische Minorante auf W besitzt, dann ist dies der Fall, denn $u_{\infty|W}$ ist die größte harmonische Minorante von u auf W. Im folgenden werden wir die Reduktion nur betrachten, wenn solch eine harmonische Minorante existiert.

Lemma 5.22 Seien u_1, u_2 superharmonische Funktionen auf der offenen Menge R, die harmonische Minoranten auf R besitzen. Dann ist die größte harmonische Minorante von $u_1 + u_2$ gerade die Summe der größten harmonischen Minoranten von u_1 und u_2.

Beweis: Sei $\{B_j\}$ eine Folge von Kugeln und $\{u_j\}$ die zugehörige Folge der superharmonischen Funktionen, die die Reduktion einer superharmonischen Funktion über R definiert. Da das *Poisson*sche Integral linear in den Randfunktionen gilt, gilt $(u_1 + u_2)_j = u_{1j} + u_{2j}$, daher also $(u_1 + u_2)_\infty = u_{1\infty} + u_{2\infty}$, und das Lemma folgt aus Satz 5.21. ┘

Satz 5.23 Besitzt die offene Menge R eine *Green*-Funktion G, so ist für $x \in R$ die Nullfunktion die größte harmonische Minorante von $G(x, \cdot)$.

Beweis: Wir wissen, daß $G(x, \cdot) \geq 0$ und daß $G(x, \cdot)$ superharmonisch auf R ist. Nach Satz 5.21 besitzt daher $G(x, \cdot)$ eine größte harmonische Minorante, denn die Nullfunktion ist eine harmonische Minorante. Sei h_x eine beliebige harmonische Minorante von $G(x, \cdot)$, es gilt also $G(x, \cdot) - h_x \geqq 0$, somit $G(x, \cdot) - h_x \in \mathfrak{B}_x$, da diese Funktion als Summe von u_x und einer harmonischen Funktion dargestellt werden kann. Aus der Minimalität der *Green*-Funktion folgt daher $G(x, \cdot) \leq G(x, \cdot) - h_x$ und damit $h_x \leq 0$. Somit ist die Nullfunktion die größte harmonische Minorante von $G(x, \cdot)$. ┘

Um die Symmetrie der *Green*-Funktion zu beweisen, werden wir eine Methode benutzen, die zur Definition der Reduktion einer superharmonischen Funktion gebraucht wurde. Dazu wird eine leichte Abänderung der Folge $\{B_j\}$ von Kugeln erforderlich sein. Wir können nämlich annehmen, daß die Menge $C = \bigcup_{j=1}^{\infty} \partial B_j$ bzgl. R abgeschlossen ist. Eine solche Folge kann man immer wie folgt konstruieren. Sei $\{U_j\}$ eine Folge offener, relativ-kompakter Mengen mit $U_j \uparrow R$ und $\bar{U}_j \subset R$. Indem man Kompaktheitsargumente benutzt, sieht man leicht, daß es eine Folge $\{B_j\}$ von Kugeln gibt, so daß nur endlich viele Kugeln jedes $\bar{U}_j$ schneiden. Wird die Folge derart abgeändert, daß jede Kugel unendlich oft in der neuen Folge erscheint, so wird das immer noch richtig sein. Sei jetzt $\zeta_k \in C = \bigcup_{j=1}^{\infty} \partial B_j$ und $\xi_k \to \xi \in R$. Wegen $U_j \uparrow R$ ist $\xi \in U_{j_0}$ für ein j_0. Da höchstens endlich viele Kugeln $\bar{U}_{j_0}$ schneiden, gibt es ein k_0 mit $\xi_k \in \bigcup_{j=1}^{k_0} \partial B_j$ für große k, und hieraus folgt leicht $\xi \in \partial B_j$ für ein j. Somit ist C bzgl. R abgeschlossen. Wir können daher im folgenden eine Folge $\{B_j\}$ von Kugeln voraussetzen, die die folgenden Eigenschaften besitzt:

(i) $R = \bigcup_{j=1}^{\infty} B_j$,
(ii) $\bar{B}_j \subset R$,
(iii) $C = \bigcup_{j=1}^{\infty} \partial B_j$ ist bzgl. R abgeschlossen,
(iv) jede Kugel B_j erscheint unendlich oft in der Folge.

Satz 5 24 Besitzt die offene Menge R eine *Green*-Funktion G, so gilt $G(x, y) = G(y, x)$ für alle $x, y \in R$. Insbesondere ist $G(\cdot, y)$ für jedes $y \in R$ harmonisch auf $R \sim \{y\}$.

Beweis: Sei $\{B_j\}$ eine Folge von Kugeln, die den obigen vier Bedingungen genügt. Dann ist $R_0 = R \sim C$ offen. Für jedes $x \in R$ gilt $G(x, \cdot) = u_x + h_x$, wobei h_x auf R harmonisch ist. Um die Bezeichnungsweise zu vereinfachen, schreiben wir $u(x, y)$ für $u_x(y)$ und $h(x, y)$ für $h_x(y)$; damit ist also

$$G_j(x, \cdot) = u_j(x, \cdot) + h(x, \cdot), \tag{d}$$

wobei $G_j(x, \cdot)$ und $u_j(x, \cdot)$ den j-ten Ausdruck bei der Definition der Reduktion von $G(x, \cdot)$ bzw. $u(x, \cdot)$ über R bezeichnet. Der zweite Ausdruck auf der rechten Seite von (d) hat keinen Index j, da $h(x, \cdot)$ harmonisch und daher invariant unter der Glättungsoperation ist. Mit $j \to \infty$ konvergiert $G_j(x, \cdot)$ gegen die größte harmonische Minorante von $G(x, \cdot)$, welche nach Satz 5.23 die Nullfunktion ist. Ebenso gilt $u_j(x, \cdot) \to u_\infty(x, \cdot)$, die größte harmonische Minorante von $u(x, \cdot)$ auf R. Mit $j \to \infty$ erhalten wir aus (d)

$$0 = u_\infty(x, \cdot) + h(x, \cdot). \tag{e}$$

Also ist $G(x, \cdot) = u(x, \cdot) - u_\infty(x, \cdot)$. Wir werden jetzt zeigen, daß $u_\infty(\cdot, y)$ für jedes $y \in R$ harmonisch ist. Um dies zu tun, ist es notwendig, den Glättungsprozeß zur Definition von u_∞ nochmals zu untersuchen. Sei y ein fester Punkt aus R. Ist $y \notin B_1$, so gilt $u_1(x, y) = u(x, y)$ für alle x, und $u_1(\cdot, y)$ ist harmonisch auf $R \sim \{y\}$. Angenommen, $y \in B_1 = B_{z_1, \varrho_1}$ Dann ist $u_1(x, y)$ für alle x gegeben durch (im Falle $n \geq 3$)

$$u_1(x, y) = \frac{1}{\sigma_n \varrho_1} \int_{\partial B_1} \frac{1}{\|x - z\|^{n-2}} \frac{\varrho_1^2 - \|y - z_1\|^2}{\|y - z\|^n} \, d\sigma(z).$$

Wenden wir den *Laplace*-Operator $\Delta_{(x)}$ auf beide Seiten dieser Gleichung an, so kann der *Laplace*-Operator auf der rechten Seite zumindest für Punkte $x \notin \partial B_1$ unter das Integralzeichen gezogen werden. Da die Anwendung des *Laplace*-Operators auf den ersten Faktor des Integranden Null liefert, ist $u_1(\cdot, y)$ harmonisch auf $R \sim \partial B_1$. Daher ist $u_1(\cdot, y)$ harmonisch auf $R \sim \{y\} \sim \partial B_1$. Wir betrachten jetzt $u_2(\cdot, y)$. Ist $y \notin B_2$, so gilt $u_2(x, y) = u_1(x, y)$ für alle x, und $u_2(\cdot, y)$ ist harmonisch auf $R \sim \{y\} \sim \partial B_1$. Ist dagegen $y \in B_2 = B_{z_2, \varrho_2}$, so wird

$$u_2(x, y) = \frac{1}{\sigma_n \varrho_2} \int_{\partial B_2} u_1(x, z) \frac{\varrho_2^2 - \|y - z_2\|^2}{\|y - z\|^n} \, d\sigma(z).$$

Wenden wir wiederum den *Laplace*-Operator $\Delta_{(x)}$ auf beide Seiten dieser Gleichung an, so ergibt sich, daß $u_2(\cdot, y)$ harmonisch auf $R \sim \partial B_1 \sim \partial B_2$ ist. Daher ist $u_2(\cdot, y)$ harmonisch auf $R \sim \{y\} \sim \bigcup_{j=1}^{2} \partial B_j$. Durch Induktion folgt, daß jedes $u_j(\cdot, y)$ harmonisch auf $R \sim \{y\} \sim C$ ist. Es gilt aber sogar noch mehr; für eine Teilfolge $\{j_k\}$ ist $y \in B_{j_k}$ für alle $k \geq 1$. Wie im Falle von $u_2(\cdot, y)$ ist $u_{j_k}(\cdot, y)$ harmonisch auf $R \sim \{y\} \sim \bigcup_{j=1}^{j_k} \partial B_j$, d.h. die Folge $\{u_{j_k}(\cdot, y)\}$ besteht aus harmonischen Funktionen auf $R \sim C$. Da diese Folge gegen $u_\infty(\cdot, y)$ absteigt, ist $u_\infty(\cdot, y)$ harmonisch auf $R \sim C$. Überdies ist $u_\infty(\cdot, y)$ unabhängig von der benutzten Folge $\{B_j\}$, d.h. $u_\infty(\cdot, y)$ ist für jedes $y \in R$ harmonisch auf R. Wegen $G(x, y) = u(x, y) - u_\infty(x, y)$ und $u(x, y) = u_x(y) = u_y(x) = u(y, x)$ haben wir für jedes $y \in R$

(i) $u(\cdot, y) - u_\infty(\cdot, y) \geq 0$,

(ii) $u(\cdot, y) - u_\infty(\cdot, y)$ ist die Summe von u_y und einer harmonischen Funktion.

Aus der Minimalität der *Green*-Funktion folgt daher $u(\cdot, y) - u_\infty(\cdot, y) \geq G(y, \cdot)$, d.h. $G(x, y) \geq G(y, x)$. Durch Vertauschen von x und y erhalten wir $G(x, y) = G(y, x)$. ┘

Korollar 5.25 Sei R eine offene Menge, die eine *Green*-Funktion G besitzt, und sei R_0 eine Komponente von R. Für $x \in R_0$ gilt $G(x, y) = 0$ für alle $y \in R \sim R_0$. Ferner ist die *Green*-Funktion G_{R_0} für R_0 durch $G_{R_0} = G|_{R_0 \times R_0}$ gegeben.

Beweis: Man betrachte ein festes $x \in R_0$. Sei $G(x, \cdot) = u_x + h_x$, wobei h_x eine harmonische Funktion auf R ist. Wegen $G(x, \cdot) \geq 0$ haben wir $u_x \geq -h_x$, also besitzt u_x eine harmonische Minorante auf R und somit auch auf R_0. Sei h_0 die größte harmonische Minorante von u_x auf R_0. Man setze

$$h_x^* = \begin{cases} h_0 & \text{auf } R_0, \\ u_x & \text{auf } R \sim R_0. \end{cases}$$

Dann ist h_x^* harmonisch auf R mit $u_x \geq h_x^*$ auf R; da aber $-h_x$ die größte harmonische Minorante von u_x auf R ist, gilt $-h_x \geq h_x^*$ und somit

$$G(x, \cdot) = u_x + h_x \leq u_x - h_x^* = 0$$

auf $R \sim R_0$. Hieraus folgt $G(x, \cdot) = 0$ auf $R \sim R_0$, da $G(x, \cdot) \geq 0$ stets gilt. Ein ähnliches Argument liefert die zweite Behauptung. ┘

Satz 5.26 Besitzt R eine *Green*-Funktion G, so ist G stetig auf $R \times R$ (im erweiterten Sinne in den Punkten der Diagonalen von $R \times R$). Ferner ist $L(G(z, \cdot): x, \delta)$ für $\bar{B}_{x,\delta} \subset R$ eine stetige Funktion von $z \in R$. ┘

Beweis: G ist offensichtlich im erweiterten Sinne in den Punkten der Diagonalen von $R \times R$ stetig. Sei $(x_0, y_0) \in R \times R$ mit $x_0 \neq y_0$, und seien U und V Kugeln mit Mittelpunkt x_0 bzw. y_0 und mit disjunkten Abschlüssen in R. Liegen x_0 und y_0 in verschiedenen Komponenten von R, so ist $G = 0$ auf $U \times V$, und G ist trivialerweise stetig in (x_0, y_0). Wir können daher annehmen, daß x_0 und y_0 in derselben Komponente von R liegen. Nach Lemma 5.8 existiert eine Konstante $m > 0$ mit $G(x_0, \cdot) \le m$ auf V. Da $G(\cdot, y)$ für jedes $y \in V$ positiv und harmonisch auf U ist, gibt es nach Satz 2.16 eine Konstante $k > 0$ mit $G(x, y)/G(x_0, y) \le k$ für alle $x \in U$ und alle $y \in V$, somit ist also $G(x, y) = [G(x, y)/G(x_0, y)]G(x_0, y) \le km$ für alle $x \in U$, $y \in V$. Dies zeigt, daß die Familie $\{G(x, \cdot): x \in U\}$ gleichmäßig beschränkt auf V ist. Wegen $G(x, y) = u_x(y)$, wobei $u_x(y)$ auf $U \times V$ beschränkt ist, ist die Familie $\{h_x: x \in U\}$ von harmonischen Funktionen gleichmäßig beschränkt und gemäß Satz 2.18 gleichgradig stetig auf jeder kompakten Teilmenge von V. Aus der Symmetrie der Funktion $h_x(y)$ folgt

$$\begin{aligned} |G(x, y) - G(x_0, y_0)| &\le |u_x(y) - u_{x_0}(y_0)| + |h_x(y) - h_{x_0}(y_0)| \\ &\le |u_x(y) - u_{x_0}(y_0)| + |h_x(y) - h_x(y_0)| + |h_{y_0}(x) - h_{y_0}(x_0)| \end{aligned}$$

Der erste Ausdruck auf der rechten Seite kann wegen der Stetigkeit von $u_x(y)$ in (x_0, y_0) beliebig klein gemacht werden, der zweite Ausdruck wird wegen der gleichgradigen Stetigkeit der Familie $\{h_x: x \in U\}$ beliebig klein, und schließlich wird der letzte Ausdruck wegen der Stetigkeit von h_{y_0} in x_0 beliebig klein. Somit ist der Beweis vollständig, daß G in (x_0, y_0) stetig ist.
Sei jetzt $\bar{B}_{x,r} \subset R$, und sei $\nu_{x,r}$ das zu 1 normierte Oberflächenmaß auf $\partial B_{x,r}$. Unter Ausnutzung der Stetigkeit von G kann man mit Hilfe des Satzes von *Lebesgue* von der majorisierten Konvergenz zeigen, daß

$$L(G(z, \cdot): x, r) = \int G(z, y)\, d\nu_{x,r}(y)$$

stetig in $z_0 \in R \sim \partial B_{x,r}$ ist. Insbesondere ist $L(G(z, \cdot): x, \delta)$ stetig auf $R \sim \partial B_{x,\delta}$. Sei $z_0 \in \partial B_{x,\delta}$. Da die Funktionen $L(G(z, \cdot): x, \delta + r)$ stetig in z_0 sind und mit $r \downarrow 0$ gegen $L(G(z, \cdot): x, \delta)$ ansteigen, ist $L(G(z, \cdot): x, \delta)$ n.u.h. in z_0; ebenso steigen die in z_0 stetigen Funktionen $L(G(z, \cdot): x, \delta - r)$ mit $r \downarrow 0$ gegen $L(G(z, \cdot): x, \delta)$ ab, und $L(G(z, \cdot): x, \delta)$ ist n.o.h. in z_0. ┘

Nur zusammenhängende, überall dichte, offene Mengen stellen ein Problem dar, sofern es die Existenz einer *Green*-Funktion betrifft.

Satz 5.27 Ist $R \subset E^2$ eine nicht-zusammenhängende, offene Menge, so besitzt R eine *Green*-Funktion.

Beweis: Sei $\{R_j\}$ die Menge der Komponenten von R. Die Familie $\{R_j\}$ enthält mindestens zwei Elemente. Sei $x \in R_1$. Nach Satz 5.16 besitzt R_1 eine *Green*-Funktion, d. h. es gibt eine nicht-negative, superharmonische Funktion v_x auf R_1 von der Form $v_x = u_x + h_x$, wobei h_x harmonisch auf R_1 ist. Auf den restlichen Komponenten von R ist u_x harmonisch. Wir setzen h_x auf R fort durch $h_x = -u_x$ auf $R \sim R_1$. Dann ist $u_x + h_x \in \mathfrak{V}_x$, und $\mathfrak{V}_x$ ist nicht-leer. Da dies für jede Komponente von R getan werden kann, ist $\mathfrak{V}_x \neq \emptyset$ für alle $x \in R$, und R besitzt eine *Green*-Funktion. ┘

6. Green-Potentiale

Physikalisch gesehen, stellt eine Potentialfunktion die potentielle Energie einer Einheitsmasse oder Einheitsladung in einem Punkte von E^n dar, die zu einer Massen- oder Ladungsverteilung auf dem Raum gehört. Insofern sind Potentialfunktionen von eigenem Interesse. In diesem Kapitel werden solche Funktionen jedoch studiert, um mit ihrer Hilfe einen Darstellungssatz für superharmonische Funktionen zu erhalten. Dieser Darstellungssatz ist schon für glatte, superharmonische Funktionen bewiesen worden. Ist u superharmonisch und zweimal stetig differenzierbar in einer Umgebung des Abschlusses einer Kugel $B = B_{y,\varrho} \subset E^n$, $n \geq 3$, so gilt gemäß Satz 5.1 für alle $x \in B$

$$\text{(a)} \qquad u(x) = -\frac{1}{\sigma_n(n-2)} \int_{\partial B} u(z) D_n G_B(x, z)\, d\sigma(z) - \frac{1}{\sigma_n(n-2)} \int_B G_B(x, z)\, \Delta u(z)\, dz.$$

Der erste Ausdruck auf der rechten Seite von (a) ist gerade $\boldsymbol{PI}(u, B)$ und stellt eine auf B harmonische Funktion dar. Beachten wir, daß $G_B(x, \cdot) = u_x + h_x$ gilt, wobei h_x auf B harmonisch ist, so können wir den zweiten Ausdruck auf der rechten Seite von (a) auf die Form

$$\text{(b)} \qquad -\frac{1}{\sigma_n(n-2)} \int_B u_x(z)\, \Delta u(z)\, dz - \frac{1}{\sigma_n(n-2)} \int_B h_x(z)\, \Delta u(z)\, dz$$

bringen. Wir zeigen in diesem Kapitel, daß der zweite Ausdruck von (b) harmonisch auf B ist. Der erste Ausdruck von (b) ist gerade das Potential einer Einheitsmasse in x zu einer Massenverteilung mit der Dichte Δu bzgl. des *Lebesgue*schen Maßes auf B. Dies ist eine gewöhnliche Potentialfunktion, wie man sie aus der Physik kennt.

Die Gleichung (a) zeigt daher, daß u als Summe einer harmonischen Funktion und einer Funktion vom „Potentialtyp" darstellbar ist. Der Leser sollte jedoch die vorausgehenden Bemerkungen nicht als eine Definition eines Potentiales verstehen, denn wir werden lieber die *Green*-Funktion $G(x, \cdot)$ als u_x in der Definition benutzen. Die obige Darstellung ist die Fassung des wichtigen *Riesz*schen Darstellungssatzes mit Hilfe der Infinitesimalrechnung.

6.1 Definitionen und Eigenschaften

Im Hinblick auf die einleitenden Bemerkungen können wir sofort die Definition eines Potentials geben.

Definition Sei R eine offene Teilmenge von E^n, die eine *Green*-Funktion G besitzt, und sei μ ein signiertes Maß auf R. Ist dann

$$G\mu(x) = \int G(x, y)\,d\mu(y)$$

überall auf R definiert, so heißt $G\mu$ das *Green-Potential* von μ. Ist μ ein Maß auf R und ist $G\mu$ superharmonisch auf R, so wird $G\mu$ das *Potential* von μ genannt.

Unter geeigneten Einschränkungen für μ wird $G\mu$ definiert und superharmonisch auf R oder Differenz zweier superharmonischer Funktionen auf R sein.

Lemma 6.1 Ist μ ein Maß auf der offenen Menge R, die eine *Green*-Funktion G besitzt, so ist $G\mu$ entweder superharmonisch oder identisch $+\infty$ auf jeder Komponente von R.

Beweis: Sei $\{U_j\}$ eine isotone Folge offener, relativ-kompakter Teilmengen von R mit $\bar{U}_j \subset R$ und $R = \bigcup_{j=1}^{\infty} U_j$. Für jedes $x \in R$ definiere man $G_j^*(x, \cdot) = \mathrm{Min}\,[G(x, \cdot), j]$ und

$$u_j(x) = \int_{U_j} G_j^*(x, y)\,d\mu(y).$$

Da μ ein *Borel*-Maß ist, haben wir $\mu(U_j) \leq \mu(\bar{U}_j) < +\infty$. Die Symmetrie der *Green*-Funktion G und die Stetigkeit (im erweiterten Sinne) von $G(x, \cdot)$ auf R liefern $G(x_i, \cdot) \to G(x, \cdot)$, und dasselbe gilt für G_j^*. Da G_j^* durch j beschränkt ist, erhalten wir nach dem *Lebesgue*schen Satz von der majorisierten Konvergenz für $x_i \to x$

$$\begin{aligned} u_j(x_i) &= \int_{U_j} G_j^*(x_i, y)\,d\mu(y) \\ &\to \int_{U_j} G_j^*(x, y)\,d\mu(y) = u_j(x). \end{aligned}$$

Somit ist jedes u_j stetig auf R. Wegen $U_j \uparrow R$ und $G_j^*(x, \cdot) \uparrow G(x, \cdot)$ für $j \to \infty$ erhalten wir $u_j \uparrow G\mu$, und $G\mu$ ist als Limes einer aufsteigenden Folge stetiger Funktionen n.u.h. auf R. Wegen der Symmetrie von G ist $G(\cdot, y)$ für jedes y superharmonisch auf R. Daher gilt für $\bar{B}_{x,\delta} \subset R$

$$\begin{aligned} L(G\mu: x, \delta) &= L\Big(\int_R G(\cdot, y)\,d\mu(y): x, \delta\Big) \\ &= \frac{1}{\sigma_n \delta^{n-1}} \int_{\partial B_{x,\delta}} \Big(\int_R G(z, y)\,d\mu(y)\Big)\,d\sigma(z). \end{aligned}$$

Da G nach Satz 5.26 im erweiterten Sinne auf $R \times R$ stetig ist, kann der Satz von Fubini angewandt werden, um

$$L(G\mu: x, \delta) = \int_R L(G(\cdot, y): x, \delta)\, d\mu(y) \leq \int_R G(x, y)\, d\mu(y) = G\mu(x)$$

zu erhalten. Daher ist $G\mu$ nicht negativ, n.u.h. und supermedian auf R, also superharmonisch auf jeder Komponente von R, wo es nicht identisch $+\infty$ ist. ┘

Lemma 6.2 Sei μ ein Maß auf der offenen Menge R, die eine *Green*-Funktion G besitzt, mit $\mu(R) < +\infty$ und $\mu(B) = 0$ für eine Kugel B mit $\bar{B} \subset R$. Dann ist $G\mu$ superharmonisch auf der B enthaltenden Komponente von R.

Beweis: Sei x der Mittelpunkt der Kugel B. Nach Lemma 5.8 ist $G(x, \cdot)$ außerhalb von B beschränkt. Wegen $\mu(B) = 0$ erhalten wir

$$G\mu(x) = \int_R G(x, y)\, d\mu(y) = \int_{R \sim B} G(x, y)\, d\mu(y) < +\infty.$$

Daher ist $G\mu$ nicht identisch $+\infty$ auf der B enthaltenden Komponente von R und nach Lemma 6.1 auf dieser Komponente also superharmonisch. ┘

Satz 6.3 Ist μ ein Maß auf einer offenen Menge R, die eine *Green*-Funktion G besitzt, mit $\mu(R) < +\infty$, so ist $G\mu$ ein Potential.

Beweis: Sei zunächst R zusammenhängend. Man betrachte ein $x \in R$ und eine Kugel $B = B_{x,\delta}$ mit $\bar{B} \subset R$. Dann gilt $\mu = \mu|_B + \mu|_{R \sim B}$, wobei $\mu|_B$ und $\mu|_{R \sim B}$ Maße sind, die auf $R \sim B$ bzw. B verschwinden. Aus der Definition eines Potentiales folgt offenbar $G\mu = G\mu|_B + G\mu|_{R \sim B}$. Wegen $\mu|_{R \sim B}(B) = 0$ und $\mu|_{R \sim B}(R) < +\infty$ ist $G\mu|_{R \sim B}$ nach Lemma 6.2 superharmonisch auf R. Wegen $\bar{B} \subset R$ gibt es eine Kugel B_1 mit $\bar{B}_1 \subset R \sim \bar{B}$ und $\mu|_B(B_1) = 0$. Da außerdem $\mu|_B(R) < +\infty$ ist, muß $G\mu|_B$ superharmonisch auf R sein nach Lemma 6.2. Nach Satz 4.12 ist $G\mu$ daher superharmonisch auf R, sofern R zusammenhängend ist.
Sei nun R beliebig, $R = \bigcup R_j$, wobei $\{R_j\}$ das abzählbare (möglicherweise endliche) System der Komponenten von R ist. Ferner sei $\mu_j = \mu|_{R_j}$. Dann ist $\mu_j(R_j) < +\infty$. Nach Korollar 5.25 ist die *Green*-Funktion G_{R_j} für R_j gerade die Restriktion von G auf $R_j \times R_j$. Da $G(x, \cdot)$ nach Korollar 5.25 außerhalb der x enthaltenden Komponente verschwindet, bekommen wir für $x \in R_j$

$$G\mu(x) = \int G(x, y)\, d\mu(y) = \int_{R_j} G(x, y)\, d\mu(y) = G_{R_j}\, \mu_j(x).$$

Nach dem ersten Teil des Beweises ist $G_{R_j}\, \mu_j$ superharmonisch auf R_j, und daher ist $G\mu$ superharmonisch auf jedem R_j. ┘

Historisch waren vor dem *Green*-Potential im Falle $n = 2$ das logarithmische und im Falle $n = 3$ das *Newton*sche Potential eingeführt worden. Das logarithmische Potential U^μ eines Maßes μ auf E^2 mit kompaktem Träger ist definiert durch

$$U^\mu(x) = -\int \log\|x-y\|\,d\mu(y), \qquad x \in E^2.$$

Für ein beliebiges Maß μ auf E^n, $n \geq 3$, ist das *Newton*sche Potential U^μ definiert durch

$$U^\mu(x) = \int \frac{1}{\|x-y\|^{n-2}}\,d\mu(y), \qquad x \in E^n.$$

Man beachte, daß das logarithmische Potential nicht nichtnegativ zu sein braucht. Da das *Newton*sche Potential U^μ eines Maßes gerade das Potential $G\mu$ ist, wenn hierbei G die *Green*-Funktion für E^n ist, so können alle vorhergehenden Ergebnisse direkt auf U^μ angewandt werden; ist z. B. $\mu(E^n) < +\infty$, so ist U^μ superharmonisch. Betrachten wir jetzt das logarithmische Potential U^μ eines Maßes μ auf E^2 mit kompaktem Träger. Die im Beweis von Lemma 6.1 benutzten Argumente, um zu zeigen, daß $G\mu$ supermedian und n.u.h. ist, können nicht für U^μ benutzt werden, da das logarithmische Potential negativ sein kann und daher der Satz von *Fubini* nicht direkt anwendbar ist. Man betrachte eine beliebige Kugel $B_{x_0,\delta}$. Sei C der Träger von μ. Da $-\log\|x-y\|$ im erweiterten Sinne stetig auf der Menge $\bar{B}_{x_0,\delta} \times C$ ist, gibt es eine Konstante c mit $-\log\|x-y\| + c \geq 0$, $x \in \bar{B}_{x_0,\delta}$, $y \in C$. Für diese x gilt

$$U^\mu(x) + c\mu(C) = \int [-\log\|x-y\| + c]\,d\mu(y).$$

Indem wir das Argument des Beweises von Lemma 6.1 anwenden, können wir aus dieser Gleichung folgern, daß U^μ auf $B_{x_0,\delta}$ und daher auf E^2 n.u.h. ist. Durch Berechnung der sphärischen Mittelwerte erhalten wir mit Hilfe des Satzes von *Fubini* die folgende Abschätzung

$$\begin{aligned} L(U^\mu\colon x_0,\delta) + c\mu(C) &= \int L(-\log\|x-y\| + c\colon x_0,\delta)\,d\mu(y) \\ &\leq \int (-\log\|x_0-y\| + c)\,d\mu(y) \\ &= U^\mu(x_0) + c\mu(C). \end{aligned}$$

Somit gilt also $U^\mu(x_0) \geq L(U^\mu\colon x_0,\delta)$ für jede Kugel $B_{x_0,\delta}$, und U^μ ist supermedian. Man sieht außerdem leicht, daß U^μ nicht den Wert $-\infty$ annehmen kann. Für $x_0 \notin C$ ist $-\log\|x_0-y\|$ auf C beschränkt mit $U^\mu(x_0) < +\infty$. Deshalb ist das logarithmische Potential U^μ superharmonisch, wann immer μ einen kompakten Träger hat. Ist überdies R eine offene Menge, die eine *Green*-Funktion G_R besitzt, und hat das Maß μ einen kompakten Träger in R, so unterscheiden sich U^μ und $G_R\mu$ auf R um eine harmonische Funktion. Dies kann der folgenden Gleichung entnommen werden:

$$G_R\mu(x) = \int u_x(y)\,d\mu(y) + \int h_x(y)\,d\mu(y),$$

wobei $G_R(x, \cdot) = u_x + h_x$ auf R ist. Weiter hat man nur zu beachten, daß das zweite Integral eine harmonische Funktion von $x \in R$ ist (vgl. Lemma 6.7).

Satz 6.4 Sei R eine offene Menge, die eine *Green*-Funktion G besitzt, und sei $G\mu$ das Potential eines Maßes μ. Dann ist die Nullfunktion die größte harmonische Minorante von $G\mu$.

Beweis: Sei $u = G\mu$, und sei $\{B_j\}$ eine Folge von Kugeln, die den Forderungen zur Definition der Reduktion einer superharmonischen Funktion über R genügt. Sei $\{u_j\}$ dann die zugehörige Funktionenfolge, die die Reduktion u_∞ von u über R definiert. Nach Satz 5.21 ist $u_\infty = 0$ zu beweisen. Ebenso sei $\{G_j(\cdot, y)\}$ die Funktionenfolge, die die Reduktion von $G(\cdot, y)$ über R definiert. Nach Satz 5.23 steigt die Folge $\{G_j(\cdot, y)\}$ gegen die Nullfunktion ab, da die größte harmonische Minorante von $G(\cdot, y)$ die Nullfunktion ist. Zwischen u_j und G_j besteht der folgende Zusammenhang:

(c) $$u_j(x) = \int_R G_j(x, y)\,d\mu(y), \qquad x \in R.$$

Der Beweis von (c) wird durch Induktion nach j geführt. Der übliche erste Schritt wird dabei ausgelassen, da er dem allgemeinen Schritt ähnelt. Nach Definition gilt

$$u_j(x) = \begin{cases} u_{j-1}(x), & x \in R \sim B_j, \\ PI(u_{j-1}, B_j)(x), & x \in B_j. \end{cases}$$

$G_j(x, y)$ ist für festes y analog definiert. Für $x \notin B_j$ gilt $u_j(x) = u_{j-1}(x)$ und $G_j(x, y) = G_{j-1}(x, y)$. Setzen wir die Gültigkeit von (c) mit $j-1$ anstelle von j voraus, so haben wir für $x \notin B_j$

$$u_j(x) = u_{j-1}(x) = \int G_{j-1}(x, y)\,d\mu(y) = \int G_j(x, y)\,d\mu(y).$$

Für $x \in B_j$ gilt

$$u_j(x) = \int_{\partial B_j} u_{j-1}(y) P(x, y)\,d\sigma(y),$$

wobei $P(x, y)$ der Kern des *Poisson*schen Integrals über ∂B_j ist. Setzen wir wieder (c) mit $j-1$ anstelle von j voraus, so gilt für $x \in B_j$

$$\begin{aligned} u_j(x) &= \int_{\partial B_j} u_{j-1}(y) P(x, y)\,d\sigma(y) \\ &= \int_{\partial B_j} \left(\int_R G_{j-1}(y, z)\,d\mu(z) \right) P(x, y)\,d\sigma(y). \end{aligned}$$

Der Satz von *Fubini* liefert dann für $x \in B_j$

$$u_j(x) = \int_R \left(\int_{\partial B_j} G_{j-1}(y, z) P(x, y) d\sigma(y) \right) d\mu(z)$$
$$= \int_R G_j(x, z) d\mu(z).$$

Daher gilt (c) für j, wann immer (c) für $j-1$ gilt, also gilt (c) für alle $j \geq 1$. Die Behauptung des Satzes kann man nun aus (c) wie folgt erhalten. Da $G\mu$ superharmonisch ist, muß es nach Satz 4.10 f.ü. reellwertig auf R sein. Man wähle ein x_0 mit $G\mu(x_0) < +\infty$. Dann gilt

$$G\mu(x_0) = \int_R G(x_0, y) d\mu(y) < +\infty,$$

d.h. $G(x_0, \cdot)$ ist integrierbar bzgl. μ. Wegen $0 \leq G_j(x_0, \cdot) \leq G(x_0, \cdot)$ und $\lim_{j \to \infty} G_j(x_0, \cdot) = 0$ können wir den *Lebesgue*schen Satz von der majorisierten Konvergenz auf (c) anwenden, um

$$u_\infty(x_0) = \lim_{j \to \infty} \int_R G_j(x_0, y) d\mu(y) = 0$$

zu erhalten. Da $u_\infty \geq 0$ und harmonisch auf R ist, muß $u_\infty = 0$ nach dem Minimum-Prinzip auf R sein. ┘

Korrollar 6.5 Sei R eine offene Menge, die eine *Green*-Funktion G besitzt, und sei $G\mu$ das Potential eines Maßes. Ist dann $G\mu$ harmonisch auf R, so ist μ das Nullmaß.

Beweis: Sei $h = G\mu$ harmonisch auf R. Da h eine harmonische Minorante von sich selbst ist, gilt $h = 0$ auf R nach dem vorhergehenden Satz, also für alle $x \in R$

$$0 = \int_R G(x, y) d\mu(y).$$

Wegen $G(x, \cdot) > 0$ auf der Komponente von R, die x enthält, hat jede Komponente von R das μ-Maß Null. ┘

Obwohl das vorhergehende Korollar (nicht-triviale) harmonische Potentiale ausschließt, ist es dennoch möglich für ein Potential, auf einer echten Teilmenge von R harmonisch zu sein.

Satz 6.6 Ist $G\mu$ das Potential eines Maßes μ auf der offenen Menge R, die eine *Green*-Funktion G besitzt, so ist $G\mu$ auf jeder offenen Menge harmonisch, die vom μ-Maß Null ist.

Beweis: Sei U eine nicht-leere, offene Teilmenge von R mit $\mu(U) = 0$. Dann gilt für jedes $x \in R$

$$G\mu(x) = \int_R G(x, y) d\mu(y) = \int_{R \sim U} G(x, y) d\mu(y).$$

Sei $\bar{B}_{x,\delta} \subset U$. Der Satz von *Fubini* liefert dann

$$A(G\mu\colon x, \delta) = A\Big(\int_{R \sim U} G(\cdot, y)\,d\mu(y)\colon x, \delta\Big)$$
$$= \int_{R \sim U} A\big(G(\cdot, y)\colon x, \delta\big)\,d\mu(y).$$

Für $y \in R \sim U$ ist $G(\cdot, y)$ harmonisch auf U, also $A\big(G(\cdot, y)\colon x, \delta\big) = G(x, y)$ und

$$A(G\mu\colon x, \delta) = \int_{R \sim U} G(x, y)\,d\mu(y) = G\mu(x).$$

Die lokale Integrierbarkeit von $G\mu$ zeigt, daß $G\mu$ stetig auf U ist. Hieraus folgt, daß $G\mu$ nach Satz 4.9 harmonisch auf U ist. ┘

Wir haben bereits gesehen, daß für harmonische Funktionen $h_1, \ldots, h_p$ auf einer offenen Menge R und für beliebige reelle Zahlen $\alpha_1, \ldots, \alpha_p$ auch $\sum_{i=1}^{p} \alpha_i h_i$ harmonisch auf R ist. Das folgende Lemma verallgemeinert diese Tatsache.

Lemma 6.7 Seien U und V offene Teilmengen von E^n, sei μ ein Maß auf U, und sei H eine nichtnegative Funktion auf $U \times V$. Ist dann

(i) $H(\cdot, y)$ für jedes $y \in V$ stetig auf U,

(ii) $H(x, \cdot)$ für jedes $x \in U$ harmonisch auf V und

(iii) $h(y) = \int_U H(x, y)\,d\mu(x) < +\infty$ für jedes $y \in V$,

so ist h auf V harmonisch.

Beweis: Nach Voraussetzung ist H in jeder Variablen getrennt stetig, daher also in beiden Variablen gemeinsam meßbar. Anstatt diesen Sachverhalt in dem hier vorliegenden $2n$-dimensionalen Raum zu beweisen, werden wir lieber einen Spezialfall diskutieren, aus dem ein Beweis für den allgemeineren Fall konstruiert werden kann. Sei $U = V = (-\infty, +\infty)$, und sei H auf $U \times V$ definiert und in jeder Variablen getrennt stetig. Wir definieren eine Folge $\{\phi_k\}$ von Funktionen auf $(-\infty, +\infty)$ wie folgt:

$$\phi_k(x) = \frac{j+1}{2^k} \quad \text{für} \quad \frac{j}{2^k} \leq x < \frac{j+1}{2^k}.$$

Für jedes x gilt dann $\lim_{k \to \infty} \phi_k(x) = x$. Weiter definiere man $H_k(x, y) = H(\phi_k(x), y)$. Man zeigt leicht, daß H_k in beiden Variablen gemeinsam meßbar ist und daß $\lim_{k \to \infty} H_k(x, y) = H(x, y)$ gilt; somit ist auch H in beiden Variablen gemeinsam meßbar. Dies soll als Rechtfertigung der Behauptung der gemeinsamen Meßbarkeit genügen. Daher ist H eine nichtnegative, gemeinsam meßbare Funktion auf $U \times V$, auf die der Satz von *Fubini* angewandt werden kann, also

$$\begin{aligned} A(h\colon y, \delta) &= A\Big(\int_U H(x, \cdot)\, d\mu(x)\colon y, \delta\Big) \\ &= \int_U A\big(H(x, \cdot)\colon y, \delta\big)\, d\mu(x) \\ &= \int_U H(x, y)\, d\mu(x) \\ &= h(y) < +\infty. \end{aligned}$$

Aus diesem Grunde ist h lokal-integrierbar und auch stetig auf V. Aus Satz 4.9 folgt dann, daß h harmonisch auf V ist. ┘

Es wird häufig notwendig sein, *Green*-Potentiale für verschiedene Gebiete zu vergleichen, insbesondere, wenn eines Teilmenge des anderen ist.

Satz 6.8 Sei R eine offene Menge mit *Green*-Funktion G_R, und sei S eine offene Teilmenge von R mit *Green*-Funktion G_S. Ferner sei μ ein Maß auf R mit $\mu(R \sim S) = 0$, so daß $G_R\mu$ ein Potential ist. Dann existiert eine nichtnegative, harmonische Funktion h auf S mit $G_R\mu = G_S\mu|_S + h$ auf S.

Beweis: Wegen $S \subset R$ gilt $G_S \leq G_R$ auf $S \times S$ nach Satz 5.14. Daher ist für jedes $x \in S$

$$G_S\mu|_S(x) = \int_S G_S(x, y)\, d\mu(y) \leq \int_S G_R(x, y)\, d\mu(y) = G_R\mu(x).$$

Diese Ungleichung zeigt auch, daß $G_S\mu|_S$ ein Potential ist. Als superharmonische Funktion ist $G_R\mu$ f.ü. auf S reell-wertig. Daher gilt außerhalb einer *Lebesgue*schen Nullmenge für alle $x \in S$

(d) $$G_R\mu(x) - G_S\mu|_S(x) = \int_S [G_R(x, y) - G_S(x, y)]\, d\mu(y).$$

Weiter haben wir $G_R(x, y) = u_x(y) + h_x(y)$ und $G_S(x, y) = u_x(y) + h_x^*(y)$, wobei h_x und h_x^* auf R bzw. S harmonisch sind. Mit $G_R(x, y)$ und $u_x(y)$ sind auch $h_x(y)$ und $h_x^*(y)$ symmetrisch. Für $x \neq y$ ist $G_R(x, y) - G_S(x, y) = H_y(x) \geq 0$, wobei $H_x(y)$ die symmetrische Funktion $h_x(y) - h_x^*(y)$ ist. Man beachte, daß $H_y(\cdot)$ für jedes $y \in S$ harmonisch auf S und daß $H_{\cdot}(x)$ für jedes $x \in S$ harmonisch und daher stetig auf S ist. Für $\bar{B}_{x,\delta} \subset S$ erhalten wir

$$A[G_R(\cdot, y) - G_S(\cdot, y)\colon x, \delta] = A(H_y\colon x, \delta) = H_y(x).$$

Der Satz von *Fubini*, angewandt auf (d), liefert daher

$$+\infty > A[G_R\mu - G_S\mu|_S: x, \delta] = \int_S A[G_R(\cdot, y) - G_S(\cdot, y): x, \delta]\,d\mu(y)$$
$$= \int_S A[H_y: x, \delta]\,d\mu(y)$$
$$= \int_S H_y(x)\,d\mu(y).$$

Das letzte Integral auf der rechten Seite ist nach Lemma 6.7 eine harmonische Funktion von x. Schreiben wir die letzte Gleichung als

$$A(G_R\mu: x, \delta) = A(G_S\mu|_S: x, \delta) + \int_S H_y(x)\,d\mu(y)$$

und beachten wir, daß die Mittelwerte über die Vollkugeln mit $\delta \downarrow 0$ gegen $G_R\mu(x)$ bzw. $G_S\mu|_S(x)$ aufsteigen, so erhalten wir

$$G_R\mu(x) = G_S\mu|_S(x) + \int_S H_y(x)\,d\mu(x)$$

auf S. ┘

Wir können jetzt die Umkehrung von Satz 6.6 beweisen.

Satz 6.9 Sei R eine offene Menge, die eine *Green*-Funktion G besitzt. Ist das Potential $G\mu$ eines Maßes μ auf der offenen Menge $W \subset R$ harmonisch, so gilt $\mu(W) = 0$.

Beweis: Da $G\mu = G\mu|_W + G\mu|_{R\sim W}$ gilt und da $G\mu|_{R\sim W}$ nach Satz 6.6 harmonisch auf W ist, muß $G\mu|_W$ harmonisch auf W sein. Aus dem vorhergehenden Satz folgt $G\mu|_W = G_W\mu|_W + h$, wobei G_W die *Green*-Funktion für W und h harmonisch auf W ist. Hieraus folgt die Harmonizität von $G_W\mu|_W$ auf W. Nach Korollar 6.5 ist daher $\mu(W) = \mu|_W(W) = 0$. ┘

6.2 Totale Mengen stetiger Funktionen

Wir werden diesen Abschnitt dazu benutzen, einige Begriffe zu entwickeln, die im nächsten Abschnitt benötigt werden, um für ein Potential zu zeigen, daß das zugehörige Maß eindeutig bestimmt ist.

Sei R eine offene Teilmenge von E^n. Wir bezeichnen mit $\mathscr{K}^+ = \mathscr{K}_R^+$ die Menge aller auf E^n definierten, reellen Funktionen f mit den folgenden Eigenschaften:

(i) f ist stetig,

(ii) $f \geq 0$,

(iii) f verschwindet außerhalb einer kompakten Teilmenge von R.

Für $f \in \mathscr{K}^+$ heißt der Abschluß der Menge $\{x: f(x) \neq 0\}$ der *kompakte Träger* von f.

Definition Eine Teilmenge $\mathscr{K}_0^+ \subset \mathscr{K}^+$ heißt *total* (auch „positiv sehr reich"), wenn es zu jedem $v \in \mathscr{K}^+$ mit kompaktem Träger C, jeder Umgebung W von C und jedem $\varepsilon > 0$ eine endliche Linearkombination $f = \sum_{j=1}^{p} \alpha_j f_j$ gibt, wobei $\alpha_j > 0$, $f_j \in \mathscr{K}_0^+$ und die f_j für jedes j ihren Träger in W haben, so daß

$$\|v - f\| = \sup_{x \in R} |v(x) - f(x)| < \varepsilon$$

gilt.

Satz 6.10 (*Cartan*) Sei $\mathscr{K}_0^+$ eine Teilmenge in $\mathscr{K}^+$ mit den folgenden Eigenschaften:

(i) Ist $f \in \mathscr{K}_0^+$, so gehört jede Translatierte von f zu $\mathscr{K}_0^+$, vorausgesetzt, sie gehört zu $\mathscr{K}^+$.

(ii) Zu $x \in R$ und $\delta > 0$ gibt es ein $f \in \mathscr{K}_0^+$, so daß f außerhalb von $B_{x,\delta}$, aber nicht identisch verschwindet.

Dann ist $\mathscr{K}_0^+$ eine totale Teilmenge von $\mathscr{K}^+$.

Beweis: Ohne Beschränkung der Allgemeinheit können wir $0 \in R$ annehmen. Sei v ein beliebiges Element aus $\mathscr{K}^+$ mit kompaktem Träger C. Dabei können wir annehmen, daß v nicht die Nullfunktion ist. Sei W eine Umgebung von C mit $\bar{W} \subset R$, und sei

$$\omega = d(C, R \sim W) > 0.$$

Sei $\varepsilon > 0$. Da v stetig ist und einen kompakten Träger hat, gibt es ein $\delta > 0$ (welches wir als kleiner als $\omega/2$ voraussetzen können) mit $|v(x) - v(y)| < \varepsilon/2$, wann immer $\|x - y\| < \delta$ ist. Dann gilt $d(C, R \sim W) = \omega > 2\delta$. Nach (ii) gibt es ein $f_\delta \in \mathscr{K}_0^+$, welches außerhalb von $B_{0,\delta}$ verschwindet, aber nicht die Nullfunktion ist. Wegen $f_\delta \geq 0$ haben wir

$$\alpha = \frac{1}{\int f_\delta(z)\, dz} > 0.$$

Indem wir f_δ notfalls mit der Konstanten α multiplizieren, die wir dann später in die Koeffizienten der gesuchten Linearkombination hereinziehen können, können wir $\int f_\delta(z) dz = 1$ annehmen. Da f_δ stetig ist und einen kompakten Träger hat, gibt es ein $\varrho > 0$ mit

$$|f_\delta(y) - f_\delta(x)| < \frac{\varepsilon}{2 \int v(z) dz}$$

für $\|x - y\| < \varrho$. Dabei können wir außerdem $\delta + \varrho < \omega$ annehmen. Überdies gibt es eine Folge $\{M_j\}$ disjunkter, meßbarer Mengen mit $E^n = \bigcup_j M_j$, so daß $D(M_j) < \varrho$ und daher $\delta + D(M_j) < \delta + \varrho < \omega$ ist, wenn hierbei $D(M_j)$ den Durchmesser von

M_j bezeichnet. Dabei können wir weiter annehmen, daß nur endlich viele der M_j einen nicht-leeren Durchschnitt mit C haben. Eine derartige Folge $\{M_j\}$ kann konstruiert werden, indem man E^n durch eine Folge von Kugeln mit einem Durchmesser kleiner als ϱ überdeckt, so daß nur endlich viele C schneiden. Aus dieser Folge bildet man dann eine Folge disjunkter Mengen. Man definiere

$$h(x) = \int f_\delta(x-y)v(y)\,dy, \qquad x \in E^n.$$

Das Integral ist immer endlich, da der Integrand außerhalb einer kompakten Menge verschwindet und stetig ist. Wir können dafür auch

$$h(x) = \int f_\delta(y)v(x-y)\,dy = \int_{B_{0,\delta}} f_\delta(y)v(x-y)\,dy$$

schreiben. Wegen

$$v(x) = \int_{B_{0,\delta}} f_\delta(y)v(x)\,dy,$$

haben wir

$$|h(x) - v(x) \leq \int_{B_{0,\delta}} f_\delta(y)|v(x-y) - v(x)|\,dy.$$

Wegen $\|(x-y)-x\| = \|y\| < \delta$ für $y \in B_{0,\delta}$ gilt $|v(x-y)-v(x)| < \varepsilon/2$ für $y \in B_{0,\delta}$ also

$$|h(x) - v(x)| \leq \frac{\varepsilon}{2} \int f_\delta(y)\,dy = \frac{\varepsilon}{2}$$

für alle $x \in E^n$, d.h h approximiert v gleichmäßig bis auf $\varepsilon/2$. Wir zeigen jetzt, daß h bis auf $\varepsilon/2$ gleichmäßig durch eine endliche Linearkombination von Elementen aus $\mathscr{K}_0^+$ approximiert werden kann. Man wähle zu jedem j ein festes $y_j \in M_j$. Dann gilt für alle $x \in E^n$

$$\begin{aligned}
&\left| h(x) - \sum_j f_\delta(x-y_j) \int_{M_j} v(y)\,dy \right| \\
&= \left| \int f_\delta(x-y)v(y)\,dy - \sum_j f_\delta(x-y_j) \int_{M_j} v(y)\,dy \right| \\
&= \left| \sum_j \int_{M_j} [f_\delta(x-y) - f_\delta(x-y_j)]\,v(y)\,dy \right|.
\end{aligned}$$

Wegen $D(M_j) < \varrho$ und $\|(x-y)-(x-y_j)\| = \|y_j - y\| < \varrho$ für $y \in M_j$, ist der erste Faktor im Integranden durch $\varepsilon/(2 \int v(y)\,dy)$ dem absoluten Betrage nach beschränkt. Daher ist

$$\left| h(x) - \sum_j f_\delta(x-y_j) \int_{M_j} v(y)\,dy \right| \leq \frac{\varepsilon}{2 \int v(y)\,dy} \sum_j \int_{M_j} v(y)\,dy = \frac{\varepsilon}{2}.$$

Dies zeigt, daß h bis auf $\varepsilon/2$ gleichmäßig durch

$$f(x) = \sum_j f_\delta(x-y_j) \int_{M_j} v(y)\,dy$$

approximiert werden kann. Hieraus folgt, daß f bis auf ε gleichmäßig die Funktion v approximiert. Man beachte, daß die f definierende Summe in Wirklichkeit eine endliche Summe ist, da nur eine endliche Zahl der M_j den Träger C von v schneidet, für die restlichen M_j gilt $\int\limits_{M_j} v(y)\,dy = 0$. Wir müssen nur noch zeigen, daß jede Funktion

$$g_j(x) = f_\delta(x - y_j) \int\limits_{M_j} v(y)\,dy$$

ihren Träger in W hat, sofern sie nicht identisch Null ist. Sei also $M_j \cap C \neq \emptyset$ und $f_\delta(x - y_j) \neq 0$. Dann ist $\|x - y_j\| < \delta$ und $d(x, C) \leq d(x, y_j) + d(y_j, C) < \delta + \varrho < \omega$. Wegen $\omega = d(C, R \sim W)$ haben wir $x \notin R \sim W$, also ist der Träger der g_j, die nicht identisch verschwinden, in W enthalten.

Satz 6.11 Sei R eine offene Teilmenge von E^n. Sind dann μ_1 und μ_2 zwei Maße auf R mit

$$\int\limits_R f\,d\mu_1 = \int\limits_R f\,d\mu_2$$

für alle $f \in \mathscr{K}_0^+$, wobei $\mathscr{K}_0^+$ eine totale Teilmenge von $\mathscr{K}^+ = \mathscr{K}_R^+$ ist, so gilt $\mu_1 = \mu_2$.

Beweis: Da $g \in \mathscr{K}^+$ durch eine endliche Linearkombination von Elementen aus $\mathscr{K}_0^+$ gleichmäßig approximiert werden kann, muß die obige Gleichung für alle $g \in \mathscr{K}^+$ gültig sein. Sei C eine kompakte Teilmenge von R, und sei χ ihre Indikatorfunktion. Dann gibt es eine Folge $\{\phi_j\}$ in $\mathscr{K}^+$ mit $\phi_j \downarrow \chi$; z. B. nehme man

$$\phi_j(x) = \max(2e^{-j\delta(x,C)} - 1, 0).$$

Wegen

$$\int\limits_R \phi_j\,d\mu_1 = \int\limits_R \phi_j\,d\mu_2$$

haben wir

$$\mu_1(C) = \int\limits_R \chi\,d\mu_1 = \int\limits_R \chi\,d\mu_2 = \mu_2(C)$$

für alle kompakten Mengen $C \subset R$, woraus $\mu_1 = \mu_2$ folgt, denn beide sind reguläre *Borel*-Maße. ┘

6.3 Totale Mengen stetiger Potentiale

Wir werden uns einige Beispiele ansehen, um eine besondere totale Menge von Funktionen zu konstruieren. Die Funktion des ersten Beispiels ist kein Potential.

Beispiel 1 ($n = 2$) Man betrachte eine Kugel $B_{x,\delta} \subset E^2$. Sei $v_{x,\delta}$ ein gleichmäßig verteiltes Wahrscheinlichkeitsmaß auf $\partial B_{x,\delta}$, und sei

$$u_{x,\delta}(y) = \int \log \frac{1}{\|y-z\|}\, dv_{x,\delta}(z), \qquad y \in E^2.$$

Das Maß $v_{x,\delta}$ ist gerade das zu 1 normierte Oberflächenmaß von $\partial B_{x,\delta}$. Unter diesem Gesichtspunkt ist $u_{x,\delta}(y)$ gerade der Mittelwert von u_y über $\partial B_{x,\delta}$. Wir werden jetzt

$$u_{x,\delta}(y) = \begin{cases} \log \frac{1}{\delta} & \text{für} \quad \|y-x\| \leq \delta \\ \log \frac{1}{\|x-y\|} & \text{für} \quad \|y-x\| \geq \delta \end{cases}$$

zeigen. Wie im Beweis von Satz 5.26 sieht man, daß $u_{x,\delta}$ stetig ist; man sieht überdies unschwer, daß $u_{x,\delta}$ nur von $r = \|x-y\|$ abhängt. Wendet man den *Laplace*-Operator auf beide Seiten der $u_{x,\delta}$ definierenden Gleichung an, so kann man den *Laplace*-Operator unter das Integralzeichen ziehen und zeigen, daß $u_{x,\delta}$ harmonisch auf $B_{x,\delta}$ ist. Da $u_{x,\delta}$ nur von $r = \|x-y\|$ abhängt, muß $u_{x,\delta}$ von der Form $\alpha \log r + \beta$ sein; hieraus folgt aber wegen der Stetigkeit von $u_{x,\delta}$ auf $B_{x,\delta}$ $\alpha = 0$ und daher $u_{x,\delta} = \beta$ auf $B_{x,\delta}$. Wegen

$$u_{x,\delta}(x) = \int \log \frac{1}{\|x-z\|}\, dv_{x,\delta}(z) = \log \frac{1}{\delta}$$

ist $u_{x,\delta} = \log 1/\delta$ auf $B_{x,\delta}$. Sei jetzt $y \notin \bar{B}_{x,\delta}$. Dann ist $u_{x,\delta}(y)$ gerade der Mittelwert über $\partial B_{x,\delta}$ einer Funktion, die auf einer Umgebung von $\bar{B}_{x,\delta}$ harmonisch ist, und daher deren Wert im Mittelpunkt der Kugel hat; d. h. es ist $u_{x,\delta}(y) = \log(\|y-x\|)^{-1}$ für $y \notin \bar{B}_{x,\delta}$.

Beispiel 2 ($n \geq 3$) Man betrachte eine Kugel $B_{x,\delta} \subset E^n$. Sei $v_{x,\delta}$ wie im vorhergehenden Beispiel, und sei

$$u_{x,\delta}(y) = \int \frac{1}{\|y-z\|^{n-2}}\, dv_{x,\delta}(z).$$

Wie im vorhergehenden Beispiel kann man

$$u_{x,\delta}(y) = \begin{cases} \frac{1}{\delta^{n-2}} & \text{für} \quad \|y-x\| \leqq \delta \\ \frac{1}{\|y-x\|^{n-2}} & \text{für} \quad \|y-x\| \geqq \delta \end{cases}$$

zeigen. In diesem Falle ist $u_{x,\delta}$ ein Potential, und es gilt in der Tat $u_{x,\delta} = G v_{x,\delta}$, wobei G die *Green*-Funktion für E^n ist.

Die obigen Rechnungen ermöglichen es nun, den folgenden Satz über logarithmische und *Newton*sche Potentiale zu beweisen.

Satz 6.12 (*Gauß*) Sei μ ein Maß auf E^n mit kompaktem Träger S_μ, und sei $B = B_{x,\delta}$. Ist $S_\mu \cap \bar{B} = \emptyset$, so ist der Mittelwert von U^μ über ∂B gerade $U^\mu(x)$; ist $S_\mu \subset B$, so hängt der Mittelwert von U^μ über ∂B nur von der Gesamtmasse von μ ab und ist gleich $\mu(S_\mu)\log 1/\delta$ im Falle $n = 2$ und gleich $\mu(S_\mu)/\delta^{n-2}$ im Falle $n \geq 3$.

Beweis: Da μ einen kompakten Träger hat, ist

$$U^\mu(y) = \int_{S_\mu} u_y(z)\,d\mu(z) = \int_{S_\mu} u_z(y)\,d\mu(z)$$

superharmonisch. Es gilt

$$L(U^\mu: x, \delta) = \int_{S_\mu} L(u_z: x, \delta)\,d\mu(z).$$

Ist $S_\mu \cap \bar{B}_{x,\delta} = \emptyset$, so ist $L(u_z: x, \delta) = u_z(x) = u_x(z)$ für $z \in S$ und

$$L(U^\mu: x, \delta) = \int_{S_\mu} u_x(z)\,d\mu(z) = U^\mu(x).$$

Ist dagegen $S_\mu \subset B_{x,\delta}$, so haben wir

$$L(U^\mu: x, \delta) = \int_{S_\mu} u_{x,\delta}(z)\,\mathrm{d}\mu(z),$$

aber wir haben in den Beispielen 1 und 2 gesehen, daß für $z \in S_\mu \subset B_{x,\delta}$ $u_{x,\delta}(z)$ gleich $\log 1/\delta$ oder $1/\delta^{n-2}$ ist, je nachdem, ob $n = 2$ oder $n \geqq 3$ ist. Daher ist $L(U^\mu: x, \delta)$ gleich $\mu(S_\mu)\log 1/\delta$ oder gleich $\mu(S_\mu)/\delta^{n-2}$, je nachdem $n = 2$ oder $n \geqq 3$ ist.

Beispiel 3 ($n = 2$) Sei R eine offene Menge mit *Green*-Funktion G, sei $\bar{B}_{x,\delta} \subset R$, und seien $v_{x,\delta/2}$ und $v_{x,\delta}$ wie zuvor definiert. Man setze $\tau_{x,\delta} = v_{x,\delta/2} - v_{x,\delta}$. Dann ist $G\tau_{x,\delta}$ ein stetiges *Green*-Potential mit

$$G\tau_{x,\delta} \begin{cases} \geq & \text{auf } R, \\ = 0 & \text{auf } R \sim B_{x,\delta} \\ \neq 0. & \end{cases}$$

Um dies einzusehen, betrachte man $u_{x,\delta/2} - u_{x,\delta}$. Dann gilt

(i) für $y \in B_{x,\delta/2}$:

$$u_{x,\delta/2}(y) - u_{x,\delta}(y) = \log\frac{1}{\delta/2} - \log\frac{1}{\delta} = \log 2 > 0;$$

(ii) für $y \in \bar{B}_{x,\delta} \sim B_{x,\delta/2}$:

$$u_{x,\delta/2}(y) - u_{x,\delta}(y) = \log\frac{1}{\|x-y\|} - \log\frac{1}{\delta} = -\log\frac{\|x-y\|}{\delta} \geq 0;$$

(iii) für $y \notin \bar{B}_{x,\delta}$:

$$u_{x,\delta/2}(y) - u_{x,\delta}(y) = \log \frac{1}{\|x-y\|} - \log \frac{1}{\|x-y\|} = 0.$$

Wegen $G(y, \cdot) = u_y + h_y$, wobei h_y harmonisch auf R ist, haben wir

$$\begin{aligned} G\tau_{x,\delta}(y) &= \int [u_y(z) + h_y(z)]\, dv_{x,\delta/2}(z) - \int [u_y(z) + h_y(z)]\, dv_{x,\delta}(z) \\ &= u_{x,\delta/2}(y) - u_{x,\delta}(y) + \int h_y(z)\, dv_{x,\delta/2}(z) - \int h_y(z)\, dv_{x,\delta}(z). \end{aligned}$$

Da die letzten zwei Integrale Mittelwerte der harmonischen Funktion h_y sind, muß ihre Differenz $h_y(x) - h_y(x) = 0$ sein. Daher gilt $G\tau_{x,\delta} = u_{x,\delta/2} - u_{x,\delta}$ auf R.

Beispiel 4 ($n \geq 3$) Sei R eine offene Menge in E^n mit *Green*-Funktion G, sei $\bar{B}_{x,\delta} \subset R$, und seien $v_{x,\delta/2}$ und $v_{x,\delta}$ wie zuvor definiert. Setzt man $\tau_{x,\delta} = v_{x,\delta/2} - v_{x,\delta}$, so ist $G\tau_{x,\delta}$ ein *Green*-Potential mit denselben Eigenschaften wie im vorhergehenden Beispiel.

Satz 6.13 (*Cartan*) Sei R eine offene Menge von E^n, die eine *Green*-Funktion G besitzt. Dann ist die Menge $\mathscr{K}_0^+ = \{G\tau_{x,\delta}\colon \bar{B}_{x,\delta} \subset R\}$ von *Green*-Potentialen eine totale Teilmenge von $\mathscr{K}_R^+$.

Im Hinblick auf die vorhergehenden Beispiele und Satz 6.10 ist nichts zu beweisen.

6.4 Rieszsche Zerlegung superharmonischer Funktionen

In diesem Abschnitt zeigen wir, daß eine nichtnegative, superharmonische Funktion als Summe eines Potentials und einer harmonischen Funktion dargestellt werden kann. Wir beginnen mit der potential-theoretischen Fassung des Satzes von *Fubini*.

Satz 6.14 (*Reziprozitätssatz*) Sei R eine offene Teilmenge von E^n, die eine *Green*-Funktion G besitzt. Für je zwei Maße μ, v auf den *Borel*schen Teilmengen von R gilt dann

$$\int_R G\mu\, dv = \int_R Gv\, d\mu.$$

Beweis: Nach dem Satz von *Fubini* und der Symmetrie der *Green*-Funktion gilt

$$\begin{aligned} \int_R G\mu\, dv &= \int_R \Big(\int_R G(x,y)\, d\mu(y)\Big) dv(x) \\ &= \int_R \Big(\int_R G(x,y)\, dv(x)\Big) d\mu(y) \\ &= \int_R \Big(\int_R G(y,x)\, dv(x)\Big) d\mu(y) \\ &= \int_R Gv(y)\, d\mu(y). \end{aligned}$$ ┘

Man beachte, daß der Reziprozitätssatz sogar richtig ist, wenn das Integral von $G\mu$ bzgl. ν unendlich ist; in diesem Fall gilt dasgleiche für das Integral von $G\nu$ bzgl. μ.

Satz 6.15 Seien μ und ν Maße auf der offenen Menge R, die eine *Green*-Funktion G besitzt, so daß $G\mu$ und $G\nu$ Potentiale sind. Gilt $G\mu = G\nu$ in den Punkten, wo beide reell-wertig sind, so ist $\mu = \nu$. Allgemeiner sind μ und ν auf den *Borel*schen Teilmengen einer offenen Menge $W \subset R$ identisch, wenn es eine auf W harmonische Funktion h gibt, so daß $G\mu - G\nu = h$ in denjenigen Punkten von W gilt, wo $G\mu$ und $G\nu$ beide endlich sind.

Beweis: Sei Σ die Punktmenge von W, wo $G\mu$ und $G\nu$ beide endlich sind. Für $x \in \Sigma$ ist $G\mu(x) = G\nu(x) + h(x)$. Wegen $G\mu = G\mu_W + G\mu|_{R\sim W}$ und der Harmonizität von $G\mu|_{R\sim W}$ auf W ist $G\mu(x) = G\mu|_W(x) + h'(x)$, $x \in \Sigma$, wobei h' harmonisch auf W ist. Wenden wir dasselbe Argument auf $G\nu$ an, so liefert dies $G\nu(x) = G\nu|_W(x) + h''(x)$, $x \in \Sigma$, wobei h'' harmonisch auf W ist. Setzen wir $\tilde{\mu} = \mu|_W$ und $\tilde{\nu} = \nu|_W$, so haben wir $G\tilde{\mu}(x) = G\tilde{\nu}(x) + h^*(x)$, $x \in \Sigma$, wobei h^* harmonisch auf W ist. Da $W \sim \Sigma$ eine *Lebesgue*sche Nullmenge ist, gilt

$$A(G\tilde{\mu}: x, \delta) = A(G\tilde{\nu}: x, d) + h^*(x)$$

wann immer $\bar{B}_{x,\delta} \subset W$ ist. Mit $\delta \downarrow 0$ erhalten wir daher $G\tilde{\mu}(x) = G\tilde{\nu}(x) + h^*(x)$ für alle $x \in W$. Sei G_W die *Green*-Funktion für W, die existiert, da W eine Teilmenge einer Menge mit *Green*-Funktion ist. Wenden wir Satz 6.8 auf $G\tilde{\mu}$ und $G\tilde{\nu}$ an, so gibt es eine harmonische Funktion h^{**} auf W mit $G_W\tilde{\mu} = G_W\tilde{\nu} + h^{**}$ auf W. Für $\bar{B}_{x,\delta} \subset W$ wird dann

$$L(G_W\tilde{\mu}: x, \delta) = L(G_W\tilde{\nu}: x, \delta) + h^{**}(x).$$

Betrachten wir jetzt auf der linken Seite den Mittelwert über die Oberfläche. Für $G_W(x, y) = u_x(y) + h_x(y)$ haben wir dann

$$G_W\tilde{\mu}(z) = \int_W u_z(y)\,d\tilde{\mu}(y) + \int_W h_z(y)\,d\tilde{\mu}(y),$$

nach dem Satz von *Fubini* und der Symmetrie der beiden Integranden somit

$$\begin{aligned} L(G_W\tilde{\mu}: x, \delta) &= \int_W L(u_y: x, \delta)\,d\tilde{\mu}(y) + \int_W L(h_y: x, \delta)\,d\tilde{\mu}(y) \\ &= \int_W u_{x,\delta}(y)\,d\tilde{\mu}(y) + \int_W h_x(y)\,d\tilde{\mu}(y). \end{aligned}$$

Ebenso erhalten wir nach Anwendung desselben Argumentes auf $L({}_W\tilde{\nu}: x, \delta)$

$$\int_W u_{x,\delta}(y)\,d\tilde{\mu}(y) + \int_W h_x(y)\,d\tilde{\mu}(y) = \int_W u_{x,\delta}(y)\,d\tilde{\nu}(y) + \int_W h_x(y)\,d\tilde{\nu}(y) + h^{**}(x).$$

Indem wir δ durch $\delta/2$ ersetzen und die beiden Ergebnisse subtrahieren, bekommen wir

$$\int_W [u_{x,\delta}(y) - u_{x,\delta/2}(y)]\, d\tilde{\mu}(y) = \int_W [u_{x,\delta}(y) - u_{x,\delta/2}(y)]\, d\tilde{\nu}(y).$$

Da die Funktionen $u_{x,\delta/2} - u_{x,\delta}$ eine totale Teilmenge von $\mathscr{K}_W^+$ bilden, ist $\tilde{\mu} = \tilde{\nu}$ nach Satz 6.11. Daher stimmen μ und ν auf den *Borel*schen Teilmengen von W überein. ┘

Wir kehren jetzt zum *Riesz*schen Zerlegungssatz zurück, der bereits in der Einleitung dieses Kapitels diskutiert worden ist.

Lemma 6.16 Sei u superharmonisch auf der offenen Menge R, und sei B eine Kugel mit $\bar{B} \subset R$. Dann existiert ein eindeutig bestimmtes Maß μ auf B mit $u = G_B\mu + h$ auf B, wobei h die größte harmonische Minorante von u auf B ist.

Beweis: Der Beweis wird nur für den Fall $n \geq 3$ ausgeführt werden, denn der Fall $n = 2$ unterscheidet sich vom Fall $n \geq 3$ nur durch gewisse Konstanten, die vor den Integralen auftreten. Da wir uns hier nur für eine Darstellung von u auf B interessieren, können wir annehmen, daß R selbst eine Kugel ist, auf der u nach unten beschränkt ist.

Wir können außerdem annehmen, daß u harmonisch auf $R \sim \bar{B}$ ist, und zwar aus folgendem Grunde. Sei v die Reduktion von u über $R \sim \bar{B}$. Da u nach unten beschränkt auf R ist, muß v nach Satz 5.19 harmonisch auf $R \sim \bar{B}$ sein. Überdies ist $u = v$ auf B nach demselben Satz. Die Funktion v selbst braucht nicht superharmonisch zu sein, wohl aber ist nach Satz 4.16 die untere Regularisierte $\hat{v}$ von v superharmonisch auf R, denn v ist der Limes einer antitonen Folge superharmonischer Funktionen. $\hat{v}$ und v unterscheiden sich höchstens auf ∂B. Daher ist $\hat{v}$ superharmonisch auf R, $\hat{v} = u$ auf B, und $\hat{v}$ ist harmonisch auf $R \sim \bar{B}$. Sofern nur die Darstellung von u auf B betroffen ist, können wir voraussetzen, daß u dieselben Eigenschaften wie $\hat{v}$ besitzt; d.h. u ist harmonisch auf $R \sim \bar{B}$.

Sei B_0 eine Kugel mit $\bar{B} \subset B_0 \subset \bar{B}_0 \subset R$, und sei V eine Umgebung von $\bar{B}$ mit $\bar{V} \subset B_0$. Nach Satz 4.21 gibt es eine Folge $\{u_j\}$ superharmonischer Funktionen auf R mit

(1) $u_j \uparrow u$ für $j \to \infty$,
(2) jedes u_j ist zweimal stetig differenzierbar auf R,
(3) $u_j = u$ auf $R \sim \bar{V}$ für alle hinreichend großen j,
(4) u_j ist harmonisch auf $R \sim \bar{V}$ für alle hinreichend großen j.

Indem wir endlich viele der u_j weglassen, können wir annehmen, daß (3) und (4) für alle j gelten. Insbesondere ist $u_j = u$ auf ∂B_0 für alle j. Für $x \in B_0$ ist nach Satz 5.1

$$u_j(x) = -\frac{1}{\sigma_n(n-2)} \int_{\partial B_0} u_j(z) D_n G_0(x, z) d\sigma(z)$$

$$- \frac{1}{\sigma_n(n-2)} \int_{B_0} G_0(x, z) \Delta u_j(z) dz,$$

wobei G_0 die *Green*-Funktion für die Kugel B_0 ist. Wegen $u_j = u$ auf ∂B_0 hängt das erste Integral auf der rechten Seite nicht von j ab und ist gerade $\boldsymbol{PI}(u, B_0)$, das wir mit h_0 bezeichnen. Für eine *Borel*sche Teilmenge M von $\bar{B}_0$ setze man

$$v_j(M) = -\frac{1}{\sigma_n(n-2)} \int_M \Delta u_j(z) dz.$$

Da die u_j superharmonisch auf R sind, haben wir $\Delta u_j \leq 0$, und daher ist jedes v_j ein Maß auf den *Borel*schen Teilmengen von $\bar{B}_0$ mit $v_j(\partial B_0) = 0$. Die obige Darstellung von u_j kann dann als $u_j = G_0 v_j + h_0$ auf B geschrieben werden. Wegen $u_j \uparrow u$ ist $w = \lim_{j \to \infty} G_0 v_j$ auf B_0 definiert und ist tatsächlich gleich $u - h_0$. Wir werden jetzt zeigen, daß w das Potential eines Maßes auf B_0 ist. Man betrachte $\|v_j\| = v_j(B_0)$. Nach der *Green*schen Formel haben wir

$$v_j(B_0) = -\frac{1}{\sigma_n(n-2)} \int_{B_0} \Delta u_j(z) dz = -\frac{1}{\sigma_n(n-2)} \int_{\partial B_0} D_n u_j(z) d\sigma(z)!$$

aber wegen $u_j = u$ außerhalb von $\bar{V}$ ist $D_n u_j(z) = D_n u(z)$ auf ∂B_0, und das letztere Integral ist unabhängig von j. Daher ist $\|v_j\|$ unabhängig von j, und es gibt eine Teilfolge der Folge $\{v_j\}$, die gegen ein Maß v auf $\bar{B}_0$ in der vagen Topologie konvergiert. Da wir uns nur für den Grenzübergang $j \to \infty$ interessieren, können wir annehmen, daß die Folge selbst diese Eigenschaft besitzt. Wir können den Grenzübergang $j \to \infty$ in der Gleichung

$$u_j(x) = \int_{B_0} G_0(x, z) dv_j(z) + h_0(x), \qquad x \in B_0$$

nicht einfach vollziehen, da der Integrand nicht eine beschränkte, stetige Funktion ist. Diese Schwierigkeit kann wie folgt überwunden werden. Sei $\bar{B}_{x,\delta} \subset B_0$. Der Satz von *Fubini* liefert dann

$$L(G_0 v_j\colon x, \delta) = \int_{B_0} L(G_0(\cdot, z)\colon x, \delta) dv_j(z).$$

Nach Satz 5.26 ist $L(G_0(\cdot, z)\colon x, \delta)$ eine stetige Funktion von $z \in B_0$ und hat eine stetige Fortsetzung auf $\bar{B}_0$, denn es gilt $L(G_0(\cdot, z)\colon x, \delta) = G_0(x, z)$ für $z \in B_0 \sim \bar{B}_{x,\delta}$. Wegen

$$L(u_j\colon x, \delta) = \int_{B_0} L(G_0(\cdot, z)\colon x, \delta) dv_j(z) + h_0(x),$$

wegen $\nu_j \to \nu$ in der vagen Topologie und wegen $u_j \uparrow u$ erhalten wir

$$L(u: x, \delta) = \int_{B_0} L(G_0(\cdot, z): x, \delta) d\nu(z) + h_0(x).$$

Da u und $G_0(\cdot, z)$ superharmonisch sind, steigen ihre Mittelwerte gegen $u(x)$ bzw. $G_0(x, z)$ auf, wenn $\delta \downarrow 0$, und daher ist $u = G_0\nu + h_0$ auf B_0. Wegen $G_0\nu = G_0\nu|_B + G_0\nu|_{B_0 \sim B}$ und der Harmonizität von $G_0\nu|_{B_0 \sim B}$ auf B haben wir $u = G_0\nu|_B + h_1$, wobei h_1 harmonisch auf B ist. Nach Satz 6.8 unterscheiden sich $G_0\nu|_B$ und $G_B\nu|_B$ durch eine auf B harmonische Funktion. Man setze $\mu = \nu|_B$. Es folgt $u = G_B\mu + h$, wobei h auf B harmonisch ist. Da gemäß Satz 6.4 die größte harmonische Minorante von $G_B\mu$ auf B die Nullfunktion ist, ist die größte harmonische Minorante von u auf B nach Lemma 5.22 gerade h.
Sei $u = G_B\tilde{\mu} + \tilde{h}$ eine zweite derartige Darstellung. Da die größte harmonische Minorante von u auf B eindeutig bestimmt ist, gilt $h = \tilde{h}$ und daher $G_B\mu = G_B\tilde{\mu}$ auf B. Nach Satz 6.15 folgt dann $\mu = \tilde{\mu}$. ⌟

Lemma 6.17 Sei u superharmonisch auf der offenen Menge R, und sei W eine offene, relativ-kompakte Menge mit $\bar{W} \subset R$. Dann gibt es ein eindeutiges Maß μ auf W mit $u = G_W\mu + h$, wobei h die größte harmonische Minorante von u auf W ist.

Beweis: Nehmen wir zuerst an, daß W Teilmenge einer Kugel B mit $\bar{B} \subset R$ ist. Nach dem vorhergehenden Lemma gibt es ein Maß ν auf B mit $u = G_B\nu + h_0$, wobei h_0 die größte harmonische Minorante von u auf B ist. Wegen $G_B\nu = G_B\nu|_W + G_B\nu|_{B \sim W}$ und der Harmonizität der letzteren Funktion auf W haben wir $u = G_B\nu|_W + h_1$, wobei h_1 harmonisch auf W ist. Indem wir die Tatsache benutzen, daß sich $G_B\nu|_W$ und $G_W\nu|_W$ auf W nur durch eine harmonische Funktion unterscheiden, erhalten wir $u = G_W\nu|_W + h_2$, wobei h_2 harmonisch auf W ist. Setzen wir $\mu = \nu|_W$ und $h = h_2$, so ist die Behauptung in diesem Spezielfall bewiesen. Kehren wir nun zum allgemeinen Fall zurück, und setzen wir nur voraus, daß $\bar{W}$ eine kompakte Teilmenge von R ist. Dann ist $W = \bigcup_{i=1}^{p} W_i$, wobei jedes W_i eine offene Teilmenge einer Kugel mit Abschluß in R ist. Wir haben gerade gezeigt, daß die Behauptung für $p = 1$ richtig ist. Da der Beweis durch Induktion nach p geführt wird, genügt es, den Fall $W = U_1 \cup U_2$ zu betrachten, wobei U_1 und U_2 offene Mengen mit kompakten Abschlüssen in R sind, für die die Behauptung richtig ist. Es gibt dann Maße μ_i auf U_i und harmonische Funktionen h_i auf U_i, $i = 1, 2$, mit

(e)
$$u = G_{U_1}\mu_1 + h_1 \quad \text{auf} \quad U_1,$$
$$u = G_{U_2}\mu_2 + h_2 \quad \text{auf} \quad U_2.$$

Sei $U = U_1 \cap U_2$. Vergleichen wir wie oben Potentiale, so folgt die Existenz einer harmonischen Funktion h_1^* auf U mit $u = G_U\mu_1|_U + h_1^*$ auf U und analog $u = G_U\mu_2|_U + h_2^*$ mit harmonischem h_2^* auf U. Nach Satz 6.15 folgt hieraus $\mu_1|_U = \mu_2|_U$. Daher gibt es ein auf den *Borel*schen Teilmengen von $W = U_1 \cup U_2$ definiertes Maß μ mit $\mu_1 = \mu|_{U_1}$ und $\mu_2 = \mu|_{U_2}$. Wegen $G_W\mu = G_W\mu|_{U_1} + G_W\mu|_{W\sim U_1}$ und der Harmonizität der letzteren Funktion auf U_1 gilt dann $G_W\mu = G_W\mu_1 + H_1$ auf U_1 mit harmonischem H_1. Vergleichen wir $G_W\mu_1$ mit $G_{U_1}\mu_1$, so gibt es eine harmonische Funktion H_1^* auf U_1 mit $G_W\mu = G_{U_1}\mu_1 + H_1^*$ auf U. Analog erhalten wir $G_W\mu = G_{U_2}\mu_2 + H_2^*$ auf U_2 mit harmonischem H_2^*. Aus (e) folgt dann

$$u = G_W\mu + H_1^{**} \quad \text{auf} \quad U_1,$$

$$u = G_W\mu + H_2^{**} \quad \text{auf} \quad U_2,$$

wobei H_i^{**} harmonisch auf U_i, $i = 1, 2$, ist. Hieraus folgt $H_1^{**} = H_2^{**}$ auf $U_1 \cap U_2$, und wir können eine harmonische Funktion h auf $W = U_1 \cup U_2$ definieren mit $h|_{U_i} = H_i^{**}$, $i = 1, 2$. Die obigen Gleichungen werden dann einfach zu $u = G_W\mu + h$. Wie im vorhergehenden Beweis ist h die größte harmonische Minorante von u auf W, und μ ist eindeutig bestimmt. ⌟

Satz 6.18 (*Rieszscher Zerlegungssatz*) Sei R eine offene Teilmenge von E^n, die eine *Green*-Funktion G besitzt, und sei u superharmonisch auf R. Dann existiert ein eindeutiges Maß ν auf R mit der folgenden Eigenschaft: Für jede offene, relativ-kompakte Menge W mit $\bar{W} \subset R$ gilt $u = G_W\nu|_W + h_W$, wobei h_W die größte harmonische Minorante von u auf W ist; ist überdies $u \geq 0$ auf R, so gilt $u = G\nu + h$, wobei h die größte harmonische Minorante von u auf R ist.

Beweis: Sei $\{R_j\}$ eine isotone Folge offener, relativ-kompakter Mengen mit $\bar{R}_j \subset R$ und $R = \bigcup_j R_j$. Seien ν_j und h_j das Maß bzw. die harmonische Funktion auf R_j, die nach dem vorhergehenden Lemma existieren, also $u = G_{R_j}\nu_j + h_j$ auf R_j. Für jedes $k \geq 1$ müssen ν_j und ν_{j+k} auf den *Borel*schen Teilmengen von R_j übereinstimmen. Ist M eine beliebige *Borel*sche Teilmenge von R, so ist $\{\nu_j(R_j \cap M)\}$ eine aufsteigende Folge, und wir können $\nu(M) = \lim_{j\to\infty} \nu_j(R_j \cap M)$ definieren. Setzen wir ν_j durch Null auf $\complement R_j$ fort, so ist ν der Limes einer isotonen Folge von Maßen und daher selbst ein Maß. Ist M eine *Borel*sche Teilmenge von R_j, so gilt $\nu_j(R_j \cap M) = \nu_j(M) = \nu_{j+k}(M) = \nu_{j+k}(R_{j+k} \cap M)$ für alle $k \geq 1$ und deshalb $\nu(M) = \nu_j(M)$; d.h. $\nu_j = \nu|_{R_j}$. Sei jetzt W eine beliebige offene, relativ-kompakte Menge mit $\bar{W} \subset R$, und sei $u = G_W\nu_W + h_W$ die Zerlegung des vorhergehenden Lemmas. Es gibt dann ein j_0 mit $\bar{W} \subset R_j$ für alle $j \geq j_0$; im folgenden werden nur derartige j betrachtet werden. Wegen $u = G_{R_j}\nu_j + h_j$ auf R_j mit harmonischem h_j auf R_j und wegen $G_{R_j}\nu_j = G_{R_j}\nu_j|_W + G_{R_j}|_{R\sim W}$, wobei das letztere Potential auf W harmonisch ist, ergibt sich $u = G_{R_j}\nu_j|_W + h_j^*$ mit h_j^* harmonisch auf W. Der Vergleich von

$G_{R_j} v_j|_W$ mit $G_W v_j|_W$ liefert $u = G_W v|_W + h_j^{**}$, wobei h_j^{**} harmonisch auf W ist. Aus der Eindeutigkeit der Darstellung von u auf W folgt $v_W = v_j|_W = v|_W$. Somit ist die erste Behauptung vollständig bewiesen.

Sei schließlich $u \geq 0$ auf R. Dann gilt $u = G_{R_j} v|_{Rj} + h_j$ auf R_j mit auf R_j harmonischem h_j. Wegen $G_{R_j} \leq G_{R_{j+1}}$ auf $R_j \times R_j$, ergibt sich für $x \in R_j$

$$G_{R_j} v|_{R_j}(x) = \int_{R_j} G_{R_j}(x, y)\,dv(y) \leq \int_{R_j} G_{R_{j+1}}(x, y)\,dv(y)$$

$$\leq \int_{R_{j+1}} G_{R_{j+1}}(x, y)\,dv(y) = G_{R_{j+1}} v|_{R_{j+1}}(x),$$

und die Folge $\{G_{R_{j+k}} v_{R_{j+k}}\}_{k \geq 1}$ ist isoton auf R_j. In der Tat, für $x \in R_j$ haben wir

$$G_{R_{j+k}} v|_{R_{j+k}}(x) = \int \chi_{R_{j+k}}(y) G_{R_{j+k}}(x, y)\,dv(y) \uparrow \int G(x, y)\,dv(y) = Gv(x)$$

nach Satz 5.15. Wegen $0 \leq u = G_{R_j} v|_{R_j} + h_j$ auf R_j folgt $h_j \geq 0$, indem wir die größte harmonische Minorante bilden. Die Folge $\{h_{j+k}\}_{k \geq 1}$ ist eine absteigende Folge nichtnegativer, harmonischer Funktionen auf R_j, deren Grenzfunktion auf R_j harmonisch ist. Wir können daher für alle j eine harmonische Funktion $h = \lim_{k \to \infty} h_{j+k}$ auf R_j definieren. Hiermit folgt $u = Gv + h$ auf R. Da die größte harmonische Minorante von Gv auf R die Nullfunktion ist, muß h die größte harmonische Minorante von u sein. ┘

Korollar 6.19 Eine positive, superharmonische Funktion auf einer offenen Menge R, die eine *Green*-Funktion besitzt, ist genau dann ein Potential, wenn ihre größte harmonische Minorante Null ist.

Beweis: Die Notwendigkeit folgt aus Satz 6.4, während die Aussage hinreichend nach dem *Riesz*schen Zerlegungssatz ist. ┘

6.5 Stetigkeitseigenschaften von Potentialen

Wir haben gesehen, daß es möglich ist, eine superharmonische Funktion durch reelle, glatte superharmonische Funktionen zu approximieren. Wir werden jetzt zeigen, daß die Unstetigkeitsstellen eines Potentiales von einem Maß beseitigt werden können, indem man das Maß etwas einschränkt. Dies ist die Aussage des zweiten Satzes dieses Abschnittes. Der erste Satz wird zwar benötigt, um den zweiten zu beweisen, seine Aussage ist aber dennoch interessant.

Satz 6.20 (*Evans-Vasilesco*) Sei R eine offene Menge mit *Green*-Funktion G, sei μ ein Maß mit kompaktem Träger $K \subset R$, und sei $v = G\mu$. Ist dann $v|_K$ stetig in $x_0 \in K$, so ist v stetig in x_0.

Beweis: Wir werden den Beweis nur für den Fall $n \geq 3$ ausführen. Ist $v(x_0) = +\infty$, so ist die Aussage trivial, da v n.u.h. ist. Sei daher $v(x_0) < +\infty$. Nach Satz 6.3 ist das *Newton*sche Potential U^μ des Maßes μ superharmonisch. Nach Satz 6.8 unterscheiden sich U^μ und v nur um eine harmonische Funktion auf R. Mit $v|_K$ ist auch $U^\mu|_K$ stetig in $x_0 \in K$. Können wir daher beweisen, daß U^μ stetig in x_0 ist, so gilt dies auch für v. Wir definieren zunächst eine Abbildung von R auf K in der folgenden Weise. Für $x \in R$ sei z_x ein Punkt aus K, der minimalen Abstand zu x hat. Der Punkt z_x braucht zwar nicht eindeutig bestimmt zu sein, aber verschiedene Möglichkeiten erlauben es uns, diese Zuordnung punktwertig zu machen. Wir werden annehmen, daß dies bereits getan worden ist. Wegen $x_0 \in K$ haben wir

$$\|z_x - x_0\| \leq \|z_x - x\| + \|x - x_0\| \leq 2\|x - x_0\|$$

für jedes $x \in R$. Mit $x \to x_0$ folgt $z_x \to x_0$. Für $y \in K$ ist $\|x - z_x\| \leq \|x - y\|$ und

$$\|z_x - y\| \leq \|z_x - x\| + \|x - y\| \leq 2\|x - y\|,$$

daher also

$$\frac{1}{\|x - y\|^{n-2}} \leq 2^{n-2} \frac{1}{\|z_x - y\|^{n-2}}.$$

Ist ν ein beliebiges Maß mit Träger in K, so erhält man durch Integrieren

$$U^\mu(x) = \int \frac{1}{\|x - y\|^{n-2}} d\nu(y) \leq 2^{n-2} \int \frac{1}{\|z_x - y\|^{n-2}} d\nu(y) = 2^{n-2} U^\mu(z_x).$$

Sei $\varepsilon > 0$. Wegen $U^\mu(x_0) < +\infty$ gibt es eine Kugel $B \subset R$ mit Mittelpunkt x_0, so daß

$$\int_B \frac{1}{\|x_0 - y\|^{n-2}} d\mu(y) < \varepsilon$$

wegen der Stetigkeit des unbestimmten Integrals bzgl. μ gilt. Sei $\mu' = \mu|_B$ und $\mu'' = \mu|_{R \sim B}$. Nach Satz 6.6 ist $U^{\mu''}$ harmonisch auf B, insbesondere stetig in x_0. Wegen $U^\mu = U^{\mu'} + U^{\mu''}$ haben wir

$$\begin{aligned} |U^\mu(x) - U^\mu(x_0)| &\leq |U^{\mu''}(x) - U^{\mu''}(x_0)| + U^{\mu'}(x) + U^{\mu'}(x_0) \\ &\leq |U^{\mu''}(x) - U^{\mu''}(x_0)| + 2^{n-2} U^{\mu'}(z_x) + \varepsilon. \end{aligned}$$

Mit $U^\mu|_K$ und $U^{\mu''}$ muß wegen $U^\mu = U^{\mu'} + U^{\mu''}$ auch $U^{\mu'}$ stetig in x_0 sein, wenn $U^{\mu'}$ auf K eingeschränkt wird. Wegen $z_x \in K$ und wegen $z_x \to x_0$ für $x \to x_0$ folgt dann $\lim\limits_{x \to x_0} U^{\mu'}(z_x) = U^{\mu'}(x_0) < \varepsilon$. Daher gilt für alle x, die hinreichend nahe bei x_0 sind,

$$|U^\mu(x) - U^\mu(x_0)| \leq |U^{\mu''}(x) - U^{\mu''}(x_0)| + 2^{n-2}\varepsilon + \varepsilon.$$

Wegen der Stetigkeit von $U^{\mu''}$ in x_0 kann der erste Ausdruck auf der rechten Seite beliebig klein gemacht werden, indem man x hinreichend nahe an x_0 nimmt. Da ε beliebig war, folgt die Stetigkeit von U^μ in x_0, woraus sofort die Stetigkeit von v folgt; denn U^μ und v unterscheiden sich nur um eine harmonische Funktion auf R, die stetig in x_0 ist. ⌟

Satz 6.21 Sei R eine offene Menge, die eine *Green*-Funktion G besitzt, und sei μ ein Maß mit kompaktem Träger $K \subset R$ und mit $G\mu < +\infty$ auf K. Dann gibt es zu gegebenem $\varepsilon > 0$ eine kompakte Menge $C \subset K$ mit den folgenden Eigenschaften:

(i) $\mu(K \sim C) < \varepsilon$,

(ii) $G\mu|_C < +\infty$ auf C,

(iii) $G\mu|_C$ ist stetig auf R.

Beweis: Man betrachte das Potential $G\mu$, das endlich auf K ist. Nach dem Satz von *Lusin* gibt es zu gegebenem $\varepsilon > 0$ eine kompakte Menge $C \subset K$ mit $\mu(K \sim C) < \varepsilon$, so daß die Restriktion von $G\mu$ auf C stetig auf C ist. Es gilt $G\mu = G\mu|_C + G\mu|_{K\sim C}$. Da $G\mu|_{K\sim C}$ n.u.h. ist, muß $G\mu|_C = G\mu - G\mu|_{K\sim C}$, eingeschränkt auf C, n.o.h. auf C sein. Da $G\mu|_C$ auch n.u.h. auf C ist, muß $G\mu|_C$, eingeschränkt auf C, stetig auf C sein. Nach Satz 6.20 ist dann $G\mu|_C$ stetig auf C. Außerdem ist $G\mu|_C$ harmonisch auf $R \sim C$, also ist $G\mu|_C$ stetig auf R. ⌟

Obwohl nur wenig über die Stetigkeitseigenschaften von *Green*-Potentialen im allgemeinen gesagt werden, so kann einiges gesagt werden, wenn die Maße absolut stetig bzgl. des *Lebesgue*schen Maßes sind. Sei R eine offene Teilmenge des E^n, die eine *Green*-Funktion G besitzt. Für eine meßbare Funktion f auf R setzen wir $Gf(y) = \int_R G(y, z) f(z)\, dz$, vorausgesetzt, daß das Integral für alle $y \in R$ definiert ist.

Satz 6.22 Sei R eine offene Menge, die eine *Green*-Funktion G besitzt. Für jede beschränkte, *Lebesgue*-integrierbare Funktion f auf R ist Gf stetig auf R.

Beweis: Da der Positiv- und der Negativteil f^+ und f^- über R integrierbar sind, können wir wegen $Gf = Gf^+ - Gf^-$ annehmen, daß $0 \leq f \leq m$ für eine gewisse Konstante m gilt. Nach Satz 6.3 ist Gf ein Potential. Sei B eine Kugel mit $\bar{B} \subset R$ und einem Radius kleiner als 1/2. Dann gilt $Gf = Gf\chi_B + Gf\chi_{R\sim B}$. Da die Dichtefunktion $f\chi_{R\sim B}$ Null auf B ist, muß $Gf\chi_{R\sim B}$ nach Satz 6.6 harmonisch auf B und daher stetig auf B sein. Es bleibt nur, $Gf\chi_B$ zu untersuchen. Sei $B = B_{y,\varrho}$. Wenn wir zeigen können, daß $Gf\chi_B$ stetig auf $B \sim \{y\}$ ist, so würde die Stetigkeit von Gf auf $B \sim \{y\}$ folgen; da aber B eine beliebige Kugel mit einem Radius kleiner als $^1/_2$ ist, würde dies die Stetigkeit von Gf auf R implizieren. Da sich $Gf\chi_B$ und G_Bf nach Satz 6.8 nur um eine harmonische Funktion auf B unterscheiden, genügt es zu be-

weisen, daß $G_B f$ stetig auf $B \sim \{y\}$ ist. Für den Rest des Beweises ist es notwendig, die Fälle $n = 2$ und $n \geqq 3$ getrennt zu betrachten.
Sei $n = 2$ und $x_0 \in B \sim \{y\}$. Man betrachte eine beliebige Kugel $B_{x_0,r}$ deren Abschluß in B liegt. Wegen

$$G_B(x, z) = \log \frac{\|y - x\|}{\varrho} \frac{\|z - x^\star\|}{\|z - x\|}$$

für $z \sim B \sim \{x\}$, wobei $x^\star$ das Inverse von x bzgl. ∂B ist, haben wir

$$|G_B f(x) - G_B f(x_0)| \leq \left| \int_{B \sim B_{x_0,r}} \log \frac{\|y - x\| \|z - x^\star\| \|z - x_0\|}{\|y - x_0\| \|z - x\| \|z - x_0^\star\|} f(z) dz \right|$$
$$+ \int_{B_{x_0,r}} G_B(x, z) f(z) dz + \int_{B_{x_0,r}} G_B(x_0, z) f(z) dz.$$

Man erinnere sich daran, daß $G_B(x, z)$ minimal in der Menge aller nichtnegativen Funktionen der Form $-\log\|x - z\| + w_x(z)$ ist, wobei w_x superharmonisch auf B ist. Wegen $\|x - z\| < 1$ für $x, z \in B$ ist $-\log\|x - z\|$ positiv und majorisiert $G_B(x, z)$. Daher ergibt sich für alle $x \in B$

$$\int_{B_{x_0,r}} G_B(x, z) f(z) dz \leq m \int_{B_{x_0,r}} -\log\|x - z\| dz.$$

Das Integral auf der rechten Seite wird eher größer werden, wenn wir über $B_{x,r}$ anstatt über $B_{x_0,r}$ integrieren, somit ist

$$\int_{B_{x_0,r}} G_B(x, z) f(z) dz \leq m \int_{B_{x,r}} -\log\|x - z\| dz = 2\pi m \int_0^r -\varrho \log \varrho \, d\varrho.$$

Da das Integral auf der rechten Seite mit $r \to 0$ gegen Null konvergiert, gibt es zu gegebenem $\varepsilon > 0$ ein r' mit

$$\int_{B_{x_0,r'}} G_B(x, z) f(z) dz < \frac{\varepsilon}{2}$$

für alle $x \in B$. Hieraus folgt

$$|G_B f(x) - G_B f(x_0)| \leq \left| \int_{B \sim B_{x_0,r}} \log \frac{\|y - x\| \|z - x^\star\| \|z - x_0\|}{\|y - x_0\| \|z - x\| \|z - x_0^\star\|} f(z) dz \right| + \varepsilon.$$

Man betrachte nur diejenigen x mit $x \in B_{x,r'/2}$. Dann konvergiert der logarithmische Faktor im Integranden beschränkterweise gegen Null mit $x \to x_0$. Nach dem Satz von *Lebesgue* über die majorisierte Konvergenz haben wir daher $\limsup_{x \to x_0} |G_B f(x) - G_B f(x_0)| \leq \varepsilon$; aber ε war beliebig, also $\lim G_B f(x) = G_B f(x_0)$, und $G_B f$ ist stetig auf $B \sim \{y\}$.

Der Beweis für den Fall $n \geq 3$ ist der gleiche, wenn man die Ungleichung $G_B(x, z) \leq \|x - z\|^{-n+2}$ und die Abschätzung

$$\int_{B_{x_0,r}} G_B(x, z) f(z) dz \leq \sigma_n m \int_0^r \varrho d\varrho$$

benutzt. ┘

6.6 Randverhalten von Potentialen

Bis zu einem Studium des *Dirichlet*schen Problems für allgemeine Bereiche können wir nur relativ einfache Aussagen beweisen, die das Randverhalten der Potentiale betreffen. Es ist nicht möglich, dieselben schönen Aussagen für Potentiale wie für harmonische Funktionen zu bekommen, nicht einmal auf einer Kugel; aber es gibt einen wichtigen Fall für die Kugel, den wir behandeln können.

Satz 6.23 Sei μ ein Maß mit kompakten Träger K in einer Kugel B. Dann gilt $\lim\limits_{x \to x_0} G_B\mu(x) = 0$ für alle $x_0 \in \partial B$.

Beweis: Nur der Fall $n = 2$ wird bewiesen, da der Fall $n \geq 3$ völlig analog bewiesen werden kann. Sei $B = B_{y,\varrho}$, und sei z_0 ein fester Punkt in K. Überdies sei V eine Umgebung von K mit $\bar{V} \subset$ B. Für alle $x \in B \sim \bar{V}$ sind die Funktionen $G_B(x, \cdot)$ strikt positiv und harmonisch auf V. Nach der *Harnack*schen Ungleichung existiert eine Konstante k (die nur von V und K abhängt) mit $G_B(x, z) \leq k G_B(x, z_0)$ für alle $x \in B \sim \bar{V}$ und $z \in K$. Wegen $G_B(x, z_0) \to 0$ für $x \to x_0 \in \partial B$ nach Lemma 5.3 haben wir $G_B(x, \cdot) \to 0$ mit $x \to x_0 \in \partial B$ gleichmäßig auf K. Wegen $G_B\mu(x) = \int_K G_B(x, z) d\mu(z)$ haben wir dann $G_B\mu(x) \to 0$ für $x \to x_0 \in \partial B$. ┘

Die Forderung eines kompakten Trägers kann abgeschwächt werden, sofern das Maß eine Dichte bzgl. des *Lebesgue*schen Maßes hat.

Lemma 6.24 Sei R eine zusammenhängende, offene Menge, die eine *Green*-Funktion G besitzt. Für $n \geq 3$ habe R endliches *Lebesgue*sches Maß und für $n = 2$ sei R beschränkt. Ist dann f eine beschränkte, meßbare Funktion auf R und gilt $\lim\limits_{x \to x_0 \in \partial R} G(x, z_0) = 0$ für ein $z_0 \in R$ so ist $\lim\limits_{x \to x_0 \in \partial R} Gf(x) = 0$.

Beweis: Sei $n \geq 3$. Durch getrennte Betrachtung des Positiv- und des Negativteils von f können wir $0 \leq f \leq m$ annehmen. Wegen der *Lebesgue*-Integrierbarkeit von f ist Gf ein Potential. Sei $\{K_j\}$ eine isotone Folge kompakter Mengen in R mit $K_j \uparrow R$, und sei

$$\phi_j(x) = \int_{K_j} G(x, z) f(z) dz.$$

Dann gilt $\phi_j \uparrow Gf$. Zu gegebenem $\varepsilon > 0$ wähle man ein j_0, so daß das *Lebesgue*sche Maß λ_0 von $R \sim K_{j_0}$ kleiner als ε ist; sei α das *Lebesgue*sche Maß von R. Da $G(x, z)$ majorisiert wird von $\|x - z\|^{-n+2}$, haben wir

$$|\phi_{j_0+j}(x) - \phi_{j_0}(x)| \leq \int\limits_{K_{j_0+j} \sim K_{j_0}} \frac{1}{\|x - z\|^{n-2}} f(z)\, dz$$

Man wähle ein ϱ, so daß das Volumen von $B_{x,\varrho}$ gerade λ_0 ist; d.h. es ist $\lambda_0 = v_n \varrho^n$ oder $\varrho = (\lambda_0/v_n)^{1/n}$. Dann gilt

$$\begin{aligned} |\phi_{j_0+j}(x) - \phi_{j_0}(x)| &\leq m \int\limits_{R \sim K_{j_0}} \frac{1}{\|x - z\|^{n-2}}\, dz \\ &\leq m \int\limits_{B_{x,\varrho}} \frac{1}{\|x - z\|^{n-2}}\, dz \\ &= \frac{1}{2} \sigma_n m \varrho^2 \\ &= \frac{1}{2} \sigma_n m \left(\frac{\lambda_0}{v_n}\right)^{2/n} \\ &\leq \frac{1}{2} \sigma_n m \left(\frac{\varepsilon}{v_n}\right)^{2/n} \end{aligned}$$

gleichmäßig in $x \in R$ und $j \geq 1$. Wegen $\lim\limits_{x \to x_0 \in \partial R} G(x, z) = 0$ gleichmäßig in $z \in K_{j_0}$ gibt es ein $\delta > 0$, so daß $G(x, z) < \varepsilon$ für alle $z \in K_{j_0}$ und alle x mit $\|x - x_0\| < \delta$ ist; für solche x ist $|\phi_{j_0}(x)| \geq \int\limits_{K_{j_0}} G(x, z) f(z)\, dz \leq \varepsilon m \alpha$. Somit gilt für $\|x - x_0\| < \delta$ und $j \geq 1$

$$\begin{aligned} |\phi_{j_0+j}(x)| &\leq |\phi_{j_0+j}(x) - \phi_{j_0}(x)| + |\phi_{j_0}(x)| \\ &\leq \frac{1}{2} \sigma_n m \left(\frac{\varepsilon}{v_n}\right)^{2/n} + \varepsilon m \alpha, \end{aligned}$$

und mit $j \to \infty$

$$|Gf(x)| \leq \frac{1}{2} \sigma_n m \left(\frac{\varepsilon}{v_n}\right)^{2/n} + \varepsilon m \alpha;$$

da aber ε beliebig war und da die Konstanten auf der rechten Seite nicht von ε und x abhängen, kann $Gf(x)$ beliebig klein gemacht werden, indem man x hinreichend nahe an x_0 nimmt. Der Beweis im Falle $n = 2$ ist genau derselbe, außer daß $G(x, z)$ nicht von $-\log\|x - z\|$ majorisiert zu sein braucht. Setzen wir aber voraus, daß R beschränkt ist, so gibt es eine Konstante c, so daß $-\log\|x - z\| + \log c = \log(c/\|x - z\|)$ positiv ist und daher $G(x, z)$ majorisiert. ┘

6.7 Die Poissonsche Gleichung

Man betrachte die Gleichung $\Delta u = -\kappa_n f$ auf R. Hierbei ist R eine offene Menge mit *Green*-Funktion G, f eine gegebene Funktion auf R sowie κ_n eine Konstante, die nur von der Dimension von E^n abhängt. Für $n=2$ ist $\kappa_n = 2\pi$, wohingegen $\kappa_n = \sigma_n(n-2)$ für $n \geqq 3$ ist. Diese Gleichung ist als *Poissonsche Gleichung* bekannt. Unter hinreichenden Differenzierbarkeitsbedingungen an die gegebene Funktion f kann man zeigen, daß es wenigstens eine Lösung dieser Gleichung gibt. Da aber solche Bedingungen nicht das Hauptanliegen dieses Buches sind, werden wir die Gleichung $\tilde{\Delta} u = -\kappa_n f$ betrachten, wobei $\tilde{\Delta}$ der verallgemeinerte *Laplace*-Operator ist. Wenn gezeigt werden kann, daß eine Lösung u dieser Gleichung zweimal stetig differenzierbar auf R ist, so genügt u auch der Gleichung $\Delta u = -\kappa_n f$, denn in diesem Falle sind Δu und $\tilde{\Delta} u$ gleich.

Satz 6.25 Sei R eine offene Menge, die eine *Green*-Funktion G besitzt, und sei f eine beschränkte, stetige, *Lebesgue*-integrierbare Funktion auf R. Dann hat die Gleichung $\tilde{\Delta} u = -\kappa_n f$ die Lösung $u = Gf$.

Beweis: Wir können $f \geq 0$ voraussetzen, denn ist der Satz für nichtnegative Funktionen richtig, so folgt

$$\tilde{\Delta} Gf = \tilde{\Delta} Gf^+ - \tilde{\Delta} Gf^- = -\kappa_n f^+ + \kappa_n f.$$

Sei $B = B_{y,\varrho} \subset R$. Wegen $Gf = Gf\chi_B + Gf\chi_{R\sim B}$ und der Harmonizität von $Gf\chi_{R\sim B}$ auf B nach Satz 6.6, gilt $\tilde{\Delta} Gf = \tilde{\Delta} Gf\chi_B$ auf B. Da sich $Gf\chi_B$ und $G_B f$ um höchstens eine harmonische Funktion h unterscheiden, für die $\tilde{\Delta} h = 0$ ist, genügt es überdies, $\tilde{\Delta} G_B f = -\kappa_n f$ auf B zu beweisen. Sei $x_0 \in B$. Für $\bar{B}_{x_0,\delta} \subset B$ haben wir

$$\begin{aligned} L(G_B f\colon x_0, \delta) = &\int_{B_{x_0,\delta}} L[G_B(\cdot, z)\colon x_0, \delta] f(z)\,dz \\ &+ \int_{B\sim B_{x_0,\delta}} L[G_B(\cdot, z)\colon x_0, \delta] f(z)\,dz \end{aligned}$$

nach dem Satz von *Fubini*. Ist $n = 2$, so gilt $G_B(x, z) = -\log\|x - z\| + h_x(z)$, wobei $h_x(z) = h_z(x)$ ist. Aus Beispiel 1 folgt für $z \in B_{x_0,\delta}$

$$\begin{aligned} L[G_B(\cdot, z)\colon x_0, \delta] &= L_{(x)}[-\log\|x - z\|\colon x_0, \delta] + L_{(x)}[h_z(x)\colon x_0, \delta] \\ &= \log\left(\frac{1}{\delta}\right) + h_z(x_0); \end{aligned}$$

aber für $z \in B \sim \bar{B}_{x_0,\delta}$ ist $L(G_B(\cdot, z): x_0, \delta) = G_B(x_0, z)$. Daher haben wir

$$\begin{aligned} L(G_B f: x_0, \delta) &= \int\limits_{B_{x_0,\delta}} \left[\log\left(\frac{1}{\delta}\right) + h_{x_0}(z)\right] f(z)\,dz \\ &\quad + \int\limits_{B \sim B_{x_0,\delta}} G_B(x_0, z) f(z)\,dz \\ &= \int\limits_{B_{x_0,\delta}} \log\left(\frac{1}{\delta}\right) f(z)\,dz - \int\limits_{B_{x_0,\delta}} \log \frac{1}{\|x_0 - z\|} f(z)\,dz \\ &\quad + G_B f(x_0). \end{aligned}$$

Hieraus folgt

$$4\frac{L(G_B f: x_0, \delta) - G_B f(x_0)}{\delta^2} = \frac{4}{\delta^2} \int\limits_{B_{x_0,\delta}} \log \frac{\|x_0 - z\|}{\delta} f(z)\,dz.$$

Man betrachte ein Maß ν_δ auf $B_{x_0,\delta}$ mit der Dichte $-(1/\delta^2)\log(\|x_0 - z\|/\delta)$. Indem man sphärische Koordinaten (r, θ) bzgl. x_0 einführt, erhält man

$$\nu_\delta(B_{x_0,\delta}) = -\frac{2\pi}{\delta^2} \int\limits_0^\delta r \log \frac{r}{\delta}\,dr = \frac{\pi}{2},$$

unabhängig von δ. Die Maße ν_δ konvergieren offenbar mit $\delta \to 0$ in der vagen Topologie gegen $(\pi/2)\delta_{x_0}$, wobei δ_{x_0} die Einheitsmasse im Punkte x_0 ist. Aus der Stetigkeit von f folgt

$$\frac{4}{\delta^2} \int\limits_{B_{x_0,\delta}} \log \frac{\|x_0 - z\|}{\delta} f(z)\,dz \to -2\pi f(x_0)$$

für $\delta \downarrow 0$ und $\tilde{\Delta} G_B f(x_0) = -2\pi f(x_0)$.

Sei jetzt $n \geq 3$. In diesem Falle gilt $L(G_B(\cdot, z): x_0, \delta) = \delta^{-n+2} + h_z(x_0)$ für $z \in B_{x_0,\delta}$, wohingegen $L(G_B(\cdot, z): x_0, \delta) = G_B(x_0, z)$ für $z \in B \sim \bar{B}_{x_0,\delta}$ ist. Damit wird

$$\begin{aligned} L(G_B f: x_0, \delta) &= \int\limits_{B_{x_0,\delta}} [\delta^{-n+2} + h_{x_0}(z)] f(z)\,dz \\ &\quad + \int\limits_{B \sim B_{x_0,\delta}} G_B(x_0, z) f(z)\,dz \\ &= \int\limits_{B_{x_0,\delta}} \frac{f(z)}{\delta^{n-2}}\,dz - \int\limits_{B_{x_0,\delta}} \frac{1}{\|x_0 - z\|^{n-2}} f(z)\,dz \\ &\quad + G_B f(x_0). \end{aligned}$$

Hieraus folgt

$$2n \frac{L(G_B f\colon x_0, \delta) - G_B f(x_0)}{\delta^2} = 2n \left\{ \frac{1}{\delta^n} \int\limits_{B_{x_0,\delta}} f(z)\, dz \right.$$

$$\text{(f)} \qquad - \frac{1}{\delta^2} \int\limits_{B_{x_0,\delta}} \frac{1}{\|x_0 - z\|^{n-2}} [f(z) - f(x_0)]\, dz$$

$$\left. - \frac{f(x_0)}{\delta^2} \int\limits_{B_{x_0,\delta}} \frac{1}{\|x_0 - z\|^{n-2}}\, dz \right\}.$$

Der erste Ausdruck in den geschweiften Klammern ist, abgesehen von dem Faktor v_n^{-1}, gerade der Mittelwert der stetigen Funktion f über $B_{x_0,\delta}$ und konvergiert mit $\delta \downarrow 0$ gegen $v_n f(x_0)$. Man beachte, daß

$$\int\limits_{B_{x_0,\delta}} \frac{1}{\|x_0 - z\|^{n-2}}\, dz = \sigma_n \int\limits_0^\delta r\, dr = \frac{\sigma_n \delta^2}{2}.$$

ist. Da f stetig ist, haben wir für $\varepsilon > 0$

$$\left| \frac{1}{\delta^2} \int\limits_{B_{x_0,\delta}} \frac{1}{\|x_0 - z\|^{n-2}} [f(z) - f(x_0)]\, dz \right| < \frac{\sigma_n \varepsilon}{2}$$

für kleine δ, und daher konvergiert der zweite Ausdruck in den geschweiften Klammern von (f) mit $\delta \downarrow 0$ gegen Null. Daher haben wir

$$\lim_{\delta \downarrow 0} 2n \frac{L(G_B f\colon x_0, \delta) - G_B f(x_0)}{\delta^2} = 2n \left[v_n f(x_0) - \frac{\sigma_n}{2} f(x_0) \right];$$

da aber $n v_n = \sigma_n$ ist, muß die rechte Seite gerade $-\sigma_n (n-2) f(x_0)$ sein, und daher gilt $\tilde{\Delta} G_B f(x_0) = -\sigma_n (n-2) f(x_0)$. ┘

Natürlich ist die Lösung u der *Poisson*schen Gleichung $\tilde{\Delta} u = -\kappa_n f$ nicht eindeutig bestimmt, denn für jede harmonische Funktion h auf R ist auch $u + h$ eine Lösung. Die Lösung $u = Gf$ ist jedoch insofern eindeutig, wenn man die Bedingung stellt, daß die Lösung am Rand von R gegen Null konvergiert. Eine weitere Diskussion dieser Bedingung muß abgewartet werden, bis das Randverhalten der *Green*-Funktion studiert ist.

Wir wissen, daß $\tilde{\Delta} h = 0$ auf R für eine auf R harmonische Funktion h gilt. Die Umkehrung ist richtig.

Satz 6.26 Ist u stetig auf der offenen Menge R mit $\tilde{\Delta} u = 0$ auf R, so ist u harmonisch auf R.

Beweis: Sei B eine Kugel mit Abschluß in R, und sei $w = G_B 1$. Dann gilt $\tilde{\Delta} w = -\kappa_n$ auf B. Ferner sei $v = \boldsymbol{PI}(u, B)$. Dann gilt $\tilde{\Delta}(u - v + tw) = -\kappa_n t < 0$ und $\tilde{\Delta}(v - u + tw) = -\kappa_n t < 0$ auf B für alle $t > 0$. Überdies ist w nach Satz 6.22 stetig auf B und konvergiert nach Lemma 6.24 am Rand von B gegen Null. Wegen $u = v$ auf ∂B, besitzen $u - v + tw$ und $v - u + tw$ stetige Fortsetzungen auf $\bar{B}$, die auf ∂B für alle $t > 0$ verschwinden. Nach Satz 4.2 folgt, daß beide Funktionen dem Minimum-Prinzip genügen. Hieraus folgt $u - v + tw \geq 0$ und $v - u + tw \geq 0$ auf B für alle $t > 0$, also $u = v$ mit $t \downarrow 0$. Da v harmonisch auf B ist, muß dies auch für u richtig sein. ⌟

7. Kapazität

In diesem Kapitel betrachten wir Mengen, die im potential-theoretischen Sinne vernachlässigbar sind. Solche Mengen werden polar genannt. Nach ihrer Einführung entwickeln wir den Begriff der Kapazität einer Menge. Dabei definieren wir innere und äußere Kapazität in einer Weise, welche der Konstruktion von inneren und äußeren Maßen ähnelt. Schließlich kehren wir zum Studium antitoner Folgen superharmonischer Funktionen zurück.

7.1 Polare Mengen

Wir werden jetzt ausführlich die Punktmengen studieren, auf denen eine superharmonische Funktion den Wert $+\infty$ annimmt. Von einem gewissen Gesichtspunkt aus sind diese Mengen vernachlässigbar.

Definition Eine Menge $Z \subset E^n$ heißt *polar*, falls eine offene Menge $U \supset Z$ und eine superharmonische Funktion u auf U existieren mit $u = +\infty$ auf Z.

Beispiel 1 Sei x_0 ein fester Punkt des E^n. Dann ist $\{x_0\}$ polar, da u_{x_0} superharmonisch auf E^n und $+\infty$ auf $\{x_0\}$ ist.

Beispiel 2 ($n = 3$) Sei (x_j) eine Folge von Punkten in E^3. Dann ist $Z = \{x_1, x_2, \ldots\}$ polar. Um dies einzusehen, sei y ein fester Punkt in $\complement Z$. Man wähle Konstanten $c_j > 0$ mit

$$\sum_j \frac{c_j}{\|y - x_j\|} < +\infty$$

und definiere $u(x) = \sum c_j \|x - x_j\|^{-1}$ für $x \in E^3$. Wegen $u(y) < +\infty$ ist u als Supremum einer isotonen Folge superharmonischer Funktionen superharmonisch auf E^3. Offenbar gilt $u = +\infty$ auf Z.

Definition Wir sagen, daß eine Eigenschaft *quasi überall* (*q.ü.*) erfüllt ist, wenn sie überall bis auf eine polare Menge gültig ist.

Satz 7.1 Ist u superharmonisch auf einer offenen Menge R, so ist $\{x \in R : u(x) = +\infty\}$ eine G_δ-Menge. Jede polare Menge ist Teilmenge einer polaren G_δ-Menge. Weiterhin ist jede Teilmenge einer polaren Menge polar.

Beweis: Da $\{x: u(x) = +\infty\} \cap R = \bigcap_j \{x: u(x) > j\} \cap R$ ist und jede der letzteren Mengen offen ist wegen der Halbstetigkeit nach unten von u, ist $\{x: u(x) = +\infty\} \cap R$ eine G_δ-Menge. Die letzten beiden Behauptungen folgen unmittelbar aus der Definition einer polaren Menge und aus der ersten Behauptung. ⌟

Satz 7.2 Jede polare Menge $Z \subset E^n$ ist Nullmenge für das n-dimensionale *Lebesgue*sche Maß.

Beweis: Sei u superharmonisch auf einer offenen Menge $U \supset Z$ und $+\infty$ auf Z. Da nach Satz 4.10 u f.ü. endlich ist, hat Z *Lebesgue*sches Maß Null. ⌟

Die Umkehrung von Satz 7.2 ist nicht wahr, wie das folgende Beispiel zeigt.

Beispiel 3 Eine nicht-ausgeartete Strecke I des E^2 ist nicht polar.
Wir machen Gebrauch von der Invarianz der Superharmonizität unter Rotationen um einen Punkt. Sei u eine superharmonische Funktion auf einer Umgebung von I mit $u = +\infty$ auf I. Indem wir ein hinreichend kleines Teilintervall I_1 von I wählen und dieses um einen seiner Endpunkte rotieren, können wir ein zu I_1 senkrechtes Intervall I_2 konstruieren, so daß I_1 und I_2 einen gemeinsamen Endpunkt haben. Es gibt dann eine superharmonische Funktion u_2 auf einer Kugel, die I_1 und I_2 enthält, mit $u_2 = +\infty$ auf I_2. Indem wir auf diese Weise fortfahren, können wir ein Rechteck und vier superharmonische Funktionen auf einer Umgebung des Rechtecks konstruieren, so daß mindestens eine dieser superharmonischen Funktionen den Wert $+\infty$ auf jeder gegebenen Seite des Rechtecks annimmt. Die Summe v dieser vier superharmonischen Funktionen ist superharmonisch auf einer Umgebung des Rechtecks und $+\infty$ auf dem Rande dieses Rechtecks. Nach dem Minimum-Prinzip muß v auf dem ganzen Rechteck $+\infty$ sein im Widerspruch zu der Tatsache, daß eine superharmonische Funktion f.ü. endlich auf ihrem Definitionsbereich ist. Daher ist die Behauptung falsch, daß eine nicht-ausgeartete Strecke in E^2 polar ist.

Beispiel 4 Eine Strecke in E^3 ist polar. Sei zum Beispiel I die Strecke, die (0, 0, 0) mit (1, 0, 0) verbindet, und sei μ das eindimensionale *Lebesgue*sche Maß auf dieser Strecke. Sei

$$v(x) = \int_I \frac{1}{\|x - z\|} \, d\mu(z), \qquad x \in E^3$$

$$= \int_0^1 \frac{1}{[(x_1 - z_1)^2 + x_2^2 + x_3^2]^{1/2}} \, dz_1.$$

Da $\|x-z\|^{-1}$ die *Green*-Funktion für E^3 ist, ist v das Potential eines Maßes, nach Satz 6.3 also superharmonisch auf E^3. Sei $x \in I$. Dann ist $x = (x_1, 0, 0)$ und

$$v(x) = \int_0^1 \frac{1}{|x_1 - z_1|} dz_1 = +\infty.$$

Daher ist $v = +\infty$ auf I und somit I polar.

Die Definition einer polaren Menge ist lokaler Natur, da nur die Existenz einer superharmonischen Funktion gefordert ist, welche in einer Umgebung der Menge definiert ist und auf der Menge den Wert $+\infty$ annimmt. Wir werden jetzt zeigen, daß der lokale Gesichtspunkt der Definition nicht notwendig ist.

Satz 7.3 Ist $Z \subset E^2$ polar, so existiert eine superharmonische Funktion u auf E^2 mit $u = +\infty$ auf Z.

Beweis: Sei U eine Umgebung von Z, auf der eine superharmonische Funktion v mit $v = +\infty$ auf Z definiert ist. Wir können $v \geq 0$ annehmen, indem wir notfalls U durch die offene Menge $U \cap \{y: v(y) > 0\}$ ersetzen. Für $U_j = U \cap B_{0,j}$ gilt $Z = \bigcup_j (U_j \cap Z)$. Wir können annehmen, daß jedes U_j nicht-leer ist, andernfalls wechsele man die Bezeichnungen. Da U_j beschränkt ist, existiert eine *Green*-Funktion G_{U_j}. Nach dem *Riesz*schen Zerlegungssatz existiert ein zu v gehöriges Maß ν_j mit $v = G_{U_j}\nu_j + h_j$, wobei h_j harmonisch auf U_j ist. Wegen $v = +\infty$ auf $U_j \cap Z$ ist $G_{U_j}\nu_j = +\infty$ auf $U_j \cap Z$. Wegen $U_j \subset B_{0,j}$ gilt $G_{U_j}\nu_j = G_{B_{0,j}}\nu_j$, und daher ist auch das letztere Potential $+\infty$ auf $U_j \cap Z$. Definiere

$$\text{(a)} \qquad w_j(x) = \int_{B_{0,j}} \log \frac{2j}{\|x-y\|} d\nu_j(y), \qquad x \in E^2.$$

Abgesehen von einer Konstanten, ist w_j das logarithmische Potential von ν_j und daher superharmonisch auf E^2. Außerdem gilt $w_j = +\infty$ auf $U_j \cap Z$, da

$$\log \frac{2j}{\|x-y\|} \geq G_{B_{0,j}}(x, y), \qquad x, y \in B_{0,j}$$

und $G_{B_{0,j}}\nu_j = +\infty$ auf $U_j \cap Z$ ist. Zusammengefaßt gilt:

(i) w_j ist superharmonisch auf E^2,
(ii) $w_j \geq 0$ auf $B_{0,j}$,
(iii) $w_j = +\infty$ auf $U_j \cap Z$.

Da jedes w_j auf $B_{0,1}$ f.ü. endlich ist, existiert ein Punkt $x_0 \in B_{0,1}$ mit $-\infty < w_j(x_0) < +\infty$ für alle j. Wähle eine Folge $\{b_j\}$ positiver Zahlen, so daß die Reihe $\sum b_j w_j(x_0)$ konvergiert, und definiere $u = \sum b_j w_j$ auf E^2. Wir müssen nur noch zeigen, daß u superharmonisch auf E^2 ist oder, was dasselbe ist, daß u superharmonisch auf allen $B_{0,k}$ ist. Sei k eine feste natürliche Zahl. Für $j \geq k$ ist $w_j \geq 0$ auf $B_{0,j} \supset B_{0,k}$. Es ist

$$u(x) = \sum_{j=1}^{k-1} b_j w_j(x) + \sum_{j=k}^{\infty} b_j w_j(x), \qquad x \in B_{0,k}.$$

Die endliche Summe ist superharmonisch, da die b_j positiv sind. Die Partialsummen der unendlichen Reihe bilden eine aufsteigende Folge nicht-negativer superharmonischer Funktionen (auf $B_{0,k}$), und der Limes ist nach Satz 4.15 entweder identisch $+\infty$ oder superharmonisch auf $B_{0,k}$. Da die Summe endlich ist in $x_0 \in B_{0,1} \subset B_{0,k}$, ist die Summe superharmonisch auf $B_{0,k}$. Somit ist u superharmonisch auf E^2 mit $u = +\infty$ auf Z. ┘

Satz 7.4 Ist $Z \subset E^n$, $n \geq 3$, polar und G die *Green*-Funktion für E^n, so existiert ein Maß μ auf E^n, so daß das Potential $G\mu$ auf Z gleich $+\infty$ ist.

Beweis: Nach Voraussetzung existiert eine superharmonische Funktion v auf einer offenen Menge $U \supset Z$ mit $v = +\infty$ auf Z. Wie im vorangehenden Beweis können wir $v \geq 0$ auf U annehmen. Sei ν das nach dem *Riesz*schen Zerlegungssatz mit v und U assoziierte Maß. Setze ν durch $\nu(\complement U) = 0$ auf E^n fort. Es gilt dann $v = G_U \nu + h$, wobei G_U die *Green*-Funktion für U und h harmonisch auf U ist. Sei $\{U_j\}$ eine aufsteigende Folge nicht-leerer, offener, relativ-kompakter Mengen mit $E^n = \bigcup_j U_j$ und sei $\{G_{U_j}\}$ die zugehörige Folge der *Green*-Funktionen. Ist $\nu_j = \nu|_{U_j}$, so gilt $\nu_j(U_j) = \nu(U_j) < +\infty$ für alle j. Setze ν_j ebenfalls auf E^n fort durch $\nu_j(\complement U_j) = 0$. Ist $v_j = G\nu_j$, so ist $v_j \geq 0$ und superharmonisch wegen $\nu_j(E^n) = \nu_j(U_j) < +\infty$. Wegen

$$v = G_U \nu + h = G_U \nu_j + G_U \nu|_{U \sim U_j} + h$$

gibt es eine harmonische Funktion h_j^* auf U_j mit $v = G_U \nu_j + h_j^*$ auf U_j, da $\nu|_{U \sim U_j}$ der Menge U_j daß Maß Null zuweist; nach Satz 6.8 gilt aber $G_U \nu_j = G_{U_j} \nu_j + h_j^{**}$ auf U_j mit harmonischem h_j^{**} auf U_j. Wegen $v = +\infty$ auf $U_j \cap Z$ ist $G_U \nu_j = +\infty$ auf $U_j \cap Z$ und daher $G_{U_j} \nu_j = +\infty$ auf $U_j \cap Z$. Wegen $v_j = G\nu_j \geq G_{U_j} \nu_j = +\infty$ auf $U_j \cap Z$ wird somit $v_j = +\infty$ auf $U_j \cap Z$. Sei y ein fester Punkt aus U_1 mit $v_j(y) < +\infty$ für alle j und sei $\{c_j\}$ eine Folge positiver Zahlen, so daß $\sum c_j v_j(y)$ konvergiert. Man setze $u = \sum c_j v_j$. Da die v_j nichtnegative superharmonische Funktionen sind und da $u(y) < +\infty$ gilt, ist u eine nichtnegative superharmonische Funktion auf E^n mit $u = +\infty$ auf Z. Nach dem *Riesz*schen Zerlegungssatz existieren ein Maß μ auf E^n und eine harmonische Funktion h mit $u = G\mu + h$. Wegen $u = +\infty$ auf Z ist $G\mu = +\infty$ auf Z. ┘

Die zwei vorausgehenden Sätze erlauben eine genauere Beschreibung der Vernachlässigbarkeit polarer Mengen.

Satz 7.5 Der Durchschnitt einer polaren Menge Z und einer Sphäre hat das Oberflächenmaß Null.

Beweis: Nach den zwei vorausgehenden Sätzen existiert eine superharmonische Funktion u auf E^n mit $u = +\infty$ auf Z. Da u für jede Kugel B integrierbar bezüglich des Oberflächenmaßes auf ∂B ist, hat $Z \cap \partial B$ das Oberflächenmaß Null. ┘

Satz 7.6 Die Vereinigung einer Folge $\{Z_j\}$ polarer Mengen ist polar.

Beweis: Sei u_j superharmonisch auf E^n und $+\infty$ auf Z_j. Da alle u_j f.ü. endlich sind, existiert ein $y \in B_{0,1}$ mit $u_j(y) < +\infty$ für alle j. Da die u_j n.u.h. sind, ist $\inf\limits_{\|x\| \leqq j} u_j(x)$ endlich. Daher können wir eine Folge $\{b_j\}$ positiver Zahlen wählen, so daß die Reihe

$$\sum_j b_j[u_j(y) - \inf_{\|x\| \leqq j} u_j(x)]$$

konvergiert. Sei

$$u = \sum_j b_j[u_j - \inf_{\|x\| \leqq j} u_j(x)].$$

Man betrachte eine feste Kugel $B_{0,k}$ für eine natürliche Zahl k. Mit Ausnahme der ersten $k-1$ Summanden, die u definieren, sind alle Summanden nichtnegativ. Die $(k-1)$ste Partialsumme ist superharmonisch, und die Summe des Restes ist superharmonisch auf $B_{0,k}$ nach Wahl der b_j. Somit ist u superharmonisch auf $B_{0,k}$ für jedes natürliche k und daher superharmonisch auf E^n. Wegen $u_j = +\infty$ auf Z_j ist dann $u = +\infty$ auf $\bigcup_j Z_j$. ┘

7.2 Superharmonische Fortsetzungen

In diesem Abschnitt greifen wir das Problem auf, eine superharmonische Funktion auf polare Mengen fortzusetzen.

Satz 7.7 Sei R eine offene Menge, und sei Z eine polare, abgeschlossene Teilmenge von R. Ist u superharmonisch auf $R \sim Z$ und lokal nach unten beschränkt auf R, so gibt es eine eindeutige superharmonische Fortsetzung von u auf R.

Beweis: Wir bemerken zunächst, daß $R \sim Z$ dicht in R ist, andernfalls würde Z nicht-leeres Inneres und daher positives *Lebesgue*sches Maß haben. Da also $R \sim Z$ dicht in R ist, können wir $\hat{u}(x) = \liminf\limits_{y \to x, y \in R \sim Z} u(y)$ für $x \in R$ definieren. Da u auf R lokal nach unten beschränkt ist, kann $\hat{u}$ nicht den Wert $-\infty$ annehmen. Offenbar ist $\hat{u}$ n.u.h. Wegen $\hat{u}=u$ auf der offenen Menge $R\sim Z$ ist $\hat{u}$ superharmonisch auf $R\sim Z$ und daher nicht identisch $+\infty$ auf jeder Komponente von R. Um die Superharmonizität von $\hat{u}$ nachzuweisen, bleibt nur zu zeigen, daß $\hat{u}$ lokal-supermedian auf R ist. Dies ist sicherlich richtig in den Punkten von $R\sim Z$, da $\hat{u}$ auf dieser offenen Menge superharmonisch ist.

Man betrachte $x\in Z$ und $\bar{B}_{x,\delta}\subset R$. Sei $\{x_j\}$ eine Folge verschiedener Punkte aus $R\sim Z$ mit $\lim\limits_{j\to\infty} x_j=x$ und $\lim\limits_{j\to\infty}\hat{u}(x_j)=\hat{u}(x)$. Für jedes j können wir eine Zahl $\delta_j>0$ wählen mit $\bar{B}_{x_j,\delta_j}\subset R\sim Z$ und $\bar{B}_{x_i,\delta_i}\cap\bar{B}_{x_j,\delta_j}=\emptyset$ für $i\neq j$. Da Z polar ist, existiert eine superharmonische Funktion v mit $v=+\infty$ auf Z. Aus den folgenden Gründen können wir $v(x_j)<+\infty$ für alle j annehmen: Wir definieren induktiv eine absteigende Folge $\{v_j\}$ superharmonischer Funktionen auf R mit $v_j=+\infty$ auf Z und $v_j(x_j)<+\infty$. Sei dazu $B_j=B_{x_j,\delta_j}$. Nach Lemma 4.17 sind die Funktionen v_j, definiert durch

$$v_1=\begin{cases}\boldsymbol{PI}(v,B_1) & \text{auf } B_1,\\ v & \text{auf } R\sim B_1,\end{cases}\qquad \text{und}\qquad v_j=\begin{cases}\boldsymbol{PI}(v_{j-1},B_j) & \text{auf } B_j,\\ v_{j-1} & \text{auf } R\sim B_j,\end{cases}$$

superharmonisch auf R und haben die gewünschten Eigenschaften. Sei $v^*=\lim\limits_{j\to\infty} v_j$. Ist U eine Umgebung von x, so stimmen mit Ausnahme von höchstens endlich vielen j die v_j außerhalb von U überein, d.h. v^* ist superharmonisch auf $R\sim\{x\}$. Da v^* wegen $v^*(x)=+\infty$ lokal-supermedian in x ist, genügt es zu zeigen, daß v^* n.u.h. in x ist, um v^* als superharmonisch auf R nachzuweisen. Da v n.u.h. in x ist, existiert wegen $v(x)=+\infty$ zu jeder natürlichen Zahl p eine Umgebung U_p von x mit $v\geq p$ auf U_p. Weiterhin können wir die Existenz einer natürlichen Zahl j_p annehmen mit $\bar{B}_j\subset U_p$ für $j\geq j_p$ und $\bar{B}_j\subset R\sim U_p$ für $j<j_p$. Es folgt $v_j\geq p$ auf U_p für $j\geq j_p$ und damit $v^*\geq p$ auf U_p. Hieraus ergibt sich dann $+\infty=v^*(x)=\lim\limits_{y\to x} v^*(y)$, und somit ist v^* stetig in x. Wir können daher annehmen, daß $v=+\infty$ auf Z und $v(x_j)<+\infty$ gilt.

Da $\hat{u}$ nicht den Wert $-\infty$ annehmen kann und n.u.h. auf R ist, ist $\hat{u}+\varepsilon v$ definiert und n.u.h. auf R für jedes $\varepsilon>0$. Wegen $\hat{u}+\varepsilon v=u+\varepsilon v$ auf $R\sim Z$ kann $\hat{u}+\varepsilon v$ nicht identisch $+\infty$ auf jeder Komponente von R sein. Für $y\subset Z$ und $\bar{B}_{y,\varrho}\subset R$ gilt $+\infty=(\hat{u}+\varepsilon v)(y)\geq L(\hat{u}+\varepsilon v\colon y,\varrho)$, also ist $\hat{u}+\varepsilon v$ superharmonisch auf R. Da $v(x_j)$ endlich ist, erhalten wir aus der Ungleichung $\hat{u}(x_j)+\varepsilon v(x_j)\geq A(\hat{u}\colon x_j,\delta)+\varepsilon A(v\colon x_j,\delta)$ mit $\varepsilon\to 0$

$$\hat{u}(x_j)\geq A(\hat{u}\colon x_j,\delta)=\frac{1}{v_n\delta^n}\int\chi_{B_{x_j,\delta}}(y)\hat{u}(y)\,dy.$$

Da $\hat{u}$ nach unten beschränkt ist auf dem kompakten Abschluß einer Umgebung

von x, können wir δ so klein wählen, daß mit Ausnahme von höchstens endlich vielen alle Integranden auf der rechten Seite nach unten beschränkt sind. Wir können daher das Lemma von *Fatou* anwenden und erhalten
$\hat{u}(x) = \lim\limits_{j\to\infty} \hat{u}(x_j) \geqq A(\hat{u}: x, \delta)$ für alle hinreichend kleinen δ. Somit ist $\hat{u}$ superharmonisch auf R.
Zum Beweis der Eindeutigkeit sei u^* eine weitere Fortsetzung von u der gewünschten Art. Da Z vom *Lebesgue*schen Maß Null ist, gilt $\hat{u} = u^*$ f.ü. und daher $A(\hat{u}: x, \delta) = A(u^*: x, \delta)$, wann immer $B_{x,\delta} \subset R$ ist. Nach Lemma 4.18 folgt für $\delta \downarrow 0$ deshalb $\hat{u}(x) = u^*(x)$ für alle $x \in R$. ⌟

Korollar 7.8 Sei R eine offene Menge, und sei Z eine polare, abgeschlossene Teilmenge von R. Dann hat eine harmonische Funktion h auf $R \sim Z$, welche auf R lokal beschränkt ist, eine eindeutig bestimmte harmonische Fortsetzung auf R.

Beweis: Nach Satz 7.7 besitzt h eine superharmonische Fortsetzung u' auf R. Anwendung desselben Satzes auf $-h$ liefert eine subharmonische Fortsetzung u'' von h auf R. Da Z *Lebesgue*sches Maß Null hat, gilt wegen $h = u' = u''$ auf $R \sim Z$ somit $A(u': x, \delta) = A(u'': x, \delta)$, wann immer $B_{x,\delta} \subset R$ ist. Für $\delta \downarrow 0$ folgt $u'(x) = u''(x)$ für alle $x \in R$, und u' ist harmonisch auf R. ⌟

Die zwei vorausgehenden Resultate zeigen die Vernachlässigbarkeit der polaren Mengen. Wir wenden jetzt den Begriff einer polaren Menge an auf das Problem der Existenz einer *Green*-Funktion im zweidimensionalen Fall.

Lemma 7.9 Hat eine offene Menge R von E^2 eine *Green*-Funktion, so ist ∂R nicht polar.

Beweis: Wir nehmen zunächst an, daß R nicht dicht in E^2 ist und daß ∂R polar ist. Es gibt dann eine superharmonische Funktion v mit $v = +\infty$ auf ∂R. Sei R_0 eine Komponente von R, und sei

$$v^* = \begin{cases} +\infty & \text{auf} \quad R_0, \\ v & \text{sonst.} \end{cases}$$

Man sieht leicht, daß die Funktion v^* n.u.h. ist, lokal-supermedian ist und nicht den Wert $-\infty$ annimmt. Da v^* endlich in gewissen Punkten aus $\complement \bar{R}$ ist, muß v^* superharmonisch sein; im Widerspruch dazu ist v^* identisch $+\infty$ auf der nichtleeren offenen Menge R_0.
Sei jetzt R eine dichte offene Menge von E^2, die eine *Green*-Funktion G besitzt. Für $x_0 \in R$ ist $G(x_0, \cdot)$ beschränkt und harmonisch auf $R \sim \bar{B}$, wobei $\bar{B} = \bar{B}_{x_0,\delta} \subset R$. Daher ist $\partial R \subset E^2 \sim \bar{B}$. Wäre ∂R polar, so existierte eine harmonische Fortsetzung von $G(x_0, \cdot)$ auf $E^2 \sim \bar{B}$ nach Korollar 7.8. Wegen $G(x_0, \cdot) = u_{x_0} + h_{x_0}$, wobei h_{x_0}

harmonisch auf R und u_{x_0} harmonisch auf $E^2 \sim \bar{B}$ ist, würde dies bedeuten, daß h_{x_0} eine harmonische Fortsetzung auf E^2 besäße, die wiederum mit h_{x_0} bezeichnet wird. Da $G(x_0, \cdot)$ eine beschränkte Fortsetzung auf $R \sim \bar{B}$ hätte und da $\lim_{\|x\| \to +\infty} u_{x_0}(x) = \lim_{\|x\| \to +\infty}(-\log\|x - x_0\|) = -\infty$ ist, hätten wir $\lim_{\|x\| \to +\infty} h_{x_0}(x) = +\infty$. Nach dem Minimum-Prinzip wäre h_{x_0} somit identisch $+\infty$ im Widerspruch zur Endlichkeit der harmonischen Funktionen. ┘

In E^n, $n \geq 3$, ist es möglich, daß eine offene Menge R eine *Green*-Funktion besitzt, obwohl ∂R polar ist. Dies ist z. B. der Fall, wenn R das Komplement eines Punktes oder, wie Beispiel 4 zeigt, einer Strecke ist.

Der folgende Satz verallgemeinert Korollar 4.3 beträchtlich und unterstützt die Vorstellung der Vernachlässigbarkeit polarer Mengen.

Satz 7.10 Sei R eine offene Teilmenge von E^n, die eine *Green*-Funktion besitzt, und sei u superharmonisch und nach unten beschränkt auf R. Ferner existiere eine Zahl α mit $\liminf_{y \to z \in \partial R} u(y) \geq \alpha$ mit Ausnahme von z aus einer polaren Teilmenge Z von ∂R. Dann gilt $u \geq \alpha$ auf R in jedem der drei folgenden Fälle:

(i) $n = 2$,

(ii) $n \geq 3$, und R ist beschränkt,

(iii) $n \geq 3$, R ist unbeschränkt und $\liminf_{\|y\| \to +\infty} u(y) \geq \alpha$.

Beweis: Wir nehmen zunächst an, daß R eine beschränkte Teilmenge von E^n, $n \geq 2$, ist. Sei v eine superharmonische Funktion, die auf Z den Wert $+\infty$ annimmt. Da $\bar{R}$ kompakt und v nach unten beschränkt auf $\bar{R}$ ist, können wir $v \geq 0$ auf $\bar{R}$ voraussetzen, indem wir nötigenfalls eine Konstante zu v addieren. Die Funktion $u + \varepsilon v$ ist für alle $\varepsilon > 0$ superharmonisch auf R, und man sieht leicht, daß

$$\liminf_{\substack{y \to z \in \partial R \\ y \in R}} (u + \varepsilon v)(y) \geq \begin{cases} \alpha, & \text{wenn} \quad z \in \partial R \sim Z, \\ +\infty, & \text{wenn} \quad z \in Z. \end{cases}$$

Nach Korollar 4.3 gilt $u + \varepsilon v \geq \alpha$ auf R. Für $\bar{B}_{x,\delta} \subset R$ gilt $A(u\colon x, \delta) + \varepsilon A(v\colon x, \delta) \geq \alpha$. Hieraus folgt $u(x) \geq \alpha$ für alle $x \in R$, indem man zuerst $\varepsilon \to 0$ und dann $\delta \downarrow 0$ gehen läßt.

Sei jetzt R unbeschränkt. Für den Rest des Beweises müssen wir die Fälle $n = 2$ und $n \geq 3$ unterscheiden. Sei zunächst $n = 2$. Da R eine *Green*-Funktion besitzt, ist ∂R nach Lemma 7.9 nicht polar. Somit existiert ein Punkt $z_0 \in \partial R$ mit $\liminf_{y \to z_0} u(y) \geq \alpha$. Für $\eta > 0$ existiert eine Kugel $B = B_{z_0,\delta}$ mit $u(y) > \alpha - \eta$ für $y \in R \cap \bar{B}$. Die Funktion $w(y) = \log\|y - z_0\| = -u_{z_0}(y)$ ist außerhalb von B harmonisch und durch $\log \delta$ nach unten beschränkt, und sie konvergiert gegen $+\infty$, wenn $\|y\| \to +\infty$. Indem wir eine Konstante zu w addieren, können wir sagen, daß eine Funktion v' existiert, die harmonisch und nichtnegativ auf $U = R \sim \bar{B}$ ist und für die $\lim_{\|y\| \to +\infty} v'(y) = +\infty$ ist. Für jedes $\varepsilon > 0$ hat die Funktion $u + \varepsilon v'$ die Eigenschaften, daß $\liminf_{\substack{y \to z \in \partial U \\ y \in U}} (u + \varepsilon v')(y) \geq \alpha - \eta$ q. ü. auf ∂R und daß $\lim_{\substack{\|y\| \to +\infty \\ y \in U}} (u + \varepsilon v')(y) = +\infty$ ist. Daher gilt für alle genügend großen natürlichen Zahlen j $(u + \varepsilon v') \geq \alpha - \eta$ auf $\partial B_{z_0, j} \cap U$. Hieraus folgt $\liminf_{\substack{y \to z \\ y \in U \cap B_{z_0, j}}} (u + \varepsilon v')(y) \geq \alpha - \eta$ für alle z in $\partial(B_{z_0, j} \cap U)$, abgesehen von z in einer polaren Menge. Aus dem ersten Teil des Beweises (für beschränkte Mengen) folgt $u + \varepsilon v' \geq \alpha - \eta$ auf $U \cap B_{z_0, j}$ für alle j und daher auf U. Übergang für $\varepsilon \to 0$ liefert $u \geq \alpha - \eta$ auf U. Aber wegen $u > \alpha - \eta$ auf $R \cap \bar{B}$ und wegen $R = (R \cap \bar{B}) \cup U$ ergibt sich $u \geq \alpha - \eta$ auf R und damit $u \geq \alpha$ auf R, da η eine beliebige positive Zahl war.

Sei jetzt $n \geq 3$. Wegen $\liminf_{\|y\| \to +\infty} u(y) \geq \alpha$, existiert zu jedem $\eta > 0$ eine natürliche Zahl j_0 mit $u(y) \geq \alpha - \eta$ für alle $y \in R \sim B_{0, j}$, $j \geq j_0$. Daher gilt $\liminf_{\substack{y \to z \\ y \in R \cap B_{0, j}}} u(y) \geq \alpha - \eta$ für $z \in \partial(R \cap B_{0, j})$, abgesehen von den z in einer polaren Menge. Aus dem ersten Teil des Beweises (für beschränkte Mengen) folgt daher $u \geq \alpha - \eta$ auf $R \cap B_{0, j}$ für alle $j \geq j_0$ und damit auch auf R. Hieraus folgt $u \geq \alpha$ auf R, da η beliebig war. ┘

7.3 Balayage

In diesem Abschnitt entwickeln wir den Begriff des „Fegens", welcher auf *Poincaré* zurückgeht. Gemäß *Poincaré* ist „Fegen" (frz.: balayager, engl.: sweeping out) gerade der Glättungsprozeß, der benutzt wird, um die Reduktion einer superharmonischen Funktion u zu erhalten.

Sei R eine offene Teilmenge von E^n, die eine *Green*-Funktion G besitzt, und sei u eine nichtnegative superharmonische Funktion auf R. Alle Definitionen sollen bezüglich R verstanden werden. Für eine Teilmenge E von R sei

$$\Phi_E^u = \{v \in \mathscr{S}_R \colon v \geq 0 \quad \text{auf} \quad R, v \geq u \quad \text{auf} \quad E\}$$

und

$$R_E^u = \inf\{v \colon v \in \Phi_E^u\}.$$

(Man erinnere sich, daß $\mathscr{S}_R$ die Menge der superharmonischen Funktionen auf R ist.)

Definition R_E^u heißt die *Reduzierte* (oder reduzierte Funktion) von u bezüglich E in R.

$\boldsymbol{R}_E^u$ muß als Infimum einer Familie superharmonischer Funktionen nicht superharmonisch sein. Man betrachte z. B. die fundamentale harmonische Funktion $u = u_0$ für E^3 mit Pol in 0. Sei $R = E^3$ und $E = \{0\}$. Dann ist $\boldsymbol{R}_E^u$ gleich $+\infty$ auf E und sonst Null und daher nicht n.u.h.

Im allgemeinen erfüllt $\boldsymbol{R}_E^u$ nur nicht die Forderung der Halbstetigkeit nach unten, um superharmonisch zu sein. Nach Definition gilt $0 \leq \boldsymbol{R}_E^u \leq u$; daher ist $\boldsymbol{R}_E^u > -\infty$, und $\boldsymbol{R}_E^u$ kann nicht identisch $+\infty$ auf jeder Komponente von R sein, da dies für u richtig ist. Man sieht wie folgt, daß $\boldsymbol{R}_E^u$ supermedian auf R ist. Für $v \in \Phi_E^u$ gilt

$$\begin{aligned} v(x) &\geq L(v: x, \delta) \\ &\geq L(\boldsymbol{R}_E^u: x, \delta) \end{aligned}$$

wann immer $\bar{B}_{x,\delta} \subset R$ (vorausgesetzt, $\boldsymbol{R}_E^u$ ist meßbar). Da die Menge

$$\{v(x): v \in \Phi_E^u\}$$

durch $L(\boldsymbol{R}_E^u: x, \delta)$ nach unten beschränkt ist, folgt

$$\boldsymbol{R}_E^u(x) = \inf_{v \in \Phi_E^u} v(x) \geq L(\boldsymbol{R}_E^u: x, \delta)$$

wann immer $\bar{B}_{x,\delta} \subset R$ (vorausgesetzt, $\boldsymbol{R}_E^u$ ist meßbar). Dies zeigt, daß nur die Forderung, n.u.h. zu sein, im Wege steht, daß $\boldsymbol{R}_E^u$ superharmonisch $\geq$ist.

Lemma 7.11 Die untere Regularisierte $\hat{\boldsymbol{R}}_E^u$ von $\hat{\boldsymbol{R}}_E^u$ ist superharmonisch auf R. Weiter gilt

(i) $u \geq \boldsymbol{R}_E^u \geqq \hat{\boldsymbol{R}}_E^u \geq 0$ auf R,

(ii) $u = \boldsymbol{R}_E^u$ auf E,

(iii) $u = \boldsymbol{R}_E^u = \hat{\boldsymbol{R}}_E^u$ auf dem Inneren von E,

(iv) $\boldsymbol{R}_E^u = \hat{\boldsymbol{R}}_E^u$ auf $R \sim \bar{E}$, und beide sind harmonisch auf $R \sim \bar{E}$.

Beweis: Die Eigenschaften (i), (ii) und (iii) sind klar. $\hat{\boldsymbol{R}}_E^u$ ist superharmonisch auf R: dies folgt aus Satz 4.16 und der Tatsache, daß Φ_E^u absteigend filtrierend ist. Zum Beweis von (iv) müssen wir nur nachweisen, daß $\boldsymbol{R}_E^u$ harmonisch auf $R \sim \bar{E}$ ist, denn dann ist $\boldsymbol{R}_E^u$ stetig auf $R \sim \bar{E}$ und $\boldsymbol{R}_E^u = \hat{\boldsymbol{R}}_E^u$ auf $R \sim \bar{E}$. Zum Beweis der Harmonizität von $\boldsymbol{R}_E^u$ auf $R \sim \bar{E}$ genügt es nach Satz 5.9 zu zeigen, daß Φ_E^u eine gesättigte Familie von superharmonischen Funktionen auf $R \sim \bar{E}$ ist. Das ist aber leicht zu sehen. ┘

Nach dem vorausgehenden Lemma unterscheidet sich $\hat{\boldsymbol{R}}_E^u$ von $\boldsymbol{R}_E^u$ nur auf dem Rand von E. Es kann wirklich $\hat{\boldsymbol{R}}_E^u < \boldsymbol{R}_E^u$ in solchen Punkten sein. Ist u die fundamentale harmonische Funktion von E^3 mit Pol 0 und $E = \{0\}$, so ist

$$R_E^u(y) = \begin{cases} +\infty, & \text{wenn} \quad y = 0, \\ 0, & \text{wenn} \quad y \neq 0. \end{cases}$$

Offenbar ist $\hat{R}_E^u = 0$ auf R und $R_E^u < R_E^u$ auf $E = \partial E$.

Definition $\hat{R}_E^u$ heißt die *Gefegte* (oder regularisierte reduzierte Funktion) von u bezüglich E in R.

Wir werden später zeigen, daß sich $\hat{R}_E^u$ von R_E^u nur auf einer polaren Menge unterscheidet.

Satz 7.12 Für nichtnegative superharmonische Funktionen u und v auf R gilt:

(i) $E \subset F \subset' R \Rightarrow \hat{R}_E^u \leq \hat{R}_F^u$,

(ii) $u \leq v \Rightarrow \hat{R}_E^u \leq \hat{R}_E^v$,

(iii) $\lambda > 0 \Rightarrow \hat{R}_E^{\lambda u} = \lambda \hat{R}_E^u$,

(iv) $\hat{R}_E^{u+v} \leq \hat{R}_E^u + \hat{R}_E^v$,

(v) K kompakte Teilmenge von $R \Rightarrow \hat{R}_K^u$ ist ein Potential.

Beweis: Für $E \subset F$ ist $\Phi_F^u \subset \Phi_E^u$ und daher $R_E^u \leq R_F^u$. Die erste Behauptung folgt aus dieser Ungleichung durch Bildung der Regularisierten. (ii) und (iii) beweist man ähnlich. Für $f \in \Phi_E^u$ und $g \in \Phi_E^v$ ist $f + g \in \Phi_E^{u+v}$ und $\hat{R}_E^{u+v} \leq R_E^{u+v} \leq f + g$, wobei $\hat{R}_E^{u+v}$, f und g superharmonisch auf R sind. Sei zunächst g fest. Dann gilt

$$A(\hat{R}_E^{u+v}: x, \delta) \leq A(f: x, \delta) + A(g: x, \delta) \leq f(x) + A(g: x, \delta),$$

wann immer $\bar{B}_{x,\delta} \subset R$. Indem man das Infimum über $f \in \Phi_E^u$ nimmt, erhält man

$$A(\hat{R}_E^{u+v}: x, \delta) \leq R_E^u + A(g: x, \delta).$$

Da die Mittelwerte nach Satz 4.19 stetig auf $R_\delta = \{y: d(y, \complement R) > \delta\}$ sind, folgt $A(\hat{R}_E^{u+v}: x, \delta) \leq \hat{R}_E^u(x) + A(g: x, \delta)$ für $x \in R_\delta$. Mit $\delta \downarrow 0$ erhalten wir nach Satz 4.19 $\hat{R}_E^{u+v}(x) \leq \hat{R}_E^u(x) + g(x)$ auf R. Wiederholung dieses Argumentes führt zu (iv). Zum Beweis von (v) müssen wir zeigen, daß die größte harmonische Minorante von $\hat{R}_K^u$ Null ist. Sei zunächst u beschränkt. Ferner sei R_0 eine Komponente von R und $x_0 \in R_0$. Nach Satz 5.23 und Korollar 5.25 ist die größte harmonische Minorante von $G(x_0, \cdot)|_{R_0}$ die Nullfunktion. Da $G(x_0, \cdot)$ superharmonisch auf R_0 und hier strikt positiv ist, ist das Infimum über $R_0 \cap K$ strikt positiv. Somit majorisiert $\lambda G(x_0, \cdot)$ für ein $\lambda > 0$ die Funktion u auf $R_0 \cap K$, und die Funktion w, welche gleich $\lambda G(x_0, \cdot)$ auf R_0 und gleich u auf $R \sim R_0$ ist, gehört zu Φ_K^u. Daher ist $0 \leq \hat{R}_K^u \leq R_K^u \leq \lambda G(x_0, \cdot)$ auf R_0, woraus folgt, daß die größte harmonische Minorante von $\hat{R}_K^u|_{R_0}$ für jede Komponente R_0 von R die Nullfunktion ist. Daher ist $\hat{R}_K^u$ ein Potential.

Sei jetzt u unbeschränkt auf K. Nach dem *Riesz*schen Zerlegungssatz gibt es ein

Potential v und eine harmonische Funktion h auf R mit $u = v + h$. Wegen $0 \leq \hat{R}_K^v \leq R_K^v \leq v$ ist $\hat{R}_K^v$ ein Potential. Da h beschränkt auf K ist, ist $\hat{R}_K^h$ nach dem ersten Teil des Beweises ein Potential, und nach (iv) gilt $\hat{R}_K^u \leq \hat{R}_K^v + \hat{R}_K^h$. Somit ist $\hat{R}_K^u$ ein Potential, da die Summe zweier Potentiale wiederum ein Potential ist. ┘

Es ist jetzt möglich, die Sätze 7.3 und 7.4 etwas zu verschärfen.

Lemma 7.13 Zu einer superharmonischen Funktion u auf $B_{y,\varrho}$ und $0 < r < \varrho$ existiert eine superharmonische Funktion u^*, die mit u auf $B_{y,r}$ übereinstimmt und die endlich auf $\complement \bar{B}_{y,r}$ ist.

Beweis: Indem wir ϱ etwas verkleinern, können wir annehmen, daß u nach unten beschränkt ist auf $\bar{B}_{y,\varrho}$ und superharmonisch in einer Umgebung von $\bar{B}_{y,\varrho}$ ist. Weiterhin können wir $u \geq 0$ auf $\bar{B}_{y,\varrho}$ voraussetzen. Sei $E = \bar{B}_{y,r}$ und $\hat{R}_E^u$ die Gefegte von u bezüglich E in $B_{y,\varrho}$. Es folgt, daß $\hat{R}_E^u = u$ auf $B_{y,r}$ und harmonisch ist in $B_{y,\varrho} \sim E$. Nach Satz 7.12 ist $\hat{R}_E^u$ das Potential eines Maßes, dessen Träger enthalten ist in $E \subset B_{y,\varrho}$. Nach Satz 6.23 gilt $\lim_{z \to z_0} \hat{R}_E^u(z) = 0$ für alle $z_0 \in \partial B_{y,\varrho}$. Man definiere

$$w(z) = \begin{cases} \hat{R}_E^u(z), & z \in B_{y,\varrho}, \\ 0, & z \in \partial B_{y,\varrho}. \end{cases}$$

Nach Satz 5.5 kann w harmonisch über $\partial B_{y,\varrho}$ fortgesetzt werden, d.h. es existieren eine positive Zahl $\delta < \varrho - r$ und eine auf $B_{y,\varrho+\delta}$ definierte Funktion w^*, die mit w auf $\bar{B}_{y,\varrho}$ übereinstimmt und harmonisch auf $B_{y,\varrho+\delta} \sim \bar{B}_{y,\varrho-\delta}$ ist. Man wähle α und β, so daß $\alpha u_y + \beta$ mit w^* auf $\partial B_{y,\varrho}$ übereinstimmt und daß $\alpha u_y + \beta \leq w^*$ auf $B_{y,\varrho+\delta/2} \sim \bar{B}_{y,\varrho}$ gilt. Dann hat

$$u^* = \begin{cases} w & \text{auf } B_{y,\varrho}, \\ \alpha u_y + \beta & \text{auf } \complement \bar{B}_{y,\varrho} \end{cases}$$

die gewünschten Eigenschaften. ┘

Satz 7.14 Zu jeder polaren Menge $Z \subset E^n$ und $x_0 \notin Z$ existiert eine superharmonische Funktion v mit $v = +\infty$ auf Z und $v(x_0) < +\infty$.

Beweis: Sei u eine superharmonische Funktion, die auf Z identisch $+\infty$ ist. Für jedes $y \in Z$ sei B_{y,ϱ_y} eine Kugel, die x_0 nicht enthält. Es gibt dann eine Folge $\{y_j\}$ in Z, so daß die zugehörigen Kugeln Z überdecken. Sei B_j die zu y_j gehörige Kugel. Nach dem vorausgehenden Lemma existiert eine superharmonische Funktion u_j mit $u_j = +\infty$ auf $B_j \cap Z$, welche endlich ist außerhalb von $\bar{B}_j$. Da u_j nach unten beschränkt ist auf $B_{x_0,j}$, existiert eine Konstante α_j mit $u_j \alpha_j \geq 0$ auf $B_{x_0,j}$. Wählen wir nun eine Folge $\{\beta_j\}$ positiver Zahlen, so daß $\Sigma_j \beta_j (u_j(x_0) + \alpha_j)$ konvergiert, so leistet die Funktion $v = \Sigma_j \beta_j (u_j + \alpha_j)$ das Verlangte. ┘

Korollar 7.15 Es gibt unstetige reelle superharmonische Funktionen.

Beweis: Sei Z eine nicht-abgeschlossene polare Menge und x ein Limespunkt von Z, welcher nicht zu Z gehört. Nach Satz 7.14 existiert eine superharmonische Funktion v mit $v(x) < +\infty$ und $v = +\infty$ auf Z. Sei $u = v \wedge (v(x) + 1)$. Dann ist u eine reelle superharmonische Funktion, die auf Z identisch $v(x) + 1$ ist. ┘

7.4 Kapazität und Kapazitätspotential

Damit Wiederholungen der meisten Resultate dieses Abschnitts vermieden werden, soll eine gewisse Klasse von Mengen eingeführt werden, die „zulässig" genannt werden sollen – ein Begriff, der als vorläufig anzusehen ist. Die Notwendigkeit dieser Einführung ergibt sich daraus, daß wir über das Randverhalten der *Green*-Funktion jetzt noch zu wenig wissen.

Definition Eine offene Menge $R \subset E^n$ heißt *zulässig*, wenn die beiden folgenden Bedingungen erfüllt sind:

(i) R besitzt eine *Green*-Funktion G,
(ii) es gibt eine polare Menge $Z \subset \partial R$ mit $\lim\limits_{y \to z \in \partial R \sim Z} G\mu(y) = 0$ für jedes Maß μ mit kompaktem Träger in R.

Man beachte, daß für unbeschränktes R in E^n, $n \geq 3$, und für ein Maß μ mit kompaktem Träger in R $\lim\limits_{\|y\| \to +\infty} G\mu(y) = 0$ gilt, da G von der *Green*-Funktion $\|x - y\|^{-n+2}$ von E^n majorisiert wird. In Kapitel 8 werden wir beweisen, daß *jede offene Menge, die eine Green-Funktion besitzt, zulässig ist*, aber zur Zeit wissen wir nur, daß jede Kugel zulässig ist.

In diesem Abschnitt sei R eine zulässige Menge mit *Green*-Funktion G. Wenn wir in der Definition der Reduzierten E als kompakte Menge $K \subset R$ und $u = 1$ wählen, so sollen R_K^1 und $\hat{R}_K^1$ mit W_K beziehungsweise V_K bezeichnet werden. Es sollte nachdrücklich betont werden, daß W_K und V_K von R abhängen und Funktionen auf R sind. Die Ergebnisse des letzten Abschnitts liefern dann

(i) $1 \geq W_K \geq V_K \geq 0$ auf R,
(ii) V_K ist ein Potential auf R,
(iii) $W_K = 1$ auf K,
(iv) $1 = W_K = V_K$ auf dem Inneren von K,
(v) $W_K = V_K$ auf $R \sim K$, und beide sind harmonisch auf $R \sim K$,
(vi) $\lim\limits_{y \to z \in \partial R} V_K(y) = 0$ mit Ausnahme der z in einer polaren Teilmenge von ∂R, und für unbeschränktes R von E^n, $n \geq 3$, $\lim\limits_{\|y\| \to +\infty} V_K(y) = 0$.

Lemma 7.16 V_K ist das Potential eines von ∂K getragenen Maßes.

Beweis: Nach (ii) ist V_K das Potential eines Maßes μ auf R, d.h. $V_K = G\mu$. Da V_K nach (iv) und (v) harmonisch ist auf $R \sim \partial K$, muß $\mu(R \sim \partial K) = 0$ sein nach Satz 6.9. ⌟

Lemma 7.17 V_K ist das größte Potential von Maßen μ mit Träger in K, so daß $G\mu \leq 1$ auf R gilt.

Beweis: Sei μ ein solches Maß. Da R zulässig ist, gilt $\lim_{y \to z \in \partial R} G\mu(y) = 0$ mit Ausnahme der z in einer polaren Teilmenge Z von ∂R und, falls $n \geq 3$ und R eine unbeschränkte Teilmenge von E^n ist, $\lim_{\|y\| \to +\infty} G\mu(y) = 0$.

Sei $u = G\mu$; man betrachte für $v \in \Phi_K^1$ die Funktion $v - u$. Wegen $u \leq 1$ auf R ist $\limsup_{\substack{y \to z \in \partial K \\ y \in R \sim K}} u(y) \leq 1$, und wegen $v \geq 1$ auf K und der Halbstetigkeit nach unten von v auf R ist

$$\liminf_{\substack{y \to z \in \partial(R \sim K) \\ y \in R \sim K}} [v(y) - u(y)] \geq 0$$

mit Ausnahme der $z \in Z$. Diese Ungleichung gilt auch für unbeschränktes $R \subset E^n$, $n \geq 3$, wenn $\|y\| \to +\infty$, $y \in R \sim K$. Wegen $v \geq 0$ und $u \leq 1$ auf R ist $v - u$ nach unten beschränkt auf R und superharmonisch auf $R \sim K$, da hier u harmonisch ist. Nach Satz 7.10 gilt daher $v - u \geq 0$ auf $R \sim K$ und somit $v \geq u$ auf R, da auch $v \geq 1 \geq u$ auf K gilt. Da $v \in \Phi_K^1$ beliebig war, haben wir $W_K = \boldsymbol{R}_K^1 \geq u$ auf R und wegen der Halbstetigkeit nach unten von u auf R somit $V_K = \hat{W}_K \geq \hat{u} = u$ auf R. ⌟

Definition Für jede kompakte Teilmenge K einer zulässigen Menge R heißt V_K das *Kapazitätspotential* von K. Das eindeutig bestimmte Maß μ_K mit $V_K = G\mu_K$ heißt die *Kapazitätsverteilung* von K. Die *Kapazität* von K (bezüglich der zulässigen Menge R) wird definiert als die reelle Zahl $\mathscr{C}(K) = \mu_K(K)$. Offenbar ist $\mathscr{C}(\emptyset) = 0$. ⌟

Für festes R und $x \in R$ betrachten wir jetzt $V_K(x)$ und $W_K(x)$ als Funktionen der kompakten Menge $K \subset R$. Obwohl die Variable x im folgenden weggelassen wird, sollte der Leser stets daran denken, daß x fest ist. K, mit oder ohne Index, bezeichnet stets eine kompakte Teilmenge der zulässigen Menge R.

Lemma 7.18 Als Funktion der kompakten Menge $K \subset R$ besitzt W_K die folgenden Eigenschaften:

(i) Monotonie: $K_1 \subset K_2 \Rightarrow W_{K_1} \leq W_{K_2}$.

(ii) Rechtsseitige Stetigkeit: Die Abbildung $K \to W_K$ ist rechtsseitig stetig, d.h. zu jeder kompakten Menge K und $\varepsilon > 0$ existiert eine offene Menge $U \supset K$ mit $W_{K_1} - W_K < \varepsilon$, wann immer $K \subset K_1 \subset U$.

(iii) Starke Sub-Additivität: $W_{K_1 \cup K_2} + W_{K_1 \cap K_2} \leq W_{K_1} + W_{K_2}$.

Beweis: Die Monotonie folgt unmittelbar aus der Definition von $W_K = \boldsymbol{R}_K^1$. Es ist leicht zu sehen, daß (ii) äquivalent ist mit (ii').
Für jede antitone Folge $\{K_j\}$ kompakter Mengen gilt $W_{K_j} \downarrow W_{\cap K_j}$.
Sei $\{K_j\}$ also eine antitone Folge kompakter Mengen, und sei $K = \cap K_j$. Da $\{W_{K_j}\}$ absteigend ist, können wir $g = \lim_{j\to\infty} W_{K_j}$ auf R definieren; es ist $g = \inf\{v\colon v \in \bigcup_{j=1}^{\infty} \Phi_{K_j}^1\}$, und die Familie $\bigcup_{j=1}^{\infty} \Phi_{K_j}^1$ ist absteigend filtrierend. Nach Satz 4.16 ist die untere Regularisierte $\hat{g}$ von g superharmonisch auf R, nach dem *Riesz*schen Zerlegungssatz also darstellbar als $\hat{g} = G\nu + h$, wobei ν ein Maß auf R und h die größte harmonische Minorante von $\hat{g}$ ist. Wegen $0 \le g \le W_{K_j}$ auf R ist $0 \le \hat{g} \le V_{K_j}$ auf R für jedes j. Da V_{K_j} ein Potential ist, muß auch $\hat{g}$ eines sein, d.h. $h = 0$ und $\hat{g} = G\nu$ auf R. Für festes j_0 sind die Funktionen W_{K_j}, $j \ge j_0$, harmonisch auf $R \sim K_{j_0}$. Daher ist $\hat{g}$ nach Satz 2.19 harmonisch auf $R \sim K_{j_0}$, und da j_0 beliebig war, ist $\hat{g}$ harmonisch auf $R \sim K$. Daher folgt aus Satz 6.9, daß der Träger von ν in K enthalten ist. Nach Lemma 7.17 haben wir $\hat{g} \le V_K$ wegen $\hat{g} = G\nu \le 1$ auf R, und nach (i) ist $W_{K_j} \ge W_K \ge V_K$ für alle j und somit $g \ge V_K$, woraus durch Regularisieren $\hat{g} \ge V_K$, also $\hat{g} = V_K$ folgt. Da g harmonisch auf $R \sim K$ ist, muß $\hat{g} = g$ auf $R \sim K$ sein, daher
$\hat{g} = g = \lim W_{K_j} \ge W_K = V_K = \hat{g}$ auf $R \sim K$ und somit $\lim_{j\to\infty} W_{K_j} = W_K$ auf $R \sim K$. Wegen $W_{K_j} = 1$ auf K ist auch $\lim_{j\to\infty} W_{K_j} = W_K$ auf K, und (ii') ist bewiesen.

Es bleibt, (iii) zu zeigen. Seien K_1 und K_2 kompakte Teilmengen von R, und sei $z \in K_1 \cup K_2$, etwa $z \in K_1$. Dann gilt $W_{K_1 \cup K_2}(z) = 1$ und $W_{K_1}(z) = 1$ und nach (i) $W_{K_1 \cup K_2}(z) \le W_{K_2}(z)$, zusammen also

$$W_{K_1 \cup K_2}(z) + W_{K_1 \cap K_2}(z) = W_{K_2}(z) = W_{K_1}(z) + W_{K_2}(z),$$

und die starke Sub-Additivität gilt für $z \in K_1 \cup K_2$. Sei $U = R \sim (K_1 \cup K_2)$, und sei $z \in \partial U$. Dann konvergieren $W_{K_1 \cup K_2}$, $W_{K_1 \cap K_2}$, W_{K_1} und W_{K_2} alle gegen Null in den Punkten von ∂R, abgesehen von den Punkten einer polaren Teilmenge Z von ∂R, und auch für $\|y\| \to +\infty$, wenn R unbeschränkt in E^n, $n \ge 3$, ist, denn diese Funktionen stimmen auf U überein mit $V_{K_1 \cup K_2}$, $V_{K_1 \cap K_2}$, V_{K_1} bzw. V_{K_2}.
Für $v_1 \in \Phi_{K_1}^1$, $v_2 \in \Phi_{K_2}^1$ und $z \in \partial R \sim Z$ gilt

$$\liminf_{\substack{y \to z \in \partial R \\ y \in U}} [v_1(y) + v_2(y) - W_{K_1 \cup K_2}(y) - W_{K_1 \cap K_2}(y)] \ge 0.$$

Wir zeigen jetzt, daß dies auch für $z \in \partial(K_1 \cup K_2)$ richtig ist. Dann gilt $z \in K_1 \cup K_2$ und $W_{K_1 \cup K_2} \le 1 = W_{K_1 \cup K_2}(z)$, was

$$\limsup_{\substack{y \to z \\ y \in U}} [W_{K_1 \cup K_2}(y) + W_{K_1 \cap K_2}(y)] \le W_{K_1 \cup K_2}(z) + \limsup_{y \to z} W_{K_1 \cap K_2}(y)$$

zur Folge hat. Für $z \in K_1 \cap K_2$ ist $W_{K_1 \cap K_2} \leq 1 = W_{K_1 \cap K_2}(z)$, und der zweite Ausdruck auf der rechten Seite ist durch $W_{K_1 \cap K_2}(z)$ nach oben beschränkt. Andererseits ist für $z \notin K_1 \cap K_2$ die Funktion $W_{K_1 \cap K_2}$ harmonisch und stetig in z, und der zweite Ausdruck auf der rechten Seite ist $W_{K_1 \cap K_2}(z)$. Somit folgt für $z \in \partial(K_1 \cup K_2)$

$$\begin{aligned}\limsup_{\substack{y \to z \\ y \in U}} [W_{K_1 \cup K_2}(y) + W_{K_1 \cap K_2}(y)] &\leq W_{K_1 \cup K_2}(z) + W_{K_1 \cap K_2}(z) \\ &\leq W_{K_1}(z) + W_{K_2}(z) \\ &\leq v_1(z) + v_2(z).\end{aligned}$$

(Hierbei ist die starke Sub-Additivität auf $K_1 \cup K_2$ benutzt worden). Für alle $z \in \partial U \sim Z$ ist daher

$$\liminf_{\substack{y \to z \\ y \in U}} [v_1(y) + v_2(y) - W_{K_1 \cup K_2}(y) - W_{K_1 \cap K_2}(y)] \geq 0$$

(und auch wenn $\|y\| \to \infty$, falls $R \subset E^n$, $n \geq 3$, unbeschränkt ist). Da die Funktion in den Klammern superharmonisch und nach unten beschränkt auf U ist, muß sie nach Satz 7.10 nichtnegativ auf U sein, also $v_1 + v_2 \geq W_{K_1 \cup K_2} + W_{K_1 \cap K_2}$ auf U. Indem man zum Infimum über $v_i \in \Phi^1_{K_i}$ übergeht, erhält man schließlich $W_{K_1} + W_{K_2} \geq W_{K_1 \cup K_2} + W_{K_1 \cap K_2}$ auf $U = R \sim (K_1 \cup K_2)$. ┘

Das nächste Lemma gibt eine Charakterisierung der Kapazität einer kompakten Menge, welche manchmal leichter zu handhaben ist als die ursprüngliche Definition.

Lemma 7.19 Für eine kompakte Teilmenge K einer zulässigen Menge R ist die Kapazität von K bzgl. R gegeben durch

$$\mathscr{C}(K) = \sup\{\mu(K): G\mu \leq 1 \text{ auf } R, \mu \text{ ein Maß mit Träger in } K\}.$$

Beweis: Sei U eine offene, relativ-kompakte Menge mit $K \subset U \subset \bar{U} \subset R$, und sei $v = V_{\bar{U}}$. Dann ist v das Potential eines Maßes ν mit $v = G\nu = 1$ auf K.
Seien μ_1 und μ_2 zwei Maße mit Träger in K und $G\mu_1 \leq G\mu_2 \leq 1$ auf R. Nach Satz 6.14 ist

$$\mu_1(K) = \int_K 1\, d\mu_1 = \int G\nu\, d\mu_1 = \int G\mu_1\, d\nu \leq \int G\mu_2\, d\nu = \mu_2(K).$$

Ist μ ein Maß mit Träger in K und $G\mu \leq 1$ auf R, so ist $G\mu \leq V_K = G\mu_K$ nach Lemma 7.17, und wir haben gerade $\mu(K) \leq \mu_K(K) = \mathscr{C}(K)$ gezeigt. ┘

7.5 Choquetsche Kapazität

In diesem Abschnitt wollen wir den Begriff der Kapazität auf nicht-kompakte Mengen ausdehnen. Die Fortsetzung kann für *Borel*mengen und sogar analytische Mengen erklärt werden. Das Verfahren ist demjenigen ähnlich, das benutzt wird, um den Definitionsbereich eines Maßes auszudehnen. Der Leser sollte sich daran erinnern, daß wir uns auf Teilmengen einer zulässigen Menge R mit *Green*-Funktion G beschränken.

Satz 7.20 Die nichtnegative, reelle Mengenfunktion $\mathscr{C}$, definiert auf der Klasse der kompakten Teilmengen einer zulässigen Menge R, hat die folgenden Eigenschaften:

(i) $\mathscr{C}(\emptyset) = 0$ und $K_1 \subset K_2 \Rightarrow \mathscr{C}(K_1) \leq \mathscr{C}(K_2)$.

(ii) Für jede antitone Folge $\{K_j\}$ kompakter Mengen ist $\mathscr{C}(K) = \lim_{j\to\infty} \mathscr{C}(K_j)$, wenn hierbei $K = \cap K_j$ ist.

(iii) $\mathscr{C}(K_1 \cup K_2) + \mathscr{C}(K_1 \cap K_2) \leq \mathscr{C}(K_1) + \mathscr{C}(K_2)$.

Beweis: (i) folgt sofort aus Lemma 7.18. Zum Beweis von (ii) sei U eine offene, relativ-kompakte Menge mit $K_1 \subset U \subset \bar{U} \subset R$. Bezeichnet ν die Kapazitätsverteilung von $\bar{U}$, so ist $V_{\bar{U}} = G\nu$, und ν wird von ∂U getragen. Außerdem gilt $G\nu = 1$ auf U und daher auf jedem K_j. Man beachte daß $V_{K_j} = W_{K_j}$ auf $\partial U \subset R \sim K_j$ gilt. Da ν von ∂U getragen wird, haben wir nach Satz 6.14

$$\begin{aligned} \mathscr{C}(K_j) &= \int G\nu\, d\mu_{K_j} = \int G\mu_{K_j}\, d\nu \\ &= \int V_{K_j}\, d\nu \\ &= \int W_{K_j}\, d\nu. \end{aligned}$$

Nach Lemma 7.18 gilt $W_{K_j} \downarrow W_K$, also folgt für $j \to \infty$

$$\mathscr{C}(K_j) \to \int W_K\, d\nu = \int V_K\, d\nu = \int G\mu_K\, d\nu = \int G\nu\, d\mu_K = \mathscr{C}(K).$$

Zum Beweis von (iii) sei U eine offene Menge mit kompakten Abschluß $\bar{U} \subset R$, welche $K_1 \cup K_2$ enthält, und sei ν die Kapazitätsverteilung von $\bar{U}$. Da ν von $\partial U \subset R \sim (K_1 \cup K_2)$ getragen wird, erhalten wir zusammen mit dem Reziprozitätssatz

$$\begin{aligned} \mathscr{C}(K_1 \cup K_2) + \mathscr{C}(K_1 \cap K_2) &= \int G\nu\, d\mu_{K_1 \cup K_2} + \int G\nu\, d\mu_{K_1 \cap K_2} \\ &= \int G\mu_{K_1 \cup K_2}\, d\nu + \int G\mu_{K_1 \cap K_2}\, d\nu \\ &= \int (V_{K_1 \cup K_2} + V_{K_1 \cap K_2})\, d\nu \\ &= \int (W_{K_1 \cup K_2} + W_{K_1 \cap K_2})\, d\nu \leq \int (W_{K_1} + W_{K_2})\, d\nu \\ &= \int (V_{K_1} + V_{K_2})\, d\nu. \end{aligned}$$

Formen wir den letzten Ausdruck in *Green*sche Potentiale um, so erhalten wir nach erneuter Anwendung des Reziprozitätssatzes (iii). ┘

Würden wir für den Rest dieses Abschnitts eine nichtnegative reelle Mengenfunktion $\mathscr{C}(\cdot)$, definiert auf den kompakten Teilmengen eines Raumes R, voraussetzen, welche die Bedingungen (i), (ii) und (iii) des Satzes 7.20 erfüllt, so ist alles Folgende richtig, unabhängig von dem, was Satz 7.20 vorausging.

Lemma 7.21 Für kompakte Teilmengen K, C_1 und C_2 von R gilt

$$\mathscr{C}(K)+\mathscr{C}(K\cup C_1\cup C_2)\leq\mathscr{C}(K\cup C_1)+\mathscr{C}(K\cup C_2).$$

Beweis: Für kompakte Teilmengen K_1 und K_2 von R gilt

$$\mathscr{C}(K_1\cup K_2)+\mathscr{C}(K_1\cap K_2)\leq\mathscr{C}(K_1)+\mathscr{C}(K_2).$$

Ersetzen wir K_1 durch $K\cup C_1$ und K_2 durch $K\cup C_2$, so erhalten wir

$$\mathscr{C}(K\cup C_1\cup C_2)+\mathscr{C}\big((K\cup C_1)\cap(K\cup C_2)\big)$$
$$\leq\mathscr{C}(K\cup C_1)+\mathscr{C}(K\cup C_2);$$

wegen $\mathscr{C}\big((K\cup C_1)\cap(K\cup C_2)\big)=\mathscr{C}\big(K\cup(C_1\cap C_2)\big)\geq\mathscr{C}(K)$, ist die Ungleichung damit bewiesen. ┘

Lemma 7.22 Für kompakte Teilmengen C, K_1 und K_2 von R mit $K_1\subset K_2$ gilt

$$\mathscr{C}(C\cup K_2)-\mathscr{C}(K_2)\leq\mathscr{C}(C\cup K_1)-\mathscr{C}(K_1).$$

Beweis: In der Ungleichung des vorausgehenden Lemmas ersetze man K durch K_1, C_1 durch K_2 und C_2 durch C, wodurch man

$$\mathscr{C}(K_1)+\mathscr{C}(C\cup K_2)\leq\mathscr{C}(K_2)+\mathscr{C}(C\cup K_1)$$

erhält. ┘

Lemma 7.23 Seien $\{K_i: 1\leq i\leq m\}$ und $\{C_i: 1\leq i\leq m\}$ endliche Systeme von kompakten Teilmengen von R mit $C_i\subset K_i$, $i=1,\ldots,m$. Dann gilt

$$\mathscr{C}(\cup K_i)-\mathscr{C}(\cup C_i)\leq\sum_{i=1}^{m}\left[\mathscr{C}(K_i)-\mathscr{C}(C_i)\right].$$

Beweis: Der Beweis folgt durch Induktion nach m. Sei zunächst $m=2$. Aus dem vorausgehenden Lemma folgt

$$\mathscr{C}(K_1\cup K_2)+\mathscr{C}(C_2)\leq\mathscr{C}(K_1\cup C_2)+\mathscr{C}(K_2)$$

und

$$\mathscr{C}(K_1\cup C_2)+\mathscr{C}(C_1)\leq\mathscr{C}(C_1\cup C_2)+\mathscr{C}(K_1).$$

Addition der beiden letzten Ungleichungen liefert das gewünschte Resultat für $m=2$.

Setzen wir jetzt voraus, daß die Ungleichung gültig ist für $m=1, \ldots, p$. Wegen $\bigcup_{i=1}^{p} C_i \subset \bigcup_{i=1}^{p} K_i$ und $C_{p+1} \subset K_{p+1}$ erhalten wir durch Anwendung des Falles $m=2$ und der Induktionsvoraussetzung

$$\begin{aligned}\mathscr{C}\left(\bigcup_{i=1}^{p+1} K_i\right) - \mathscr{C}\left(\bigcup_{i=1}^{p+1} C_i\right) &= \mathscr{C}\left(\bigcup_{i=1}^{p} K_i \cup K_{p+1}\right) - \mathscr{C}\left(\bigcup_{i=1}^{p} C_i \cup C_{p+1}\right) \\ &\leqq \left[\mathscr{C}\left(\bigcup_{i=1}^{p} K_i\right) - \mathscr{C}\left(\bigcup_{i=1}^{p} C_i\right)\right] + \left[\mathscr{C}(K_{p+1}) - \mathscr{C}(C_{p+1})\right] \\ &\leqq \sum_{i=1}^{p} \left[\mathscr{C}(K_i) - \mathscr{C}(C_i)\right] + \left[\mathscr{C}(K_{p+1}) - \mathscr{C}(C_{p+1})\right] \\ &= \sum_{i=1}^{p+1} \left[\mathscr{C}(K_i) - \mathscr{C}(C_i)\right].\end{aligned}$$ ┘

Definition Die *innere Kapazität* einer Menge $E \subset R$ ist definiert durch

$$\mathscr{C}_*(E) = \sup\{\mathscr{C}(K) \colon K \text{ kompakt}, K \subset E\}.$$

Für kompaktes E ist offenbar $\mathscr{C}_*(E) = \mathscr{C}(E)$. Außerdem ist $\mathscr{C}_*$ sicherlich eine nichtnegative, monotone, numerische Mengenfunktion auf der Klasse aller Teilmengen von R mit $\mathscr{C}_*(\emptyset) = \mathscr{C}(\emptyset) = 0$.

Lemma 7.24 Seien U_1 und U_2 offene Teilmengen von R und K eine kompakte Teilmenge von $U_1 \cup U_2$. Dann existieren kompakte Mengen $K_1 \subset U_1$ und $K_2 \subset U_2$ mit $K = K_1 \cup K_2$.

Beweis: Die Mengen $K \sim U_1$ und $K \sim U_2$ sind abgeschlossen, disjunkt und Teilmengen von U_2 bzw. U_1. Es existieren daher disjunkte, offene Mengen V_1 und V_2 mit $K \sim U_1 \subset V_1$ und $K \sim U_2 \subset V_2$. Man setze dann $K_1 = K \sim V_1$ und $K_2 = K \sim V_2$. ┘

Lemma 7.25 Seien $\{U_i\colon 1 \leq i \leq m\}$ und $\{V_i\colon 1 \leq i \leq m\}$ endliche Familien offener Teilmengen von R mit $V_i \subset U_i$, $1 \leq i \leq m$. Dann gilt

$$\mathscr{C}_*(\cup U_i) + \sum_{i=1}^{m} \mathscr{C}_*(V_i) \leq \sum_{i=1}^{m} [\mathscr{C}_*(U_i) + \mathscr{C}_*(\cup V_i)].$$

Beweis: Der Beweis folgt durch Induktion nach m. Sei zunächst $m=2$. Für $i=1,2$ seien C_i und $\sum$ kompakte Mengen mit $C_i \subset V_i$ und $\sum \subset U_1 \cup U_2$. Nach dem vorausgehenden Lemma gibt es kompakte Mengen $\sum_i \subset U_i$, $i=1,2$, mit $\sum = \sum_1 \cup \sum_2$.

Nach Lemma 7.23 erhalten wir

$$\mathscr{C}((\textstyle\sum_1 \cup C_1) \cup (\sum_2 \cup C_2)) - \mathscr{C}(C_1 \cup C_2)$$
$$\leq \mathscr{C}(\textstyle\sum_1 \cup C_1) + \mathscr{C}(\sum_2 \cup C_2) - \mathscr{C}(C_1) - \mathscr{C}(C_2)$$

oder

$$\mathscr{C}((\textstyle\sum_1 \cup C_1) \cup (\sum_2 \cup C_2)) + \mathscr{C}(C_1) + \mathscr{C}(C_2)$$
$$\leq \mathscr{C}(\textstyle\sum_1 \cup C_1) + \mathscr{C}(\sum_2 \cup C_2) + \mathscr{C}(C_1 \cup C_2).$$

Wegen $\sum \subset (\sum_1 \cup C_1) \cup (\sum_2 \cup C_2)$ ist dann

$$\mathscr{C}(\textstyle\sum) + \mathscr{C}(C_1) + \mathscr{C}(C_2) \leq \mathscr{C}_*(V_1 \cup V_2) + \mathscr{C}_*(U_1) + \mathscr{C}_*(U_2).$$

Durch Supremumsbildung über alle obigen $\sum$, C_1 und C_2 erhalten wir die Ungleichung für $m = 2$:

$$\mathscr{C}_*(U_1 \cup U_2) + \mathscr{C}_*(V_1) + \mathscr{C}_*(V_2) \leq \mathscr{C}_*(V_1 \cup V_2) + \mathscr{C}_*(U_1) + \mathscr{C}_*(U_2).$$

Setzen wir jetzt voraus, daß die Ungleichung gültig ist für $m = 1, \ldots, p$ und wenden wir den Fall $m = 2$ an auf die offenen Mengen $\bigcup_{i=1}^p U_i$, $\bigcup_{i=1}^p V_i$, U_{p+1} und V_{p+1}, so folgt die Gültigkeit der Ungleichung für $m = p + 1$. ┘

Definition Die *äußere Kapazität* einer Teilmenge $E \subset R$ ist definiert durch

$$\mathscr{C}^*(E) = \inf\{\mathscr{C}_*(U) \colon U \text{ offen, } U \supset E\}.$$

Definition Eine Teilmenge E von R heißt *kapazitabel*, wenn $\mathscr{C}_*(E) = \mathscr{C}^*(E)$ gilt; in diesem Falle ist die *Kapazität* $\mathscr{C}(E)$ als der gemeinsame Wert definiert.

Lemma 7.26 Die offenen Teilmengen und die kompakten Teilmengen von R sind kapazitabel.

Beweis: Die offenen Teilmengen von R sind nach Definition kapazitabel. Sei K kompakt. Wir wissen bereits $\mathscr{C}(K) = \mathscr{C}_*(K)$. Nach der rechtsseitigen Stetigkeit der Kapazität existiert zu $\varepsilon > 0$ eine offene Menge U, so daß aus $K \subset K_1 \subset U$ für kompaktes K_1 folgt $\mathscr{C}(K_1) - \mathscr{C}(K) < \varepsilon$. Wegen

$$\mathscr{C}(K) = \mathscr{C}_*(K) \leq \mathscr{C}_*(U) = \sup \mathscr{C}(K_1) \leq \mathscr{C}(K) + \varepsilon$$

für jede offene Menge V mit $K \subset V \subset U$ erhalten wir

$$\mathscr{C}_*(K) \leq \mathscr{C}_*(V) \leq \mathscr{C}_*(U)$$

und damit

$$\mathscr{C}(K) = \mathscr{C}_*(K) \leq \inf \mathscr{C}_*(V) \leq \mathscr{C}_*(U) \leq \mathscr{C}(K) + \varepsilon;$$

aber das mittlere Glied der Ungleichungskette ist gerade $\mathscr{C}^*(K)$, woraus $\mathscr{C}(K) = \mathscr{C}_*(K) = \mathscr{C}^*(K)$ folgt, da ε beliebig gegeben war. ┘

Offenbar ist $\mathscr{C}^*$ eine nichtnegative, monotone Mengenfunktion auf den Teilmengen von R. Um zu zeigen, daß eine Menge $E \subset R$ kapazitabel ist, genügt es wegen $\mathscr{C}_*(E) = \sup_{K \subset E} \mathscr{C}(K)$, K kompakt, nachzuweisen, daß $\mathscr{C}^*(E) = \sup_{K \subset E} \mathscr{C}(K)$ gilt, wobei K kompakt ist.

Definition Eine numerische, nichtnegative Mengenfunktion ϕ^*, die auf den Teilmengen von R definiert ist, heißt *äußere Kapazität*, wenn die folgenden drei Bedingungen erfüllt sind:

(i) $E \subset F \Rightarrow \phi^*(E) \le \phi^*(F)$.

(ii) Für jede isotone Folge $\{E_j\}$ von Teilmengen von R gilt

$$\phi^*(\cup E_j) = \lim_{j \to \infty} \phi^*(E_j).$$

(iii) Für jede antitone Folge $\{K_j\}$ kompakter Teilmengen von R gilt

$$\phi^*(\cap K_j) = \lim_{j \to \infty} \phi^*(K_j).$$

Eine Teilmenge $E \subset R$ heißt *ϕ^*-kapazitabel*, wenn

$$\phi^*(E) = \sup\{\phi^*(K): K \text{ kompakt}, K \subset E\}$$

gilt.

Da $\mathscr{C}^*$ mit $\mathscr{C}$ auf den kompakten Teilmengen von R übereinstimmt und da (iii) von obiger Definition für $\mathscr{C}$ bekannt ist, genügt $\mathscr{C}^*$ der Bedingung (iii) und, wie wir bemerkten, auch der Bedingung (i). Das folgende Lemma wird zum Nachweis benötigt, daß $\mathscr{C}^*$ eine äußere Kapazität ist.

Lemma 7.27 Seien $\{E_i: 1 \le i \le m\}$ und $\{F_i: 1 \le i \le m\}$ endliche Familien von Teilmengen von R mit $F_i \subset E_i$, $i = 1, \ldots, m$. Dann gilt

$$\mathscr{C}^*(\cup E_i) + \sum_{i=1}^{m} \mathscr{C}^*(F_i) \le \mathscr{C}^*(\cup F_i) + \sum_{i=1}^{m} \mathscr{C}^*(E_i).$$

Beweis: Für jedes i sei U_i eine offene Menge mit $U_i \supset E_i$. Dann gilt nach Lemma 7.25 $\mathscr{C}^*(\cup E_i) \le \mathscr{C}_*(\cup U_i) \le \sum_{i=1}^m \mathscr{C}_*(U_i)$. Infimumbildung über alle obigen U_i liefert die Ungleichung $\mathscr{C}^*(\cup E_i) \le \sum_{i=1}^m \mathscr{C}^*(E_i)$, d.h. $\mathscr{C}^*$ ist endlich sub-additiv. Falls $\mathscr{C}^*(E_i)$ für ein i unendlich ist, so ist nichts zu beweisen. Seien also alle $\mathscr{C}^*(E_i)$ endlich. Zu gegebenem $\varepsilon > 0$ existieren eine offene Menge $U \supset F_i$ und offene Mengen $U_i \supset E_i$, $1 \le i \le m$, mit

$$\mathscr{C}_*(U) + \sum_{i=1}^{m} \mathscr{C}_*(U_i) \le \mathscr{C}^*(\cup F_i) + \sum_{i=1}^{m} \mathscr{C}^*(E_i) + \varepsilon.$$

Für $V_i = U_i \cap U \subset U_i$ gilt nach Lemma 7.25

$$\mathscr{C}_*(\cup U_i) + \sum_{i=1}^{m} \mathscr{C}_*(V_i) \leq \mathscr{C}_*(\cup V_i) + \sum_{i=1}^{m} \mathscr{C}_*(U_i),$$

wegen $U \supset \bigcup V_i$

$$\mathscr{C}_*(\cup V_i) + \sum_{i=1}^{m} \mathscr{C}^*(U_i) \leq \mathscr{C}_*(U) + \sum_{i=1}^{m} \mathscr{C}_*(U_i)$$

und

$$\mathscr{C}_*(\cup U_i) + \sum_{i=1}^{m} \mathscr{C}_*(V_i) \leq \mathscr{C}^*(\cup F_i) + \sum_{i=1}^{m} \mathscr{C}^*(E_i) + \varepsilon.$$

Aus $E_i \subset U_i$ folgt $\bigcup E_i \subset \bigcup U_i$ und

$$\mathscr{C}^*(\cup E_i) \leq \mathscr{C}^*(\cup U_i) = \mathscr{C}_*(\cup U_i).$$

Außerdem haben wir wegen $F_i \subset E_i \subset U_i$ und $F_i \subset U$ zunächst $F_i \subset V_i$ und daher

$$\mathscr{C}^*(F_i) \leq \mathscr{C}^*(V_i) = \mathscr{C}_*(V_i),$$

woraus wir schließlich

$$\mathscr{C}^*(\cup E_i) + \sum_{i=1}^{m} \mathscr{C}^*(F_i) \leq \mathscr{C}^*(\cup F_i) + \sum_{i=1}^{m} \mathscr{C}^*(E_i) + \varepsilon$$

erhalten. Damit ist da Lemma bewiesen, da ε beliebig gegeben war. ┘

Satz 7.28 $\mathscr{C}^*$ ist eine äußere Kapazität auf dem System aller Teilmengen von R.

Beweis: Wir haben nur noch zu zeigen, daß für eine isotone Folge $\{E_j\}$ von Teilmengen von R gilt $\mathscr{C}^*(\bigcup E_j) = \lim_{j\to\infty} \mathscr{C}^*(E_j)$. Wir nehmen zunächst an, daß die E_j offene Mengen sind. In diesem Falle ist $\bigcup E_j$ offen und ebenso wie die E_j nach Lemma 7.26 kapazitabel. Sei η eine beliebige reelle Zahl mit $\mathscr{C}^*(\bigcup E_j) > \eta$. Da $\bigcup E_j$ kapazitabel ist, gibt es eine kompakte Menge $K \subset \bigcup E_j$ mit $\mathscr{C}^*(K) > \eta$. Da $\{E_j\}$ eine offene Überdeckung von K ist, existiert ein j_0 mit $K \subset E_j$ für alle $j \geq j_0$. Somit folgt $\mathscr{C}^*(K) \leq \mathscr{C}^*(E_j) \leq \mathscr{C}^*(\bigcup E_j)$ und $\mathscr{C}^*(E_j) > \eta$ für alle $j \geq j_0$ und daher $\lim_{j\to\infty} \mathscr{C}^*(E_j) = \mathscr{C}^*(\bigcup E_j)$, da η beliebig war.

Seien die E_j jetzt beliebige Teilmengen von R. Ist $\lim_{j\to\infty} \mathscr{C}^*(E_j) = +\infty$, so ist nichts zu beweisen, da $\mathscr{C}^*(\bigcup E_j) \geq \mathscr{C}^*(E_j)$ für alle j gilt. Wir können daher voraussetzen, daß die Folge $\{\mathscr{C}^*(E_j)\}$ beschränkt ist und daß insbesondere jedes $\mathscr{C}^*(E_j)$ endlich ist. Sei $\varepsilon > 0$. Dann gibt es für alle j eine offene Menge $U_j \supset E_j$ mit $\mathscr{C}^*(U_j) < \mathscr{C}^*(E_j) + \varepsilon 2^{-j}$ und daher nach dem vorausgehenden Lemma

$$\mathscr{C}^*\left(\bigcup_{j=1}^{p} U_j\right) - \mathscr{C}^*\left(\bigcup_{j=1}^{p} E_j\right) \leq \sum_{j=1}^{p} [\mathscr{C}^*(U_j) - \mathscr{C}^*(E_j)]$$

$$< \sum_{j=1}^{p} \varepsilon 2^{-j} < \varepsilon.$$

Da die U_j offen sind, kann der erste Teil des Beweises angewandt werden, um

$$\mathscr{C}^*(\cup E_j) \leq \mathscr{C}^*(\cup U_j) = \lim_{p\to\infty} \mathscr{C}^*\left(\bigcup_{j=1}^{p} U_j\right) \leq \lim_{p\to\infty} \mathscr{C}^*\left(\bigcup_{j=1}^{p} E_j\right) + \varepsilon$$

zu erhalten. Hieraus folgt dann $\mathscr{C}^*(\cup E_j) \leq \lim_{p\to\infty} \mathscr{C}^*(\bigcup_{j=1}^{p} E_j) = \lim_{p\to\infty} \mathscr{C}^*(E_p)$, da ε beliebig war. Andererseits folgt aus der Monotonie von $\mathscr{C}^*$ stets $\lim_{p\to\infty} \mathscr{C}^*(E_p) \leq \mathscr{C}^*(\cup E_j)$ zusammen also $\lim_{p\to\infty} \mathscr{C}^*(E_p) = \mathscr{C}^*(\bigcup E_j)$. ┘

Wir benötigen nur die Tatsache, daß $\mathscr{C}^*$ eine äußere Kapazität ist, um eine gewisse Klasse von Teilmengen von R als kapazitabel, d. h. $\mathscr{C}^*$-kapazitabel nachzuweisen. Diese Klasse enthält nicht nur die offenen Mengen und die kompakten Mengen, für die wir bereits gezeigt haben, daß sie kapazitabel sind, sondern auch die *Borel*schen Mengen und sogar die klassischen analytischen Mengen.

Definition Eine Teilmenge eines Hausdorffraumes heißt *$\mathscr{K}_\sigma$-Menge*, wenn sie abzählbare Vereinigung kompakter Mengen ist. Eine Teilmenge eines Hausdorffraumes heißt *$\mathscr{K}_{\sigma\delta}$-Menge*, wenn sie abzählbarer Durchschnitt von $\mathscr{K}_\sigma$-Mengen ist. Man sieht sofort, daß der Durchschnitt einer abgeschlossenen Menge mit einer $\mathscr{K}_{\sigma\delta}$-Menge wiederum eine $\mathscr{K}_{\sigma\delta}$-Menge ist und daß eine abzählbare Vereinigung von $\mathscr{K}_\sigma$-Mengen wiederum eine $\mathscr{K}_\sigma$-Menge ist.

Definition Eine Teilmenge $E \subset E^n$ heißt *$\mathscr{K}$-analytisch*, wenn ein kompakter Hausdorffraum X, eine $\mathscr{K}_{\sigma\delta}$-Menge D von X und eine stetige Abbildung f von D auf E existieren.
Insbesondere sind also die kompakten Teilmengen von E^n $\mathscr{K}$-analytisch, da sie stetige Bilder von sich unter der identischen Abbildung sind.

Satz 7.29 Das System $\mathscr{K}$ der $\mathscr{K}$-analytischen Mengen der offenen Menge R ist abgeschlossen bzgl. abzählbarer Vereinigungen und Durchschnitte und enthält die *Borel*schen Mengen von R.

Beweis: Wir zeigen zuerst, daß $\mathscr{K}$ bzgl. abzählbarer Vereinigungen abgeschlossen ist. Sei $\{E_j\}$ eine Folge $\mathscr{K}$-analytischer Mengen in R, wobei E_j das stetige Bild unter f_j einer $\mathscr{K}_{\sigma\delta}$-Menge D_j in einem kompakten Hausdorffraum X_j ist. Wir können dabei voraussetzen, daß alle X_j verschieden sind. Wir topologisieren $\bigcup X_j$, indem wir als Basis für die Topologie das System aller offenen Teilmengen der X_j

nehmen; sei X die Einpunktkompaktifizierung von $\bigcup X_j$ unter dieser Topologie. Dann ist X ein kompakter Hausdorffraum.
Wir definieren eine Abbildung f: $\bigcup D_j \to R$ wie folgt: $f(x) = f_j(x)$, wenn $x \in D_j$. Offenbar ist f eine stetige Abbildung von $\bigcup D_j$ auf $\bigcup E_j$. Wir müssen daher nur noch zeigen, daß $D = \bigcup D_j \subset \bigcup X_j$ eine $\mathscr{K}_{\sigma\delta}$-Menge in X ist. Für jedes j gibt es $\mathscr{K}_\sigma$-Mengen D_{jk} mit $D = \bigcup_j D_j = \bigcup_j \bigcap_k D_{jk}$. Da die X_j verschieden sind, haben wir $D = \bigcup_j \bigcap_k D_{jk} = \bigcap_k \bigcup_j D_{jk}$; daher ist D eine $\mathscr{K}_{\sigma\delta}$-Menge von X, denn mit D_{jk} ist auch $\bigcup_j D_{jk}$ eine $\mathscr{K}_\sigma$-Menge. Somit ist $\mathscr{K}$ abgeschlossen bzgl. abzählbarer Vereinigungen, insbesondere ist jede offene Teilmenge von R $\mathscr{K}$-analytisch, denn solche Mengen sind abzählbare Vereinigungen von kompakten Mengen, welche ja $\mathscr{K}$-analytisch sind.
Wir zeigen jetzt, daß mit jeder absteigenden Folge $\{E_j\}$ $\mathscr{K}$-analytischer Teilmengen von R auch $E_\delta = \bigcap E_j$ in $\mathscr{K}$ liegt. Dabei setzen wir wiederum voraus, daß jedes E_j ein stetiges Bild unter f_j einer $\mathscr{K}_{\sigma\delta}$-Menge D_j ist, die in einem kompakten Hausdorffraum X_j enthalten ist. Man definiere $X = \Pi X_j$ und $D = \Pi D_j \subset X$. Als Produkt kompakter Räume ist X kompakt in der gewöhnlichen Produkttopologie.

Für jedes j ist die Zylindermenge $D_j^* = \Pi\, Y_i$, wobei $Y_i = X_i$ für $i \neq j$ und $Y_j = D_j$ ist, eine $\mathscr{K}_{\sigma\delta}$-Menge von X nach Definition von D_j. Somit ist auch D wegen $D = \cap_j D_j^*$ eine $\mathscr{K}_{\sigma\delta}$-Menge von X. Sei jetzt $\tilde{f}_j$ die natürliche Fortsetzung von f_j auf D, d.h. für $x = (\ldots, x_j, \ldots) \in D$ mit $x_j \in D_j$ ist $\tilde{f}_j((\ldots, x_j, \ldots)) = f_j(x_j)$. Jedes $\tilde{f}_j$ bildet D auf E_j ab. Ferner ist $\tilde{f}_j$ als Komposition der stetigen Projektion π_j: $(\ldots, x_j, \ldots) \to x_j$ und der stetigen Abbildung f_j stetig. Daher ist $\{x \in D\colon \tilde{f}_i(x) = \tilde{f}_j(x)\}$ für alle i und j eine abgeschlossene Teilmenge von D, welche nach Definition von D wiederum eine $\mathscr{K}_{\sigma\delta}$-Menge von X ist, also ist auch $D_\delta = \{x \in D\colon \tilde{f}_i(x) = \tilde{f}_j(x)$ für alle i und $j\} = \cap_{i,j}\{x \in D\colon \tilde{f}_i(x) = \tilde{f}_j(x)\}$ als abzählbarer Durchschnitt von $\mathscr{K}_{\sigma\delta}$-Mengen eine $\mathscr{K}_{\sigma\delta}$-Menge. Man beachte, daß alle Abbildungen $\tilde{f}_i$ auf D_δ übereinstimmen, d.h. $\tilde{f}_i|_{D_\delta}$ ist unabhängig von i. Somit gilt für $\tilde{f} = \tilde{f}_i|_{D_\delta}$ die Relation $\tilde{f}(D_\delta) = \tilde{f}_i(D_\delta) \subset \tilde{f}_i(D) = f_i(D_i) = E_i$ für alle i und daher $\tilde{f}(D_\delta) \subset \cap E_i = E$. Zu $y \in E_\delta$ gibt es für alle i ein $x_i \in D_i$ mit $f_i(x_i) = y$. Somit ist für $x = \{x_i\} \in D_\delta$ $\tilde{f}(x) = y$, d.h. $E_\delta = \tilde{f}(D_\delta)$, und damit ist E als $\mathscr{K}$-analytische Teilmenge von R nachgewiesen, denn f ist nach Definition stetig auf D.

Es bleibt nur noch zu zeigen, daß $\mathscr{K}$ die *Borel*schen Mengen von R enthält. Das System der *Borel*schen Mengen ist das kleinste Mengensystem, das die kompakten Mengen enthält und das abgeschlossen bzgl. Komplementbildung und abzählbarer Vereinigung ist. Sei $\mathscr{M}$ das System der $\mathscr{K}$-analytischen Teilmengen von R, die $\mathscr{K}$-analytische Komplemente besitzen. Wir haben bereits bemerkt, daß die offenen und die kompakten Mengen $\mathscr{K}$-analytisch sind. Daher enthält $\mathscr{M}$ die kompakten Teilmengen von R. Offenbar ist $\mathscr{M}$ abgeschlossen unter Komplementbildung, und man sieht sofort, daß $\mathcal{M}$ auch bzgl. abzählbarer Vereinigungen abgeschlossen ist; also enthält $\mathcal{M}$ die *Borel*schen Teilmengen von R. ⌟

Lemma 7.30 Für eine äußere Kapazität ϕ^* auf den Teilmengen eines Hausdorffraumes X ist jede $\mathcal{K}_{\sigma\delta}$-Menge von X ϕ^*-kapazitabel.

Beweis: Sei E eine $\mathcal{K}_{\sigma\delta}$-Menge von X. Es gibt dann kompakte Teilmengen E_{jk} von X, so daß jedes $E_j = \bigcup_k E_{jk}$ eine $\mathcal{K}_\sigma$-Menge und $E = \bigcap_j E_j$ ist ($j, k = 1, 2, \ldots$). Wir können annehmen, daß $\{E_{jk}\}$ für jedes j eine isotone Folge ist. Sei η eine beliebige Zahl mit $\phi^*(E) > \eta$. Die Folge $\{E_{1k} \cap E\}$ ist aufsteigend, ihre Vereinigung ist $E_1 \cap E = E$. Wegen $\phi^*(E) = \phi^*(E_1 \cap E) = \sup_k \phi^*(E_{1k} \cap E)$ existiert eine natürliche Zahl p_1, so daß $\phi^*(F_1) > \eta$ für $F_1 = E_{1p_1} \cap E$ gilt. Angenommen, natürliche Zahlen $p_1, \ldots, p_{j-1}$ sind bereits definiert, so daß $\phi^*(F_{j-1}) > \eta$ für $F_{j-1} = E \cap E_{1p_1} \cap \ldots \cap E_{(j-1)p_{j-1}}$ ist. Für festes j ist $\{E_{jk} \cap F_{j-1}\}$ eine isotone Folge mit $E_j \cap F_{j-1}$ als Vereinigung. Wegen $F_{j-1} \subset E \subset E_j$ haben wir $E_j \cap F_{j-1} = F_{j-1}$ und daher $\phi^*(E_j \cap F_{j-1}) = \phi^*(F_{j-1}) > \eta$. Es gibt somit eine natürliche Zahl p_j mit $\phi^*(E_{jp_j} \cap F_{j-1}) > \eta$. Man definiere $F_j = E_{jp_j} \cap F_{j-1} = E \cap E_{1p_1} \cap \ldots \cap E_{jp_j}$ und $F_j^* = E_{1p_1} \cap \ldots \cap E_{jp_j}$. Dann gilt $F_j = E \cap F_j^* \subset F_j^*$ und wegen $\phi^*(F_j) > \eta$ auch $\phi^*(F_j^*) > \eta$. Für die absteigende Folge $\{F_j^*\}$ kompakter Mengen ist $\phi^*(\bigcap F_j^*) = \lim_{j\to\infty} \phi^*(F_j) \geq \eta$. Andererseits ist $\bigcap F_j^*$ wegen $\bigcap F_j^* = \bigcap E_{jp_j} \subset \bigcap E_j = E$ eine kompakte Teilmenge von E mit $\phi^*(\bigcap F_j^*) \geq \eta$.
Da η beliebig gewählt war, ist $\phi^*(E) = \sup\{\phi^*(K)\colon K \text{ kompakt}, K \subset E\}$, also ist E ϕ^*-kapazitabel. ⌟

Lemma 7.31 Sei f eine stetige Abbildung eines Hausdorffraumes X in die offene Menge $R \subset E^n$. Dann ist die durch $\phi^*(E) = \mathscr{C}^*(f(E))$ für $E \subset X$ definierte Mengenfunktion ϕ^* eine äußere Kapazität auf den Teilmengen von X, und $f(E)$ ist kapazitabel, wenn E ϕ^*-kapazitabel ist.

Beweis: Für $E \subset F \subset X$ ist $\phi^*(E) = \mathscr{C}^*(f(E)) \leq \mathscr{C}^*(f(F))$, also ist ϕ^* monoton. Sei $\{E_j\}$ eine isotone Folge von Teilmengen von X. Wegen $f(\bigcup E_j) = \bigcup f(E_j)$ ist $\phi^*(\bigcup E_j) = \mathscr{C}^*(f(\bigcup E_j)) = \mathscr{C}^*(\bigcup f(E_j) = \sup_j \mathscr{C}^*(f(E_j)) = \sup_j \phi^*(E_j)$. Sei jetzt $\{K_j\}$ eine antitone Folge kompakter Teilmengen von X. Wir zeigen zunächst $f(\bigcap K_j) = \bigcap f(K_j)$, dabei ist $f(\bigcap K_j) \subset \bigcap f(K_j)$ trivial. Zum Beweis der anderen Inklusion sei $y \in \bigcap f(K_j)$. Zu jedem j existiert dann ein $x_j \in K_j$ mit $f(x_j) = y$. Da die Folge $\{x_j\}$ in der kompakten Menge K_1 liegt, gibt es eine Teilfolge $\{x_{j_k}\}$ mit Limes $x \in \bigcap K_j$. Aus der Stetigkeit von f folgt $f(x_{j_k}) \to f(x)$ mit $k \to \infty$, also ist $f(x) = y$ und $\bigcap f(K_j) \subset f(\bigcap K_j)$. Es ergibt sich somit $\phi^*(\bigcap K_j) = \mathscr{C}^*(f(\bigcap K_j)) = \mathscr{C}^*(\bigcap f(K_j)) = \lim_{j\to\infty} \mathscr{C}^*(f(K_j)) = \lim_{j\to\infty} \phi^*(K_j)$. Damit haben wir gezeigt, daß ϕ^* eine äußere Kapazität ist.

Sei jetzt $E \subset X$ ϕ^*-kapazitabel und λ eine beliebige reelle Zahl mit $\mathscr{C}^*(f(E)) = \phi^*(E) > \lambda$. Es gibt dann eine kompakte Menge $K \subset E$ mit $\phi^*(K) > \lambda$, also auch $\mathscr{C}^*(f(K)) > \lambda$. Als stetiges Bild einer kompakten Menge ist $f(K)$ eine kompakte Teilmenge von $f(E)$. Dies zeigt $\mathscr{C}^*(f(E)) = \sup\{\mathscr{C}^*(K)\colon K \text{ kompakt}, K \subset f(E)\}$.┘

Satz 7.32 (*Choquet*) Die $\mathscr{K}$-analytischen Teilmengen der offenen Menge $R \subset E^n$ sind kapazitabel.

Beweis: Sei E eine $\mathscr{K}$-analytische Teilmenge von R, die in einer kompakten Menge $C \subset R$ enthalten ist. Es existieren dann ein kompakter Hausdorffraum X, eine $\mathscr{K}_{\sigma\delta}$-Menge D von X und eine stetige Abbildung $f\colon D \to E$ mit $f(D) = E$. Sei $\Gamma \subset X \times C$ der Graph von f. Bezeichnet P_r die Projektion von $X \times C$ auf C, so ist $E = P_r\Gamma$. Da D eine $\mathscr{K}_{\sigma\delta}$-Menge von X ist, muß $D \times C$ eine $\mathscr{K}_{\sigma\delta}$-Menge von $X \times C$ sein. Wir zeigen jetzt, daß Γ relativ abgeschlossen in $D \times C$ ist. Sei dazu $\{(x_a, f(x_a))\colon a \in A\}$ ein Netz in Γ, welches gegen $(x, e) \in D \times C$ konvergiert. Da $x_a \to x$ bzgl. der gerichteten Menge A, haben wir wegen der Stetigkeit von f auch $f(x_a) \to f(x)$ im gleichen Sinne. Andererseits gilt $f(x_a) \to e$, und da C Hausdorffsch ist, muß $f(x) = e$ und damit $(x, e) \in \Gamma$ sein, also ist Γ relativ abgeschlossen in $D \times C$. Es gibt daher eine abgeschlossene Teilmenge F von $X \times C$, so daß Γ der Durchschnitt von F und $D \times C$ ist. Wir können etwa $F = \bar{\Gamma}$, der Abschluß von Γ in $X \times C$ wählen, also ist $\Gamma = \bar{\Gamma} \cap (D \times C)$. Somit ist Γ eine $\mathscr{K}_{\sigma\delta}$-Menge von $X \times C$, denn $\bar{\Gamma}$ ist abgeschlossen, und $D \times C$ ist eine $\mathscr{K}_{\sigma\delta}$-Menge in $X \times C$. Für $\Sigma \subset X \times C$ definieren wir $\phi^*(\Sigma) = \mathscr{C}^*(P_r\Sigma)$. Da die Projektion P_r stetig ist, ist nach Lemma 7.31 ϕ^* eine äußere Kapazität auf den Teilmengen von $X \times C$. Nach Lemma 7.30 ist Γ ϕ^*-kapazitabel, nach Lemma 7.31 also $E = P_r\Gamma$ kapazitabel. Ist E nun eine beliebige $\mathscr{K}$-analytische Teilmenge von R, so gibt es eine isotone Folge $\{C_j\}$ kompakter Teilmengen von R mit $E \subset \bigcup C_j$. Setzen wir $E_j = E \cap C_j$, so ist $E = \bigcup E_j$ und $\mathscr{C}^*(E) = \sup_j \mathscr{C}^*(E_j)$. Zu jeder reellen Zahl λ mit $\mathscr{C}^*(E) > \lambda$ gibt es eine natürliche Zahl j_0 mit $\mathscr{C}^*(E_{j_0}) > \lambda$. Da E_{j_0} eine in der kompakten Menge $C_{j_0} \subset R$ enthaltenen $\mathscr{K}$-analytische Menge ist, gilt nach dem ersten Teil des Beweises, daß E_{j_0} kapazitabel ist. Daher existiert eine kompakte Menge $K \subset E_{j_0} \subset E$ mit $\mathscr{C}^*(K) > \lambda$. Somit ist $\mathscr{C}^*(E) = \{\sup \mathscr{C}^*(K)\colon K \text{ kompakt}, K \subset E\}$, und E ist kapazitabel. ┘

7.6 Anwendungen

Wir haben bereits gezeigt, daß eine polare Menge in E^n Nullmenge für das n-dimensionale *Lebesgue*sche Maß ist. Jetzt werden wir beweisen, daß wir das *Lebesgue*sche Maß durch die Kapazität ersetzen können.

Satz 7.33 (*Cartan*) Eine Teilmenge einer zulässigen Menge R ist genau dann polar, wenn sie von der Kapazität Null bzgl. R ist.

Beweis: Sei $Z \subset R$ polar. Dabei können wir $Z \subset W$ voraussetzen, wobei W eine offene, relativ-kompakte Teilmenge von R mit $\bar{W} \subset R$ ist. Für eine isotone Folge $\{W_j\}$ offener, relativ-kompakter Teilmengen von R mit $\bar{W}_j \subset R$ und $R = \bigcup W_j$ gilt nämlich $\mathscr{C}^*(Z) = \lim_{j\to\infty} \mathscr{C}^*(Z \cap W_j)$. Nach den Sätzen 7.3 und 7.4 existiert eine superharmonische Funktion u mit $u = +\infty$ auf Z. Aus dem *Riesz*schen Zerlegungssatz folgt dann, daß ein Maß μ auf W und eine auf W harmonische Funktion h existieren mit $u = G_W\mu + h$; also ist $G_W\mu = +\infty$ auf Z und wegen $G_W \leq G$ auf $W \times W$ auch $G\mu = +\infty$ auf Z. Für jedes $r > 0$ ist $U_r = \{x \in R\colon G\mu(x) > r\}$ eine offene Teilmenge von R, da $G\mu$ n.u.h. ist. Sei $K \subset U_r$ kompakt und μ_K die Kapazitätsverteilung von K bzgl. R. Nach dem Reziprozitätssatz und wegen $V_K = G\mu_K \leq 1$ auf R gilt

$$\mathscr{C}(K) = \int d\mu_K \leq \frac{1}{r} \int G\mu\, d\mu_K = \frac{1}{r} \int G\mu_K\, d\mu \leq \frac{1}{r}\mu(\bar{W}),$$

woraus $\mathscr{C}^*(U_r) = \mathscr{C}(U_r) \leq (1/r)\mu(\bar{W})$ folgt und damit $\mathscr{C}^*(Z) = 0$ wegen $\mathscr{C}^*(Z) = \inf \mathscr{C}(U_r)$. Aus $0 \leq \mathscr{C}_*(Z) \leq \mathscr{C}^*(Z)$ folgt schließlich, daß Z von der Kapazität Null bzgl. R ist.

Zum Beweis der Umkehrung sei $\mathscr{C}^*(Z) = 0$. Da die Vereinigung abzählbar vieler polarer Mengen wiederum polar ist, genügt es, den Fall zu betrachten, wo Z Teilmenge einer offenen, relativ-kompakten, zusammenhängenden Menge W mit $\bar{W} \subset R$ ist. Für eine nicht-leere offene Menge U mit $\bar{U} \subset W$ haben $Z \cap U$ und $Z \cap (W \sim U)$ beide die äußere Kapazität Null nach der Monotonie-Eigenschaft der äußeren Kapazität. Nach Satz 7.6 genügt es also, zu zeigen, daß jede dieser beiden Mengen polar ist. In beiden Fällen können wir einen Punkt außerhalb der Menge finden, der von der Menge durch Umgebungen getrennt wird. Daher können wir ebenso gut voraussetzen, daß Z diese Eigenschaft besitzt, d.h. es gibt einen Punkt $y \in W \sim Z$ und offene Mengen U und V mit (i) $y \in U \subset W$, (ii) $Z \subset V \subset W$ und (iii) $U \cap V = \emptyset$. Da $\mathscr{C}^*(Z) = 0$ ist, existiert zu jeder natürlichen Zahl j eine offene Menge V_j mit $Z \subset V_j \subset V$ und $\mathscr{C}(V_j) < j^{-2}$. Weiter gibt es zu festem j eine isotone Folge $\{W_i\}$ offener Mengen mit $\bar{W}_i \subset W_{i+1} \subset V_j$ und $V_j = \bigcup W_i$. Für jedes i sei $K_i = \bar{W}_i$ und $V_{K_i} = G\mu_{K_i}$ das zugehörige Kapazitätspotential (bzgl. R), welches gleich 1 auf W_i ist. Da $G(y, \cdot)$ außerhalb jeder y enthaltenden Kugel beschränkt ist, gilt $\sup_{x \in V} G(y, x) \leq m$ für ein gewisses m. Dies und die Tatsache, daß der Träger von μ_{K_i} in $K_i \subset V_j \subset V$ enthalten ist, führt zu

$$V_{K_i}(y) = \int G(y, x)\, d\mu_{K_i}(x) \leq m\mu_{K_i}(K_i) \leq m\mathscr{C}(K_i) \leq m\mathscr{C}(V_j) \leq mj^{-2}.$$

Wegen der Monotonie der Folge $\{V_{K_i}\}$ können wir $w_j = \lim_{i\to\infty} V_{K_i}$ definieren, insbesondere ist $w_j(y) \leq mj^{-2}$. Als Limes einer durch 1 gleichmäßig beschränkten, isotonen Folge von Potentialen ist w_j nach Satz 4.15 eine nichtnegative, superharmonische Funktion auf R, die 1 auf $V_j \supset Z$ ist, denn aus $V_{K_i} = 1$ auf W_i folgt $w_j = 1$ auf jedem W_i. Sei $w = \sum_{j=1}^{\infty} w_j$. Nach Satz 4.15 ist w wegen $w(y) = \sum_{j=1}^{\infty} w_j(y) < +\infty$ eine superharmonische Funktion auf derjenigen Komponente von R, die W enthält. Da $w_j = 1$ auf Z ist, haben wir $w = +\infty$ auf Z. Somit ist Z polar. ┘

Mit Hilfe dieses Satzes kann man zeigen, daß die Eigenschaft einer Menge, von der Kapazität Null zu sein, unabhängig von der zulässigen Menge R ist, die zur Definition der Kapazität benutzt wurde, d. h. hat $Z \subset R$ die Kapazität Null, so ist Z polar; ist Z ferner Teilmenge einer anderen zulässigen Menge R_1, so hat auch Z die Kapazität Null bzgl. R_1.

Einige der im vorangehenden Abschnitt entwickelten Ideen erlauben es uns, die Sätze 7.3, 7.4 und 7.14 zumindest für kompakte polare Mengen zu verbessern.

Satz 7.34 (*Evans*) Ist Z eine kompakte polare Teilmenge einer zulässigen Menge R mit *Green*-Funktion G, so existiert ein Maß μ mit $G\mu = +\infty$ auf Z und $G\mu < +\infty$ auf $R \sim Z$.

Beweis: Für jede natürliche Zahl j sei $U_j = \{y: d(y, Z) < j^{-1}\}$. Ohne Beschränkung der Allgemeinheit können wir $\bar{U}_1 \subset R$ annehmen, anderenfalls ändere man die Bezeichnung. Dann gilt $Z = \bigcap U_j$, die U_j bilden eine absteigende Folge, und die Folge der Kapazitätspotentiale V_{K_j}, wobei $K_j = \bar{U}_j$ ist, bilden eine absteigende Folge nichtnegativer, superharmonischer Funktionen. Außerdem ist $V_{K_j} = 1$ auf Z und harmonisch auf $R \sim K_j$. Man definiere eine Funktion v auf $R \sim Z$ durch $v = \lim_{j\to\infty} V_{K_j}$. Da für jede natürliche Zahl p die Funktion V_{K_j} für $j \geq p$ außerhalb von K_p harmonisch ist, muß nach Satz 2.19 v außerhalb von K_p und daher auf $R \sim Z$ harmonisch sein. Wegen $0 \leq v \leq 1$ besitzt v nach Korollar 7.8 eine harmonische Fortsetzung v^* auf R. Nun ist aber $0 \leq v^* \leq V_{K_1}$, und da die größte harmonische Minorante von V_{K_1} die Nullfunktion ist, muß $v^* = 0$ auf R und daher $v = 0$ auf $R \sim Z$ sein. Sei $\{R_j\}$ eine aufsteigende Folge offener, relativ-kompakter Mengen mit $\bar{R}_j \subset R$ und $R = \bigcup R_j$. Dabei können wir $\bar{U}_1 \subset R_1$ annehmen. Für jede natürliche Zahl p sind die Funktionen V_{K_j}, $j \geq p$, stetig auf der kompakten Menge $\bar{R}_p \sim U_p$ und fallen monoton gegen die stetige Funktion 0. Nach dem Satz von *Dini* ist die Konvergenz gleichmäßig. Daher existiert eine natürliche Zahl $j_p \geq p$ mit $V_{K_j} < 2^{-p}$ auf $\bar{R}_p \sim U_p$ für alle $j \geq j_p$. Sei $\phi_p = V_{K_{j_p}}$; man definiere $w = \sum_{p=1}^{\infty} \phi_p$. Dann ist $w = +\infty$ auf Z wegen $\phi_p = V_{K_{j_p}} = 1$ auf Z. Ist $y \in R \sim Z$, so folgt $y \in \bar{R}_q \sim U_q$ für gewisses q und damit

$$w(y) = \sum_{p=1}^{q-1} \phi_p(y) + \sum_{p=q}^{\infty} \phi_p(y) \leq (q-1) + \sum_{p=q}^{\infty} 2^{-p} < +\infty.$$

Also ist w endlich auf $R \sim Z$. Da w eine nichtnegative, superharmonische Funktion auf R ist, existiert nach dem *Riesz*schen Zerlegungssatz ein Maß μ auf R mit $w = G\mu + h$, wobei h die größte harmonische Minorante von w ist. Somit ist $G\mu$ endlich auf $R \sim Z$ und $+\infty$ auf Z. ⌟

Es ist darauf hingewiesen worden, daß polare Mengen in vielerlei Hinsicht vernachlässigbar sind. Legen wir aber andererseits eine nicht-triviale Massenverteilung auf eine polare Menge, so wird diese polare Menge alles andere als vernachlässigbar sein.

Satz 7.35 Sei M eine *Borel*sche Teilmenge einer zulässigen Menge R mit *Green*-Funktion G und sei μ ein Maß auf R mit $\mu(M) > 0$. Ist dann $G\mu$ beschränkt auf R, so ist M nicht polar.

Beweis: Sei M polar. Dann hat M Kapazität Null bzgl. R. Es existiert eine offene, relativ-kompakte Menge W mit $\bar{W} \subset R$ und $\mu(W \cap M) > 0$. Da $W \cap M$ polar ist, gibt es eine superharmonische Funktion v mit $v = +\infty$ auf $W \cap M$, wobei wir $v \geq 0$ auf $\bar{W}$ voraussetzen können, indem wir notfalls eine Konstante zu v addieren. Sei ν das nach dem *Riesz*schen Zerlegungssatz zu W und v assozierte Maß. Wir setzen ν auf R durch $\nu(R \sim W) = 0$ fort und erhalten nach dem Zerlegungssatz $v = G_W \nu + h \leq G\nu + h$ auf W, wobei h harmonisch auf W ist. Wegen $v = +\infty$ auf $W \cap M$ haben wir $G\nu = +\infty$ auf $W \cap M$, so daß nach dem Reziprozitätssatz folgt

$$+\infty = \int_R G\nu d\mu = \int_R G\mu d\nu;$$

andererseits ist aber $\nu(R) = \nu(\bar{W}) < \infty$, da $G\mu$ beschränkt auf R ist. Dies ist ein Widerspruch, und M ist daher nicht polar. ⌟

Als letzte Anwendung der in diesem Kapitel entwickelten Ergebnisse betrachten wir antitone Folgen superharmonischer Funktionen. Wir haben in Satz 4.16 gesehen, daß eine antitone Folge superharmonischer Funktionen, welche lokal nach unten beschränkt ist, einen Limes besitzt, dessen untere Regularisierte superharmonisch ist. Nach einigen Vorbereitungen werden wir zeigen, daß sich dieser Limes von seiner unteren Regularisierten höchstens auf einer polaren Menge unterscheidet. Es sei darauf hingewiesen, daß dieses Ergebnis für jede offene Menge R und nicht nur für zulässige Mengen richtig ist.

Lemma 7.36 Sei R eine offene Menge mit *Green*-Funktion G und sei $\{\mu_j\}$ eine Folge von Maßen auf R, die auf R gegen ein Maß μ in der vagen Topologie konvergiert. Dann gilt $G\mu \leq \liminf_{j\to\infty} G\mu$.

Beweis: Für $x \in R$ ist $G(x, \cdot)$ nichtnegativ und n.u.h. auf R. Es gibt daher eine Folge $\{\phi_j\}$ von stetigen Funktionen mit kompakten Trägern, so daß $\phi_j \uparrow G(x, \cdot)$. Also ist

$$\int \phi_i d\mu_j \leq \int G(x, \cdot) d\mu_j.$$

Da ϕ_i für festes i einen kompakten Träger hat, folgt aus der vagen Konvergenz der μ_j gegen μ

$$\int \phi_i d\mu \leq \liminf_{j \to \infty} \int G(x, \cdot) d\mu_j,$$

woraus wir für $i \to \infty$ die Behauptung erhalten. ⌟

Lemma 7.37 Sei K eine nicht-polare, kompakte Teilmenge einer zulässigen Menge R. Dann existiert ein vom Nullmaß verschiedenes Maß μ mit Träger in K, so daß $G\mu$ endlich und stetig auf R ist.

Beweis: Man betrachte die Kapazitätsverteilung μ_K von K bzgl. R. Da K nichtpolar ist, gilt $\mathscr{C}(K) = \mu_K(K) > 0$. Außerdem ist $0 \leq V_K = G\mu_K \leq 1$ auf R. Nach Satz 6.21 existiert daher eine kompakte Menge $C \subset K$ mit $\mu_K(C) > 0$, so daß $G\mu_K|_C$ endlich und stetig auf R ist. ⌟

Lemma 7.38 Sei $\{\mu_i : i \in I\}$ eine Familie von Maßen auf einer Kugel B mit den folgenden Eigenschaften:

(i) Der Träger von allen μ_i ist in einer kompakten Menge $K \subset B$ enthalten.
(ii) Die Familie $\{G_B\mu_i : i \in I\}$ ist absteigend filtrierend.
(iii) Die Menge $\{\mu_i(B) : i \in I\}$ ist beschränkt.

Dann existiert ein Maß μ mit $G_B\mu = \inf_{i \in I} G_B\mu_i$ q.ü. auf B.

Beweis: Wir können Lemma 2.20 anwenden und erhalten eine abzählbare Menge $I_0 \subset I$, so daß für jedes n.u.h. g auf B mit $g \leq \inf_{i \in I_0} G_B\mu_i$ auch $g \leq \inf_{i \in I} G_B\mu_i$ gilt. Wegen (ii) können wir annehmen, daß die Folge $\{G_B\mu_i : i \in I_0\}$ antiton ist. Sei $I_0 = \{i_j : j \geq 1\}$. Es gibt eine Teilfolge der Folge $\{\mu_{i_j}\}$, die in der vagen Topologie gegen ein Maß μ konvergiert. Wir können dabei annehmen, daß die Folge selbst diese Eigenschaft besitzt. Nach Lemma 7.36 ist $G_B\mu \leq \lim_{j \to \infty} G_B\mu_{i_j} = \inf_{i \in I} G_B\mu_i$. Aber $G_B\mu$ ist n.u.h., also $G_B\mu \leq \inf_{i \in I} G_B\mu_i \leq \lim_{j \to \infty} G_B\mu_{i_j}$. Man betrachte die *Borel*sche Menge $E = \{x \in B : G_B\mu(x) < \lim_{j \to \infty} G_B\mu_{i_j}(x)\}$ und nehme an, daß E nicht von der inneren Kapazität Null bzgl. B ist. Dann gibt es eine kompakte Menge $C \subset E$ mit $G_B\mu < \lim_{j \to \infty} G_B\mu_{i_j}$ auf C, so daß C positive Kapazität hat. Nach Lemma 7.37 existiert ein vom Nullmaß verschiedenes Maß ν mit Träger in C, so daß $G_B\nu$ endlich und stetig auf $\bar{B}$ ist (man setze $G_B\nu = 0$ auf ∂B). Aus der Stetigkeit von $G_B\nu$ folgt $\int G_B\nu \, d\mu_{i_j} \to$

$\int G_B \nu \, d\mu$, wenn $j \to \infty$, nach dem Reziprozitätssatz und dem Lemma von *Fatou* also

$$\int \lim_{j\to\infty} G_B \mu_{i_j} \, d\nu \leq \lim_{j\to\infty} \int G_B \mu_{i_j} \, d\nu = \lim_{j\to\infty} \int G_B \nu \, d\mu = \int G_B \mu \, d\nu$$

oder

$$\int (G_B \mu - \lim_{j\to\infty} G_B \mu_{i_j}) d\nu \geq 0;$$

da aber der Integrand strikt negativ auf dem Träger von ν ist, haben wir einen Widerspruch. Es folgt, daß E innere Kapazität Null hat, und da *Borel*sche Mengen kapazitabel sind, hat E Kapazität Null. Somit ist E nach Satz 7.33 polar, und es gilt $G_B \mu = \inf_{i\in I} G_B \mu_i = \lim G_B \mu_{i_j}$ q.ü. auf B. ⌟

Nachdem wir bewiesen haben, daß der Limes einer antitonen Folge von Potentialen auf einer Kugel außerhalb einer polaren Menge mit einem Potential übereinstimmt, können wir den Fall einer antitonen Folge von superharmonischen Funktionen sofort darauf zurückführen.

Satz 7.39 (*Cartan*) Die untere Einhüllende $v = \inf\{u: u \in \mathscr{F}\}$ einer lokal nach unten beschränkten Familie $\mathscr{F}$ von superharmonischen Funktionen auf einer offenen Menge R unterscheidet sich von ihrer unteren Regularisierten $\hat{v}$ höchstens auf einer polaren Menge.

Beweis: Nach Satz 4.16 ist $\hat{v}$ superharmonisch. Da die abzählbare Vereinigung von polaren Mengen wiederum polar ist, genügt es, $\hat{v} = v$ außerhalb einer polaren Menge auf einer Kugel $B \subset \bar{B} \subset R$ zu zeigen. Tatsächlich können wir annehmen, daß R eine Kugel und daß die Familie $\mathscr{F}$ nichtnegativ auf R ist, indem wir R notfalls durch eine Kugel ersetzen, die $\bar{B}$ in ihrem Inneren enthält und deren Abschluß in R enthalten ist. Ersetzen wir $\mathscr{F}$ durch die Familie aller endlichen Infima von Elementen von $\mathscr{F}$, so können wir weiter annehmen, daß $\mathscr{F}$ absteigend filtrierend ist. Da jedes $u \in \mathscr{F}$ durch die Gefegte $\hat{R}^u_B$ (bzgl. R), ohne den Wert von u auf B zu ändern, ersetzt werden kann und da die Menge $\{\hat{R}^u_B: u \in \mathscr{F}\}$ ebenfalls absteigend filtrierend ist, können wir weiterhin annehmen, daß jedes $u \in \mathscr{F}$ ein Potential eines Maßes μ mit Träger in der kompakten Menge $\bar{B} \subset R$ ist. Schließlich können wir noch annehmen, daß es ein $u_0 \in \mathscr{F}$ gibt mit $u \leq u_0$ für alle $u \in \mathscr{F}$. Indem wir die Gefegte von 1 über eine Kugel zwischen B und R nehmen, können wir ein Maß σ σ finden mit $G_R \sigma = 1$ auf $\bar{B}$. Ist $u \in \mathscr{F}$ und $u = G_R \mu$, so ist

$$\mu(\bar{B}) = \int G_R \sigma \, d\mu = \int G_R \mu \, d\sigma \leq \int u_0 \, d\sigma \leq \mu_0(\bar{B}),$$

wobei $u_0 = G_R \mu_0$. Somit ist die Menge $\{\mu(\bar{B}): u \in \mathscr{F}, u = G_R \mu\}$ beschränkt, und wir können Lemma 7.38 anwenden. Also ist $\hat{v} = v$ q.ü. auf B. ⌟

Korollar 7.40 Sei E eine Teilmenge einer offenen Menge R und sei u eine nichtnegative superharmonische Funktion auf R. Dann unterscheidet sich die Reduzierte R^u_E von der Gefegten $\hat{R}^u_E$ höchstens auf einer polaren Teilmenge von ∂E.

8. Das verallgemeinerte Dirichletsche Problem

In diesem Kapitel werden wir das *Dirichlet*sche Problem für beschränkte, offene Teilmengen von E^n studieren. Wir werden dabei gewissen Randfunktionen harmonische Funktionen zuordnen, und zwar nach einer Methode, die auf *Perron*, *Wiener* und *Brelot* zurückgeht. Nachdem wir eine formale Lösung des *Dirichlet*schen Problems konstruiert haben, wird die Beziehung zwischen der Lösung und der Randfunktion untersucht. Diese Untersuchungen führen zum klassischen Begriff eines „regulären Randpunktes". Schließlich wenden wir die so erhaltenen Ergebnisse auf die *Green*-Funktion und Potentiale an.

8.1 Die Methode von Perron-Wiener-Brelot

Sei R eine nicht-leere, offene Teilmenge von E^n, und sei f eine numerische Funktion auf ∂R. Das verallgemeinerte *Dirichlet*sche Problem besteht darin, eine harmonische Funktion h auf R zu konstruieren, die der Randfunktion f entspricht. Natürlich können wir sogar im Falle einer Kugel nicht erwarten, daß h bei Annäherung an den Rand den Wert von f in den Punkten von ∂R annimmt, aber wir werden zeigen, daß dies für stetige Randfunktionen in den meisten Randpunkten der Fall ist.

Definition Eine numerische Funktion u heißt *hyperharmonisch* (*hypoharmonisch*) auf R, wenn u superharmonisch (subharmonisch) oder identisch $+\infty\,(-\infty)$ auf jeder Komponente von R ist.

Definition Die durch die Funktion f auf ∂R bestimmte *Oberklasse* $\mathfrak{O}_f$ ist gegeben durch

$$\mathfrak{O}_f = \{u\colon u \text{ hyperharmonisch auf } R,\ \liminf_{y\to x} u(y) \geq f(x) \text{ für alle } x \in \partial R,\\ u \text{ nach unten beschränkt auf } R\}.$$

Die durch f bestimmte *Unterklasse* $\mathfrak{U}_f$ ist gegeben durch

$$\mathfrak{U}_f = \{u\colon u \text{ hypoharmonisch auf } R,\ \limsup_{y\to x} u(y) \leq f(x) \text{ für alle } x \in \partial R,\\ u \text{ nach oben beschränkt auf } R\}.$$

Man beachte, daß $\mathfrak{O}_f$ die konstante Funktion $+\infty$ stets enthält und daß $\mathfrak{U}_f$ stets die konstante Funktion $-\infty$ enthält.

Definition $\bar{H}_f = \inf\{u\colon u \in \mathfrak{O}_f\}$ heißt die *Oberlösung* für das verallgemeinerte *Dirichlet*sche Problem für die Randfunktion f. Die entsprechende *Unterlösung* ist $\underline{H}_f = \sup\{u\colon u \in \mathfrak{U}_f\}$. Offenbar ist $\bar{H}_f = -\underline{H}_{-f}$.

Wir wollen bemerken, daß $\mathfrak{O}_f$ ($\mathfrak{U}_f$) nur die konstante Funktion $+\infty$ ($-\infty$) enthalten kann. Die Forderung, daß die Elemente von $\mathfrak{O}_f$ nach unten beschränkt sein müssen, kann möglicherweise durch keine nicht-triviale hyperharmonische Funktion erfüllt werden. Falls es eine superharmonische Funktion in $\mathfrak{O}_f$ gibt, so existiert auch eine nichtnegative, superharmonische Funktion auf R. Wir werden später sehen, daß es genau dann eine nicht-konstante, positive superharmonische Funktion auf R gibt, wenn R eine *Green*-Funktion besitzt. Trotz der jetzigen allgemeinen Voraussetzungen über R müssen wir uns im Laufe der Zeit auf offene Mengen beschränken, die eine *Green*-Funktion besitzen.

Bevor wir das nächste Lemma beweisen, sollten ein paar Worte über die Ober- und Unterlösungen bzgl. der Komponenten von R gesagt werden. Sei W eine Komponente, und seien $\mathfrak{O}^W$ und $\bar{H}^W_f$ die Oberklasse bzw. die Oberlösung bzgl. der Komponente W. Wir bemerken zunächst $\mathfrak{O}^W_{f|\partial W} = \mathfrak{O}_f|_W = \{u|_W\colon u \in \mathfrak{O}_f\}$. Um diese Gleichheit nachzuweisen, sei $u \in \mathfrak{O}^W_{f|\partial W}$ und $u^* = u$ auf W und $u^* = +\infty$ auf $R \sim W$. Offenbar ist $u^* \in \mathfrak{O}_f$ und $u = u^*|_W$, woraus $\mathfrak{O}^W_{f|\partial W} \subset \mathfrak{O}_f|_W$ folgt. Sei umgekehrt $u \in \mathfrak{O}_f$ und $x \in \partial W$. Dann ist $x \in \partial R$ und

$$\liminf_{\substack{y\to x\\ y\in W}} u(y) \geq \liminf_{\substack{y\to x\\ y\in R}} u(y) \geq f(x).$$

Daher haben wir $u|_W \in \mathfrak{O}^W_{f|\partial W}$ und $\mathfrak{O}_f|_W \subset \mathfrak{O}^W_{f|\partial W}$. Unmittelbar hieraus folgt $\bar{H}^W_{f|\partial W} = \bar{H}_f|_W$. Deswegen genügt es gewöhnlich, Komponenten von R zu betrachten.

Lemma 8.1 Auf jeder Komponente von R sind $\bar{H}_f$ bzw. $\underline{H}_f$ entweder identisch $+\infty$, identisch $-\infty$ oder harmonisch.

Beweis: Wir können annehmen, daß R zusammenhängend ist. Enthält $\mathfrak{O}_f$ nur die konstante Funktion $+\infty$, so ist $\bar{H}_f = +\infty$, und wir sind fertig. Nehmen wir also an, daß $\mathfrak{O}_f$ eine hyperharmonische Funktion enthält, die nicht identisch $+\infty$ ist. Dann gilt $\bar{H}_f = \inf\{u\colon u \in \mathfrak{O}_f,\ u \text{ superharmonisch auf } R\}$. Könnten wir zeigen, daß die superharmonischen Elemente von $\mathfrak{O}_f$ eine gesättigte Familie bilden, so folgte aus Satz 5.9, daß $\bar{H}_f$ identisch $-\infty$ oder harmonisch auf R ist. Seien u_1 und u_2 zwei superharmonische Elemente aus $\mathfrak{O}_f$. Ist $x \in \partial R$, so folgt aus $\liminf_{y\to x} u_i(y) \geq f(x)$ sofort $\liminf_{y\to x} (u_1(y) \wedge u_2(y)) \geq f(x)$. Da u_1 und u_2 nach unten beschränkt sind, ist dies auch richtig für die superharmonische Funktion $u_1 \wedge u_2$, und wir haben $u_1 \wedge u_2 \in \mathfrak{O}_f$ gezeigt. Für ein superharmonisches Element u von $\mathfrak{O}_f$ und für eine

Kugel B mit $\bar{B} \subset R$ ist

$$u^* = \begin{cases} \boldsymbol{PI}(u, B) & \text{auf} \quad B, \\ u & \text{auf} \quad R \sim B \end{cases}$$

ein superharmonisches Element von $\mathfrak{O}_f$, da u^* superharmonisch auf R ist,

$$\liminf_{y \to x} u^*(y) = \liminf_{y \to x} u(y) \geq f(x)$$

für alle $x \in \partial R$ gilt und da u^* nach unten beschränkt ist durch dieselbe Konstante, die u minorisiert. Also bilden die superharmonischen Elemente von $\mathfrak{O}_f$ eine gesättigte Familie. ┘

Definition Ist $\bar{H}_f = \underline{H}_f$ und sind beide harmonisch auf R, so heißt f eine *resolutive Randfunktion*, und $H_f = \bar{H}_f = \underline{H}_f$ heißt die *Dirichletsche Lösung* für f.

Die obige Methode, zu einer Randfunktion f eine harmonische Funktion zu erhalten, heißt die *Methode von Perron-Wiener-Brelot* (kurz: *PWB-Methode*).

Am Ende von Kapitel 2 war daraufhingewiesen worden, daß das *Dirichlet*sche Problem nicht immer eine eindeutige Lösung besitzt. Wir sahen, daß die Funktion $h = \boldsymbol{PI}(c, f, R)$, das *Poisson*sche Integral für den Halbraum $R = \{(x_1, \ldots, x_n): x_n > 0\}$, das *Dirichlet*sche Problem für die Randfunktion f löst und daß $\lim_{y \to x} h(y) = f(x)$ für alle $x \in R$ gilt, wenn f eine beschränkte, stetige Funktion ist; aber in Hinblick auf die Willkür der reellen Zahl c ist die Lösung gewiß nicht eindeutig. Um eine eindeutige Lösung zu erhalten, müssen wir das Verhalten der Lösung für $\|y\| \to +\infty$ angeben. Das ist ein hinreichender Grund, uns zunächst einmal auf beschränkte Gebiete R zu begrenzen; unbeschränkte Gebiete werden in Kapitel 9 untersucht werden.

Lemma 8.2 Sei R eine beschränkte, offene Teilmenge von E^n. Für $u \in \mathfrak{U}_f$ und $v \in \mathfrak{O}_f$ gilt $u \leq v$ und $\underline{H}_f \leq \bar{H}_f$ auf R.

Beweis: Wir können R als zusammenhängend voraussetzen. Wenn entweder v nicht superharmonisch oder u nicht subharmonisch ist, so gilt $u \leq v$ auf R trivialerweise. Es genügt, den Fall zu betrachten, daß $v - u$ superharmonisch ist. Ist $x \in \partial R$ und $f(x)$ endlich, so ist

$$\liminf_{y \to x} (v - u)(y) \geq \liminf_{y \to x} v(y) - \limsup_{y \to x} u(y) \geq f(x) - f(x) = 0;$$

ist dagegen $f(x) = +\infty$, so folgt $\liminf_{y \to x} (v - u)(y) \geq 0$, da wir $\liminf_{y \to x} v(y) = +\infty$ und $\limsup_{y \to x} u(y) < +\infty$ haben. Für $f(x) = -\infty$ gilt dasselbe Ergebnis. Daher haben wir für alle $x \in \partial R$ $\liminf_{y \to x} (v - u)(y) \geq 0$, nach Korollar 4.3, somit $v - u \geq 0$. ┘

Es ist möglich, daß die PWB-Methode zur Konstruktion einer Lösung des *Dirichlet*schen Problems für eine gegebene Randfunktion gewisse Randpunkte nicht beachtet. Wir geben ein Beispiel für eine resolutive Randfunktion, deren Wert in einem Randpunkt nichts mit der *Dirichlet*schen Lösung zu tun hat. Sei $B = B_{0,1}$, $R = B \sim \{0\}$ und

$$f = \begin{cases} 1 & \text{in} \quad 0, \\ 0 & \text{auf} \quad \partial B. \end{cases}$$

Dann ist für jedes $\lambda > 0$ $\lambda G_B(0, \cdot) \in \mathfrak{O}_f$ und $-\lambda G_B(0, \cdot) \in \mathfrak{U}_f$. Offenbar ist $H_f = \bar{H}_f = \underline{H}_f = 0$ auf R, und f ist resolutiv. Unabhängig davon, welchen Wert f in 0 annimmt, haben wir immer $\underline{H}_f = \bar{H}_f = 0$ auf R. Man beachte außerdem $\lim\limits_{y \to x} H_f(y) = f(x)$, abgesehen von $x = 0$. Erinnern wir uns daran, daß eine einpunktige Menge polar ist, so können wir einige Ergebnisse dieses Kapitels voraussehen. Allgemein gesprochen, kann der Wert einer Randfunktion auf einer polaren Menge beliebig abgeändert werden, ohne daß sich die *Dirichlet*sche Lösung ändert.

Lemma 8.3 Sei R eine beschränkte, offene Teilmenge von E^n. Ist $f = g$ q.ü. auf ∂R, so gilt $\bar{H}_f = \bar{H}_g$ und $\underline{H}_f = \underline{H}_g$ auf R.

Beweis: Man betrachte einen festen Punkt $x \in R$. Nach Satz 7.14 existiert eine superharmonische Funktion v mit $v(x) < +\infty$ und $v = +\infty$ auf derjenigen Teilmenge von ∂R, wo $f \neq g$ ist. Da R beschränkt ist, können wir $v \geq 0$ annehmen. Für $u \in \mathfrak{O}_f$ und $\varepsilon > 0$ gehört $u + \varepsilon v$ sowohl zu $\mathfrak{O}_f$ als auch zu $\mathfrak{O}_g$. Daher haben wir $\bar{H}_g(x) \leq u(x) + \varepsilon v(x)$ für jedes $\varepsilon > 0$ und somit $\bar{H}_g(x) \leq u(x)$. Da u beliebig aus $\mathfrak{O}_f$ war, gilt also $\bar{H}_g(x) \leq \bar{H}_f(x)$. Vertauschen von f und g führt dann zu $\bar{H}_g(x) = \bar{H}_f(x)$. ┘

Korollar 8.4 Sei R eine beschränkte, offene Teilmenge von E^n, und sei Z eine polare Teilmenge von ∂R. Dann ist $\bar{H}_f$ das Infimum aller nach unten beschränkten, hyperharmonischen Funktionen u auf R mit $\lim\inf\limits_{y \to x} u(y) \geq f(x)$ für alle $x \in \partial R \sim Z$.

Beweis: Man definiere $g = f$ auf $\partial R \sim Z$ und $g = -\infty$ auf Z. Dann ist $f = g$ außerhalb einer polaren Menge. Da die Funktionen u aus der Voraussetzung gerade diejenigen aus $\mathfrak{O}_g$ sind, folgt $\bar{H}_f = \bar{H}_g$ nach dem vorausgehenden Lemma, und die Behauptung ist bewiesen. ┘

Das Abändern der Randfunktion f auf einer polaren Menge hat keinerlei Wirkung auf die Lösung H_f, falls diese existiert. Dasselbe ist richtig, wenn eine polare Menge aus R weggenommen wird.

Wenn die PWB-Methode einen Wert besitzen soll, so sollte man Lösungen erhalten, die mit gewissen natürlichen Lösungen übereinstimmen.

Satz 8.5 Sei R eine beschränkte, offene Teilmenge von E^n. Ist f beschränkt auf ∂R und existiert eine harmonische Funktion h auf R mit $\lim_{y \to x} h(y) = f(x)$ für alle $x \in \partial R$, so ist f resolutiv, und es gilt $H_f = h$.

Beweis: Da f beschränkt ist, muß h nach Korollar 4.3 beschränkt sein. Daher gehört h sowohl zu $\mathfrak{O}_f$ als auch zu $\mathfrak{U}_f$, und es ist $\bar{H}_f \leq h \leq \underline{H}_f$, somit also $\underline{H}_f = h = \bar{H}_f$. Da h außerdem harmonisch auf R ist, muß f eine resolutive Randfunktion sein. ┘

Ist h insbesonders harmonisch in einer Umgebung der relativ-kompakten Menge R und wendet man die PWB-Methode auf die Funktion $h|_{\partial R}$ an, so ist die Lösung gerade die erwartete.

Später werden wir notwendige und hinreichende Bedingungen dafür angeben, daß eine beschränkte Funktion resolutiv ist. Zum jetzigen Zeitpunkt ist es bequemer, die Menge der resolutiven Randfunktionen zu studieren. Jede Behauptung des folgenden Lemmas ist entweder bereits bewiesen oder kann leicht aus den Definitionen gefolgert werden.

Lemma 8.6 Sei R eine beschränkte, offene Teilmenge von E^n, seien f und g numerische Funktionen auf ∂R, und sei c eine reelle Zahl.

(i) Ist $f = c$ auf ∂R, so ist f resolutiv und $H_f = c$ auf R.

(ii) $\bar{H}_{f+c} = \bar{H}_f + c$, $\underline{H}_{f+c} = \underline{H}_f + c$. Ist f resolutiv, so ist $f + c$ resolutiv und $H_{f+c} = H_f + c$.

(iii) Ist $c > 0$, so ist $\bar{H}_{cf} = c\bar{H}_f$ und $\underline{H}_{cf} = c\underline{H}_f$. Ist f resolutiv, so ist cf resolutiv und $H_{cf} = cH_f$ für $c \geq 0$.

(iv) Ist $f \leq g$, so ist $\bar{H}_f \leq \bar{H}_g$ und $\underline{H}_f \leq \underline{H}_g$.

(v) $\bar{H}_{-f} = -\underline{H}_f$. Ist f resolutiv, so ist $-f$ resolutiv mit $H_{-f} = -H_f$.

(vi) $\bar{H}_{f+g} \leq \bar{H}_f + \bar{H}_g$ und $\underline{H}_{f+g} \geq \underline{H}_f + \underline{H}_g$, wann immer die Summen definiert sind. Sind f und g resolutiv und ist $f + g$ definiert, so ist $f + g$ resolutiv mit $H_{f+g} = H_f + H_g$.

Lemma 8.7 Sei R eine beschränkte, offene Teilmenge von E^n. Dann bilden die reellen resolutiven Randfunktionen einen Vektorraum. Ist überdies $\{f_j\}$ eine Folge solcher Funktionen, die gleichmäßig gegen f konvergiert, so ist f resolutiv, und $\{H_{f_j}\}$ konvergiert gleichmäßig gegen H_f.

Beweis: Die erste Behauptung ist im vorgehenden Lemma enthalten. Aus $\|f_j - f\| < \varepsilon$ folgt $f < f_j + \varepsilon$ und $\bar{H}_f \leq \bar{H}_{f_j} + \varepsilon$ nach dem vorausgehenden Lemma, ebenso $\bar{H}_f \geq \bar{H}_{f_j} - \varepsilon$, zusammen also $\|\bar{H}_f - \bar{H}_{f_j}\| = \|\bar{H}_f - H_{f_j}\| \leq \varepsilon$, und die Folge $\{H_{f_j}\}$ konvergiert gleichmäßig gegen $\bar{H}_f$. In gleicher Weise erhält man die gleichmäßige Konvergenz von $\{H_{f_j}\}$ gegen $\underline{H}_f$, somit ist $\underline{H}_f = \overline{H}_f$, da Grenzwerte eindeutig bestimmt sind. Die obigen Ungleichungen zeigen außerdem, daß $\overline{H}_f$ endlich und f daher resolutiv ist. ┘

Lemma 8.8 Sei R eine beschränkte, offene Teilmenge von E^n. Ist $\{f_j\}$ eine isotone Folge von Randfunktionen, $f = \lim_{j\to\infty} f_j$ und $\overline{H}_{f_1} > -\infty$ auf R, so gilt $\overline{H}_f = \lim_{j\to\infty} \overline{H}_{f_j}$. Ist zudem $\{f_j\}$ eine Folge resolutiver Randfunktionen, so ist $\overline{H}_f = \underline{H}_f$, und f ist resolutiv, wenn entweder $\overline{H}_f$ oder $\underline{H}_f$ endlich ist.

Beweis: Wir können R als zusammenhängend voraussetzen. Wegen $\overline{H}_{f_j} \leq \overline{H}_f$ ist nichts zu beweisen, wenn $\lim_{j\to\infty} \overline{H}_{f_j} = +\infty$ auf R gilt. Daher können wir $\lim_{j\to\infty} \overline{H}_{f_j}(x_0) < +\infty$ für einen Punkt $x_0 \in R$ annehmen. Hieraus folgt $-\infty < \overline{H}_{f_1}(x_0) \leq \overline{H}_{f_j}(x_0) < +\infty$, und daher ist nach Lemma 8.1 jede der Funktionen $\overline{H}_{f_j}$ harmonisch. Somit ist auch $\lim_{j\to\infty} \overline{H}_{f_j}$ harmonisch, da die harmonischen Funktionen $\overline{H}_{f_j}$ aufsteigend sind und da $\lim_{j\to\infty} \overline{H}_{f_j}(x_0) < +\infty$ ist. Sei $\varepsilon > 0$ gegeben. Zu jedem j wähle man ein $v_j \in \mathfrak{O}_{f_j}$ mit

$$v_j(x_0) < \overline{H}_{f_j}(x_0) + \varepsilon 2^{-j}$$

und definiere

$$v = \lim_{i\to\infty} \overline{H}_{f_i} + \sum_{j=1}^{\infty} (v_j - \overline{H}_{f_j}).$$

Für jedes j ist $v_j - \overline{H}_{f_j}$ superharmonisch auf R, nichtnegativ und kleiner als $\varepsilon 2^{-j}$ im Punkte x_0. Aus der Ungleichung

$$v \geq \lim_{i\to\infty} \overline{H}_{f_i} + (v_j - \overline{H}_{f_j}) = (\lim_{i\to\infty} \overline{H}_{f_i} - \overline{H}_{f_j}) + v_j$$

und der Abschätzung $\lim_{i\to\infty} \overline{H}_{f_i} \geq \overline{H}_{f_j}$ erhalten wir $v \geq v_j$ für jedes j. Da v_j nach unten beschränkt ist, muß dies auch für v richtig sein. Es ist leicht zu sehen, daß v superharmonisch auf R ist. Außerdem haben wir für alle $x \in \partial R$ und jedes j

$$\liminf_{y\to x} v(y) \geq \liminf_{y\to x} v_j(y) \geq f_j(x).$$

Daher ist $\lim_{y\to x} v(y) \geq f(x)$ für alle $x \in \partial R$, folglich $v \in \mathfrak{O}_f$. Dies bedeutet $v(x_0) \geq \overline{H}_{f_j}(x_0)$. Da $\lim_{j\to\infty} \overline{H}_{f_j}(x_0) \leq \overline{H}_f(x_0) \leq v(x_0) \leq \lim_{j\to\infty} \overline{H}_{f_j}(x_0) + \varepsilon$ und da ε beliebig war, erhalten wir $\lim_{j\to\infty} \overline{H}_f(x_0) = \overline{H}_{f_j}(x_0)$. Daher ist insbesondere $\overline{H}_f(x_0)$ endlich, und $\overline{H}_f$ ist harmonisch. Also ist $\overline{H}_f - \lim_{j\to\infty} \overline{H}_{f_j}$ eine nichtnegative, harmonische Funktion, die in x_0 verschwindet und die deshalb nach dem Minimum-Prinzip identisch Null sein muß. Sind die f_j alle resolutiv, so ist $\overline{H}_{f_j} = \underline{H}_{f_j}$ und $\overline{H}_f = \lim_{j\to\infty} \overline{H}_{f_j} = \lim_{j\to\infty} \underline{H}_{f_j} = \underline{H}_f$. Hieraus folgt $\overline{H}_f = \underline{H}_f$ und die Resolutivität von f, falls $\overline{H}_f$ oder $\underline{H}_f$ endlich ist. ┘

Wir sind jetzt vorbereitet, um wichtige Ergebnisse über resolutive Funktionen herzuleiten.

Lemma 8.9 Ist u eine beschränkte, subharmonische Funktion auf einer beschränkten, offenen Menge R, so daß $f(x) = \lim_{y \to x} u(y)$ für alle $x \in \partial R$ existiert, so ist f eine resolutive Randfunktion.

Beweis: Wir bemerken, daß mit f auch $\bar{H}_f$ und $\underline{H}_f$ beschränkt sind und die beiden letzteren Funktionen daher harmonisch auf R sind. Offenbar ist $u \in \mathfrak{U}_f$ und $u \leq \underline{H}_f$. Dann ist aber $\liminf_{y \to x} \underline{H}_f(y) \geq \liminf_{y \to x} u(y) = f(x)$ für alle $x \in \partial R$ und somit $\underline{H}_f \in \mathfrak{O}_f$. Hieraus folgt $\underline{H}_f \geq \bar{H}_f$; da wir aber immer $\underline{H}_f \leq \bar{H}_f$ haben, ist $\underline{H}_f = \bar{H}_f$, und f ist resolutiv. ┘

Lemma 8.10 Sei K eine kompakte Teilmenge von E^n, und sei f eine stetige reelle Funktion auf K. Dann gibt es zu jedem $\varepsilon > 0$ stetige, subharmonische Funktionen u_1, u_2 auf einer Kugel, die K enthält, so daß $\sup_{x \in K} |f(x) - (u_1(x) - u_2(x))| < \varepsilon$ gilt.

Beweis: Aus dem Satz von *Stone-Weierstraß* folgt, daß es zu jedem $\varepsilon > 0$ ein Polynom u in den n Koordinatenvariablen gibt mit $\sup_{x \in K} |f(x) - u(x)| < \varepsilon$. Wir müssen nur zeigen, daß die Restriktion auf eine Kugel $B \supset K$ von jedem derartigen u als Differenz zweier stetiger subharmonischer Funktionen dargestellt werden kann. Ist $v(y) = \|y\|^2$, so gilt $\Delta v = 2n$, und λv ist eine stetige, subharmonische Funktion für alle $\lambda \geq 0$. Man wähle ein λ_0, so daß $\Delta(u + \lambda_0 v) \geq 0$ auf B gilt. Dann ist $u = (u + \lambda_0 v) - \lambda_0 v$, und $u + \lambda_0 v$ und $\lambda_0 v$ sind die gewünschten subharmonischen, stetigen Funktionen auf B. ┘

Satz 8.11 (*Wiener*) Jede stetige, reelle Funktion f auf dem Rand ∂R einer beschränkten, offenen Teilmenge von E^n ist resolutiv.

Beweis: Da ∂R kompakt ist, können wir das vorausgehende Lemma anwenden. Sei B eine ∂R enthaltende Kugel. Dann gibt es eine Folge $\{u_j\}$ von Funktionen u_j, die jeweils Differenz zweier stetiger, subharmonischer Funktionen v_j und w_j auf B ist und die f gleichmäßig auf ∂R approximieren. Da $v_j|_{\partial R}$ und $w_j|_{\partial R}$ nach Lemma 8.9 resolutiv sind, ist $u_j|_{\partial R} = v_j|_{\partial R} - w_j|_{\partial R}$ resolutiv. Nach Lemma 8.7 ist f dann resolutiv, da $\{u_j|_{\partial R}\}$ die Funktion f auf ∂R gleichmäßig approximiert. ┘

Somit bestimmt jede stetige, reelle Randfunktion f eine auf der beschränkten, offenen Menge R definierte, harmonische Funktion H_f. Im allgemeinen gilt $\lim_{y \to x} H_f(y) = f(x)$ in gewissen Punkten $x \in \partial R$ (aber nicht immer in allen) für derartige Funktionen f. Wir stellen den Zusammenhang zwischen H_f und der Randfunktion f zunächst zurück, um den vorausgehenden Satz zu verallgemeinern.

8.2 Harmonische Maße

Wir werden die Einschränkung beibehalten, daß R eine beschränkte, offene Menge ist. Wir betrachten den *Banach*-Raum $C(\partial R)$ der reellen, stetigen Funktionen auf der kompakten Menge ∂R mit der Norm $\|f\| = \sup_{x \in \partial R} |f(x)|$ für $f \in C(\partial R)$. Gemäß Satz 8.11 bestimmt jedes $f \in C(\partial R)$ eine harmonische Funktion H_f, insbesondere für jeden festen Punkt $x \in R$ eine reelle Zahl $H_f(x)$. Wir betrachten jetzt die durch $L_x(f) = H_f(x)$ definierte Abbildung L_x: $C(\partial R) \to E^1$.

Lemma 8.12 Für jedes $x \in R$ ist L_x ein positives, lineares Funktional auf $C(\partial R)$; weiterhin existiert zu $x \in R$ ein eindeutig bestimmtes Wahrscheinlichkeitsmaß μ_x auf den *Borel*schen Teilmengen von ∂R mit

$$H_f(x) = L_x(f) = \int f \, d\mu_x, \qquad x \in R, \qquad f \in C(\partial R).$$

Beweis: Seien f, $g \in C(\partial R)$. Dann sind beide nach Satz 8.11 resolutiv mit $L_x(f+g) = H_{f+g}(x) = H_f(x) + H_g(x) = L_x(f) + L_x(g)$ nach Lemma 8.6. Aus dem gleichen Lemma folgt auch $L_x(af) = aL_x(f)$ für jede reelle Zahl, also ist L_x linear auf $C(\partial R)$. Sei jetzt $f \geq 0$. Dann gilt $L_x(f) = H_f(x) \geq H_0(x) = 0$ nach Lemma 8.6, und L_x ist positiv. Wegen $-\|f\| \leq f \leq \|f\|$ haben wir nach Lemma 8.6 $-\|f\| = H_{-\|f\|}(x) \leq H_f(x) \leq H_{\|f\|}(x) = \|f\|$, also $|L_x(f)| = |H_f(x)| \leq \|f\|$. Dies beweist, daß L_x ein beschränktes Funktional auf $C(\partial R)$ ist. Die Existenz eines Maßes μ_x ist nun gerade die Behauptung des *Riesz*schen Darstellungssatzes für beschränkte, lineare Funktionale auf $C(\partial R)$. Wegen $H_1(x) = 1$ haben wir $\mu_x(\partial R) = 1$ für alle $x \in R$, also ist μ_x ein Wahrscheinlichkeitsmaß. ┘

Vor dem nächsten Satz ist es zweckmäßig, sich der Maßtheorie zuzuwenden. Sei $\mathscr{F}_0$ das System der kompakten Teilmengen von ∂R (d.h. der abgeschlossenen Teilmengen, da ∂R beschränkt ist). $\mathscr{F}_0$ ist abgeschlossen bzgl. endlicher Durchschnitte und enthält ∂R. Ein System $\mathscr{G}$ von Teilmengen von ∂R heißt *d-System*, wenn es folgende Eigenschaften besitzt:

(i) $\partial R \in \mathscr{G}$,

(ii) für E, $F \in \mathscr{G}$ mit $E \subset F$ ist $F \sim E \in \mathscr{G}$,

(iii) für jede aufsteigende Folge $\{E_j\}$ in $\mathscr{G}$ liegt auch $\bigcup E_j$ in $\mathscr{G}$.

Man bezeichnet mit $d(\mathscr{F}_0)$ das kleinste d-System, das $\mathscr{F}_0$ enthält (d.h. $d(\mathscr{F}_0)$ ist der Durchschnitt aller $\mathscr{F}_0$ enthaltenden d-Systeme und ist selbst ein d-System). Ferner bezeichne $\sigma(\mathscr{F}_0)$ die kleinste σ-Algebra, die $\mathscr{F}_0$ enthält, d.h. $\sigma(\mathscr{F}_0)$ ist das System der *Borel*schen Mengen von ∂R. Da $\sigma(\mathscr{F}_0)$ ein d-System ist, das $\mathscr{F}_0$ enthält, ist somit $d(\mathscr{F}_0) \subset \sigma(\mathscr{F}_0)$. Wir werden jetzt sogar $d(\mathscr{F}_0) = \sigma(\mathscr{F}_0)$ zeigen. Da ein d-System bzgl. Komplementsbildung abgeschlossen ist, so ist es abgeschlossen bzgl. Vereinigungen, wenn es bzgl. Durchschnitten abgeschlossen ist. Wir zeigen zunächst, daß $d(\mathscr{F}_0)$ bzgl. endlicher Durchschnitte abgeschlossen ist. Sei $\mathscr{H}_1 = \{E \in d(\mathscr{F}_0): E \cap F \in d(\mathscr{F}_0)$ für alle $F \in \mathscr{F}_0\} \subset d(\mathscr{F}_0)$. Dann ist $\mathscr{H}_1$ ein d-System, das $\mathscr{F}_0$ enthält, also $\mathscr{H}_1 \supset d(\mathscr{F}_0)$ und daher $\mathscr{H}_1 = d(\mathscr{F}_0)$. Sei jetzt $\mathscr{H}_2 = \{E \in d(\mathscr{F}_0): E \cap F \in d(\mathscr{F}_0)$ für alle $F \in d(\mathscr{F}_0)\} \subset d(\mathscr{F}_0)$. Dann ist auch $\mathscr{H}_2$ ein d-System. Für $F \in \mathscr{F}_0$ liegt $E \cap F$ in $d(\mathscr{F}_0)$ für alle $E \in \mathscr{H}_1 = d(\mathscr{F}_0)$ nach der Definition von $\mathscr{H}_1$, folglich $\mathscr{F}_0 \subset \mathscr{H}_2$ und daher $\mathscr{H}_2 \supset d(\mathscr{F}_0)$, zusammengefaßt also $\mathscr{H}_2 = d(\mathscr{F}_0)$. Somit ist gezeigt, daß $d(\mathscr{F}_0)$ bzgl. endlicher Durchschnitte und daher bzgl. endlicher Vereinigungen abgeschlossen ist. Da $d(\mathscr{F}_0)$ außerdem abgeschlossen ist bzgl. Vereinigungen von aufsteigenden Folgen, muß $d(\mathscr{F}_0)$ auch bzgl. abzählbaren Vereinigungen abgeschlossen sein, d.h. $d(\mathscr{F}_0)$ ist eine σ-Algebra, also $d(\mathscr{F}_0) \supset \sigma(\mathscr{F}_0)$ und daher $d(\mathscr{F}_0) = \sigma(\mathscr{F}_0)$.

Im Beweis des nächsten Satzes werden wir den Vorteil sehen, d-Systeme zu benutzen. Das Maß μ_x des folgenden Satzes 8.13 ist das in Lemma 8.12 eingeführte Maß.

Satz 8.13 Für jede nach unten (oder oben) beschränkte, *Borel*-meßbare Funktion auf ∂R gilt $\bar{H}_f(x) = \underline{H}_f(x) = \int f d\mu_x$ für alle $x \in R$.

Beweis: Sei $\mathscr{F}_0$ das System aller kompakten (d.h. abgeschlossenen) Teilmengen von ∂R. Zu $C \in \mathscr{F}_0$ gibt es eine Folge $\{f_j\}$ stetiger Funktionen auf ∂R mit $0 \leq f_j \leq 1$ für alle j und $f_j \downarrow \chi_C$, die Indikatorfunktion von C. Aus Lemma 8.8 folgt, daß χ_C eine resolutive Randfunktion mit $H_{\chi C}(x) = \int \chi_C d\mu_x$ ist. Sei $\mathscr{G}$ das System aller Mengen $E \subset \partial R$, so daß χ_E resolutiv mit $H\chi_E(x) = \int \chi_E d\mu_x$ für alle $x \in R$ ist. Dann ist $\mathscr{F}_0 \subset \mathscr{G}$. Da $\chi_{\partial R} = 1$ ist und die konstanten Funktionen resolutiv sind, ist $\partial R \in \mathscr{G}$. Für $E, F \in \mathscr{G}$ mit $E \subset F$ ist $\chi_{F \sim E} = \chi_F - \chi_E$. Somit ist $\chi_{F \sim E}$ als Differen zweier resolutiver Funktionen nach Lemma 8.6 resolutiv, und es gilt

$$H_{\chi_{F\sim E}}(x) = H_{\chi_F}(x) - H_{\chi_E}(x) = \int \chi_F d\mu_x - \int \chi_E d\mu_x = \int \chi_{F\sim E} d\mu_x,$$

also ist $\mathscr{G}$ abgeschlossen bzgl. echter Differenzen. Für eine aufsteigende Folge $\{E_j\}$ aus $\mathscr{G}$ mit $E = \bigcup E_j$ ist χ_E nach Lemma 8.8 resolutiv, und es gilt

$$H_{\chi_E}(x) = \lim_{j\to\infty} H_{\chi_{E_j}}(x) = \lim_{j\to\infty} \int \chi_{E_j}\, d\mu_x = \int \chi_E d\mu_x$$

für alle $x \in R$. Dies zeigt die Abgeschlossenheit von $\mathscr{G}$ bzgl. Vereinigungen von aufsteigenden Folgen, also ist $\mathscr{G}$ ein d-System, das $\mathscr{F}_0$ enthält, woraus $\mathscr{G} \supset d(\mathscr{F}_0)$ folgt. Insbesondere enthält $\mathscr{G}$ also die *Borel*schen Teilmengen von ∂R, was die Resolutivität der Indikatorfunktionen *Borel*scher Teilmengen von ∂R bedeutet.

Hieraus folgt, daß jede *Borel*-meßbare Elementarfunktion χ auf ∂R resolutiv mit $H_\chi(x) = \int \chi \, d\mu_x$, $x \in R$, ist. Zu jeder nichtnegativen, *Borel*-meßbaren Funktion f auf ∂R existiert eine Folge $\{f_i\}$ *Borel*-meßbarer Elementarfunktionen mit $0 \le f_j \le f$ und $f_j \uparrow f$. Nach Lemma 8.8 gilt mit Hilfe des Konvergenzsatzes von *Beppo Levi*

$$\underline{H}_f(x) = \bar{H}_f(x) = \lim_{j\to\infty} H_{f_j}(x) = \lim_{j\to\infty} \int f_j \, d\mu_x = \int f \, d\mu_x, \qquad x \in R.$$

Ist f nun eine *Borel*-meßbare Funktion auf ∂R, die durch α nach unten beschränkt ist, so wende man das vorhergehende Resultat auf $f - \alpha$ an. ┘

Satz 8.14 Für eine Komponente W einer beschränkten, offenen Menge R ist das System der *Borel*schen Teilmengen von ∂R vom μ_x-Maß Null unabhängig von $x \in W$.

Beweis: Für jede *Borel*sche Menge $E \subset \partial R$ ist χ_E resolutiv mit $H_{\chi_E}(x) = \int \chi_E \, d\mu_x = \mu_x(E)$, $x \in R$. Ist $\mu_{x_0}(E) = 0$ für ein $x_0 \in W$, so muß die nichtnegative, harmonische Funktion $H_{\chi_E} = \mu(E)$ nach dem Minimum-Prinzip auf W verschwinden. ┘

Sei f eine beschränkte, *Borel*-meßbare Funktion auf ∂R, und sei W eine Komponente von R. Dann ist f resolutiv bzgl. R, und $f|_{\partial W}$ ist resolutiv bzgl. W. Für die zugehörigen *Dirichlet*schen Lösungen H_f^R bzw. $H_{f|\partial W}^W$ gilt $H_f^R = H_{f|\partial W}^W$ auf W, also ist der Wert von $H_f = H_f^R$ in einem Punkt $x \in W$ unabhängig von den Werten von f auf $\partial R \sim \partial W$, d.h. jedes μ_x wird von dem Rand derjenigen Komponente getragen, die x enthält. Diese Bemerkung zeigt auch, daß das harmonische Maß μ_x^W bzgl. x und W gerade die Restriktion von μ_x auf ∂W ist. Falls es nötig ist, die *Dirichlet*sche Lösung oder die harmonischen Maße für verschiedene offene Mengen R zu betrachten, werden wir die Bezeichnungen H_f^R und μ_x^R gebrauchen, um die Abhängigkeit von R hervorzuheben.

Das System $\mathscr{F}_x$ von Mengen der Form $(E \sim N) \cup (N \sim E)$, wobei E eine *Borel*sche Teilmenge von ∂R und N eine Teilmenge einer *Borel*schen Teilmenge von ∂R vom μ_x-Maß Null ist, bildet eine σ-Algebra von Teilmengen von ∂R. Sei $\mathscr{F} = \bigcap_{x \in R} \mathscr{F}_x$. Dann ist $\mathscr{F}$ eine σ-Algebra von Teilmengen von ∂R, die die *Borel*schen Teilmengen von ∂R enthält. Da jedes μ_x eindeutig auf $\mathscr{F}_x$ fortgesetzt werden kann, ist dies auch auf $\mathscr{F}$ möglich; die Fortsetzung von μ_x auf $\mathscr{F}$ werde auch mit μ_x bezeichnet.

Definition Mengen aus $\mathscr{F}$ werden *$\mu_.$-meßbar* genannt; numerische, bzgl. $\mathscr{F}$ meßbare Funktionen werden *$\mu_.$-meßbar* genannt. Das Maß μ_x auf $\mathscr{F}$ heißt das *harmonische Maß* bzgl. R und x. Eine $\mu_.$-meßbare Funktion f auf ∂R heißt *$\mu_.$-integrierbar*, wenn f für jedes μ_x, $x \in R$, integrierbar ist.

Lemma 8.15 Für jede nichtnegative, $\mu_.$-meßbare Funktion f auf ∂R gilt $\bar{H}_f(x) =$

$\underline{H}_f(x) = \int f\,d\mu_x$ für alle $x \in R$. Ist f eine beliebige $\mu_.$-meßbare Funktion auf ∂R, die μ_y-integrierbar für ein y aus jeder Komponente von R ist, so ist f $\mu_.$-integrierbar, resolutiv, und es gilt

$$H_f(x) = \int f\,d\mu_x, \qquad x \in R.$$

Beweis: Sei $F \in \mathscr{F}$. Für jedes $x \in R$ liegt dann F in $\mathscr{F}_x$, und F ist von der Form $(E \sim N) \cup (N \sim E)$, wobei E eine *Borel*sche Teilmenge von ∂R und N eine Teilmenge einer *Borel*schen Menge $A \subset \partial R$ mit $\mu_x(A) = 0$ ist. (Dabei können E und N von x abhängen). Man beachte im folgenden die Gleichung $\chi_F = \chi_E + \chi_N - \chi_{E \cap N}$. Da $0 \leq \underline{H}_{\chi_N}(x) \leq \bar{H}_{\chi_N}(x) \leq \bar{H}_{\chi_A}(x)$ und nach Satz 8.13 $\bar{H}_{\chi_A}(x) = \mu_x(A) = 0$ gilt, sind die nichtnegativen Funktionen $\underline{H}_{\chi_N}$ und $\bar{H}_{\chi_N}$ harmonisch auf W, wenn hierbei W die x enthaltende Komponente von R ist. Nach dem Minimum-Prinzip ist also $\underline{H}_{\chi_N} = \bar{H}_{\chi_N} = 0$ auf W. Ebenso erhält man $\underline{H}_{\chi_{E \cap N}} = \bar{H}_{\chi_{E \cap N}} = 0$ auf W. Nach Lemma 8.6 ist $0 \leq \underline{H}_{\chi_F} \leq \bar{H}_{\chi_F} \leq \bar{H}_{\chi_E} + \bar{H}_{\chi_N} - \underline{H}_{\chi_{E \cap N}} = H_{\chi_E}$ auf W und analog $\bar{H}_{\chi_F} \geq \underline{H}_{\chi_F} \geq \underline{H}_{\chi_E} + \underline{H}_{\chi_N} - \bar{H}_{\chi_{E \cap N}} = H_{\chi_E}$ auf W, also $\underline{H}_{\chi_F} = \bar{H}_{\chi_F} = H_{\chi_E}$ auf W und daher

$$\underline{H}_{\chi_F}(x) = \bar{H}_{\chi_F}(x) = H_{\chi_E}(x) = \int \chi_E\,d\mu_x = \int \chi_F\,d\mu_x, \qquad x \in R$$

nach Satz 8.13. Die Endlichkeit des Integrals zeigt auch die Resolutivität von χ_F. Ist f nun eine $\mu_.$-meßbare Elementarfunktion, so ist f nach Lemma 8.6 resolutiv, und es gilt

$$\underline{H}_f(x) = \bar{H}_f(x) = \int f\,d\mu_x.$$

Sei jetzt f eine nichtnegative, $\mu_.$-meßbare Funktion auf ∂R. Dann existiert eine Folge $\{f_j\}$ $\mu_.$-meßbarer Elementarfunktionen mit $0 \leq f_j \leq f$ und $f_j \uparrow f$, so daß nach Lemma 8.8 für alle $x \in R$

$$\underline{H}_f(x) = \bar{H}_f(x) = \lim_{j \to \infty} H_{f_j}(x) = \lim_{j \to \infty} \int f_j\,d\mu_x = \int f\,d\mu_x$$

gilt. Wenn f zusätzlich μ_y-integrierbar für ein y aus jeder Komponente von R ist, so zeigt diese Gleichung, daß $\underline{H}_f$ und $\bar{H}_f$ in einem Punkt jeder Komponente von R endlich sind, daher also harmonisch auf R sind. Somit ist f resolutiv mit

$$H_f(x) = \int f\,d\mu_x, \qquad x \in R.$$

Ist schließlich f eine beliebige $\mu_.$-meßbare Funktion auf ∂R, die μ_y-integrierbar für ein y aus jeder Komponente von R ist, so kann der obige Beweisschritt auf f^+ und f^- angewandt werden. ┘

Korollar 8.16 Für jede Komponente W einer beschränkten, offenen Menge R ist das System der μ_x-integrierbaren Funktionen unabhängig von $x \in W$.

Der folgende Satz gibt das Hauptergebnis dieses Abschnittes an.

Satz 8.17 (*Brelot*) Sei R eine beschränkte, offene Menge. Eine numerische Randfunktion f ist genau dann resolutiv, wenn f $\mu_{.}$-integrierbar ist; in diesem Falle gilt $H_f(x) = \int f d\mu_x$ für alle $x \in R$.

Beweis: Die Notwendigkeit wurde in Lemma 8.15 behandelt. Sei also f resolutiv. Wenn wir die Meßbarkeit von f bzgl. $\mathscr{F}_x$ für alle $x \in R$ zeigen können, so ist f meßbar bzgl. $\mathscr{F} = \bigcap_{x \in R} F_x$. Sei $x \in R$, und sei W die x enthaltende Komponente von R. Um die $\mathscr{F}_x$-Meßbarkeit von f zu beweisen, genügt es zu zeigen, daß $f_{|\partial W}(\mu_x)$ – f.ü. gleich einer *Borel*-meßbaren Funktion auf ∂W ist, da aus $\mu_x(\partial R \sim \partial W) = 0$ folgt, daß jede Teilmenge von $\partial R \sim \partial W$ zu $\mathscr{F}_x$ gehört. Beachten wir außerdem, daß die Endlichkeit von $\int f d\mu_x$ unabhängig von den Werten von f auf $\partial R \sim \partial W$ ist, so können wir annehmen, daß R zusammenhängend ist. Sei x_0 ein fester Punkt aus R, und sei $\{v_j\}$ eine Folge in $\mathfrak{O}_f$ mit $\lim_{j \to \infty} v_j(x_0) = f(x_0)$. Dabei können wir annehmen, daß die Folge $\{v_j\}$ antiton ist. Nach Definition ist v_j ebenso wie die *Borel*-meßbare Funktion $f_j(x) = \liminf_{y \to x} v_j(y)$ durch eine Konstante α_j nach unten beschränkt. Aus $v_j \in \mathfrak{O}_{f_j}$ erhält man $v_j \geq \bar{H}_{f_j} \geq \underline{H}_{f_j} \geq \alpha_j$, woraus die Harmonizität von $\bar{H}_{f_j}$ und $\underline{H}_{f_j}$ auf R folgt. Gemäß Satz 8.13 ist f_j resolutiv und μ_x-integrierbar für alle $x \in R$. Mit v_j ist auch f_j antiton, und $f^* = \lim_{y \to x} f_j$ ist definiert. Aus $v_j \in \mathfrak{O}_f$ folgt $f_j(x) = \liminf_{y \to x} v_j(y) \geq f(x)$ und damit $f^* \geq f$. Mit f_j ist auch f^* *Borel*-meßbar, und wegen $v_j \geq H_{f_j} \geq \bar{H}_{f^*} \geq \underline{H}_{f^*} \geq H_f$ und $\lim_{j \to \infty} v_j(x_0) = H_f(x_0)$ gilt $\bar{H}_{f^*}(x_0) = \underline{H}_{f^*}(x_0) = H_f(x_0)$, also sind $\bar{H}_{f^*}$ und $\underline{H}_{f^*}$ harmonisch und gleich H_f, d.h. f^* ist resolutiv mit $H_{f^*} = H_f$. In ähnlicher Weise zeigt man, daß es eine Folge $\{g_j\}$ *Borel*-meßbarer, $\mu_{.}$-integrierbarer Funktionen auf ∂R gibt mit $\lim_{j \to \infty} g_j = f_* \leq f$ und $H_{f_*} = H_f$. Aus $f_j \geq f^* \geq f \geq f_* \geq g_j$ und der μ_x-Integrierbarkeit von f_j und g_j für jedes $x \in R$ folgt, daß f^* und f_* μ_x-integrierbar für alle $x \in R$ sind. Wegen $H_{f^*}(x) - H_{f_*}(x) = \int (f^* - f_*) d\mu_x$ und $f^* - f_* \geqq 0$ (μ_x) – f.ü. ergibt sich $f^* = f_*$ (μ_x) – f.ü., also ist $f^* = f_*(\mu_x)$ – f.ü. für alle $x \in R$, und f ist $\mathscr{F}_x$-meßbar für jedes $x \in R$. Aus der $\mu_{.}$-Integrierbarkeit von f^* folgt schließlich die $\mu_{.}$-Integrierbarkeit von f. ┘

Bevor wir uns dem Randverhalten der PWB-Lösung zuwenden, werden wir die harmonischen Maße vom funktionalanalytischen Gesichtspunkt aus untersuchen. Für den Rest dieses Abschnittes sei R eine beschränkte, zusammenhängende, offene Menge. Wir haben gesehen, daß das System der μ_x-integrierbaren Funktionen unabhängig von $x \in R$ ist. Dieses System bildet den *Banach*-Raum $L_1(\mu_x)$ (vorausgesetzt, daß Funktionen, die bzgl. μ_x f.ü. gleich sind, identifiziert werden), der aus den μ_x-integrierbaren Funktionen f auf ∂R besteht, versehen mit der durch $\|f\|_{1,\mu_x} = \int |f| d\mu_x$ definierten Norm. Wir bemerken, daß $L_1(\mu_x)$ unabhängig von x ist, während dies nicht für die Norm richtig zu sein braucht. Für jedes $p > 1$

können wir auch den *Banach*-Raum $L_p(\mu_x)$ von Äquivalenzklassen μ_x-meßbarer Randfunktionen f mit

$$\|f\|_{p,\mu_x} = [\int |f|^p d\mu_x]^{1/p} < +\infty$$

betrachten. Da die linke Seite dieser Gleichung eine harmonische Funktion von x ist, muß auch $L_p(\mu_x)$ unabhängig von x sein, aber wieder hängt die Norm von x ab. Für jedes $p \geq 1$ gibt es zwei Konvergenzbegriffe in $L_p(\mu_x)$, die schwache und die starke Konvergenz, welche möglicherweise von x abhängen. Seien x und y aus R. Aus $\|f\|_{p,\mu_x} = 0$ folgt $H_{|f|^p}(x) = 0$ und daher $H_{|f|^p} = 0$ auf R, insbesondere $H_{|f|^p}(y) = \|f\|_{p,\mu_y} = 0$. Somit gilt $\|f\|_{p,\mu_x} = 0$ genau dann, wenn $\|f\|_{p,\mu_y} = 0$. Für $K = \{x, y\}$ gibt es nach der *Harnack*schen Ungleichung eine Konstante k mit $h(x')/h(x'') \leq k$ für $x', x'' \in K$, wann immer h eine strikt positive harmonische Funktion auf R ist. Ist $\|f\|_{p,\mu_x} > 0$, so ist $\|f\|_{p,\mu.} > 0$ auf R und $\|f\|_{p,\mu_x}/\|f\|_{p,\mu_y} \leq k$, d.h. $\|f\|_{p,\mu_x} \leq k\|f\|_{p,\mu_y}$, wobei diese Ungleichung offensichtlich für $\|f\|_{p,\mu_x} = 0$ gilt. Also sind die Normen $\|\cdot\|_{p,\mu_x}$ und $\|\cdot\|_{p,\mu_y}$ äquivalente Normen auf $L_p(\mu_x) = L_p(\mu_y)$. Ist $\{f_j\}$ eine Folge in $L_p(\mu_x)$, zu der es ein $f \in L_p(\mu_x)$ mit $\lim_{j\to\infty} \int |f_i - f|^p d\mu_x = 0$ gibt so ist $\lim_{j\to\infty} \int |f_j - f|^p d\mu_y = 0$, d.h. die starke Konvergenz in $L_p(\mu_x)$ ist unabhängig von x. Da die Normen $\|\cdot\|_{p,\mu_x}$ und $\|\cdot\|_{p,\mu_y}$ äquivalent sind, ist der Dualraum $L_p^*(\mu_x) = L_q(\mu_x)(p^{-1} + q^{-1} = 1$, wenn $p > 1$; $q = \infty$, wenn $p = 1)$ unabhängig von x, und die schwache Topologie ist ebenfalls unabhängig von x. Hieraus folgt, daß für eine Folge $\{f_j\}$ aus $L_p(\mu_x)$, zu der es ein $f \in L_p(\mu_x)$ mit $\lim_{j\to\infty} \int f_j g\, d\mu_x = \int fg\, d\mu_x$ für alle $g \in L_q(\mu_x)$ gibt, auch $\lim_{j\to\infty} \int f_j g\, d\mu_y = \int fg\, d\mu_y$ für alle $g \in L_q(\mu_x)$ gilt, und die schwache Konvergenz in $L_p(\mu_x)$ ist unabhängig von x.

Unter denselben Voraussetzungen über R sei $\{x_\alpha : \alpha \in A\}$ ein Netz in R mit Limes $x \in R$. Dann konvergiert μ_{x_α} gegen μ_x in der vagen Topologie, da für eine stetige Randfunktion f auf ∂R die Funktion H_f stets harmonisch ist und da $H_f(x_\alpha) = \int f\, d\mu_{x_\alpha} \to \int f\, d\mu_x = H_f(x)$ gilt. Schließlich bemerken wir noch, daß die Maße $\{\mu_x : x \in R\}$ wechselseitig absolut stetig sind, denn ist $\mu_x(A) = 0$ für eine $\mu_.$-meßbare Menge $A \subset \partial R$, so ist $\mu_y(A) = 0$ für alle $y \in R$, da das System der Nullmengen unabhängig von x ist.

8.3 Randverhalten der PWB-Lösungen

Nachdem wir herausgefunden haben, daß jede Randfunktion f aus einer ziemlich großen Funktionenklasse mit Hilfe der Methode von *Perron-Wiener-Brelot* eine harmonische Funktion H_f bestimmt, müssen wir jetzt die Beziehung zwischen H_f und f untersuchen.

Definition: Ein Randpunkt $x \in \partial R$ heiß *regulär*, wenn $\lim_{y \to x} H_f(y) = f(x)$ für alle $f \in C(\partial R)$ gilt, im anderen Falle heißt x *irregulär*. R heißt *reguläre* (oder *Dirichletsche*) Menge, wenn alle Randpunkte von R regulär sind.

Beispiel 1: Sei $R = B_{0,1} \sim \{0\} \subset E^2$. Dann ist 0 ein Randpunkt von R, der nicht regulär ist. Dies folgt aus $H_f = 0$ auf R für die stetige Randfunktion f, die den Wert 1 in 0 und den Wert 0 auf $\partial B_{0,1}$ annimmt. In diesem Fall gilt

$$\lim_{y \to 0} H_f(y) = 0 \neq 1 = f(0).$$

Der irreguläre Randpunkt dieses Beispiels ist ein isolierter Randpunkt. Es ist allgemein richtig, daß isolierte Randpunkte beschränkter Gebiete irregulär sind. Zum Beweis dazu sei x_0 ein isolierter Randpunkt von R und $f \in C(\partial R)$. Dann ist jede Funktion f', die mit f auf $\partial R \sim \{x_0\}$ übereinstimmt, stetig, egal welchen Wert sie in x_0 annimmt. Nach Lemma 8.3 haben wir $H_f = H_{f'}$, da $f = f'$ außerhalb der polaren Menge $\{x_0\}$ gilt, also ist $\lim_{y \to x} H_f(y)$ völlig unabhängig von $f(x_0)$. Somit ist jeder isolierte Punkt von ∂R (vorausgesetzt, R ist beschränkt) ein irregulärer Randpunkt.

Wir wenden uns nun notwendigen und hinreichenden Bedingungen zu, damit ein Randpunkt regulär ist.

Definition Eine Funktion w heißt *Barriere* zu $x \in \partial R$, wenn w auf $W \cap R$ für eine Umgebung W von x definiert ist und die folgenden Eigenschaften besitzt:

(i) w ist superharmonisch auf $W \cap R$.
(ii) $w > 0$ auf $W \cap R$.
(iii) $\lim_{\substack{y \to x \\ y \in W \cap R}} w(y) = 0$.

Wir werden bald beweisen, daß ein Randpunkt genau dann regulär ist, wenn eine Barriere zu ihm existiert.

Satz 8.18 (*Bouligand*) Sei R eine beschränkte, offene Menge. Es existiert genau dann eine Barriere zu $x \in \partial R$, wenn es eine positive harmonische Funktion h auf R mit $\lim_{y \to x} h(y) = 0$ und $\liminf_{y \to x'} h(y) > 0$ für alle $x' \in \partial R$, $x' \neq x$, gibt.

Beweis: Da jede derartige harmonische Funktion h eine Barriere zu x mit $W = E^n$ ist, ist die Bedingung hinreichend. Zum Beweis der Umkehrung sei w eine Barriere zu $x \in \partial R$. Wir definieren eine Funktion m auf ∂R durch $m(y) = \|y - x\|$, $y \in \partial R$ und werden zeigen, daß die Funktion $h = H_m$ die gewünschten Eigenschaften besitzt. Die Funktion $y \to \|y - x\|$ ist subharmonisch und gehört zu der Unterklasse

$\mathfrak{U}_m$ mit $\|y-x\| \leq H_m(x)$ auf R. Hieraus folgt, daß H_m eine strikt positive harmonische Funktion auf R und daß $\liminf_{y \to x'} H_m(y) \geq \|x'-x\| > 0$ für alle $x' \in \partial R, x \neq x'$, ist. Es bleibt also nur noch $\lim_{y \to x} H_m(y) = 0$ zu zeigen. Da w eine Barriere zu x ist, existiert eine Kugel $B_{x,r}$, so daß w positiv und superharmonisch auf $B_{x,r} \cap R$ und so daß $\lim_{\substack{y \to x \\ y \in B_{x,r} \cap R}} w(y) = 0$ ist. Sei ϱ eine beliebige reelle Zahl mit $0 < \varrho < r$, und sei $B = B_{x,\varrho}$. Das Oberflächenmaß auf ∂B werde mit σ bezeichnet. Wir werden zwei Fälle unterscheiden, je nachdem ob $\partial B \cap R$ leer oder nicht-leer ist. Sei zunächst $\partial B \cap R = \emptyset$. Für $u \in \mathfrak{U}_m$ gilt $\limsup_{\substack{z \to y \\ x \in B \cap R}} u(z) \leq \varrho$ für alle $y \in \partial(B \cap R)$, also $u \leq \varrho$ auf $B \cap R$, und da dies für alle $u \in \mathfrak{U}_m$ richtig ist, auch $H_m \leq \varrho$ auf $B \cap R$. Hieraus folgt $\limsup_{y \to x} H_m(y) = \limsup_{\substack{y \to x \\ y \in B \cap R}} H_m(y) \leq \varrho$. Sei jetzt $\partial B \cap R \neq \emptyset$. Man wähle eine abgeschlossene Menge $F \subset \partial B \cap R$ mit $\sigma((\partial B \cap R) \sim F) < \varrho/M$, wobei $M = \sup\{\|y-x\| : y \in \partial R\}$. Insbesondere gilt also $m \leq M$ auf ∂R. Sei ferner $k = \inf\{w(y) : y \in F\} > 0$. Man definiere eine Funktion f auf ∂B wie folgt:

$$f(y) = \begin{cases} M & \text{für} \quad y \in (\partial B \cap R) \sim F, \\ 0 & \text{sonst.} \end{cases}$$

Für $u \in \mathfrak{U}_m$ betrachten wir die auf $B \cap R$ subharmonische Funktion

$$s = u - \varrho - \frac{M}{k} w - \boldsymbol{PI}(f, B)$$

und zeigen für sie $\limsup_{z \to y,\, z \in B \cap R} s(z) \leq 0$ für alle $y \in \partial(B \cap R)$. Auf der Menge $(\partial B \cap R) \sim F$ ist f stetig mit $\lim_{z \to y,\, z \in B \cap R} \boldsymbol{PI}(f, B)(z) = f(y) = M$, sonst ist

$$\liminf_{z \to y,\, z \in B \cap R} \boldsymbol{PI}(f, B)(z) \leq 0.$$

Da w in den Punkten von F n.u.h. ist, haben wir $-\liminf_{z \to y,\, z \in B \cap R} w(z) \leq -k$ für $y \in F$ und sonst $-\liminf_{z \to y,\, z \in B \cap R} w(z) \leq 0$. Aus $m \leq M$ und $u \in \mathfrak{U}_m$ folgt $u \leq m$ und $\limsup_{z \to y,\, z \in B \cap R} u(z) \leq M$ für alle $y \in \partial B \cap R$, während $\limsup_{z \to y,\, z \in B \cap R} u(z) \leq m(y) \leq \varrho$ für $y \in \partial R \cap \bar{B}$ ist. Durch getrennte Untersuchungen der Punkte y in F, $(\partial B \cap R) \sim F$ und $\partial R \cap \bar{B}$ erhält man sofort die Abschätzung $\limsup_{z \to y,\, z \in B \cap R} s(z) \leq 0$ für alle $y \in \partial(B \cap R)$, woraus $s \leq 0$ auf $B \cap R$ folgt, d.h.

$$u \leq \varrho + \frac{M}{k} w + \boldsymbol{PI}(f, B) \qquad \text{auf} \quad B \cap R,$$

und somit

$$H_m \leq \varrho + \frac{M}{k} w + \boldsymbol{PI}(f, B) \qquad \text{auf} \quad B \cap R,$$

da $u \in \mathfrak{U}_m$ beliebig war. Aus der Definition von f erhält man $\boldsymbol{PI}(f, B)(x) \leq M(\varrho/M) = \varrho$, dies und die Stetigkeit von $\boldsymbol{PI}(f, B)$ auf B liefert $\limsup_{y \to x, y \in R \cap B} \boldsymbol{PI}(f, B)(y) \leq \varrho$, nach Voraussetzung also $\lim_{y \to x} w(y) = 0$ und daher

$$0 \leq \limsup_{y \to x} H_m(y) = \limsup_{\substack{y \to x \\ y \in R \cap B}} H_m(y) \leq 2\varrho$$

im Falle $\partial B \cap R \neq \emptyset$. In beiden Fällen ergibt sich somit $\limsup_{y \to x} H_m(y) \leq 2\varrho$, woraus $\lim_{y \to x} H_m(y) = 0$ folgt, da ϱ beliebig klein gemacht werden kann. ⌟

Es ist wichtig zu bemerken, daß aus der Existenz einer Barriere zu $x \in \partial R$ (R beschränkt) folgt, daß die Funktion $y \to H_{\|y-x\|}$ eine Barriere zu x ist. Wir sollten außerdem bemerken, daß gemäß der Definition einer Barriere die Existenz einer Barriere zu einem Randpunkt eine lokale Eigenschaft von R ist, d.h. die Existenz einer Barriere zu $x \in \partial R$ hängt nur von der Beziehung von x zu dem nahe bei x gelegenen Teil von R ab.

Korollar 8.19 Sei R eine beschränkte, offene Menge. Existiert eine Barriere zu $x \in \partial R$, so existiert eine auf R definierte Barriere w zu x mit den folgenden Eigenschaften:

(i) $\liminf_{y \to x'} w(y) > 0$ für alle $x' \in \partial R$, $x' \neq x$.

(ii) $\inf\{w(y)\colon y \in R \sim W_x\} > 0$ für jede Umgebung W_x von x.

Beweis: Man wähle $w(y) = H_{\|y-x\|}$, $y \in R$ ⌟

Lemma 8.20 Sei R eine beschränkte, offene Menge. Ist dann f eine nach oben beschränkte, numerische Funktion auf ∂R und existiert eine Barriere zu $x \in \partial R$, so gilt

$$\limsup_{\substack{y \to x \\ y \in R}} \overline{H}_f(y) \leq \limsup_{\substack{y \to x \\ y \in \partial R}} f(y);$$

ist f nach unten beschränkt auf ∂R und existiert eine Barriere zu $x \in \partial R$, so ist

$$\liminf_{\substack{y \to x \\ y \in R}} \underline{H}_f(y) \geq \liminf_{\substack{y \to x \\ y \in \partial R}} f(y).$$

Beweis: Nach Korollar 8.19 existiert eine auf R definierte Barriere w zu x mit $\inf\{w(y)\colon y \in R \sim W_x\} > 0$ für jede Umgebung W_x von x. Ist $L = \limsup_{\substack{y \to x \\ y \in \partial R}} f(y)$ und $\varepsilon > 0$, so gibt es eine Umgebung V von x mit $f(y) < L + \varepsilon$ für alle $y \in \partial R \cap V$. Man wähle ein $c > 0$ mit

$$L + \varepsilon + c\left[\inf_{y \in R \sim V} w(y)\right] > \sup_{y \in \partial R} f(y)$$

und setze $u = L + \varepsilon + cw$. Dann ist u superharmonisch auf R und wegen $w > 0$ nach unten beschränkt. Außerdem gilt $\liminf_{y \to x'} u(y) \geq L + \varepsilon + c \liminf_{y \to x'} w(y)$ für $x' \in \partial R$. Für $x' \in \partial R \sim V$ gilt $\liminf_{\substack{y \to x' \\ y \in R}} w(y) \geq \inf_{y \in R \sim V} w(y)$ und

$$\liminf_{\substack{y \to x' \\ y \in R}} u(y) \geq L + \varepsilon + c\left[\inf_{y \in R \sim V} w(y)\right] > \sup_{y \in \partial R} f(y) \geq f(x').$$

Andererseits ist $L + \varepsilon > f(x')$ und $\liminf_{y \to x'} u(y) \geq L + \varepsilon > f(x')$ für $x' \in \partial R \cap V$, also $\liminf_{y \to x'} u(y) \geq f(x')$ für alle $x' \in \partial R$ und somit $u \in \mathfrak{D}_f$. Daher haben wir $\bar{H}_f \leq u$ auf R und $\limsup_{y \to x} \bar{H}_f(y) \leq \limsup_{y \to x} u(y) \leq L + \varepsilon + c \limsup_{y \to x} w(y) = L + \varepsilon$, woraus $\limsup_{\substack{y \to x \\ y \in R}} \bar{H}_f(y) \leq L = \limsup_{\substack{y \to x \\ y \in \partial R}} f(y)$ folgt, da ε beliebig war. ┘

Korollar 8 21 Es sei R eine beschränkte, offene Menge, und es existiere eine Barriere zu $x \in \partial R$. Ist dann f beschränkt auf ∂R und stetig in x, so gilt

$$\lim_{y \to x} \bar{H}_f(y) = \lim_{y \to x} \underline{H}_f(y) = f(x).$$

Beweis: Nach dem vorausgehenden Lemma gilt $\limsup_{y \to x} \bar{H}_f(y) \leq f(x) \leq \liminf_{y \to x} \underline{H}_f(y)$, aber wegen $\liminf_{y \to x} \underline{H}_f(y) \leq \liminf_{y \to x} \bar{H}_f(y)$ auch $\liminf_{y \to x} \underline{H}_f(y) \leq f(x)$. Daher haben wir $f(x) = \liminf_{y \to x} \underline{H}_f(y) \leq \liminf_{y \to x} \bar{H}_f(y) \leq \limsup_{y \to x} \bar{H}_f(y) = f(x)$, und $\lim_{y \to x} \bar{H}_f(y)$ existiert und ist gleich $f(x)$. ┘

Satz 8.22 Sei R eine beschränkte, offene Menge. Ein Punkt $x \in \partial R$ ist genau dann regulär, wenn eine Barriere zu x existiert.

Beweis: Die Notwendigkeit der obigen Bedingung folgt unmittelbar aus der Definition eines regulären Randpunktes und dem vorangehenden Korollar. Zum Beweis der Umkehrung sei x ein regulärer Randpunkt. Für $m(y) = \|y - x\|$, $y \in \partial R$ ist $H_m(y) \geq \|y - x\|$, $y \in \partial R$, und H_m ist eine Barriere zu x, wenn $\lim_{y \to x} H_m(y) = 0$ gilt. Aus der Regularität von x und der Stetigkeit von m auf ∂R folgt aber sofort $\lim_{y \to x} H_m(y) = m(x) = 0$. ┘

Obwohl wir mit Hilfe einer Barriere ein Kriterium für die Regularität eines Randpunktes erhalten haben, sind konkretere Kriterien von geometrischer Natur für die Regularität wünschenswert.

Satz 8.23 Ist x ein regulärer Randpunkt der beschränkten, offenen Menge R und ist R_0 eine offene Teilmenge von R, für die x auch ein Randpunkt ist, so ist x regulär für R_0.

Beweis: Eine Barriere zu x bzgl. R ist auch eine Barriere zu x bzgl. R_0. ┘

Satz 8.24 (*Poincaré*) Sei R eine beschränkte, offene Menge und $x \in \partial R$. Existiert dann eine Kugel B mit $B \cap R = \emptyset$ und $x \in \partial B$, so ist x ein regulärer Randpunkt von R.

Beweis: Indem wir eine in B gelegene Kugel wählen, die in x tangential ist, können wir $\partial B \cap \partial R = \{x\}$ annehmen. Ist $B = B_{y,\varrho}$, so können wir eine Konstante c zu der fundamentalen harmonischen Funktion u_y mit Pol in y addieren, so daß $u_y + c$ auf ∂B verschwindet. Die Funktion $w = -(u_y + c)$ ist dann eine Barriere zu x für R, und die Behauptung folgt aus Satz 8.22. ┘

Beispiel 2: Die Randpunkte einer Kreisscheibe, eines Quadrates und eines Kreisringes sind regulär. ┘

In dem einen Beispiel eines irregulären Randpunktes, das wir betrachtet haben, nämlich der Punkt 0 des Randes von $R = B_{0,1} \sim \{0\} \subset E^2$, ist das Gebiet R nicht einfach zusammenhängend. Im allgemeinen sind die irregulären Randpunkte im E^2 schwieriger zu erläutern als in E^n, $n \geq 3$.

Satz 8.25 Sei x ein Randpunkt der beschränkten, offenen Menge $R \subset E^2$ mit der Eigenschaft, daß es eine (nicht-ausgeartete) Strecke $I \subset \complement R$ mit x als den einen Endpunkt gibt. Dann ist x ein regulärer Randpunkt.

Beweis: Wir betrachten x als komplexe Zahl. Sei $B = B_{x,\delta}$ eine Kugel mit $I \cap \partial B \neq 0$ und $\delta < 1$. Dann kann $\log(z - x)$ stetig auf $B \sim I$ definiert werden, indem man den Zweig nimmt, der durch Herausschneiden des Strahles von x in die Richtung von I entsteht. Sei

$$w(z) = -\mathcal{Re}\left[\frac{1}{\log(z-x)}\right] = -\frac{\log|z-x|}{|\log(z-x)|^2}.$$

Dann ist w als Realteil einer analytischen Funktion auf $R \cap B$ harmonisch auf $R \cap B$. Außerdem ist $w > 0$ auf $R \cap B$. Weiter sieht man sofort $\lim\limits_{\substack{z \to x \\ z \in R \cap B}} w(z) = 0$; daher existiert eine Barriere zu x. ┘

In Wirklichkeit gilt im Falle $n = 2$ viel mehr, als in Satz 8.25 behauptet wurde. Wir erinnern daran, daß eine abgeschlossene und zusammenhängende Menge mit mehr als einen Punkt ein *Kontinuum* heißt. Der Vollständigkeit halber zitieren wir den folgenden Satz, obwohl sein Beweis bis Kapitel 10 zurückgestellt wird.

Satz 8.26 (*Lebesgue*) Sei x ein Randpunkt der beschränkten, offenen Menge $R \subset E^2$. Existiert dann ein Kontinuum $\ell \subset \complement R$ mit $x \in \ell$, so ist x regulär. Insbesondere ist x für einfach zusammenhängendes R regulär.

Wir kehren jetzt zu allgemeineren Betrachtungen zurück, die weniger von der Dimension abhängen.

Satz 8.27 (*Zaremba*) Sei x ein Randpunkt einer beschränkten, offenen Menge $R \subset E^n$, $n \geq 2$. Existiert dann ein gestutzter, abgeschlossener Vollkegel in $\complement R$ mit Spitze in x, so ist x ein regulärer Randpunkt von R.

Beweis: Indem wir notfalls den Öffnungswinkel des Kegels verkleinern, können wir annehmen, daß der gestutzte Vollkegel ∂R nur in x schneidet. Sei C_x ein abgeschlossener Vollkegel mit Spitze in x, so daß $C_x \cap \bar{B}_{x,\varrho} \cap R = \emptyset$ für ein $\varrho > 0$ gilt.

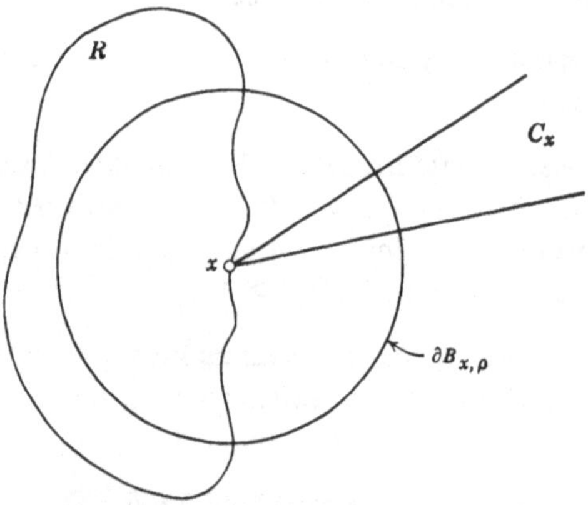

Abb. 4

Sei $R_0 = R \cup (B_{x,\varrho} \sim C_x)$. Dann ist x ein Randpunkt von $R_0 \supset R$. Könnten wir zeigen, daß x ein regulärer Randpunkt von R_0 ist, so würde aus Satz 8.23 folgen, daß x regulärer Randpunkt von R ist. Dazu genügt es aber zu zeigen, daß es eine positive superharmonische Funktion w auf $B_{x,\varrho} \sim C_x$ gibt mit

$$\lim_{\substack{y \to x \\ y \in B_{x,\varrho} \sim C_x}} w(y) = 0.$$

Mit anderen Worten, es genügt zu zeigen, daß x regulärer Randpunkt von $B_{x,\varrho} \sim C_x$ ist. Daher können wir $R = B_{x,\varrho} \sim C_x$ annehmen. Wie im Beweis von Satz 8.18 ist $H_m(z) \geqq \|z - x\|$ für $z \in \partial R$, wenn hierbei $m(y) = \|y - x\|$, $y \in \partial R$, gesetzt wird. Wegen der Harmonizität von H_m auf R müssen wir nur $\lim_{z \to x} H_m(z) = 0$ zeigen. Gemäß Satz 8.24 sind zunächst alle Randpunkte von R mit Ausnahme von x regulär. Somit folgt $\lim_{z \to y} H_m(z) = \|y - x\|$, $y \in \partial R \sim \{x\}$ aus der Stetigkeit von m. Sei $R_2 = \{x + 2(y - x): y \in R\}$ und $r(y) = \|y - x\|$, $y \in \partial R_2$. Man betrachte jetzt die *Dirichlet*sche Lösung H_r bzgl. des Gebietes R_2 und der Randfunktion r, und man beachte die Beziehungen $m = \varrho$ auf $\partial R \cap \partial B_{x,\varrho}$ und $r = 2\varrho$ auf $\partial R_2 \cap \partial B_{x,2\varrho}$.

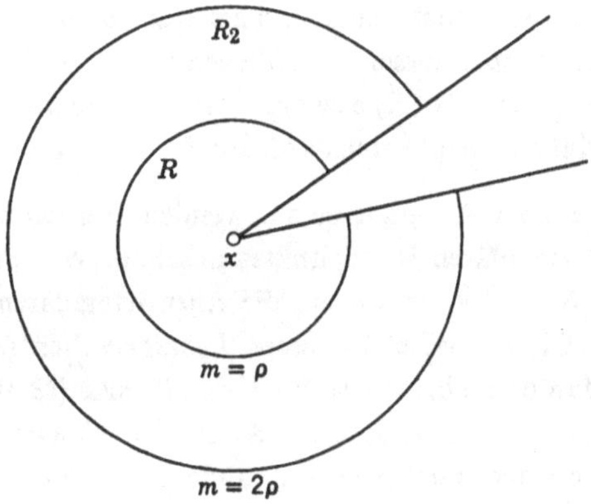

Abb. 5

Wir definieren durch

$$u(y) = \begin{cases} H_r(y), & y \in R_2, \\ r(y) = \|y - x\|, & y \in \partial R_2 \sim \{x\} \end{cases}$$

eine Funktion u auf $\bar{R}_2 \sim \{x\}$ und eine zweite Funktion v auf $\bar{R} \sim \{x\}$ durch die Gleichung $v(y) = u(x + 2(y - x))$. Auf $\partial R_2 \cap \partial B_{x,2\varrho}$ gilt $u = 2\varrho$, auf $\partial R \cap \partial B_{x,\varrho}$ ist $v = 2\varrho$. Da u dem Maximum-Prinzip auf R_2 genügt, wird $u \leq \alpha' < \alpha = 2\varrho$ auf $\partial R \cap \partial B_{x,\varrho}$. Wenn wir α' vergrößern, wird diese Ungleichung nicht verändert, solange $\alpha' < \alpha$. Daher können wir $\alpha'/\alpha > \frac{1}{2}$ annehmen. Dann gilt $u \leq \alpha' < \alpha = v$ auf $\partial R \cap \partial B_{x,\varrho}$, auf dem Rest von $\partial R \sim \{x\}$ ist $u \leqq (\frac{1}{2})\, v < (\alpha'/\alpha) v$, damit also $u \leq (\alpha'/\alpha) v$ auf $\partial R \sim \{x\}$. Da $u - (\alpha'/\alpha) v$ harmonisch auf R und da $\lim\limits_{\substack{z \to y \\ z \in R}} \sup\, [u(z) - \alpha'/\alpha) v(z)] \leq 0$ für alle $y \in \partial R \sim \{x\}$ ist, haben wir $u - (\alpha'/\alpha) v \leq 0$ auf R nach Satz 7.10, woraus

$$u(y) \leq (\alpha'/\alpha) u(x + 2(y - x)) = (\alpha'/\alpha) u(2y - x)$$

für $y \in R$ folgt; daher ist $\lim\limits_{\substack{y \to x \\ y \in R}} \sup u(y) \leq (\alpha'/\alpha) \lim\limits_{\substack{y \to x \\ y \in R}} \sup u(2y - x) = (\alpha'/\alpha) \lim\limits_{y \to x} \sup u(y)$. Wegen $\alpha'/\alpha < 1$ ist aber $\lim\limits_{\substack{y \to x \\ y \in R}} \sup u(y) = \lim\limits_{\substack{y \to x \\ y \in R}} \sup H_r(y) = 0$ und somit $\lim\limits_{\substack{y \to x \\ y \in R}} H_m(y) = 0$, da obige Beziehungen für alle $\varrho > 0$ richtig waren. ⌟

Korollar 8.28 Zu jeder offenen, beschränkten Menge $R \subset E^n$, $n \geq 2$, existiert eine isotone Folge $\{R_j\}$ beschränkter, regulärer, offener Menge mit $\bar{R}_j \subset R$ und $R = \bigcup R_j$.

Beweis: Sei $\{K_j\}$ eine aufsteigende Folge kompakter Mengen mit $R = \bigcup K_j$. Wir betrachten K_1 und eine endliche Überdeckung von K_1 durch Kugeln $B_1^{(1)}, \ldots, B_{k_1}^{(1)}$ mit Abschlüssen in R. Indem wir notfalls die Radien einiger Kugeln etwas vergrößern, können wir annehmen, daß jeder Randpunkt von $R_1 = \bigcup_{j=1}^{k_1} B_j^{(1)}$ Spitze eines gestutzten, abgeschlossenen Vollkegels ist, der außerhalb von R_1 liegt. Somit können wir annehmen, daß R_1 eine beschränkte, reguläre Menge ist, die K_1 enthält. Das selbe Verfahren wende man dann auf $\bar{R}_1 \cup K_2$ an usw. ⌟

Bevor wir uns einigen Anwendungen zuwenden, werden wir uns ein nicht-triviales Beispiel eines irregulären Randpunktes ansehen. Wir werden eine beschränkte, offene Menge $R \subset E^3$ konstruieren, die einen irregulären, nicht-isolierten Randpunkt besitzt. Dieses Gebiet hat einen *Lebesgue*schen *Dorn* und wird wie folgt konstruiert. Man betrachte ein Maß auf der Strecke $\{(\xi, 0, 0): 0 \leq \xi \leq 1\}$, welches linear von (0, 0, 0) nach (1, 0, 0) anwächst. Das *Newton*sche Potential $u(x, y, z)$ dieses Maßes in einem Punkte (x, y, z) außerhalb dieser Strecke ist durch

$$\begin{aligned} u(x, y, z) &= \int_0^1 \frac{\xi d\xi}{[(\xi - x)^2 + y^2 + z^2]^{1/2}} \\ &= \int_0^1 \frac{(\xi - x)\, d\xi}{[(\xi - x)^2 + y^2 + z^2]^{1/2}} + x \int_0^1 \frac{d\xi}{[(\xi - x)^2 + y^2 + z^2]^{1/2}} \end{aligned}$$

gegeben. Eine elementare Rechnung liefert

$$\begin{aligned} u(x, y, z) = {} & [(1 - x)^2 + y^2 + z^2]^{1/2} - (x^2 + y^2 + z^2)^{1/2} \\ & + x \log |1 - x + [(1 - x)^2 + y^2 + z^2]^{1/2}| \\ & + x \log |x + (x^2 + y^2 + z^2)^{1/2}| - x \log (y^2 + z^2). \end{aligned}$$

Die Summe der drei ersten Terme konvergiert offensichtlich gegen 1, wenn $(x, y, z) \to (0, 0, 0)$. Betrachten wir nur diejenigen Punkte (x, y, z) mit $x > 0$, so sieht man sofort, daß der vierte Term auf der rechten Seite gegen Null konvergiert, wenn $(x, y, z) \to (0, 0, 0)$, woraus

$$\lim_{\substack{\|(x, y, z)\| \to 0 \\ x > 0}} u(x, y, z) = 1 - \lim_{\substack{\|(x, y, z)\| \to 0 \\ x > 0}} x \log \varrho^2$$

folgt, wenn hierbei $\varrho^2 = y^2 + z^2$ ist. Ist jetzt $(x, y, z) \to (0, 0, 0)$ entlang eines Weges, für den $x > 0$ und $x^k = \varrho^2$ gilt, so haben wir $u(x, y, z) \to 1$ für jede natürliche Zahl k. Erfolgt die Annäherung dagegen entlang eines Weges, für den $x > 0$, $\varrho = \exp(-c/2x)$ und $c > 0$ ist, so erhalten wir $u(x, y, z) \to 1 + c$. Als *Newton*sches Potential eines Maßes mit kompaktem Träger erfüllt u die Beziehung $\lim_{\|(x, y, z)\| \to +\infty} u(x, y, z) = 0$, und außerdem wissen wir, daß u außerhalb des Trägers dieses

Maßes harmonisch ist. Sei $0 < \varepsilon < 1$, $c_0 > 0$, und sei R wie folgt definiert: $R = \{(x, y, z): \varepsilon < u(x, y, z) < 1 + c_0\}$. Man sieht dann sofort, daß $u(x, y, z) \to +\infty$ gilt, wenn sich (x, y, z) an einen beliebigen inneren Punkt des Trägers des u definierenden Maßes annähert. Daher ist R im Komplement dieses Trägers enthalten und u somit harmonisch auf R. Hieraus folgt außerdem, daß $(0, 0, 0)$ ein Randpunkt von R ist. Es bleibt nur noch zu zeigen, daß $(0, 0, 0)$ ein irregulärer Randpunkt von R ist. Offenbar ist u die *Dirichlet*sche Lösung einer Randfunktion, die gleich ε auf dem Rande des Gebietes, wo $u < \varepsilon$ ist, und die gleich $1 + c_Q$ auf dem Rande des Gebietes ist, wo $u < 1 + c_0$ gilt. Sei $0 < c < c_0$. Dann liegt die Fläche $\varrho = \exp(-c/2x)$, $x > 0$, in einer Umgebung von $(0, 0, 0)$ ganz im Gebiet R; entlang eines Weges in dieser Fläche haben wir $u(x, y, z) \to 1 + c < 1 + c_0$. Dies zeigt die Irregularität von $(0, 0, 0)$. Indem wir eine Spiegelung an einer Sphäre ausführen, können wir ein einfach zusammenhängendes Gebiet mit genau denselben Eigenschaften erhalten.

8.4 Randverhalten der Green-Funktionen

Im Falle einer Kugel B wissen wir, daß die *Green*-Funktion $G_B(x, \cdot)$, $x \in B$, bei Annäherung an die Punkte von ∂B gegen 0 strebt. In diesem Abschnitt werden wir dieses Ergebnis ausweiten und außerdem zeigen, wie die *Green*-Funktion für ein beschränktes Gebiet mit Hilfe der Methode von *Perron-Wiener-Brelot* erhalten werden kann. Bevor wir das erste Ergebnis formulieren, soll eine einfache Bezeichnungsänderung vorgenommen werden. Ist R eine offene Menge und ist f eine numerische Funktion auf einem Definitionsbereich, der ∂R einschließt, so werden wir H_f anstelle von $H_{f|\partial R}$ schreiben. Man beachte weiterhin, daß u_x die fundamentale harmonische Funktion für E^n mit Pol x bezeichnet.

Lemma 8.29 Sei R eine beschränkte, offene Menge. Für die *Green*-Funktion G von R und für $x \in R$ gilt dann $G(x, \cdot) = u_x - H_{u_x}$ auf R.

Beweis: Da u_x in der H_{u_x} definierenden Oberklasse liegt, gilt $u_x - H_{u_x} \geq 0$ auf R. Aus der Definition der *Green*-Funktion folgt daher $u_x - H_{u_x} \geq G(x, \cdot)$ auf R und $G(x, \cdot) = u_x + h_x$, wobei h_x für jedes $x \in R$ harmonisch auf R ist. Wegen $G(x, \cdot) \geq 0$ haben wir $u_x \geq -h_x$ auf R, und man sieht sofort, daß $-h_x$ zu der H_{u_x} definierenden Unterklasse gehört, also $-h_x \leq H_{u_x}$. Außerdem impliziert $u_x - H_{u_x} \geq u_x + h_x$ die andere Ungleichung $-h_x \geq H_{u_x}$, somit $-h_x = H_{u_x}$ und daher $G(x, \cdot) = u_x - H_{u_x}$ auf R. ┘

Satz 8.30 Ist R eine beschränkte, offene Menge mit *Green*-Funktion G, so gilt $\lim_{z\to y} G(x, z) = 0$ für alle regulären Randpunkte y von R und alle $x \in R$; ist R zusätzlich regulär, so gilt $\lim_{z\to y} G(x, z) = 0$ für alle $y \in \partial R$. Ist R eine beliebige offene Menge mit *Green*-Funktion G und ist $x \in R$, so gilt $\lim_{z\to y} G(x, z) = 0$ q.ü. auf R.

Beweis: Die erste Behauptung folgt aus der Darstellung $G(x, \cdot) = u_x - H_{u_x}$ und der Tatsache, daß $\lim_{z\to y} H_{u_x}(z) = u_x(y)$ für alle regulären Randpunkte y von R gilt. Sei jetzt R eine offene Menge mit *Green*-Funktion G. Nach Korollar 8.28 gibt es eine Folge $\{R_j\}$ beschränkter, regulärer, offener Mengen mit Abschlüssen in R und $R_j \uparrow R$. Sei G_j die *Green*-Funktion für R_j, $j \geq 1$. Für festes $x \in R$ sei $G^*(x, \cdot)$ gleich $G(x, \cdot)$ auf R und gleich Null auf $\complement R$, ebenso definiere man $G_j^*(x, \cdot)$ als $G_j(x, \cdot)$ auf R_j und als Null auf $\complement R_j$, $x \in R_j$. Somit ist $0 \leq G_j^*(x, \cdot) \leq G^*(x, \cdot)$ und nach Satz 5.15 $G_j^*(x, \cdot) \uparrow G^*(x, \cdot)$ auf R. Sei $x \in R_1$ und $B = B_{x,\varrho}$ mit $\bar{B} \subset R_1$. Nach Lemma 5.8 ist $G^*(x, \cdot)$ beschränkt auf $\complement B$, woraus die gleichmäßige Beschränktheit der Folge $\{G_j^*(x, \cdot)\}$ auf $\complement B$ folgt. Da jedes $G_j^*(x, \cdot)$ harmonisch auf $R_j \sim B$ und da

$$\lim_{\substack{z\to y \\ z\in R_j}} G_j^*(x, z) = 0$$

für $y \in \partial R_j$ ist, sieht man sofort, daß $G_j^*(x, \cdot)$ subharmonisch auf $\complement B$ ist. Sei $g = \lim_{j\to\infty} G_j^*(x, \cdot)$ auf $\complement B$. Dann ist $g = G(x, \cdot)$ auf $R \sim B$, und man zeigt leicht $\bar{g}(y) = \limsup_{z\to y} g(z) = \limsup_{\substack{z\to y \\ z\in R}} G(x, z)$ für $y \in \partial R$. Wegen $g = G^*(x, \cdot)$ auf $R \sim (B \cup \partial R)$ und der Stetigkeit von $G^*(x, \cdot)$ auf $R \sim (B \cup \partial R)$ ist $g = \bar{g}$ auf dem gemeinsamen Definitionsbereich, abgesehen möglicherweise von ∂R; nach Satz 7.39 ist aber $g = \bar{g}$, abgesehen möglicherweise von einer polaren Teilmenge von $\complement B$. Wegen $g = 0$ auf ∂R und $\bar{g}(y) = \limsup_{\substack{z\to y \\ z\in R}} G(x, z)$ für $y \in \partial R$ folgt $\limsup_{\substack{z\to y \\ z\in R}} G(x, z) = 0$ q.ü. auf R. ⌟

Der folgende Satz weist nach, daß jede offene Teilmenge R von E^n, die eine *Green*-Funktion G besitzt, eine zulässige Menge ist, d.h. die Bedingung, daß Potentiale $G\mu$ von Maßen μ mit kompakten Trägern in R Randlimiten Null haben, ist überflüssig. Deshalb können alle Ergebnisse von Kapitel 7 auf beliebige offene Mengen angewandt werden, sofern diese eine *Green*-Funktion besitzen.

Satz 8.31 Sei R eine offene Menge mit *Green*-Funktion G. Dann gibt es eine polare Menge $Z \subset \partial R$ mit $\lim_{y\to z\in\partial R\sim Z} G\mu(y) = 0$ für jedes Maß μ mit kompaktem Träger in R. Wenn im Falle $n \geq 3$ R endliches *Lebesguesches* Maß hat oder im Falle $n = 2$ R beschränkt ist, so gilt $\lim_{y\to z\in\partial R\sim Z} Gf(y) = 0$, wann immer f eine beschränkte, meßbare

Funktion auf R ist. Ist R zusätzlich regulär, so gelten diese Behauptungen mit $Z=\emptyset$.

Beweis: Sei $\{R_j: j \geq 1\}$ das System der Komponenten von R, und sei $x_j \in R_j$, $j \geq 1$. Nach dem vorangehenden Satz gibt es zu jedem j eine polare Menge $Z_j \subset \partial R$ mit $\lim\limits_{y \to z \in \partial R \sim Z_j} G(x_j, y) = 0$; die Menge $Z = \bigcup Z_j$ ist polar, und für alle j gilt $\lim\limits_{y \to z \in \partial R \sim Z} G(x_j, y) = 0$. Sei K eine kompakte Teilmenge von R. Wir werden $\lim\limits_{y \to z \in \partial R \sim Z} G(\cdot, y) = 0$ gleichmäßig auf K zeigen. Zunächst gibt es eine natürliche Zahl p mit $K \subset \bigcup_{j=1}^p R_j$. Für jedes $j \leq p$ sei V_j eine Umgebung von $R_j \cap K$ mit $\bar{V}_j \subset R$. Nach der *Harnack*schen Ungleichung gibt es für jedes derartige j eine Konstante k_j mit $G(x, y) \leq k_j G(x_j, y)$, wann immer $x \in R_j \cap K$ und $y \in R_j \sim V_j$ ist; man beachte, daß diese Ungleichung für $y \notin R_j$ trivialerweise erfüllt ist, denn dann sind beide Seiten Null. Daher haben wir $G(x, y) \leq k_j G(x_j, y)$ für alle $x \in R_j \cap K$ und alle $y \in R \sim \bigcup_{j=1}^p V_j$. Hieraus folgt $G(x, y) \leq \max[k_j G(x_j, y): 1 \leq j \leq p]$ für $x \in K$ und $y \in R \sim \bigcup_{j=1}^p V_j$ und daher $\lim\limits_{y \to z \in \partial R \sim Z} G(\cdot, y) = 0$ gleichmäßig auf K. Ist nun μ ein Maß mit Träger in K, so gilt

$$G\mu(y) = \int_K G(x, y)\, d\mu(x)$$

und $\lim\limits_{y \to z \in \partial R \sim Z} G\mu(y) = 0$. Der Beweis von Lemma 6.24 liefert die zweite Behauptung, wenn man beachtet, daß $\lim\limits_{y \to z \in \partial R \sim Z} G(\cdot, y) = 0$ gleichmäßig auf jeder kompakten Teilmenge von R gilt. ┘

Wir kehren nun zum Existenzproblem einer *Green*-Funktion für eine offene Teilmenge von E^2 zurück.

Lemma 8.32 Sei R eine offene, zusammenhängende Teilmenge von E^2. Gibt es eine nicht-konstante, positive superharmonische Funktion w auf R, so existieren zu jedem $x \in R$ eine Kugel $B_{x,\varrho}$ mit Abschluß in R und eine stetige superharmonische Funktion v_x auf R mit den folgenden Eigenschaften:

(i) $v_x = 1$ auf $B_{x,\varrho}$.
(ii) $0 < v_x \leq 1$ auf R.
(iii) v_x ist harmonisch auf $R \sim \bar{B}_{x,\varrho}$.
(iv) Es existiert ein Punkt $y \in R \sim \bar{B}_{x,\varrho}$ mit $v_x(y) < 1$.

Beweis: Man betrachte die Zahl $w(x)$. Nach dem Minimum-Prinzip gibt es einen Punkt $y \in R$ mit $w(y) < w(x)$. Durch Abänderung von w können $w(y) < 1 < w(x)$ erreichen. Für $w^* = w \wedge 1$ gilt $w^*(y) < 1 = w^*(x)$ und $w^* = 1$ in einer Umgebung W von x. Man wähle ein $\varrho > 0$, so daß $\bar{B}_{x,\varrho} \subset W \subset R$. Sei $\mathscr{F}$ die Familie aller nicht-negativen, superharmonischen Funktionen auf R, die 1 auf $\bar{B}_{x,\varrho}$ majorisieren. Dann ist $w^* \in \mathscr{F}$, und man sieht sofort, daß $\mathscr{F}$ eine gesättigte Familie über $R \sim \bar{B}_{x,\varrho}$

ist. Für $u=\inf\{f\colon f\in\mathscr{F}\}$ folgt, daß $u=1$ auf $\bar{B}_{x,\varrho}$ ist und daß u nach Satz 5.9 harmonisch auf $R\sim\bar{B}_{x,\varrho}$ ist. Nach Satz 7.39 ist die untere Regularisierte $\hat{u}$ von u superharmonisch auf R und unterscheidet sich von u höchstens auf einer polaren Teilmenge Z von $\partial B_{x,\varrho}$. Mit Hilfe von Satz 4.14 und der Tatsache, daß $\hat{u}=1$ auf $B_{x,\varrho}$ gilt, erhalten wir $\hat{u}(z)=\liminf\limits_{\substack{z'\to z\\ z'\in R\sim\bar{B}_{x,\varrho}}}\hat{u}(z')$ für alle $z\in\partial B_{x,\varrho}$. Man wähle ein $\delta>0$ mit $\bar{B}_{x,\varrho}\subset B_{x,\delta}\subset\bar{B}_{x,\delta}\subset R$ und setze $V_x=B_{x,\delta}\sim\bar{B}_{x,\varrho}$. Wie folgt werde eine Funktion g auf ∂V_x definiert:

$$g(z)=\begin{cases}u(z), & z\in\partial B_{x,\delta},\\ 1, & z\in\partial B_{x,\varrho}.\end{cases}$$

Dann ist $\hat{u}=g$ auf ∂V_x, abgesehen möglicherweise von Z. Daher ist $\liminf\limits_{\substack{z'\to z\\ z'\in Vx}}\hat{u}(z')=g(z)$ für $z\in\partial V_x\sim Z$, und $\hat{u}$ gehört der H_g definierenden Oberklasse (bzgl. V_x) an nach Korollar 8.4, d.h. $\hat{u}\geq H_g$ auf V_x. Da V_x ein reguläres Gebiet ist, haben wir $\lim\limits_{\substack{z'\to z\\ z'\in V_x}}H_g(z')=1$ für alle $z\in\partial B_{x,\varrho}$, und es folgt $\hat{u}=1$ auf $\partial B_{x,\varrho}$. Die Funktion $\hat{u}$ hat dann die gewünschten Eigenschaften. ┘

Satz 8.33 (*Myrberg*) Für jede nicht-leere, offene Teilmenge R von E^2 sind die drei folgenden Eigenschaften äquivalent:

(i) $\complement R$ ist nicht polar.
(ii) Es existiert eine nicht-konstante, superharmonische Funktion auf R.
(iii) R besitzt eine *Green*-Funktion.

Beweis: Wir zeigen zuerst (iii) ⇒ (i). Besitze R also eine *Green*-Funktion. Dann ist nach Lemma 7.9 ∂R nicht polar, und wegen $\partial R\subset\complement R$ ist $\complement R$ nicht polar.
Wir zeigen jetzt (i) ⇒ (ii). Sei $\complement R$ nicht polar, und sei $F=\complement R$; F ist also abgeschlossen. Ferner sei $x\in R$, und sei $\{B_j\}$ eine Folge von Kugeln mit $x\in\partial B_j$ für alle j und $E^2\sim\{x\}=\bigcup_j B_j$. Dann ist für ein j_0 die Menge $F\cap\bar{B}_{j_0}$ nicht polar, denn sonst würde nach Satz 7.6 $F=\bigcup_j(F\cap\bar{B}_j)$ polar sein. Sei $C=F\cap\bar{B}_{j_0}$, und sei B eine Kugel mit $x\in\partial B$ und $\bar{B}_{j_0}\subset B$.
Es ist also $C\subset B$. Könnten wir zeigen, daß es eine stetige, positive, superharmonische Funktion v auf $\complement C$ gibt mit $v(x)=1$ und $v<1$ auf $B\sim C$, so besäße die Restriktion von v auf R die gewünschten Eigenschaften, denn dann würde es beliebig nahe an x gelegene Punkte y aus R mit $v(y)<1$ geben. Zum Beweis dieser Aussage betrachten wir die Reduzierte R_C^1 und die Gefegte $\hat{R}_C^1$ bzgl. B. Da sich R_C^1 und $\hat{R}_C^1$ höchstens auf einer polaren Menge von C unterscheiden und da $R_C^1=1$ auf der nicht-polaren Menge C gilt, muß $\hat{R}_C^1$ in gewissen Punkten von C den Wert 1 annehmen und daher >0 auf B sein. Außerdem wissen wir $\lim\limits_{\substack{z\to y\\ z\in B}}\hat{R}_C^1(z)=0$ für alle

$y \in \partial B$, da $\hat{R}_C^1$ das Potential eines Maßes (bzgl. der *Green*-Funktion G_B) mit kompaktem Träger in $C \subset B$ ist. Hieraus folgt $0 < \hat{R}_C^1 < 1$ auf $B \sim C$. Sei

$$u = \begin{cases} R_C^1 & \text{auf} \quad B \sim C, \\ 0 & \text{auf} \quad B. \end{cases}$$

Wie man sofort sieht, ist u eine stetige, subharmonische Funktion auf $\complement C$, und die Funktion $v = 1 - u$ hat die gewünschten Eigenschaften.

Es bleibt, (ii) $\Rightarrow$ (iii) zu zeigen. Wir können annehmen, daß R zusammenhängend ist, denn sonst besitzt R bereits nach Satz 5.27 eine *Green*-Funktion. Nach Lemma 5.11 genügt es zu zeigen, daß es eine nichtnegative, superharmonische Funktion auf R der Form $u_x + h_x$ mit harmonischem h_x auf R gibt. Nach Lemma 8.32 existieren eine Kugel $B_{x,\varrho}$ mit Abschluß in R und eine stetige, subharmonische Funktion w_x auf R mit $w_x = 0$ auf $B_{x,\varrho}$, w_x ist harmonisch auf $R \sim \bar{B}_{x,\varrho}$ und $0 < w_x < 1$ auf $R \sim \bar{B}_{x,\varrho}$. Man wähle ein $\delta > \varrho$ mit $\bar{B}_{x,\delta} \subset R$, und man definiere eine Funktion v_x auf R wie folgt. Sei $2\alpha = \inf\{w_x(z)\colon z \in \partial B_{x,\delta}\} > 0$. Man setze

$$v_x(y) = \begin{cases} \log \dfrac{r}{\varrho} & \text{für} \quad r = \|y - x\| < \varrho, \\[2ex] \left(\log \dfrac{r}{\varrho}\right) \vee \left(\dfrac{w_x}{\alpha} \log \dfrac{\delta}{\varrho}\right) & \text{für} \quad \varrho \le r = \|y - x\| < \delta, \\[2ex] \dfrac{w_x}{\alpha} \log \dfrac{\delta}{\varrho} & \text{für} \quad r = \|y - x\| \ge \delta. \end{cases}$$

Da w_x stetig ist, muß auch v_x (im erweiterten Sinne) in x stetig sein. Offenbar ist v_x subharmonisch auf $R \sim (\partial B_{x,\varrho} \cup B_{x,\delta})$ und submedian auf $\partial B_{x,\varrho}$, daher also subharmonisch auf $R \sim \partial B_{x,\delta}$. Wegen $w_x/\alpha > 1$ auf $\partial B_{x,\delta}$ ist $v_x = (w_x/\alpha)\log \delta/\varrho$ auf einer Umgebung von $\partial B_{x,\delta}$ und daher subharmonisch auf R. Wegen $w_x \le 1$ auf R haben wir $v_x \le (1/\alpha)\log \delta/\varrho$ auf $R \sim B_{x,\delta}$. Nach Korollar 8.28 gibt es eine Folge $\{R_j\}$ beschränkter, regulärer, offener Mengen mit $R_j \uparrow R$; dabei können wir $\bar{B}_{x,\delta} \subset R_1$ annehmen. Für die zu R_j gehörigen *Green*-Funktionen G_j gilt dann $G_j \le G_{j+1}$ auf R_j, und wir können $G = \lim_{j\to\infty} G_j$ auf R definieren (mit gebührender Berücksichtigung der Definitionsbereiche). Jedes G_j ist aber von der Form $G_j(x, \cdot) = u_x + h_x^j$ mit harmonischem h_x^j auf R_j. Sei $h_x = \lim_{j\to\infty} h_x^j$ auf R. Dann gilt $G(x, \cdot) = u_x + h_x$, wobei h_x entweder identisch $+\infty$ oder harmonisch auf R ist, denn die Folge $\{h_x^j\}$ ist isoton. Könnten wir zeigen, daß $G(x, \cdot)$ superharmonisch ist, so wäre h_x harmonisch, und wir wären fertig. Jedes $G_j(x, \cdot)$ ist harmonisch auf $R_j \sim \{x\}$ und konvergiert gegen Null bei Annäherung an die Randpunkte von R_j. Sei $G_j^*(x, \cdot)$ gleich $G_j(x, \cdot)$ auf $R_j \sim \{x\}$ und gleich Null auf $R \sim R_j$. Dann ist $G_j^*(x, \cdot)$ subharmonisch auf $R \sim \{x\}$.

Da v_x subharmonisch auf R ist, muß $v_x + G_j^*(x, \cdot)$ subharmonisch auf $R \sim \{x\}$ sein, aber wegen der Tatsache, daß $v_x + G_j^*(x, \cdot) = -\log \varrho + h_x^j$ auf $B_{x,\varrho} \sim \{x\}$ gilt, kann $v_x + G_j^* + G_j^*(x, \cdot)$ als subharmonische Funktion auf R angesehen werden. Wegen $v_x + G_j^*(x, \cdot) \leq (1/\alpha) \log \delta/\varrho$ auf $R \sim R_j$ erhalten wir wegen der Stetigkeit $v_x + G_j^*(x, \cdot) \leq c = (1/\alpha) \log \delta/\varrho$ auf ∂R_j. Die Anwendung des Maximum-Prinzips auf $v_x + G_j^*(x, \cdot)$ (auf jede Komponente von R_j) liefert $v_x + G_j^*(x, \cdot) \leq c$ auf R_j, also $G_j(x, \cdot) \leq c - v_x$ auf R_j und

$$G(x, \cdot) = \lim_{j \to \infty} G_j(x, \cdot) \leq c - v_x$$

auf R. Da $c - v_x$ superharmonisch auf R ist, muß dies auch für $G(x, \cdot)$ richtig sein. ┘

Wir beschließen diesen Abschnitt, indem wir die Menge der regulären Randpunkte mit der *Green*-Funktion in Verbindung bringen.

Satz 8.34 Sei R eine beschränkte, zusammenhängende, offene Menge mit *Green*-Funktion G. Ein Punkt $x \in \partial R$ ist genau dann regulär, wenn $\lim_{z \to x} G(y, z) = 0$ für ein $y \in R$ gilt. Die Menge der irregulären Randpunkte von R ist polar.

Beweis: Ist $\lim_{z \to x} G(y, z) = 0$ für ein $y \in R$, so ist $G(y, \cdot)$ eine Barriere zu x, und x ist ein regulärer Randpunkt. Ist umgekehrt x ein regulärer Randpunkt von R, so gilt $\lim_{z \to x} G(y, z) = u_y(x) - \lim_{z \to x} H_{u_y}(z) = 0$ für jedes $y \in R$. Die zweite Behauptung folgt aus Satz 8.30. ┘

8.5 Anwendungen

In diesem Abschnitt werden wir die vorangehenden Resultate benutzen, um einige Eigenschaften der Gefegten $\hat{R}_E^u$ zu erhalten, die dabei als Operator von u oder als Funktion der Menge E betrachtet werden wird. Wir werden uns außerdem das Dominationsprinzip von *Maria-Frostman* ansehen, das zum Vergleichen von superharmonischen Funktionen mit Potentialen benutzt wird.

Satz 8.35 Sei R eine offene Menge mit *Green*-Funktion G, Z eine polare Teilmenge von R, und sei $x_0 \in R \sim Z$. Dann existiert eine positive, superharmonische Funktion u auf R mit $u = +\infty$ auf Z und $u(x_0) < +\infty$.

Beweis: Sei zunächst $Z \subset B_{y,\varrho} \subset \bar{B}_{y,\varrho} \subset R$ und $x_0 \notin \bar{B}_{y,\varrho}$. Ferner sei $r > \varrho$, so daß $\bar{B}_{y,r} \subset R$ ist. Wie im Beweis von Lemma 7.13 existiert eine superharmonische Funktion w mit $w(x_0) < +\infty$, $w = +\infty$ auf Z und $w = \alpha u_y + \beta$ auf $\complement B_{y,r}$. Sei h_y eine harmonische Funktion auf R mit $G(y, \cdot) = u_y + h_y$. Definieren wir $w^* = w +$

$+(\alpha h_y+\beta)$, so gilt $w^* = \alpha G(y,\cdot)+2\beta$ auf $R \sim R_{y,r}$. Nach Satz 8.30 gilt $\lim_{z\to x} G(y,z)=0$ für alle $x\in\partial R$ außerhalb einer polaren Teilmenge von ∂R. Außerdem haben wir für unbeschränktes R im Falle $n\geq 3$ $\lim_{\|z\|\to+\infty} G(y,z)=0$, da $G(y,\cdot)$ durch die *Green*-Funktion von E^n majorisiert wird. Hieraus folgt $\lim_{z\to x} w^*(z)=2\beta$ für alle $x\in\partial R$ außerhalb einer polaren Menge und $\lim_{z\to x} w^*(z)=2\beta$, falls R unbeschränkt und $n\geq 3$ ist. Außerdem sieht man sofort, daß w^* nach unten beschränkt und superharmonisch auf R ist; somit ist $w^*=2\beta$ auf R nach Satz 7.10. Daher ist $u=w^*-2\beta=+\infty$ auf Z, strikt positiv auf R und endlich auf $R\sim B_{y,r}$. Wegen $w(x_0)<+\infty$ ist dies auch für w^* und damit für u richtig. Im allgemeinen Falle sei $x_0\in R\sim Z$, und für jedes $y\in Z$ sei B_y eine Kugel mit Mittelpunkt y und mit $x_0\notin \bar{B}_y\subset R$. Dann ist $\{B_y\colon y\in Z\}$ eine Überdeckung von Z, und eine Folge dieser Kugeln, die einer Folge $\{y_j\}$ aus Z entspricht, genügt bereits, um Z zu überdecken. Für jedes j sei B_j eine Kugel mit $\bar{B}_{y_j}\subset B_j\subset \bar{B}_j\subset R$ und $x_0\notin\bar{B}_j$. Gemäß des ersten Teils des Beweises existiert zu jedem j eine positive, superharmonische Funktion w_j auf R mit $w_j(x_0)<+\infty$ und $w_j=+\infty$ auf $B_{y_j}\cap Z$. Man wähle dann eine Folge $\{\beta_j\}$ positiver, reeller Zahlen mit $\Sigma_j\beta_j w_j(x_0)<+\infty$, und man sieht sofort, daß $u=\Sigma_j\beta_j w_j$ eine positive, superharmonische Funktion auf R mit den gewünschten Eigenschaften ist. ┘

Korollar 8.36 Sei R eine offene Teilmenge von E^n, die eine *Green*-Funktion besitzt. Für jede Teilmenge $E\subset R$ und jede nichtnegative, superharmonische Funktion u auf R gilt $\hat{R}^u_E = R^u_E$ auf $R\sim E$.

Beweis: Wir wissen von Lemma 7.11, daß $R^u_E=u$ auf E, und nach Korollar 7.40, daß $\hat{R}^u_E=R^u_E$ q.ü. auf R gilt. Die Menge Z aller Punkte $z\in E$ mit $\hat{R}^u_E(z)\neq R^u_E(z)$ ist eine polare Teilmenge von E. Zu $x_0\in R\sim E$ existiert nach Satz 8.35 eine positive, superharmonische Funktion w auf R mit $w(x_0)<+\infty$ und $w=+\infty$ auf Z. Für jedes $\varepsilon>0$ gilt dann $\hat{R}^u_E+\varepsilon w\geq u$ auf E und daher $\hat{R}^u_E+\varepsilon w\geq R^u_E$ auf R, somit also auch $\hat{R}^u_E(x_0)\geq R^u_E(x_0)$, da ε eine beliebige positive Zahl und $w(x_0)<+\infty$ war. Die duale Ungleichung gilt aber immer, also herrscht Gleichheit in x_0. ┘

Korollar 8.37 Sei R eine offene Menge, die eine *Green*-Funktion besitzt. Ist u eine nichtnegative, superharmonische Funktion auf R, $E\subset R$ und Z eine polare Teilmenge von E, so gilt $\hat{R}^u_E=\hat{R}^u_{E\sim Z}$.

Beweis: Wir wissen aus Satz 7.12, daß $\hat{R}^u_{E\sim Z}\leq\hat{R}^u_E$ gilt. Sei $x\in R\sim Z$, und sei w eine beliebige positive, superharmonische Funktion auf R, die u auf $E\sim Z$ majorisiert. Nach Satz 8.35 gibt es eine positive, superharmonische Funktion v auf R mit $v(x)<+\infty$ und $v=+\infty$ auf Z. Dann majorisiert $w+\varepsilon v$ für jedes $\varepsilon>0$ die Funktion u auf E, also gilt $\hat{R}^u_E(x)\leq w(x)+\varepsilon v(x)$, und mit $\varepsilon\downarrow 0$ erhalten wir $\hat{R}^u_E(x)\leq w(x)$

für alle $x \in R \sim Z$. Aber Z ist Nullmenge für das *Lebesgue*sche Maß, also gilt $A(\hat{R}_E^u: y, \delta) \leq A(w: y, \delta)$, wann immer $\bar{B}_{y,\delta} \subset R$ ist. Mit $\delta \downarrow 0$ erhalten wir hieraus $\hat{R}_E^u \leq w$ auf R und durch Bilden des Infimums über alle derartigen w schließlich $\hat{R}_E^u \leq R_{E\sim Z}^u$. Durch Regularisieren auf beiden Seiten dieser Ungleichung folgt dann die gewünschte Ungleichung $\hat{R}_E^u \leq \hat{R}_{E\sim Z}^u$. ┘

Satz 8.38 Sei R eine offene Teilmenge von E^n, die eine *Green*-Funktion besitzt. Ist dann u eine positive, superharmonische Funktion auf R, F eine relativ-abgeschlossene Teilmenge von R und $\{F_j\}$ eine aufsteigende Folge relativ-abgeschlossener Teilmengen von R mit $F = \bigcup_j F_j$, so gilt $\lim_{j\to\infty} \hat{R}_{F_j}^u = \hat{R}_F^u$.

Beweis: Die Folge $\{\hat{R}_{F_j}^u\}$ ist isoton und durch die superharmonische Funktion $\hat{R}_F^u$ majorisiert; daher ist die Funktion $v = \lim_{j\to\infty} \hat{R}_{F_j}^u$ superharmonisch mit $v \leq \hat{R}_F^u$. Nach Korollar 7.40 unterscheiden sich $\hat{R}_{F_j}^u$ und u auf F_j höchstens auf einer polaren Teilmenge von F_j; somit unterscheiden sich v und u auf F höchstens auf einer polaren Teilmenge Z von F. Sei w eine positive, superharmonische Funktion auf R mit $w = +\infty$ auf Z, und sei $\varepsilon > 0$. Dann gilt $v + \varepsilon w \geq u$ auf F und daher $v + \varepsilon w \geq \hat{R}_F^u$. Da ε beliebig klein gemacht werden kann, erhalten wir $v \geq \hat{R}_F^u$, was dann schließlich $\lim_{j\to\infty} \hat{R}_{F_j}^u = \hat{R}_F^u$ beweist. ┘

Lemma 8.39 Sei R eine offene Menge, die eine *Green*-Funktion besitzt, und sei f eine resolutive Randfunktion bzgl. R. Für jede offene Teilmenge W von R ist dann die durch

$$g = \begin{cases} H_f^R & \text{auf} \quad R \cap \partial W \\ f & \text{auf} \quad \partial R \cap \partial W \end{cases}$$

auf ∂W definierte Funktion resolutiv, und es gilt $H_f^R = H_g^W$ auf W.

Beweis: Für $u \in \mathfrak{O}_f^R$ gilt $u \geq H_f^R$ auf R. Für $x \in R \cap \partial W$ haben wir $\liminf_{\substack{z\to x\\ z\in W}} u(z) \geq \liminf_{\substack{z\to x\\ z\in W}} H_f^R(z) = H_f^R(x)$, während für $x \in \partial R \cap \partial W$ $\liminf_{\substack{z\to x\\ z\in W}} u(z) \geq \liminf_{\substack{z\to x\\ z\in R}} u(z) \geq f(x)$ gilt. Daher ist $u \in \mathfrak{O}_g^W$ und $\bar{H}_f^R \geq \bar{H}_g^W$ auf W, analog $\underline{H}_g^W \geq \underline{H}_f^R$ auf W. Hieraus folgt dann $0 \leq \bar{H}_g^W - \underline{H}_g^W \leq \bar{H}_f^R - \underline{H}_f^R = 0$ auf W. Diese Gleichung und die Harmonizität von $\bar{H}_f^R$ und $\underline{H}_f^R$ implizieren dann die Behauptung. ┘

Lemma 8.40 Sei R eine offene Menge, die eine *Green*-Funktion besitzt, sei W eine offene, relativ-kompakte Menge mit $\bar{W} \subset R$, und sei u eine positive, superharmonische Funktion auf R. Dann ist die untere Regularisierte $\hat{v}$ der durch

$$v = \begin{cases} u & \text{auf} \quad R \sim W, \\ H_u^W & \text{auf} \quad W \end{cases}$$

definierten Funktion v superharmonisch auf R.

Beweis: Wir bemerken zunächst, daß H_u^W wegen $u \geq \bar{H}_u^W \geq \underline{H}_u^W \geq 0$ auf W definiert ist. Sei B eine Kugel mit $\bar{B} \subset R$. Wir zeigen dann zuerst $v \geq H_v^B$ auf B. Wegen $u \geq H_u^W$ auf W gilt $v \leq u$ auf R und $H_v^B \leq H_u^B \leq u = v$ auf $B \sim W$. Sei

$$w = \begin{cases} v & \text{auf} \quad R \sim B, \\ H_v^B & \text{auf} \quad B. \end{cases}$$

Man beachte, daß $w = v$ auf $\bar{W} \cap \partial B$ und daß $w = H_v^B \leq H_u^B \leq u = v$ auf $\mathrm{d}W \cap B$ gilt, d.h. $w \leq v$ auf $\partial(B \cap W)$. Hieraus folgt $H_w^{B \cap W} \leq H_v^{B \cap W}$ auf $B \cap W$. Nach dem vorangehenden Lemma ist $H_v^B = H_w^{B \cap W}$ und $H_v^{B \cap W} = H_u^W$ auf $B \cap W$. Somit folgt $H_v^B \leq H_u^W = v$ auf $B \cap W$, also $H_v^B \leq v$ auf B. Weiter gilt $H_{\hat{v}}^B \leq H_v^B \leq v$ auf B wegen $\hat{v} \leq v$. Die Stetigkeit von $H_{\hat{v}}^B$ auf B liefert dann die gewünschte Ungleichung $H_{\hat{v}}^B \leq \hat{v}$ auf B für jede Kugel B mit $\bar{B} \subset R$, und folglich ist $\hat{v}$ superharmonisch auf R. ┘

Satz 8.41 Sei R eine offene Teilmenge von E^n, die eine *Green*-Funktion besitzt. Für jede positive, superharmonische Funktion u auf R und für jede offene, relativkompakte Menge W mit $\bar{W} \subset R$ gilt $\hat{R}_{R \sim W}^u = H_u^W$ auf W; ist $\{W_j\}$ eine aufsteigende Folge solcher Mengen mit $R = \bigcup_j W_j$, so ist u genau dann ein Potential, wenn $\lim_{j \to \infty} H_u^W = 0$ auf R gilt.

Beweis: Ist

$$v = \begin{cases} u & \text{auf} \quad R \sim W, \\ H_u^W & \text{auf} \quad W, \end{cases}$$

so ist $\hat{v}$ superharmonisch auf R. Da u n.u.h. auf ∂W ist, gibt es eine Folge $\{f_j\}$ stetiger Funktionen auf ∂W mit $f_j \uparrow u$ auf ∂W. Wegen

$$\liminf_{\substack{z \to y \\ z \in W}} v(z) = \liminf_{\substack{z \to y \\ z \in W}} H_u^W(z) \geq \liminf_{\substack{z \to y \\ z \in W}} H_{f_j}^W(z) = f_j(y)$$

für alle regulären Randpunkte y von W erhalten wir $\liminf_{\substack{z \to y \\ z \in W}} v(z) \geq u(y)$ für alle $y \in \partial W$, abgesehen von einer polaren Teilmenge von ∂W. Daher gilt für alle diese $y \in \partial W$ $\hat{v}(y) = \liminf_{\substack{z \to y \\ z \in R}} v(z) \geq u(y)$. Wegen $\hat{v} = v = u$ auf $R \sim \bar{W}$ muß daher $\hat{v} \geq u$ auf $R \sim W$ sein, wenn man von einer polaren Teilmenge von ∂W absieht. Aus Korollar 8.37 folgt daher $\hat{v} \geq \hat{R}_{R \sim W}^u$. Für jede positive, superharmonische Funktion w auf R, die u auf $R \sim W$ majorisiert, gilt $w|_W \in \mathfrak{O}_u^W$ und $w \geq v$ auf W, also $w \geq v$ auf R. Dies zeigt $R_{R \sim W}^u \geq v$ auf R und folglich $\hat{R}_{R \sim W}^u \geq \hat{v}$ auf R, somit also $\hat{R}_{R \sim W}^u = v = H_u^W$ auf W. Sei schließlich $\{W_j\}$ eine aufsteigende Folge offener, relativkompakter Mengen mit $\bar{W}_j \subset R$ und $R = \bigcup_j W_j$. Wir haben gerade $H_u^{W_j} = \hat{R}_{R \sim W_j}^u$ auf W_j gezeigt. Nach Satz 7.12 ist $\hat{R}_{R \sim W_{j+1}}^u \leq \hat{R}_{R \sim W_j}^u$ und somit $H_u^{W_{j+1}} \leq H_u^{W_j}$ auf

W_j für jedes j. Daher ist dann $\{H_u^{W_j}\}$ eine absteigende Folge nichtnegativer, harmonischer Funktionen (unter gebührender Berücksichtigung der Definitionsbereiche), und $h = \lim_{j\to\infty} H_u^{W_j}$ definiert eine nichtnegative, harmonische Funktion auf R mit $u \geq h \geq 0$. Offenbar ist h die größte harmonische Minorante von u. ⌟

Korollar 8.42 Sei R eine offene Menge, die eine *Green*-Funktion besitzt, und sei $F = R \sim W$, wobei W eine offene, relativ-kompakte Menge mit $\bar{W} \subset R$ ist. Ferner seien u, v positive, superharmonische Funktionen auf R. Dann gilt $\hat{R}_F^{u+v} = \hat{R}_F^u + \hat{R}_F^v$ auf R.

Beweis: Wegen $\hat{R}_F^{u+v} = u + v$, $\hat{R}_F^u = u$ und $\hat{R}_F^v = v$ q.ü. auf F erhalten wir $\hat{R}_F^{u+v} = \hat{R}_F^u + \hat{R}_F^v$ q.ü. auf F. Nach dem vorausgehenden Satz und nach Lemma 8.6 folgt $\hat{R}_F^{u+v} = H_{u+v}^W = H_u^W + H_v^W$, $\hat{R}_F^u = H_u^W$ und $\hat{R}_F^v = H_v^W$ auf W, daher also $\hat{R}_F^{u+v} = \hat{R}_F^u + \hat{R}_F^v$ q.ü. auf R. Indem man zu Mittelwerten übergeht, kann man sich von dieser Ausnahmemenge befreien. ⌟

Wir werden in dieses Kapitel einen Satz aufnehmen, der erst im letzten Kapitel benötigt werden wird. Dieses Ergebnis ist als *Dominationsprinzip* bekannt und wird erneut in Kapitel 11 betrachtet werden.

Satz 8.43 (*Maria-Frostman*) Sei R eine offene Teilmenge von E^n, die eine *Green*-Funktion G besitzt, und sei μ ein Maß auf R, so daß $G\mu$ endlich ist. Ist dann w eine positive, superharmonische Funktion auf R mit $w \geq G\mu$ q.ü. auf dem Träger von μ, so gilt $w \geq G\mu$ auf R.

Beweis: Wir können annehmen, daß R zusammenhängend ist. Zunächst werden wir den Satz unter den zusätzlichen Voraussetzungen beweisen, daß μ einen kompakten Träger K hat und daß $G\mu = u$ stetig auf R ist. Sei $\{R_j\}$ eine aufsteigende Folge offener, relativ-kompakter Mengen mit $\bar{R}_j \subset R$, $K \subset R_j$ und $R = \bigcup R_j$. Ferner sei $W_j = R_j \sim K$. Da $u = G\mu$ harmonisch auf W_j und stetig auf $\bar{W}_j$ ist, haben wir $u = H_u^{W_j}$ auf W_j, wobei $H_u^{W_j}$ die *Dirichlet*sche Lösung bzgl. W_j und $u|_{\partial W_j}$ ist. Für jedes $v \in \mathfrak{O}_u^{R_j}$, der Oberklasse der Randfunktion $u|_{\partial R_j}$ bzgl. R_j, gilt $\liminf_{\substack{y\to x\\ y\in R_j}} v(y) \geq u(x)$ für alle $x \in \partial R_j$. Für die Funktion $v + w$ gilt für $x \in \partial R_j$ $\liminf_{\substack{y\to x\\ y\in W_j}} (v(y) + w(y)) \geq \liminf_{\substack{y\to x\\ y\in R_j}} v(y) \geq u(x)$, wohingegen für $x \in \partial K$ $\liminf_{\substack{y\to x\\ y\in W_j}} (v(y) + w(y)) \geq \liminf_{y\to x} w(y) \geq w(x) \geq u(x)$ gilt mit Ausnahme der x in einer polaren Teilmenge von ∂K. Nach Korollar 8.4 haben wir $v + w \geq H_u^{W_j}$ auf W_j und, da v beliebig aus $\mathfrak{O}_u^{R_j}$ war,

$$H_u^{R_j} + w \geq H_u^{W_j} = u \qquad \text{auf } W_j;$$

wegen $w \geq u$ q.ü. auf K folgt dann $H_u^{R_j} + w \geq u$ q.ü. auf R_j. Die Folge $\{H_u^{R_j}\}$ ist absteigend auf R und definiert eine nichtnegative, harmonische Funktion $h = \lim_{j\to\infty} H_u^{R_j}$ auf R. Offenbar ist $h \leq u$ auf R und daher $h = 0$ auf R, da u ein Potential ist. Somit haben wir $w \geq u$ q.ü. auf R bewiesen, woraus für alle $x \in R$ folgt $w(x) = \lim_{\delta\to 0} A(w\colon x, \delta) \geq \lim_{\delta\to 0} A(u\colon x, \delta) = u(x)$. Wir werden jetzt die Stetigkeitsforderung an u weglassen. Nach Satz 6.21 gibt es eine isotone Folge $\{K_j\}$ kompakter Teilmengen von K, so daß $G\mu|_{K_j}$ stetig auf R ist und $\mu(K \sim K_j) \to 0$, wenn $j \to \infty$. Wegen $G\mu|_{K_j} \leq G\mu \leq w$ q.ü. auf K haben wir $G\mu|_{K_j} \leq w$ auf R nach dem ersten Teil des Beweises. Sei $\mu_j = \mu|_{K_j}$ und $\nu_j = \mu|_{K \sim K_j}$. Dann ist $G\mu = G\mu_j + G\nu_j$, und die Folge $\{G\mu_j\}$ ist aufsteigend. Für jeden Punkt x in $R \sim K$ ist $G(x, \cdot)$ beschränkt auf K und

$$G\nu_j(x) = \int G(x, y)\, d\nu_j(y) \leq [\sup_{y \in K} G(x, y)]\, \mu(K \sim K_j).$$

Wegen $\mu(K \sim K_j) \to 0$, wenn $j \to \infty$, haben wir $\lim_{j\to\infty} G\nu_j = 0$ auf $R \sim K$, so daß die untere Regularisierte $\hat{q}$ von $q = \lim_{j\to\infty} G\nu_j$ eine nichtnegative, superharmonische Funktion ist, die auf $R \sim K$, also auch auf R verschwindet. Da sich $\hat{q}$ und q höchstens auf einer polaren Menge unterscheiden, erhalten wir $G\mu = \lim_{j\to\infty} G\mu_j + {}$ $+ \lim_{j\to\infty} G\nu_j \leq w$ q.ü. auf R. Wie oben impliziert dies $G\mu \leq$ auf R. Wir müssen jetzt nur noch die Bedingung weglassen, daß der Träger K von μ kompakt ist. Sei $\{K_j\}$ eine Folge kompakter Teilmengen von K mit $K_j \uparrow K$. Nach dem zweiten Teil des Beweises hat $G\mu|_{K_j} \leq G\mu \leq w$ q.ü. auf K die Ungleichung $G\mu|_{K_j} \leq w$ auf R zur Folge, somit also

$$G\mu = \lim_{j\to\infty} \int_{K_j} G(\cdot, y)\, d\mu = \lim_{j\to\infty} G\mu_{K_j} \leq w \qquad \text{auf } R. \qquad \lrcorner$$

9. Das Dirichletsche Problem für unbeschränkte Mengen

Die Hauptschwierigkeit bei der Untersuchung unbeschränkter Mengen ergibt sich daraus, daß die Lösung des *Dirichlet*schen Problems nicht eindeutig bestimmt ist. Diese Schwierigkeit wird überwunden, indem der Punkt im Unendlichen in die Untersuchungen einbezogen wird. In diesem Kapitel kompaktifizieren wir E^n, indem wir Δ, den Punkt im Unendlichen, zu E^n hinzufügen. Dies erfordert eine erneute Definition von solchen Begriffen wie harmonische Funktionen, superharmonische Funktionen und polare Mengen. Das äußere *Dirichlet*sche Problem für eine Kugel wird in diesem Kapitel vermöge eines Integrals vom *Poisson*schen Typ gelöst. Ferner werden die Methode von *Perron-Wiener-Brelot* zum Lösen des verallgemeinerten *Dirichlet*schen Problems und das Randverhalten der Lösung untersucht.

9.1 Das äußere Dirichletsche Problem

In diesem Abschnitt kehren wir zum Studium des *Dirichlet*schen Problems für beliebige offene Mengen $R \subset E^n$ zurück. Zu diesem Zweck vergrößern wir den Grundraum E^n wie folgt. Sei Δ ein Objekt, das nicht in E^n liegt, und sei $E^n_\Delta = E^n \cup \{\Delta\}$. Wir nennen Δ den Punkt im Unendlichen. Wir topologisieren E^n_Δ, indem wir zu einer Basis für die Topologie von E^n das System der Mengen der Form $E^n_\Delta \sim C$ hinzufügen, wobei C eine in der gewöhnlichen Topologie kompakte Teilmenge von E^n ist. Mit dieser Topologie versehen ist E^n_Δ ein kompakter Raum, der metrisierbar ist.

Sei R eine offene Teilmenge von E^n_Δ. Die folgende Definition ist mit unserer früheren Definition vereinbar.

Definition Eine numerische Funktion u auf R heißt *superharmonisch* auf R, wenn u auf $R \sim \{\Delta\}$ superharmonisch ist und wenn im Falle $\Delta \in R$ gilt:

(i) u ist n.u.h. in Δ,
(ii) $u(\Delta) \geq L(u: x_0, \delta)$ für alle x_0 und δ mit $\complement B_{x_0,\delta} \subset R$;

u heißt *subharmonisch* auf R, wenn $-u$ superharmonisch auf R ist; sind sowohl u als auch $-u$ superharmonisch auf R, so heißt u *harmonisch* auf R.

Offenbar sind die konstanten Funktionen auf E^n_Δ harmonisch auf E^n_Δ. Die Rolle des Punktes im Unendlichen wird durch das Betrachten der Funktion u_x verdeutlicht, die auf E^n_Δ, $n \geq 3$, definiert ist, wenn man $u_x(\Delta) = 0$ setzt. Diese Funktion ist zwar superharmonisch auf $E^n_\Delta \sim \{\Delta\}$, nicht aber auf E^n_Δ, denn es gilt $u_x(\Delta) < L(u_x\colon x_0, \delta)$ für alle x_0 und alle δ. Jedoch ist diese Funktion subharmonisch auf $E^n_\Delta \sim \{x\}$. Wir werden bald sehen, daß nur die konstanten Funktionen superharmonisch auf E^n sind.

Bevor wir Eigenschaften superharmonischer Funktionen beweisen, werden wir zeigen, daß es nicht-triviale Beispiele harmonischer Funktionen gibt, die auf einer Umgebung von Δ definiert sind. Dazu ist eine vorläufige Darstellung solcher Funktionen erforderlich.

Lemma 9.1 Sei h harmonisch auf $E^n \sim \bar{B}_{y,\varrho}$, stetig auf $E^n \sim B_{y,\varrho}$, so daß $\lim\limits_{x\to\Delta} h(x)$ existiert und gleich α ist. Dann gilt für alle $x \in E^n \sim \bar{B}_{y,\varrho}$

$$h(x) = \frac{1}{\sigma_n \varrho} \int\limits_{\partial B_{y,\varrho}} \frac{\|y-x\|^2 - \varrho^2}{\|z-x\|^n} h(z)\, d\sigma(z) - \frac{\alpha \varrho^{n-2}}{\|x-y\|^{n-2}} + \alpha.$$

Ist überdies $\alpha = L(h\colon y, \varrho)$, so gilt $L(h\colon y, r) = \alpha$ für alle $r > \varrho$.

B e w e i s: Für $x \in E^n \sim \bar{B}_{y,\varrho}$ bezeichne $x^\star$ das Inverse von x bzgl. $\partial B_{y,\varrho}$. Unter dieser Inversion wird das Gebiet $E^n \sim B_{y,\varrho}$ auf das Gebiet $\bar{B}_{y,\varrho} \sim \{y\}$ abgebildet. Die *Kelvin*-Transformation bzgl. $\partial B_{y,\varrho}$ induziert vermöge der Gleichung

$$\frac{\|x^\star - y\|^{n-2}}{\varrho^{n-2}} h^\star(x^\star) = h(x), \quad x^\star \in \bar{B}_{y,\varrho} \sim \{y\}$$

eine Funktion $h^\star$ auf $\bar{B}_{y,\varrho} \sim \{y\}$. Nach Satz 2.24 ist die Funktion $h^\star$ auf $B_{y,\varrho} \sim \{y\}$ harmonisch und auf $\bar{B}_{y,\varrho} \sim \{y\}$ stetig. Man betrachte zunächst den Fall $n \geq 3$. Nach Satz 5.4 existieren eine Konstante $c \geq 0$ und eine auf $B_{y,\varrho}$ harmonische Funktion v', so daß $h^\star = c u_y + v'$ auf $B_{y,\varrho} \sim \{y\}$ gilt. Wegen

$$h(x) = \frac{\|x^\star - y\|^{n-2}}{\varrho^{n-2}} \left[\frac{c}{\|x^\star - y\|^{n-2}} + v'(x^\star) \right],$$

wegen $\lim\limits_{x\to\Delta} h(x) = \alpha$ und wegen der Harmonizität von v' auf $B_{y,\varrho}$ ergibt sich

$$\frac{c}{\varrho^{n-2}} = \alpha;$$

d. h. es ist $h^\star = \alpha\varrho^{n-2}u_y + v'$ auf $B_{y,\varrho} \sim \{y\}$. Dafür können wir aber schreiben

$$h^\star = \alpha\varrho^{n-2}\left(u_y - \frac{1}{\varrho^{n-2}}\right) + (v' + \alpha).$$

Wegen $u_y - \varrho^{-n+2} = 0$ auf $\partial B_{y,\varrho}$ haben wir $h^\star = h = v' + \alpha$ auf $\partial B_{y,\varrho}$; daher gilt

$$h^\star(x^\star) = \frac{\alpha\varrho^{n-2}}{\|x^\star - y\|^{n-2}} - \alpha + \frac{1}{\sigma_n\varrho}\int_{\partial B_{y,\varrho}} \frac{\varrho^2 - \|x^\star - y\|^2}{\|z - x^\star\|^n} h(z)\,d\sigma(z)$$

für $x^\star \in B_{y,\varrho} \sim \{y\}$. Die beiden Gleichungen

$$\|x - y\|\,\|x^\star - y\| = \varrho^2$$

und

$$\|z - x^\star\| = \frac{\varrho\|z - x\|}{\|x - y\|}, \qquad z \in \partial B_{y,\varrho}$$

(aus dem Beweis von Satz 1.7) liefern dann

$$\frac{1}{\sigma_n\varrho}\int_{\partial B_{y,\varrho}} \frac{\varrho^2 - \|x^\star - y\|^2}{\|z - x^\star\|^n} h(z)\,d\sigma(z) = \frac{\|y - x\|^{n-2}}{\varrho^{n-2}}\frac{1}{\sigma_n\varrho}\int_{\partial B_{y,\varrho}} \frac{\|x - y\|^2 - \varrho^2}{\|z - x\|^n} h(z)\,d\sigma(z)$$

und daher

$$h(x) = \frac{\|x^\star - y\|^{n-2}}{\varrho^{n-2}} h^\star(x^\star) = \alpha - \frac{\alpha\varrho^{n-2}}{\|x - y\|^{n-2}} + \frac{1}{\sigma_n\varrho}\int_{\partial B_{y,\varrho}} \frac{\|x - y\|^2 - \varrho^2}{\|z - x\|^n} h(z)\,d\sigma(z)$$

für $x \in E^n \sim \bar{B}_{y,\varrho}$. Zum Beweis der zweiten Behauptung dieses Lemmas untersuchen wir zunächst die Beziehung zwischen den Mittelwerten von h und den Mittelwerten von $h^\star$. Für $\delta \geq \varrho$ gilt

$$\begin{aligned} L(h\colon y, \delta) &= \frac{1}{\sigma_n}\int_{\|\theta\|=1} h(y + \delta\theta)\,d\sigma(\theta) \\ &= \frac{\varrho^{n-2}}{\sigma_n\delta^{n-2}}\int_{\|\theta\|=1} \frac{\|\delta\theta\|^{n-2}}{\varrho^{n-2}} h(y + \delta\theta)\,d\sigma(\theta), \end{aligned}$$

aber der Integrand ist gerade $h^\star(y + (\varrho^2/\delta)\theta)$. Somit gilt

$$\begin{aligned} L(h\colon y, \delta) &= \frac{\varrho^{n-2}}{\delta^{n-2}}\frac{1}{\sigma_n}\int_{\|\theta\|=1} h^\star\left(y + \frac{\varrho^2}{\delta}\theta\right) d\sigma(\theta) \\ &= \frac{\varrho^{n-2}}{\delta^{n-2}} L\left(h^\star\colon y, \frac{\varrho^2}{\delta}\right). \end{aligned}$$

Es gilt daher

$$L(h^\star\colon y, \varrho^2/\delta) = \alpha\varrho^{n-2} L(u_y\colon y, \varrho^2/\delta) + L(v'\colon y, \varrho^2/\delta) = \alpha\,(\delta^{n-2}/\varrho^{n-2}) + v'(y),$$

da $u_y = \delta^{n-2}/\varrho^{2n-4}$ auf $\partial B_{y,\varrho^2/\delta}$ gilt. Setzen wir nun $\alpha = L(h\colon y, \varrho) = L(h^\star\colon y, \varrho)$ voraus, so gilt $v'(y) = 0$, und es folgt

$$L(h\colon y, \delta) = \frac{\varrho^{n-2}}{\delta^{n-2}} L\left(h^\star\colon y, \frac{\varrho^2}{\delta}\right) = \alpha$$

für alle $\delta > \varrho$. ┘

Man beachte, daß die Gleichung des vorangehenden Lemmas auf eine geeignetere Form gebracht werden kann, wenn man die zusätzliche Voraussetzung

$$\alpha = L(h\colon y, \varrho) = \frac{1}{\sigma_n \varrho} \int\limits_{\partial B_{y,\varrho}} \frac{h(z)}{\varrho^{n-2}}\, d\sigma(z)$$

macht. In diesem Falle gilt

$$h(x) = \frac{1}{\sigma_n \varrho} \int\limits_{\partial B_{y,\varrho}} \left[\frac{\|y-x\|^2 - \varrho^2}{\|z-x\|^n} + \frac{1}{\varrho^{n-2}} - \frac{1}{\|x-y\|^{n-2}}\right] h(z)\, d\sigma(z)$$

für alle $x \in E^n \sim \bar{B}_{y,\varrho}$. Dieses Lemma liefert uns dann eine Darstellung von Funktionen, die auf einer Umgebung von Δ harmonisch sind.

Definition Sei f eine *Borel*-meßbare Funktion auf $\partial B_{y,\varrho}$, die integrierbar bzgl. des Oberflächenmaßes ist. Das *Poissonsche Integral* von f bzgl. $E^n_\Delta \sim B_{y,\varrho}$ ist für $x \in E^n_\Delta \sim \bar{B}_{y,\varrho}$ definiert als

$$\boldsymbol{PI}(f, \complement B_{y,\varrho})(x) = \begin{cases} \dfrac{1}{\sigma_n \varrho} \displaystyle\int\limits_{\partial B_{y,\varrho}} \left(\frac{\|y-x\|^2 - \varrho^2}{\|z-x\|^n} + \frac{1}{\varrho^{n-2}} - \frac{1}{\|x-y\|^{n-2}}\right) f(z)\, d\sigma(z) & \text{für } x \neq \Delta, \\ \dfrac{1}{\sigma_n \varrho^{n-1}} \displaystyle\int\limits_{\partial B_{y,\varrho}} f(z)\, d\sigma(z) & \text{für } x = \Delta. \end{cases}$$

Satz 9.2 Sei f eine *Borel*-meßbare Funktion auf $\partial B_{y,\varrho}$, die integrierbar bzgl. des Oberflächenmaßes ist. Dann ist $h = \boldsymbol{PI}(f, \complement B_{y,\varrho})$ harmonisch auf $E^n \sim \bar{B}_{y,\varrho}$, und es gilt $\limsup\limits_{\substack{z \to x \\ z \in \complement B_{y,\varrho}}} h(z) \leq \limsup\limits_{\substack{z \to x \\ z \in \partial B_{y,\varrho}}} f(z)$ für alle $x \in \partial B_{y,\varrho}$; ist f zusätzlich in $x \in \partial B_{y,\varrho}$ stetig, so gilt $\lim\limits_{\substack{z \to x \\ z \in \partial B_{y,\varrho}}} h(z) = f(x)$.

Beweis: Um zu zeigen, daß h auf $E^n \sim \bar{B}_{y,\varrho}$ harmonisch ist, berechne man die Anwendung des *Laplace*-Operators auf beide Seiten der $\boldsymbol{PI}(f, \complement B_{y,\varrho})$ definierenden Gleichung; dabei macht man sich leicht klar, daß man den *Laplace*-Operator unter das Integralzeichen ziehen kann. Da der Integrand harmonisch ist, muß daher auch h auf $E^n \sim \bar{B}_{y,\varrho}$ harmonisch sein. Man sieht außerdem leicht, daß

$$h(\Delta) = \lim_{x \to \Delta} h(x) = \frac{1}{\sigma_n \varrho^{n-1}} \int_{\partial B_{y,\varrho}} f(z)\, d\sigma(z) = L(f\colon y, \varrho)$$

gilt. Wendet man eine Inversion bzgl. $\partial B_{y,\varrho}$ auf die h definierende Gleichung an, so erhält man

$$h^\star(x^\star) = \frac{L(f\colon y, \varrho)\varrho^{n-2}}{\|x^\star - y\|^{n-2}} - L(f\colon y, \varrho) + \frac{1}{\sigma_n \varrho} \int_{\partial B_{y,\varrho}} \frac{\varrho^2 - \|x^\star - y\|^2}{\|z - x^\star\|^n} f(z)\, d\sigma(z).$$

Für $r > \varrho$ ergibt sich

$$L\left(h^\star\colon y, \frac{\varrho^2}{r}\right) = L(f\colon y, \varrho)\frac{r^{n-2}}{\varrho^{n-2}} - L(f\colon y, \varrho) + L(f\colon y, \varrho),$$

da der letzte Ausdruck auf der rechten Seite gerade $\boldsymbol{PI}(f, B_{y,\varrho})$ ist und da $\boldsymbol{PI}(f, B_{y,\varrho})(y) = L(f\colon y, \varrho)$ gilt. Im Hinblick auf die Gleichung

$$L(h\colon x, r) = (\varrho^{n-2}/r^{n-2})L(h^\star\colon y, \varrho^2/r),$$

erhalten wir daher

$$L(h\colon y, r) = L(f\colon y, \varrho) = h(\Delta)$$

für alle $r > \varrho$. Dies beweist die Harmonizität von h noch nicht vollständig, denn wir müssen noch $h(\Delta) = L(h\colon x_0, \delta)$ für alle $\complement B_{x_0,\delta} \subset E^n \sim \bar{B}_{y,\varrho}$ zeigen. Man betrachte also ein derartiges x_0 und ein derartiges δ. Schließlich wähle man ein $r_0 > \varrho$ mit $\bar{B}_{y,r_0} \subset B_{x_0,\delta}$. Dann gilt $\bar{B}_{x_0,\delta} \sim B_{y,r_0} \subset E^n \sim \bar{B}_{y,\varrho}$. Da h auf dem letzteren Gebiet harmonisch ist, muß h auf $\bar{B}_{x_0,\delta} \sim B_{y,r_0}$ harmonisch sein, und es gilt nach der *Green*schen Formel

$$\int_{\partial B_{y,r_0}} D_n h\, d\sigma(z) = \int_{\partial B_{x_0,\delta}} D_n h\, d\sigma(z).$$

Wegen $L(h\colon y, r) = L(h\colon y, r_0)$ für alle $r > r_0$ müssen diese beiden Integrale nach Satz 4.22 Null sein. Nach demselben Satz gilt $L(h\colon x_0, \delta') = \text{const.}$ für alle $\delta' \geq \delta$. Wegen $\lim_{x \to \Delta} h(x) = L(f\colon y, \varrho)$ muß diese Konstante $L(f\colon y, \varrho)$ sein; daher haben wir $L(h\colon x_0, \delta') = L(f\colon y, \varrho) = h(\Delta)$ für alle $\delta' \geq \delta$.

Die Behauptungen über das Randverhalten von h folgen, wenn man die *Kelvin*-Transformierte $h^\star$ von h untersucht. ⌟

Die meisten Eigenschaften superharmonischer Funktionen übertragen sich auf die vorliegende Situation.

Satz 9.3 Eine superharmonische Funktion u auf einer offenen, zusammenhängenden Menge $R \subset E^n_\Delta$ genügt dem Minimum-Prinzip auf R. Ist R eine beliebige offene Teilmenge von E^n_Δ und ist u superharmonisch auf R mit $\liminf_{z \to x} u(z) \geq 0$ für alle $x \in \partial R$, so gilt $u \geq 0$ auf R.

Beweis: Falls $\Delta \notin R$ ist, so ist die erste Behauptung gerade die erste Behauptung von Korollar 4.3. Somit können wir $\Delta \in R$ annehmen. Sei $m = \inf\{u(y)\colon y \in R\}$, und sei $M = \{y \in R\colon u(y) = m\}$. Dann ist M relativ abgeschlossen, da u n.u.h. ist. Ist $y \in M \cap E^n$, so wissen wir, daß $u = m$ in einer Umgebung von y ist. Angenommen $\Delta \in M$. Wegen $\Delta \in R$ gibt es ein x_0 und ein δ mit $\partial B_{x_0,\varrho} \subset R$ für alle $\varrho \geq \delta$. Aus $\Delta \in M$ folgt weiter, daß $u(\Delta) = L(u\colon x_{0,\varrho})$ für alle $\varrho \geq \delta$ gilt. Hieraus erkennt man sofort, daß $u = m$ auf $\partial B_{x_0,\varrho}$ für alle $\varrho \geq \delta$ gilt und daß daher $u = m$ auf $\complement B_{x_0,\delta}$ ist. Somit haben wir $u = m$ auf einer Umgebung von Δ, und M muß auch offen sein. Da R zusammenhängend ist, ergibt sich $M = R$ oder $M = \emptyset$; im ersten Falle ist u konstant auf R, und im zweiten Falle nimmt die Funktion u nicht ihr Minimum in R an.

Zum Beweis der zweiten Behauptung definiere man eine Funktion u^* auf $\bar{R}$ wie folgt:

$$u^*(y) = \begin{cases} u(y), & y \in R, \\ \liminf_{z \to y} u(z), & y \in \partial R. \end{cases}$$

Dann ist u^* n.u.h. auf $\bar{R}$ mit $u^* \geq 0$ auf ∂R. Sei W eine beliebige Komponente von R. Wegen $\partial W \subset \partial R$ haben wir $u^* \geq 0$ auf ∂W. Da E^n_Δ kompakt ist, muß $\bar{W}$ kompakt sein; daher nimmt die Funktion u^* ihr Minimum auf $\bar{W}$ an. Nimmt u^* ein negatives Minimum in einem inneren Punkt von $\bar{W}$ an, so haben wir einen Widerspruch zum Minimum-Prinzip. Daher folgt mit $u^* \geq 0$ auf ∂W auch $u^* \geq 0$ auf W. ⌟

Korollar 9.4 Nur die konstanten Funktionen sind superharmonisch auf E^n_Δ.

Beweis: Sei u superharmonisch auf E^n_Δ. Da E^n_Δ kompakt ist und da u n.u.h. auf E^n_Δ ist, muß die Funktion u ihr Minimum auf E^n_Δ annehmen. Nach dem Minimum-Prinzip muß u daher konstant sein. ⌟

9.2 Das Dirichletsche Problem für unbeschränkte Mengen

Der Satz 9.5 folgt unmittelbar aus Satz 4.12 und den Definitionen dieses Kapitels.

Satz 9.5 Seien u und v superharmonisch auf einer offenen Menge $R \subset E_\Delta^n$, und sei $c > 0$. Dann gilt

(i) cu ist superharmonisch auf R;
(ii) $u + v$ ist superharmonisch auf R;
(iii) $u \wedge v$ ist superharmonisch auf R.

Lemma 9.6 Sei u superharmonisch auf der offenen Menge $R \subset E_\Delta^n$. Ist W eine offene Teilmenge von R mit $\bar{W} \subset R$, ist h stetig auf $\bar{W}$ und harmonisch auf W mit $u \geq h$ auf ∂W, so gilt $u \geq h$ auf W.

Beweis: Ist $\Delta \notin \bar{W}$, so folgt die Behauptung nach Satz 4.4. In jedem Falle haben wir $\liminf_{\substack{z \to x \\ z \in W}} (u - h)(z) \geq 0$ für alle $x \in \partial W$, und die Behauptung folgt aus Satz 9.3. ⌟

Lemma 9.7 Sei R eine offene Teilmenge von E_Δ^n mit $E_\Delta^n \sim B_{x_0,\delta} \subset R$ für eine Kugel $B_{x_0,\delta}$. Für jede superharmonische Funktion u auf R ist dann die Funktion

$$u^* = \begin{cases} u & \text{auf} \quad \bar{B}_{x_0,\delta} \cap R, \\ PI(u, \complement B_{x_0,\delta}) & \text{auf} \quad E_\Delta^n \sim \bar{B}_{x_0,\delta} \end{cases}$$

superharmonisch auf R und harmonisch auf $E_\Delta^n \sim \bar{B}_{x_0,\delta}$ mit $u \geq u^*$ auf R.

Beweis: Sei $\{\phi_j\}$ eine isotone Folge stetiger, reeller Funktionen auf $\partial B_{x_0,\delta}$ mit $\phi_j \uparrow u$, und sei

$$h_j = \begin{cases} \phi_j & \text{auf} \quad \partial B_{x_0,\delta}, \\ PI(\phi_j, \complement B_{x_0,\delta}) & \text{auf} \quad R \sim \bar{B}_{x_0,\delta}. \end{cases}$$

Nach Satz 9.2 ist jedes h_j stetig auf $E_\Delta^n \sim B_{x_0,\delta}$ und harmonisch auf $E_\Delta^n \sim \bar{B}_{x_0,\delta}$. Wegen $u \geq \phi_j = h_j$ auf $\partial B_{x_0,\delta}$ haben wir nach dem vorgegehenden Lemma $u \geq h_j$ auf $E_\Delta^n \sim B_{x_0,\delta}$; d.h. es ist $u \geq PI(\phi_j, \complement B_{x_0,\delta})$ auf $E_\Delta^n \sim \bar{B}_{x_0,\delta}$. Wegen $\phi_j \uparrow u$ auf $\partial B_{x_0,\delta}$ ergibt sich daher $u \geq PI(u, \complement B_{x_0,\delta}) = u^*$ auf $E_\Delta^n \sim \bar{B}_{x_0,\delta}$. Offenbar ist $u \geq u^*$ auf R. Wie beim Beweis von Lemma 4.17 beweist man, daß u^* superharmonisch auf R ist. ⌟

Lemma 9.8 Sei $\{h_i : i \in I\}$ eine aufsteigend filtrierende Familie harmonischer Funktionen auf einer offenen Menge $R \subset E_\Delta^n$. Dann ist die Funktion $h = \sup_{i \in I} h_i$ auf jeder Komponente von R entweder identisch $+\infty$ oder harmonisch.

Beweis: Wir können annehmen, daß R zusammenhängend ist. Außerdem können wir $\Delta \in R$ annehmen, da sonst nichts Neues zu beweisen ist. Nach Lemma 2.21 ist

h entweder identisch $+\infty$ oder harmonisch auf $R \sim \{\Delta\}$. Für $\complement B_{x_0,\delta} \subset R$ gilt für jedes $i \in I$ $h_i = PI(h_i, \complement B_{x_0,\delta})$ auf $E_\Delta^n \sim \bar{B}_{x_0,\delta}$, somit also nach Lemma 2.23 $h = PI(h, \complement B_{x_0,\delta})$ auf $E_\Delta^n \sim \bar{B}_{x_0,\delta}$. Ist h harmonisch auf $R \sim \{\Delta\}$, so ist h integrierbar auf $\partial B_{x_0,\delta}$ und daher harmonisch auf $E_\Delta^n \sim \bar{B}_{x_0,\delta}$. Ist h identisch $+\infty$ auf $R \sim \{\Delta\}$, so gilt $h(\Delta) = L(h\colon x_0, \delta) = +\infty$, und h ist identisch $+\infty$ auf R. ┘

Definition Eine Familie $\mathscr{F}$ superharmonischer Funktionen auf einer offenen Menge $R \subset E_\Delta^n$ heißt *gesättigt*, wenn $\mathscr{F}$ auf $R \sim \{\Delta\}$ im gewöhnlichen Sinne gesättigt ist und wenn im Falle $\Delta \in R$ gilt:

(i) $u, v \in \mathscr{F} \Rightarrow u \wedge v \in \mathscr{F}$,

(ii) für alle x_0, δ mit $\complement B_{x_0,\delta} \subset R$ und für alle $u \in \mathscr{F}$ gehört die Funktion

$$u^* = \begin{cases} u & \text{auf} \quad \bar{B}_{x_0,\delta} \cap R, \\ PI(u, \complement B_{x_0,\delta}) & \text{auf} \quad E^n \sim \bar{B}_{x_0,\delta} \end{cases}$$

zu $\mathscr{F}$.

Satz 9.9 Sei $\mathscr{F}$ eine gesättigte Familie superharmonischer Funktionen auf einer offenen Menge $R \subset E_\Delta^n$. Dann ist die Funktion $\inf_{u \in \mathscr{F}} u$ auf jeder Komponente von R entweder identisch $-\infty$ oder harmonisch.

Beweis: Der Beweis dieses Satzes ist derselbe wie für Satz 5.9. ┘

Wir müssen auch den Begriff der polaren Mengen erweitern, da wir den Grundraum vergrößert haben.

Definition Eine Menge $E \subset E_\Delta^n$ heißt *polar*, wenn es zu jedem $x \in E$ eine Umgebung W von x und eine superharmonische Funktion v auf W gibt, so daß $v = +\infty$ auf $E \cap W$ gilt.

Satz 9.10 Nur für $n = 2$ ist $\{\Delta\}$ eine polare Teilmenge von E_Δ^n.

Beweis: Man betrachte zunächst den Fall $n = 2$. Die Funktion $v(x) = \log\|x\|$ ist harmonisch auf $E^2 \sim \bar{B}_{0,1}$ und strebt mit $\|x\| \to +\infty$ gegen $+\infty$. Definieren wir $v(\Delta) = +\infty$, so sieht man sofort, daß v superharmonisch auf $E^2 \sim \bar{B}_{0,1}$ ist. Somit ist $\{\Delta\}$ eine polare Teilmenge von E^2.
Sei jetzt W eine beliebige Umgebung von Δ in E_Δ^n, $n \geq 3$, und sei v superharmonisch auf W. Dann gilt $\complement B_{x,\delta} \subset W$ für ein δ, und v ist superharmonisch auf $E_\Delta^n \sim \bar{B}_{x,\delta}$. Sei $\delta_1 > \delta$. Nach Satz 4.22 ist $L(v\colon x, \varrho)$ eine konkave Funktion von ϱ^{-n+2} für $\varrho \geq \delta_1$. Hieraus folgt, daß es Konstanten a und b gibt mit $L(v\colon x, \varrho) \leq a\varrho^{-n+2} + b$ für alle $\varrho \geq \delta_1$, somit gilt $\limsup_{\varrho \to +\infty} L(v\colon x, \varrho) \leq b < +\infty$. Da v n.u.h. in Δ ist, müßte aber $L(v\colon x, \varrho)$ im Falle $v(\Delta) = +\infty$ mit $\varrho \to +\infty$ gegen $+\infty$ streben. Daher gilt $v(\Delta) < +\infty$ für jedes v, und $\{\Delta\}$ ist nicht polar im Falle $n \geq 3$. ┘

Eine polare Teilmenge von E_Δ^n, $n \geq 3$, ist also gerade eine polare Teilmenge von E^n, wie sie im 7. Kapitel definiert wurde; aber eine polare Teilmenge von E_Δ^2 kann den Punkt Δ enthalten. Man beachte, daß man die Sätze 7.3 und 7.4 nicht auf die vorliegende Situation verallgemeinern kann, da es nach Korollar 9.4 nur triviale globale superharmonische Funktionen gibt.

Definition Wir sagen, daß eine Eigenschaft *quasi-überall* (*q.ü.*) erfüllt ist, wenn sie überall außerhalb einer polaren Menge (in E_Δ^n) gültig ist.
Für den Rest dieses Kapitels werden wir voraussetzen, daß R eine offene Teilmenge von E_Δ^n ist, für die $\complement R$ nicht polar ist. Im Hinblick auf die vorangehenden Bemerkungen bedeutet dies, daß $R \sim \{\Delta\}$ im Falle $n = 2$ nach Satz 8.33 und im Falle $b \geq 3$ nach Satz 5.12 eine *Green*-Funktion besitzt; äquivalent dazu ist die Existenz einer nicht-konstanten, positiven superharmonischen Funktion auf $R \sim \{\Delta\}$ – eine minimale Bedingung, um die Methode von *Perron-Wiener-Brelot* anzuwenden.
Wie zuvor heißt eine numerische Funktion u auf R *hyperharmonisch* (*hypoharmonisch*), auf R, wenn u auf jeder Komponente von R superharmonisch (subharmonisch) oder identisch $+\infty$ $(-\infty)$ ist. Für eine numerische Funktion f auf ∂R sind die Ober- bzw. Unterklassen bzgl. R und f wie folgt definiert:

$\mathfrak{O}_f = \{u\colon \liminf_{z\to x} u(z) \geq f(x)$ für alle $x \in \partial R$, u hyperharmonisch und nach unten beschränkt auf $R\}$,

$\mathfrak{U}_f = \{u\colon \limsup_{z\to x} u(z) \leq f(x)$ für alle $x \in \partial R$, u hypoharmonisch und nach oben beschränkt auf $R\}$;

die zugehörigen Ober- und Unterlösungen sind als $\bar{H}_f = \inf\{u\colon u \in \mathfrak{O}_f\}$ bzw. $\underline{H}_f = \sup\{u\colon u \in \mathfrak{U}_f\}$ definiert. Da die Behauptungen von Lemma 8.6 alle aus Ordnungseigenschaften numerischer Funktionen folgen, sind diese Behauptungen auch in diesem Zusammenhang richtig. Man beachte auch, daß $\underline{H}_f \leq \bar{H}_f$ auf R gilt; denn für $u \in \mathfrak{O}_f$ und $v \in \mathfrak{U}_f$ gilt

$$\liminf_{z\to x} (u - v)(z) \geq \liminf_{z\to x} u(z) - \limsup_{z\to x} v(z) \geq 0$$

für alle $x \in \partial R$ und daher $u \geq v$ nach Satz 9.3. Wir sagen außerdem, daß f eine *resolutive Randfunktion* ist, wenn $\underline{H}_f = \bar{H}_f$ gilt und wenn beide Funktionen auf R harmonisch sind. Da die Familie der Funktionen aus $\mathfrak{O}_f$, die auf einer gegebenen Komponente superharmonisch sind, eine gesättigte Familie auf dieser Komponente bildet, ist die Funktion $\bar{H}_f$ ebenso wie $\underline{H}_f$ auf jeder Komponente entweder identisch $+\infty$, identisch $-\infty$ oder harmonisch.

Lemma 9.11 Sei R eine offene Teilmenge von E^n, so daß $\complement R$ nicht polar ist. Für jede Folge $\{f_j\}$ resolutiver Randfunktionen, die gleichmäßig gegen f konvergiert, ist f resolutiv, und die Folge $\{H_{f_j}\}$ konvergiert gleichmäßig gegen H_f.

Beweis: Wie im Beweis von Lemma 8.7 zeigt man, daß die Folge $\{H_{f_i}\}$ gleichmäßig sowohl gegen $\underline{H}_f$ als auch gegen $\bar{H}_f$ konvergiert. Daher gilt $\underline{H}_f = \bar{H}_f$, und es ist nur noch die Harmonizität von $\bar{H}_f$ zu zeigen. Diese folgt aber aus der Tatsache, daß eine gleichmäßig konvergente Folge harmonischer Funktionen auf R gegen eine harmonische Funktion auf R konvergiert. ┘

Lemma 9.12 Sei R eine offene Teilmenge von E^n_Δ mit nicht-polarem Komplement, und sei u eine beschränkte, subharmonische Funktion auf R, so daß $f(x) = \lim_{z \to x} u(z)$ für alle $x \in \partial R$ existiert. Dann ist f eine resolutive Randfunktion.

Beweis: Dieses Lemma wird genauso bewiesen wie Lemma 8.9. ┘

Unser nächster Schritt ist, Lemma 8.10 zu verallgemeinern. Bevor wir dies tun, sollen einige Bemerkungen über die *Kelvin*-Transformation gemacht werden. Man erinnere sich, daß die Inversion $x \to x^\star$ bzgl. $\partial B_{y,\varrho}$, die durch

$$x^\star = y + \frac{\varrho^2}{\|x-y\|^2}(x-y)$$

definiert ist, eine Abbildung von $E^n \sim \{y\}$ auf $E^n \sim \{y\}$ ist. Ist $R \subset E^n_\Delta \sim \{y\}$ und ist f eine reelle Funktion auf R, so induziert diese Abbildung eine Transformation $f \to f^\star$ von Funktionen, die die *Kelvin*-Transformation genannt wird und die durch

$$f^\star(x^\star) = \frac{\|x-y\|^{n-2}}{\varrho^{n-2}} f(x), \qquad x^\star \in R^\star$$

definiert ist. Die *Kelvin*-Transformation ist linear und erhält Harmonizität und Positivität. Obwohl man die Inversion zu einer Abbildung von E^n_Δ auf E^n_Δ fortsetzen kann, ergibt sich hieraus kein Vorteil; denn nur die *Kelvin*-Transformation, wie sie ursprünglich definiert wurde, erhält die Harmonizität. Trotzdem werden wir die Inversion fortsetzen, indem wir y auf Δ und Δ auf y abbilden. Die *Kelvin*-Transformation erhält dann die Superharmonizität, wie wir jetzt zeigen werden. Sei also $R \subset E^n \sim \{y\}$, und sei u superharmonisch auf R. Sei $R^\star$ das Bild von R unter der Inversion, und sei $u^\star$ die *Kelvin*-Transformierte von u. Man beachte, daß die *Kelvin*-Transformation ordnungstreu ist, denn sie ist linear und erhält die Positivität. Sei $W^\star$ eine offene Teilmenge von $R^\star$ mit kompaktem Abschluß $\bar{W}^\star \subset R^\star$. Ferner sei $h^\star$ stetig auf $\bar{W}^\star$ und harmonisch auf $W^\star$ mit $u^\star \geq h^\star$ auf $\partial W^\star$. Nach der zweiten Definition der superharmonischen Funktionen ist $u^\star \geq h^\star$ auf $W^\star$ zu zeigen, um die Superharmonizität von $u^\star$ nachzuweisen. Sei W das Bild von $W^\star$ unter der Inversion, und sei h die *Kelvin*-Transformierte von $h^\star$. Wegen $u^\star \geq h^\star$ auf $\partial W^\star$ haben wir $u \geq h$ auf ∂W. Da dann h harmonisch ist und da u nach Voraussetzung superharmonisch ist, folgt $u \geq h$ auf W und hieraus $u^\star \geq h^\star$ auf

$W^\star$. Somit ist bewiesen, daß die *Kelvin*-Transformation die Superharmonizität (für Funktionen mit Definitionsbereichen in $E^n \sim \{y\}$) erhält. Eine andere Eigenschaft der *Kelvin*-Transformation wird bei der Diskussion von Barrieren und regulären Randpunkten wichtig sein. Sei $R \subset E^n_\Delta$, $x \in \partial R$, und sei u eine positive, superharmonische Funktion auf R mit $\lim_{z \to x} u(x) = 0$. Ferner existiere eine abgeschlossene Kugel $\bar{B}_{y,\varrho} \subset \complement \bar{R}$. Ist $x \neq \Delta$ und ist $u^\star$ die *Kelvin*-Transformierte von u bzgl. $\partial B_{y,\varrho}$, so gilt

$$\lim_{z^\star \to x^\star} u^\star(z^\star) = \lim_{z \to x} \frac{\|z-y\|^{n-2}}{\varrho^{n-2}} u(z) = 0;$$

d. h. eine Barriere u für x bzgl. R wird in eine Barriere $u^\star$ für $x^\star$ bzgl. $R^\star$ übergeführt, sofern $x \neq \Delta$ ist. Für $x = \Delta$ und $n \geq 3$ braucht dieses Resultat wegen der Unbestimmtheit von $(\|z-y\|^{n-2}/\varrho^{n-2})u(z)$ für $z \to \Delta$ nicht notwendig zu gelten; für $x = \Delta$ und $n = 2$ besitzt eine positive, superharmonische Funktion, die gegen Null in Δ strebt, jedoch eine *Kelvin*-Transformierte, die positiv ist und die auch in Δ gegen Null strebt. Dasselbe ist auch wahr im Falle $n = 2$, wenn $R \subset B_{y,\varrho}$, $y \in \partial R$ gilt und wenn u eine positive, superharmonische Funktion auf R ist, die in y gegen Null strebt; d. h. die *Kelvin*-Transformierte von u ist eine positive, superharmonische Funktion auf $R^\star$, die in Δ gegen Null strebt.

Lemma 9.13 Sei u superharmonisch auf $B_{y,\varrho}$, harmonisch auf einer Umgebung von y und $u(y) = 0$. Dann ist die durch

$$u^\star(x^\star) = \begin{cases} \dfrac{\varrho^{n-2}}{\|x^\star - y\|^{n-2}} u(x), & x^\star \in E^n \sim \bar{B}_{y,\varrho}, \\ 0, & x^\star = \Delta, \end{cases}$$

definierte Funktion $u^\star$ superharmonisch auf $E^n \sim \bar{B}_{y,\varrho}$.

Beweis: Es ist klar, daß $u^\star$ n.u.h. auf $E^n_\Delta \sim \bar{B}_{y,\varrho}$ ist. Außerdem wissen wir, daß $u^\star$ superharmonisch auf $E^n \sim \bar{B}_{y,\varrho}$ ist. Es bleibt also nur $L(u^\star\colon x, \delta) \leq 0$ für alle $B_{x,\delta} \supset \bar{B}_{y,\varrho}$ zu zeigen. Da u harmonisch auf einer Umgebung von y ist, gilt wegen $u(y) = 0$, $L(u\colon y, r) = 0$ für hinreichend kleine r. Wegen $L(u\colon y, r) = (\varrho^{n-2}/r^{n-2})$ $L(u^\star\colon y, \varrho^2/r)$ haben wir $L(u^\star\colon y, r) = 0$ für hinreichend große r. Nach Lemma 9.1 gilt $u^\star = \boldsymbol{PI}(u^\star, \complement B_{y,r})$ auf $\complement \bar{B}_{y,r}$ für alle hinreichend großen r; mit anderen Worten: $u^\star$ ist harmonisch auf $E^n_\Delta \sim \bar{B}_{y,r}$ für hinreichend große r. Somit ist $u^\star(\Delta) = L(u^\star\colon x, \delta) = 0$ für alle x und alle hinreichend großen δ. Da aber $L(u^\star\colon x, \delta)$ eine konkave Funktion von δ^{-n+2} oder $-\log\delta$ ist, je nachdem ob $n \geq 3$ oder $n = 2$ ist, haben wir $L(u^\star\colon x, \delta) \leq 0$ für alle $B_{x,\delta} \supset \bar{B}_{y,\varrho}$. Daher ist $u^\star$ superharmonisch auf $E^n_\Delta \sim \bar{B}_{y,\varrho}$. ┘

Lemma 9.14 Sei R eine offene Teilmenge von E^n_Δ mit $\complement \bar{R} \neq \emptyset$. Zu jeder reellen, stetigen Funktion f auf ∂R und zu jedem $\varepsilon > 0$ gibt es stetige, superharmonische Funktionen u und v, die auf einer Umgebung von $\bar{R}$ definiert sind, mit

$$\sup_{x \in \partial R} |f(x) - (u(x) - v(x))| < \varepsilon.$$

Beweis: Ist $\Delta \notin \bar{R}$, so ist die Behauptung gerade die Aussage von Lemma 8.10. Wir betrachten die verbleibenden zwei Fälle $\Delta \in R$ und $\Delta \in \partial R$ getrennt. Sei zunächst $\Delta \in R$. Wegen: $\complement \bar{R} \neq \emptyset$ gibt es eine Kugel $B_{y,\varrho}$ mit $\bar{B}_{y,\varrho} \subset \complement \bar{R}$. Eine Inversion bzgl. $\partial B_{y,\varrho}$ bildet die Menge R in eine Menge $R^\star \subset B_{y,\varrho}$ ab, so daß y ein innerer Punkt von $R^\star$ ist. Die *Kelvin*-Transformation induziert eine stetige, reelle Funktion $f^\star$ auf $\partial R^\star$. Wenden wir nun Lemma 8.10 auf die kompakte Menge $\partial R^\star \cup \{y\}$ und die stetige Funktion an, die mit $f^\star$ auf $\partial R^\star$ übereinstimmt und die Null in y ist, so existieren stetige, superharmonische Funktionen $u_0^\star$ und $v_0^\star$ auf $B_{y,\varrho}$ mit

$$\sup_{x \in \partial R^\star} |f^\star(x) - (u_0^\star(x) - v_0^\star(x))| < \frac{\varepsilon}{4}$$

und

$$|u_0^\star(y) - v_0^\star(y)| < \frac{\varepsilon}{4}.$$

Da $L(u_0^\star : y, r)$ und $L(v_0^\star : y, r)$ mit $r \downarrow 0$ gegen $u_0^\star$ bzw. $v_0^\star$ aufsteigen und da $L(u_0^\star : y, r) = \boldsymbol{PI}(u_0^\star, B_{y,r})(y)$ und $L(v_0^\star : y, r) = \boldsymbol{PI}(v_0^\star, B_{y,r})(y)$ ist, können wir r so klein wählen, daß die stetigen, superharmonischen Funktionen

$$u_1^\star = \begin{cases} u_0^\star & \text{auf} \quad B_{y,\varrho} \sim B_{y,r}, \\ \boldsymbol{PI}(u_0^\star, B_{y,r}) & \text{auf} \quad B_{y,r}, \end{cases}$$

$$v_1^\star = \begin{cases} v_0^\star & \text{auf} \quad B_{y,\varrho} \sim B_{y,r}, \\ \boldsymbol{PI}(v_0^\star, B_{y,r}) & \text{auf} \quad B_{y,r}, \end{cases}$$

den Abschätzungen

$$\sup_{x \in \partial R^\star} |f^\star(x) - (u_1^\star(x) - v_1^\star(x))| < \frac{\varepsilon}{4}$$

und

$$|u_1^\star(y) - v_1^\star(y)| < \frac{\varepsilon}{4}$$

genügen. Die Funktionen $u_1^\star$ und $v_1^\star$ sind dann auf einer Umgebung von y harmo-
Sei $u^\star = u_1^\star - u_1^\star(y)$ und $v^\star = v_1^\star - v_1^\star(y)$. Dann sind $u^\star$ und $v^\star$ superharmonisch

auf $B_{y,\varrho}$, harmonisch auf einer Umgebung von y und verschwinden in y, also gilt

$$\begin{aligned}
&\sup_{x\in\partial R^\star}|f^\star(x)-(u^\star(x)-v^\star(x))|\\
&\quad\le \sup_{x\in\partial R^\star}|f^\star(x)-(u_1^\star(x)-v_1^\star(x))|\\
&\quad+|u_1^\star(y)-v_1^\star(y)|\\
&\quad<\frac{\varepsilon}{2}.
\end{aligned}$$

Nach dem vorausgehenden Lemma sind die *Kelvin*-Transformierten u und v von $u^\star$ bzw. $v^\star$ superharmonisch auf R (vorausgesetzt, wir setzen $u(\Delta)=v(\Delta)=0$). Es ist klar, daß u und v stetige, superharmonische Funktionen auf einer Umgebung von $\bar{R}$ sind. Wegen

$$\begin{aligned}
\sup_{x\in\partial R}|f(x)-(u(x)-v(x))| &= \sup_{x^\star\in\partial R^\star}\frac{\|x^\star-y\|^{n-2}}{\varrho^{n-2}}|f^\star(x^\star)-(u^\star(x^\star)-v^\star(x^\star))|\\
&\le \sup_{x^\star\in\partial R^\star}|f^\star(x^\star)-(u^\star(x^\star)-v^\star(x^\star))|,
\end{aligned}$$

ist die Behauptung im Falle $\Delta\in R$ damit bewiesen. Sei jetzt $\Delta\in\partial R$. Da wir f gleichmäßig durch Funktionen approximieren können, die in einer Umgebung von Δ konstant sind, genügt es, die Behauptung für solche Funktionen zu beweisen. Indem wir notfalls zu u und v eine geeignete Konstante addieren, können wir sogar annehmen, daß f auf ∂R stetig ist und in einer Umgebung von Δ verschwindet. Sei $f^\star$ die *Kelvin*-Transformierte von f bzgl. einer Kugel $B_{y,\varrho}\subset\complement\bar{R}$. Dann ist $f^\star$ stetig auf $\partial R^\star$ und Null in einer Umgebung von $y\in\partial R^\star$. Der Rest des Beweises verläuft dann ebenso wie im vorhergehenden Fall. ┘

Satz 9.15 Sei R eine offene Teilmenge von E_Δ^n mit $\complement\bar{R}\neq\emptyset$. Dann ist jede reelle, stetige Funktion f auf ∂R resolutiv.

Beweis: Da wir f auf ∂R gleichmäßig durch die Randfunktion einer Differenz $u-v$ zweier Funktionen approximieren können, die stetig und superharmonisch auf einer Umgebung von $\bar{R}$ sind und die nach Lemma 9.12 resolutiv sind, folgt die Behauptung aus Lemma 9.11. ┘

9.3 Das Randverhalten

Wir erinnern uns, daß ein Randpunkt $x \in \partial R$ *regulär* heißt, wenn $\lim\limits_{z \to x} H_f(z) = f(x)$ für alle $f \in C(\partial R)$ gilt, und daß eine Barriere für einen Punkt $x \in \partial R$ eine positive, superharmonische Funktion ist, die für eine Umgebung W_x von x auf $W_x \cap R$ definiert ist und die der Beziehung $\lim\limits_{z \to x} w(z) = 0$ genügt.

Lemma 9.16 Sei R eine offene Teilmenge von E^n_Δ mit $\complement \bar{R} \neq 0$. Existiert dann eine Barriere für $x \in \partial R$, so existiert eine Barriere w für x, die auf R definiert ist und die die zusätzliche Eigenschaft besitzt, daß $\inf\{w(z)\colon z \in R \sim V_x\} > 0$ für alle Umgebungen V_x von x ist.

Beweis: Für $\Delta \notin \bar{R}$ ist die Behauptung gerade die Aussage von Korollar 8.19. Wir können daher $\Delta \in \bar{R}$ annehmen. Wir betrachten zunächst den Fall $\Delta \in \partial R$. Für $x = \Delta$ und $n \geq 3$ gibt es immer eine Barriere für x, die die zusätzliche Eigenschaft besitzt, nämlich die fundamentale harmonische Funktion $\|z - y\|^{-n+2}$ mit Pol $y \in \complement \bar{R}$. Sei $\bar{B}_{y,\varrho} \subset \complement \bar{R}$, und sei $R^\star$ das Bild von R unter der Inversion bzgl. $\partial B_{y,\varrho}$. Ferner sei v eine Barriere für $x \in \partial R$. Wir können dabei im Falle $n \geq 3$ $x \neq \Delta$ annehmen. Dann ist die *Kelvin*-Transformierte

$$v^\star(z^\star) = \frac{\|z - y\|^{n-2}}{\varrho^{n-2}} v(z)$$

eine Barriere für $x^\star$. Nach Korollar 8.19 gibt es eine Barriere $w^\star$ für $x^\star$, die auf $R^\star$ definiert ist und die der Beziehung $\inf\{w^\star(z^\star)\colon z^\star \in R^\star \sim V^\star_x\} > 0$ für alle Umgebungen $V^\star_x$ von $x^\star$ genügt. Man sieht dann sofort, daß die *Kelvin*-Transformierte w von $w^\star$ eine Barriere für x ist, die auf R definiert ist und die die zusätzliche Eigenschaft besitzt. Betrachten wir jetzt den Fall $\Delta \in R$. In diesem Falle ist ∂R eine kompakte Teilmenge von E^n. Die Randfunktion $m(z) = \|z - x\|$ ist dann stetig auf ∂R und nach Satz 9.15 resolutiv. Der Beweis der Beziehung $\lim\limits_{z \to x} H_m(z) = 0$ verläuft genauso wie im Beweis von Satz 8.18. Diesmal ist es jedoch nicht wahr, daß die Funktion $\|x - z\|$ in der Unterklasse $\mathfrak{U}_m$ liegt, denn diese Funktion ist nicht subharmonisch in $\Delta \in R$. Wir werden zeigen, daß es eine positive Zahl α gibt, so daß $H_m(z) \geq \alpha \|x - z\|$ in einer Umgebung von x auf R gilt. Mit Hilfe des Minimum-Prinzips kann man zeigen, daß H_m die gewünschten Eigenschaften besitzt. Indem wir das *Dirichlet*sche Problem für $R^\star$ und die *Kelvin*-Transformierte $m^\star$ von m betrachten, können wir zeigen, daß H_m strikt positiv auf R ist (dies gilt für $H_{m^\star}$). Man betrachte eine Kugel $B_{x,\varrho_1} \supset \partial R$ und setze $k = \inf\{H_m(z)\colon z \in \partial B_{x,\varrho_1}\} > 0$. Wählen wir nun $\alpha < 1$, so daß $\alpha\varrho_1 < k/4$ gilt, so haben wir $\alpha\|z - x\| < k/4$ für alle

$z \in \partial B_{y,\varrho_1}$. Die Funktion

$$w(z) = \begin{cases} u(z) \vee \alpha \|x - z\|, & z \in R \cap B_{x,\varrho_1}, \\ u(z), & z \in R \sim B_{x,\varrho_1}, \end{cases}$$

liegt dann in $\mathfrak{U}_m$, und somit ist $H_m(z) \geq \alpha \|x - z\|$ für alle $z \in R \cap B_{x,\varrho_1}$. ┘

Satz 9.17 Sei R eine offene Teilmenge von E^n_Δ mit $\complement \bar{R} \neq \emptyset$. Ist f nach oben beschränkt auf ∂R und existiert eine Barriere für $x \in \partial R$, so gilt $\limsup_{\substack{z \to x \\ z \in R}} H_f(z) \leq \limsup_{\substack{z \to x \\ z \in \partial R}} f(z)$. Ein Punkt $x \in \partial R$ ist genau dann regulär, wenn es eine Barriere für x gibt. Der Punkt Δ ist im Falle $n \geq 3$ stets regulär. Ein Punkt $x \in \partial R \sim \{\Delta\}$ ist genau dann regulär, wenn $x^\star$ ein regulärer Randpunkt von $R^\star$ ist, wobei $R^\star$ das Bild von R unter der Inversion bzgl. $\bar{B}_{y,\varrho} \subset \complement \bar{R}$ ist; ist $\Delta \in \partial R$ und ist $n = 2$, so ist Δ genau dann regulär, wenn y ein regulärer Randpunkt von $R^\star$ ist.

Beweis: Der Beweis der ersten Behauptung verläuft genauso wie der Beweis von Lemma 8.20. Offenbar ist ein Randpunkt regulär, wenn eine Barriere für ihn existiert. Zum Beweis der Umkehrung sei x ein regulärer Randpunkt von R. Für $x \neq \Delta$ ist $H_{\|x-z\| \wedge 1}$ eine Barriere für x. Für $x = \Delta$ und $n \geq 3$ existiert stets eine Barriere für x, nämlich die fundamentale harmonische Funktion mit festem Pol. Im Falle $n = 2$ sieht man leicht, daß $(H_f)^\star = H_{f^\star}$ gilt; hieraus folgt, daß y regulärer Randpunkt von $R^\star$ ist, wenn Δ regulärer Randpunkt von R ist. Da die *Kelvin*-Transformation eine Barriere für y in eine Barriere für Δ überführt, ist der Beweis der zweiten Behauptung vollständig. Die letzte Behauptung folgt sofort, wenn man die Charakterisierung regulärer Randpunkte durch Barrieren heranzieht. ┘

Lemma 9.18 Für jede offene Teilmenge R von E^n_Δ mit $\complement \bar{R} \neq \emptyset$ ist die Menge F der irregulären Randpunkte polar. Ist Z eine polare Teilmenge von ∂R, so gibt es eine positive, superharmonische Funktion v, die auf einer Umgebung von $\bar{R}$ definiert ist, mit $\lim_{\substack{z \to x \\ z \in R}} v(z) = +\infty$ für alle $x \in Z$.

Beweis: Sei $\bar{B}_{y,\varrho} \subset \bar{B}_{y,\delta} \subset \complement \bar{R} \neq \emptyset$. Dann gilt $F \subset E^n_\Delta \sim \bar{B}_{y,\varrho}$. Das Bild $F^\star$ von F unter der Inversion bzgl. $\partial B_{y,\varrho}$ ist nach Satz 9.17 in der Menge der irregulären Randpunkte von $R^\star$ enthalten (man beachte, daß y ein irregulärer Randpunkt von R ist). Da $F^\star$ eine polare Teilmenge von $B_{y,\varrho}$ ist, gibt es eine superharmonische Funktion $v^\star$ auf $B_{y,\varrho}$ mit $v^\star = +\infty$ auf $F^\star$. Man betrachte die *Kelvin*-Transformierte v von $v^\star$. Man beachte, daß v nur auf $E^n \sim \bar{B}_{y,\varrho}$ definiert ist. Wegen $v = +\infty$ auf $F \sim \{\Delta\}$ ist $F \sim \{\Delta\}$ eine polare Menge. Für $n = 2$ und $\Delta \in F$ ist F dann eine polare Menge, da $\{\Delta\}$ eine polare Teilmenge von E^2_Δ ist; ist $n \geq 3$, so kann Δ nicht in F liegen, da Δ stets ein regulärer Randpunkt ist. Daher ist auch in diesem Falle

F polar, und die erste Behauptung ist bewiesen. Sei jetzt Z eine beliebige polare Teilmenge von $E^n_\Delta \sim \bar{B}_{y,\delta}$. Zu $x \in Z \sim \{\Delta\}$ gibt es eine Umgebung $W \subset E^n_\Delta \sim \bar{B}_{y,\delta}$ von x und eine superharmonische Funktion w auf W mit $w = +\infty$ auf $W \cap Z$. Dann ist $w^\star = +\infty$ auf $W^\star \cap Z^\star$; hieraus folgt, daß das Bild von $Z \sim \{\Delta\}$ eine polare Teilmenge von $B_{y,\varrho}$ ist. Damit ist $Z^\star$ eine polare Teilmenge von $B_{y,\varrho}$, denn durch Hinzufügen eines Punktes von E^n zu einer polaren Menge erhält man wiederum eine polare Menge. Sei jetzt j_0 die kleinste natürliche Zahl größer als δ. Man Man setze $Z_{j_0} = Z \cap (\bar{B}_{y,j_0} \sim B_{y,\delta})$ und $Z_j = Z \cap (\bar{B}_{y,j} \sim B_{y,j-1})$, $j > j_0$. Dann ist $Z \sim \{\Delta\} = \bigcup_{j \geq j_0} Z_j$, und jedes $Z_j^\star$ ist eine polare Teilmenge von $B_{y,\varrho}$. Somit existiert eine superharmonische Funktion $v_j^\star$ auf $B_{y,\varrho}$ mit $v_j^\star = +\infty$ auf $Z_j^\star$. Indem wir die Funktion $v_j^\star$ auf $B_{y,\varrho^2/j}$ durch ihr *Poisson*sches Integral ersetzen, können wir annehmen, daß $v_j^\star$ auf einer Umgebung von y harmonisch ist, ohne daß die Werte auf $Z_j^\star$ verändert werden. Addieren wir eine geeignete Konstante zu $v_j^\star$, so können wir $v_j^\star(y) = 0$ annehmen. Dann ist die *Kelvin*-Transformierte v_j von $v_j^\star$ nach Lemma 9.13 superharmonisch auf $E^n_\Delta \sim \bar{B}_{y,\varrho}$, sofern wir $v_j(\Delta) = 0$ setzen, und es gilt $v_j = +\infty$ auf Z_j. Da v_j auf der kompakten Menge $E^n_\Delta \sim B_{y,\delta}$ n.u.h. ist, können wir eine Konstante zu der Funktion v_j addieren, so daß sie positiv ist und ihre Unendlichkeitsstellen nicht verändert werden. Wir wählen dann eine Folge $\{\alpha_j\}_{j \geq j_0}$ positiver Zahlen mit $\Sigma_{j \geq j_0} \alpha_j v_j(\Delta) < +\infty$. Dann ist $v = \Sigma_{j \geq j_0} \alpha_j v_j$ eine positive, superharmonische Funktion auf $E^n_\Delta \sim \bar{B}_{y,\delta}$ mit $v = +\infty$ auf $Z \sim \{\Delta\}$. Für $n \geq 3$ sind wir fertig, da Δ in keiner polaren Menge liegen kann. Im Falle $n = 2$ kann Δ zu Z gehören. In diesem Falle ersetze man $v(z)$ durch $v(z) + \log\|z - y\|/\delta$. ┘

Lemma 9.19 Sei R eine offene Teilmenge von E^n_Δ, so daß $\complement R$ nicht eine polare Menge ist, und sei Z eine polare Teilmenge von ∂R. Dann gibt es eine positive, superharmonische Funktion v auf R mit $\lim_{z \to x} v(z) = +\infty$ für alle $x \in Z$.

Beweis: Ist $\complement \bar{R} \neq \emptyset$, so ist die Behauptung gerade die Aussage des vorangehenden Lemmas. Wir können daher annehmen, daß $\complement R = \partial R$ ist und daß ∂R keine polare Menge ist. Sei $\bar{B}_{y,\varrho} \subset R$. Dann ist Z eine polare Teilmenge des Randes von $R \sim \bar{B}_{y,\varrho}$. Wegen des lokalen Charakters der Regularität sind die Punkte von $\partial B_{y,\varrho}$ alle reguläre Randpunkte von $R \sim \bar{B}_{y,\varrho}$. Da ∂R keine polare Menge ist, muß wegen $\partial(R \sim B_{y,\varrho}) = \partial R \cup \partial B_{y,\varrho}$ ein Punkt von ∂R regulärer Randpunkt von $R \sim \bar{B}_{y,\varrho}$ sein. Nach dem vorhergehenden Lemma wissen wir außerdem, daß es eine positive, superharmonische Funktion v auf $R \sim \bar{B}_{y,\varrho}$ gibt mit $\lim_{y \to z} v(y) = +\infty$ für $z \in Z \subset \partial$R. Ist B überdies eine Kugel, die $\bar{B}_{y,\varrho}$ enthält, mit $\bar{B} \subset R$, so können wir annehmen, daß v harmonisch auf $B \sim \bar{B}_{y,\varrho}$ ist; andernfalls ersetze man v durch die Gefegte von v über $R \sim \bar{B}$ bzgl. $R \sim \bar{B}_{y,\varrho}$, ohne daß das Randverhalten nach Lemma 7.11 verändert wird. Man wähle nun $\varrho_2 > \varrho_1 > \varrho$ mit $\bar{B}_{y,\varrho_2} \subset R$, so daß v auf einer Umgebung von $\bar{B}_{y,\varrho_2} \sim B_{y,\varrho_1}$ harmonisch ist. Wir können zwei Folgen $\{u_j\}$ und $\{w_j\}$ von Funktionen auf B_{y,ϱ_2} bzw. $R \sim B_{y,\varrho_1}$ wie folgt konstruieren. Definieren wir

$$u_1 = \begin{cases} \boldsymbol{PI}(v, B_{y,\varrho_2}) & \text{auf} \quad B_{y,\varrho_2}, \\ v & \text{auf} \quad \partial B_{y,\varrho_2}, \end{cases}$$

so ist u_1 stetig auf $\bar{B}_{y,\varrho_2}$ und harmonisch auf dem Inneren. Man setze jetzt

$$f_1 = \begin{cases} 0 & \text{auf} \quad \partial R, \\ u_1 - v & \text{auf} \quad \partial B_{y,\varrho_1} \end{cases}$$

und definiere

$$w_1 = \begin{cases} H_{f_1} & \text{auf} \quad R \sim \bar{B}_{y,\varrho_1}, \\ u_1 - v & \text{auf} \quad \partial B_{y,\varrho_1}, \end{cases}$$

wobei H_{f_1} die *Dirichlet*sche Lösung bzgl. f_1 und $R \sim \bar{B}_{y,\varrho_1}$ ist. Da alle Punkte aus $\partial B_{y,\varrho_1}$ reguläre Randpunkte von $R \sim \bar{B}_{y,\varrho_1}$ sind, ist w_1 stetig auf $R \sim B_{y,\varrho_1}$ und harmonisch auf dem Inneren. Man setze jetzt

$$u_2 = \begin{cases} \boldsymbol{PI}(v + w_1, B_{y,\varrho_2}) & \text{auf} \quad B_{y,\varrho_2}, \\ v + w_1 & \text{auf} \quad \partial B_{y,\varrho_2}. \end{cases}$$

Dann ist u_2 stetig auf $\bar{B}_{y,\varrho_2}$ und harmonisch auf dem Inneren. Wiederum sei

$$f_2 = \begin{cases} 0 & \text{auf} \quad \partial R, \\ u_2 - v & \text{auf} \quad \partial B_{y,\varrho_1} \end{cases}$$

und entsprechend

$$w_2 = \begin{cases} H_{f_2} & \text{auf} \quad R \sim \bar{B}_{y,\varrho_1}, \\ u_2 - v & \text{auf} \quad \partial B_{y,\varrho_1}. \end{cases}$$

Dann ist w_2 stetig auf $R \sim B_{y,\varrho_1}$ und harmonisch auf dem Inneren. Die Folgen $\{u_j\}$ und $\{w_j\}$ werden auf diese Weise induktiv definiert. Auf $\partial B_{y,\varrho_1}$ gilt $w_j = u_j - v$, so daß sich

$$w_{j+1} - w_j = u_{j+1} - u_j \quad \text{auf} \quad \partial B_{y,\varrho_1}$$

für $j \geq 1$ ergibt, wohingegen $u_{j+1} = v + w_j$ auf $\partial B_{y,\varrho_2}$ gilt, so daß man

$$u_{j+1} - u_j = w_j - w_{j-1} \text{ auf } \quad \partial B_{y,\varrho_2}$$

für $j \geq 2$ erhält. Es sei nun

$$\alpha_j = \sup_{z \in \partial B_{y,\varrho_1}} |w_{j+1}(z) - w_j(z)| = \sup_{z \in \partial B_{y,\varrho_1}} |u_{j+1}(z) - u_j(z)|$$

und

$$\beta_j = \sup_{z \in \partial B_{y,\varrho_2}} |u_{j+1}(z) - u_j(z)| = \sup_{z \in \partial B_{y,\varrho_2}} |w_j(z) - w_{j-1}(z)|.$$

Man betrachte jetzt die *Dirichlet*sche Lösung H_g für die Menge $R \sim \bar{B}_{y,\varrho_1}$ und die Randfunktion g, die 1 auf $\partial B_{y,\varrho_1}$ und 0 auf ∂R ist. Da alle Punkte von $\partial B_{y,\varrho_1}$ und einige Punkte von ∂R regulär sind, haben wir $0 < H_g < 1$ auf $R \sim \bar{B}_{y,\varrho_1}$. Somit existiert eine Konstante $q < 1$ mit $H_g < q$ auf $\partial B_{y,\varrho_2}$. Für jede stetige Funktion g^* auf dem Rand von $R \sim \bar{B}_{y,\varrho_1}$ mit $|g^*| \leq g$ gilt $|H_{g^*}| < q$ auf $\partial B_{y,\varrho_2}$. Wenden wir dies auf jede der Funktionen $(w_{j+1} - w_j)/\alpha_j$ an, so erhalten wir

$$|w_{j+1} - w_j| \leq q\alpha_j \quad \text{auf} \quad \partial B_{y,\varrho_2}.$$

Daher gilt

$$\beta_{j+1} \leq q\alpha_j.$$

Da $u_{j+1} - u_j$ harmonisch auf B_{y,ϱ_2} ist, ergibt sich

$$|u_{j+1} - u_j| \leq \sup_{z \in \partial B_{y,\varrho_2}} |u_{j+1}(z) - u_j(z)| = \beta_j$$

auf $\partial B_{y,\varrho_1}$, und es folgt $\alpha_j \leq \beta_j$. Somit ist $\alpha_{j+1} \leq q\alpha_j$ für alle $j \geq 1$, und die positive Reihe $\Sigma\alpha_j$ wird durch eine konvergente geometrische Reihe majorisiert. Daher konvergiert die Reihe

$$w_1 + \sum_{j=1}^{\infty} (w_{j+1} - w_j)$$

gleichmäßig auf $R \sim B_{y,\varrho_1}$. Da die einzelnen Summanden harmonisch auf $R \sim \bar{B}_{y,\varrho_1}$ sind, ist

$$w = \lim_{j\to\infty} w_j = w_1 + \sum_{j=1}^{\infty} (w_{j+1} - w_j)$$

harmonisch auf $R \sim \bar{B}_{y,\varrho_1}$. Auf ähnliche Weise erhalten wir $\beta_{j+1} \leq q\beta_j$, und die positive Reihe $\Sigma\beta_j$ wird durch eine konvergente geometrische Reihe majorisiert, woraus folgt, daß

$$u = \lim_{j\to\infty} u_j = u_1 + \sum_{j=1}^{\infty} (u_{j+1} - u_j)$$

eine harmonische Funktion auf B_{y,ϱ_2} definiert. Wegen $w_j = u_j - v$ auf $\partial B_{y,\varrho_1}$ ergibt sich $w = u - v$ auf $\partial B_{y,\varrho_1}$. Ebenso folgt aus $u_{j+1} = v + w_j$ auf $\partial B_{y,\varrho_2}$ die Beziehung $w = u - v$ auf $\partial B_{y,\varrho_2}$; d.h. es gilt $u = v + w$ sowohl auf $\partial B_{y,\varrho_1}$ als auch auf $\partial B_{y,\varrho_2}$. Da aber u und w beide auf der Kugelschale $B_{y,2} \sim \bar{B}_{y,\varrho_1}$ harmonisch sind, ergibt sich $u = v + w$ auf $B_{y,\varrho_2} \sim \bar{B}_{y,\varrho_1}$. Somit hat die Funktion

$$v^* = \begin{cases} u & \text{auf} \quad B_{y,\varrho_2}, \\ v + w & \text{auf} \quad R \sim \bar{B}_{y,\varrho_1} \end{cases}$$

die gewünschten Eigenschaften. ┘

Die eben benutzte Methode, eine harmonische Funktion fortzusetzen, geht auf Schwarz zurück und ist als *alternierende Methode* bekannt.

Korollar 9.20 (*Bouligand*) Sei R eine offene Teilmenge von E_Δ^n, so daß $\complement R$ nichtpolar ist. Ist dann h eine beschränkte, harmonische Funktion auf R mit $\lim\limits_{y\to z} h(y) = 0$ q.ü. auf ∂R, so gilt $h = 0$ auf R.

Beweis: Sei Z die Menge aller Punkte $z \in \partial R$, für die $\lim\limits_{y\to z} h(y) = 0$ nicht wahr ist. Dann ist Z eine polare Teilmenge, und nach dem vorangehenden Lemma existiert eine positive, superharmonische Funktion v auf R mit $\lim\limits_{y\to z} v(y) = +\infty$ für $z \in Z$. Dann ist $h + \varepsilon v$ für jedes $\varepsilon > 0$ superharmonisch auf R, und es gilt $\liminf\limits_{y\to z} (h + \varepsilon v)(y) \geq 0$ für alle $z \in \partial R$. Nach Satz 9.3 gilt daher $h + \varepsilon v \geq 0$ auf R und somit $h(y) \geq 0$ in jedem Punkte y, wo v endlich ist, denn ε war beliebig. Da aber v f.ü. endlich ist, gilt somit $h \geq 0$ f.ü. auf $R \cap E^n$, wegen der Stetigkeit von h somit überall auf R. Wenden wir dasselbe Argument auf $-h$ an, so ergibt sich $h = 0$ auf R. ⌟

Lemma 9.21 Sei R eine offene Teilmenge von E_Δ^n, so daß $\complement R$ keine polare Menge ist, und sei $\bar{B}_{y,\varrho} \subset R$. Für jede beschränkte Funktion f auf ∂R gilt dann

$$\bar{H}_f = \inf\{u\colon u \text{ superharmonisch auf } R, u \text{ nach unten beschränkt auf } R, \liminf_{y\to x} u(y) \geq$$
$$\geq f(x) \text{ für alle Punkte } x \in \partial R, \text{ die reguläre Randpunkte von } R \sim \bar{B}_{y,\varrho} \text{ sind}\}.$$

Beweis: Sei u in der im Satz beschriebenen Menge. Nach Lemma 9.18 ist die Menge der irregulären Randpunkte von $R \sim \bar{B}_{y,\varrho}$ polar. Sei v die nach Lemma 9.19 zu der Menge der irregulären Randpunkte von $R \sim \bar{B}_{y,\varrho}$ gehörige positive, superharmonische Funktion. Dann gilt $u + \varepsilon v \in \mathfrak{D}_f$ für jedes $\varepsilon > 0$ und daher $u + \varepsilon v \geq \bar{H}_f$. Da v f.ü. endlich auf $R \cap E^n$ ist haben wir $u \geq \bar{H}_f$ f.ü. auf $R \cap E^n$. Daher gilt $u(x) = \lim\limits_{\delta\to 0} A(u\colon x, \delta) \geq \lim\limits_{\delta\to 0} A(\bar{H}_f\colon x, \delta) = \bar{H}_f(x)$ für alle $x \in R \cap E^n$ und somit $u \geq \bar{H}_f$. ⌟

Satz 9.22 Sei R eine offene Teilmenge von E_Δ^n, so daß $\complement R$ nicht polar ist. Dann ist jedes $f \in C(\partial R)$ resolutiv.

Beweis: Mit f sind auch $\bar{H}_f$ und $\underline{H}_f$ beschränkt und daher harmonisch. Sei $m = \sup\limits_{z\in\partial R} |f(z)|$, und sei $\bar{B}_{y,\varrho} \subset R$. Die *Dirichlet*sche Lösung H_g bzgl. $R \sim \bar{B}_{y,\varrho}$ und der Randfunktion

$$g = \begin{cases} m + 1 & \text{auf} \quad \partial B_{y,\varrho}, \\ f & \text{auf} \quad \partial R \end{cases}$$

ist harmonisch auf $R \sim \bar{B}_{y,\varrho}$, und es gilt $\lim\limits_{y\to x} H_g(y) = f(x)$ für alle Punkte $x \in \partial R$, die regulär für $R \sim \bar{B}_{y,\varrho}$ sind. Überdies ist die Funktion

$$u = \begin{cases} m+1 & \text{auf} \quad B_{y,\varrho}, \\ H_g & \text{auf} \quad R \sim B_{y,\varrho} \end{cases}$$

superharmonisch auf R, und es gilt $\lim_{z \to x} u(z) = f(x)$ für alle Punkte $x \in \partial R$, die regulär für $R \sim \bar{B}_{y,\varrho}$ sind. Nach dem vorangehenden Lemma haben wir $u \geq \bar{H}_f$. Auf ähnliche Weise erhalten wir eine beschränkte, subharmonische Funktion v auf R mit $v \leq \underline{H}_f$ und $\lim_{z \to x} v(z) = f(x)$ für alle Punkte $x \in \partial R$, die reguläre Randpunkte von $R \sim \bar{B}_{y,\varrho}$ sind. Hieraus folgt $\lim_{z \to x} (\bar{H}_f - \underline{H}_f)(z) = 0$ für alle Punkte $x \in \partial R$, die reguläre Randpunkte von $R \sim \bar{B}_{y,\varrho}$ sind. Da aber die irregulären Randpunkte von $R \sim \bar{B}_{y,\varrho}$ eine polare Menge bilden, erhalten wir nach Korollar 9.20 $\bar{H}_f - \underline{H}_f = 0$. ⌟

In den folgenden Untersuchungen sei R eine offene Teilmenge von E_Δ^n, so daß $\complement R$ nicht polar ist. Da die Entwicklung notwendiger und hinreichender Bedingungen für die Resolutivität einer Randfunktion sich von der früheren Entwicklung nicht bedeutend unterscheidet, wird nur eine Skizze gegeben.

Nach dem vorangehenden Satz bestimmt jedes $f \in C(\partial R)$ eine harmonische Funktion H_f auf R. Für jedes $x \in R$ ist die Abbildung $f \to H_f(x)$ ein lineares Funktional auf $C(\partial R)$, so daß wir nach dem *Riesz*schen Darstellungssatz ein *Borel*-Maß μ_x auf ∂R erhalten mit

$$H_f(x) = \int f \, d\mu_x.$$

Wegen $H_1(x) = 1$ gilt $\mu_x(\partial R) = 1$. Ist $\{f_j\}$ eine isotone Folge von Randfunktionen mit $\bar{H}_{f_1} > -\infty$ auf R und ist $f = \lim_{j \to \infty} f_j$, so überträgt sich der Beweis von Lemma 8.8 auf diesen Zusammenhang und liefert $\bar{H}_f = \lim_{j \to \infty} \bar{H}_{f_j}$; sind die f_j resolutiv auf R, so ergibt sich

$$\bar{H}_f(x) = \underline{H}_f(x) = \int f \, d\mu_x$$

auf R, wobei alle drei Ausdrücke $+\infty$ sind, wenn nur einer $+\infty$ ist. Hieraus folgt, daß die Indikatorfunktion einer kompakten Menge von ∂R resolutiv ist und daß wie in Satz 8.13 die μ_x-integrierbaren, *Borel*-meßbaren Funktionen resolutiv sind. Der Satz 8.14 ist auch hier gültig, da zu seinem Beweis nur das Minimum-Prinzip benutzt wurde. Bezeichnet $\mathscr{F}_x$ für jedes $x \in R$ die Vervollständigung der σ-Algebra der *Borel*schen Teilmengen von ∂R bzgl. μ_x, so ist $\mathscr{F} = \bigcap_{x \in R} \mathscr{F}_x$ ebenfalls eine σ-Algebra. $\mathscr{F}$ heißt das System der *$\mu_\cdot$-meßbaren* Mengen, und jede $\mathscr{F}$-meßbare Funktion f auf ∂R mit $\int |f| \, d\mu_x < +\infty$ für ein x aus jeder Komponente aus R heißt *$\mu_\cdot$-integrierbar*. Wie zuvor heißt μ_x (auf $\mathscr{F}$ fortgesetzt) das *harmonische Maß* bzgl. x und R.

Satz 9.23 Sei R eine offene Teilmenge von E_Δ^n, so daß $\complement R$ nicht polar ist. Eine Randfunktion f ist genau dann resolutiv, wenn f $\mu_\cdot$-integrierbar ist; in diesem Falle gilt $H_f(x) = \int f \, d\mu_x$ für alle $x \in R$.

Satz 9.24 Sei R eine offene Teilmenge von E_Δ^n, so daß $\complement R$ nicht polar ist. Für jede polare Teilmenge $Z \subset \partial R$ gilt $\mu_y(Z) = 0$ für alle $y \in R$.

Beweis: Sei χ die Indikatorfunktion der polaren Menge $Z \subset \partial R$. Nach Lemma 9.19 gibt es eine positive, superharmonische Funktion v auf R mit $\lim_{z \to y} v(z) = +\infty$ für alle $y \in Z$. Da εv für jedes $\varepsilon > 0$ dieselbe Eigenschaft besitzt, gilt $0 \leq \underline{H}_\chi \leq \bar{H}_\chi \leq \varepsilon v$ für alle $\varepsilon > 0$. Mit $\varepsilon \to 0$ ergibt sich dann $0 = \underline{H}_\chi = \bar{H}_\chi$ f.ü. auf $R \cap E^n$. Da aber die Ober- und Unterlösungen stetig sind, erhalten wir, daß χ resolutiv ist, und es gilt $0 = H_\chi(y) = \mu_y(Z)$ für alle $y \in R$. ┘

Die Menge der irregulären Randpunkte einer offenen Menge $R \subset E_\Delta^n$ mit nichtpolarem Komplement soll nur kurz diskutiert werden. In Lemma 9.18 war gezeigt worden, daß die Menge der irregulären Randpunkte von R eine polare Menge ist, wenn $\complement R \neq \emptyset$ ist. Angenommen, $\complement R$ ist nicht polar. Sei $\bar{B}_{y,\varrho} \subset R$. Die Grundidee des Beweises von Satz 9.22 besteht darin, daß ein regulärer Randpunkt von $R \sim \bar{B}_{y,\varrho}$ auch ein regulärer Randpunkt von R ist. Dies war tatsächlich bewiesen worden. Daher ist die Menge der irregulären Randpunkte von R eine Teilmenge der irregulären Randpunkte von $R \sim \bar{B}_{y,\varrho}$ und daher eine polare Menge.

9.4 Anwendungen

Für den Rest dieses Kapitels sei R eine offene Teilmenge von E^n, die eine *Green*-Funktion besitzt. Wir wollen erlauben, daß Δ ein Randpunkt von R, aber kein innerer Punkt von R ist. Betrachtet man R als Teilmenge von E_Δ^n, so gilt $\Delta \in \complement R$, und $\complement R$ ist im Falle $n \geq 3$ nicht polar; im Falle $n = 2$ ist $E_\Delta^n \sim R$ nach Satz 8.33 nicht polar, und daher ist $E_\Delta^n \sim R$ nicht polar. Die Ergebnisse dieses Kapitels sind also auf R anwendbar, wenn man R als Teilmenge von E_Δ^n betrachtet. Für eine abgeschlossene Teilmenge F von R bezeichnet $H_f^{R \sim F}$ die *Dirichlet*sche Lösung von f bzgl. $R \sim F$, wobei $R \sim F$ als Teilmenge von E_Δ^n betrachtet wird.

Satz 9.25 Sei R eine offene Teilmenge von E^n, die eine *Green*-Funktion besitzt. Ist u eine positive, superharmonische Funktion auf R und ist F eine abgeschlossene Teilmenge von R, so gilt $\hat{R}_F^u(y) = u(y)$ für alle $y \in F$, wenn man von denjenigen Punkten $y \in \partial F \cap R$ absieht, die reguläre Randpunkte von $R \sim F$ sind; weiterhin gilt $\hat{R}_F^u = H_{u_0}^{R\sim F}$ auf $R \sim F$, wenn hierbei

$$u_0 = \begin{cases} u & \text{auf} \quad \partial F \cap R, \\ 0 & \text{auf} \quad \partial R \cap \partial(R \sim F) \end{cases}$$

gesetzt wird.

Beweis: Wegen $u|_{R\sim F} \in \mathfrak{O}_{u_0}^{R\sim F}$ haben wir $u \geq \bar{H}_{u_0}^{R\sim F} \geq \underline{H}_{u_0}^{R\sim F} \geq 0$, und u_0 ist resolutiv. Man definiere eine Funktion v auf R durch

$$v = \begin{cases} u & \text{auf} \quad F, \\ H_{u_0}^{R\sim F} & \text{auf} \quad R \sim F. \end{cases}$$

Man sieht leicht, daß die Funktion u_0 n.u.h. auf $\partial(R \sim F)$ ist. Sei $\{f_j\}$ eine Folge stetiger, reeller Funktionen auf $\partial(R \sim F)$ mit $f_j \uparrow u_0$. Wegen

$$\liminf_{\substack{z\to y \\ z\in R\sim F}} v(z) = \liminf_{\substack{z\to y \\ z\in R\sim F}} H_{u_0}^{R\sim F} \geq \liminf_{\substack{z\to y \\ z\in R\sim F}} H_{f_j}^{R\sim F}(z) = f_j(y)$$

für alle $y \in \partial F \cap R$, wenn man von den Punkten absieht, die irreguläre Randpunkte von $R \sim F$ sind, ergibt sich $\liminf_{\substack{z\to y \\ z\in R\sim F}} v(z) \geq u(y)$ für alle diese Punkte $y \in \partial F \cap R$.

Wegen $v = u$ auf F stimmt die untere Regularisierte $\hat{v}$ von v mit u auf F überein, wenn man wieder von den irregulären Randpunkten von $R \sim F$ absieht. In derselben Weise, wie es in Lemma 8.40 getan wurde, können wir jetzt zeigen, daß $\hat{v}$ superharmonisch ist. Nach Korollar 8.37 gilt daher $\hat{v} \geq \hat{R}_F^u$ auf R. Jede positive, superharmonische Funktion w auf R, die u auf F majorisiert, gehört zu der Oberklasse $\mathfrak{O}_{u_0}^{R\sim F}$, und hieraus folgt $w \geq H_{u_0}^{R\sim F}$. Daher gilt $R_F^u \geq v$ auf R und folglich $\hat{R}_F^u \geq \hat{v}$ auf R. Somit gilt $\hat{R}_F^u = u$ auf F, wenn man von den Punkten $y \in \partial F \cap R$ absieht, die irreguläre Randpunkte von $R \sim F$ sind. Schließlich ergibt sich $\hat{R}_F^u = \hat{v} = H_{u_0}^{R\sim F}$ auf $R \sim F$. ┘

Der Beweis des folgenden Korollars wird ausgelassen, da er mit dem Beweis von Korollar 8.42 übereinstimmt.

Korollar 9.26 Sei R eine offene Teilmenge von E^n, die eine *Green*-Funktion besitzt, und sei F eine abgeschlossene Teilmenge von R. Für je zwei positive, superharmonische Funktionen u und v auf R gilt

$$\hat{R}_F^{u+v} = \hat{R}_F^u + \hat{R}_F^v \quad \text{auf} \quad R.$$

10. Feine Topologie

In diesem Kapitel betrachten wir eine Topologie auf E^n, die feiner als die Euklidische Topologie ist und die natürlicher vom potential-theoretischen Standpunkt ist. Wir benutzen weiterhin die Worte „offen", „Umgebung", „stetig" usw. hinsichtlich der Euklidischen Topologie. Die neue Topologie heißt feine Topologie, und Begriffe bzgl. dieser Topologie bekommen die Vorsilbe „fein". Außerdem wird die Dünnheit einer Menge in einem Punkte eingeführt und mit der Irregularität von Randpunkten in Beziehung gesetzt.

10.1 Eine natürliche Topologie

Im Hinblick auf die Tatsache, daß die superharmonischen Funktionen das Kernstück der Potentialtheorie darstellen, ist zu vermuten, daß eine mit Hilfe dieser Funktionen definierte Topologie auf E^n den Problemen der Potentialtheorie besser entspricht.

Definition Die *feine Topologie* auf E^n ist die gröbste Topologie auf E^n, für welche alle superharmonischen Funktionen (im erweiterten Sinne) stetig sind.

Wir bemerken zunächst, daß jede superharmonische Funktion u auf einer offenen Menge $R \subset E^n$ fein-stetig auf R ist. Dies folgt aus der Tatsache, daß $u|_B$, wobei B eine Kugel mit Abschluß in R ist, nach Lemma 7.13 zu einer superharmonischen Funktion auf E^n fortgesetzt werden kann. Zweitens ist es im Falle $u(x_0) = +\infty$ nicht nötig, Mengen zu der Euklidischen Topologie hinzuzufügen, um u im erweiterten Sinne in x_0 fein-stetig zu machen, denn u ist in der Euklidischen Topologie im erweiterten Sinne stetig in x_0. Es ist jedoch nötig, das System der Umgebungen eines Punktes zu vergrößern, wo u endlich und nicht stetig ist. Die Bedingung, daß u fein-stetig ist, bedeutet, daß die Mengen $\{x\colon u(x) > \alpha\}$ und $\{x\colon u(x) < \beta\}$ fein-offen sind. Die Mengen der ersten Art sind jedoch in der Euklidischen Topologie offen. Nimmt man drittens für u eine der Funktionen $u_{x,\delta/2} - u_{x,\delta}$ der Beispiele 3 und 4 vom Kapitel 7, so sieht man sofort, daß die feine Topologie feiner als die Euklidische Topologie ist; sie ist echt feiner, da es nach Korollar 7.15 unstetige, superharmonische Funktionen gibt. Als Subbasis der feinen Topologie können wir das System der Mengen der Form $\{u\colon u(x) > \alpha\}$ und $\{x\colon u(x) < \beta\}$ nehmen, wobei α und β beliebige reelle Zahlen sind und u eine beliebige superharmonische Funktion ist. Da die Mengen der Form $\{x\colon u(x) > \alpha\}$ in der Euklidischen Topologie offen sind, enthalten sie unendlich viele verschiedene Punkte, sofern sie nicht-leer sind. Man betrachte eine nicht-leere Menge der Form $V = \{x\colon u(x) < \alpha\}$ und $x \in V$. Wegen $u(x) = \liminf_{\substack{y \to x \\ y \neq x}} u(y)$ für jede superharmonische Funktion u, enthält jede derartige Menge V unendlich viele verschiedene Punkte. Hieraus folgt, daß jede nicht-leere, fein-offene Menge unendlich viele verschiedene Punkte enthält.

Satz 10.1 Für jede polare Teilmenge Z von E^n ist kein Punkt von E^n feiner Limespunkt von Z; insbesondere sind die Punkte von Z fein-isolierte Punkte von Z.

Beweis: Angenommen, x ist ein feiner Limespunkt von Z. Dann ist x ein Limespunkt von Z. Dabei können wir $x \notin Z$ annehmen. Nach Satz 7.14 existiert eine superharmonische Funktion u, die auf einer Umgebung von x definiert ist, mit $u(x) < \lim_{\substack{y \to x \\ y \in z}} u(y) = r < +\infty$. Hieraus folgt, daß es eine Umgebung U von x gibt mit $u(y) > (r + u(x))/2$ für alle $y \in U \cap Z$; da u aber fein-stetig ist, existiert eine feine Umgebung U^f von x mit $u(y) < (r + u(x))/2$ für alle $y \in U^f$. Daher gilt $(U \cap Z) \cap U^f = (U \cap U^f) \cap Z = \emptyset$. Da $U \cap U^f$ eine feine Umgebung von x ist, die Z nicht schneidet, kann x kein feiner Limespunkt von Z sein, und wir haben einen Widerspruch. ┘

Der vorangehende Satz kann benutzt werden, um zu zeigen, daß die feine Topologie keine lokal-kompakte Topologie ist. Sei F^f der feine Abschluß einer feinen Umgebung eines Punktes. Dann enthält F^f unendlich viele verschiedene Punkte $x_j, j \geq 1$. Nach dem vorangehenden Satz besitzt keine Teilfolge der Folge $\{x_j\}$ einen feinen Limespunkt, und F^f ist daher nicht kompakt. Tatsächlich zeigt dieses Argument, daß eine Menge genau dann fein-kompakt ist, wenn sie endlich ist.

Beispiel 1 Man betrachte die Punktfolge $\{x_j\}$ in E^2 mit $x_j = (1/j, 0)$. Dann gibt es eine feine Umgebung von (0, 0), die keinen Punkt der Folge enthält.

10.2 Dünne Mengen

Man betrachte eine offene Menge R und einen Punkt $x \in \partial R$. Wir haben gesehen, daß x regulärer Randpunkt von R ist, wenn es einen Kegel in $\complement R$ mit Spitze x gibt (oder wenn es im Falle $n = 2$ eine Strecke in $\complement R$ gibt, die x als einen Endpunkt besitzt). Für irreguläre Randpunkte x muß das Komplement von R irgendwie dünner als ein Kegel mit der Spitze x sein. Der Begriff der „Dünnheit" einer Menge in einem Punkte drückt dies präziser aus.

Definition Eine Menge E heißt *dünn* in x, wenn x kein feiner Limespunkt von E ist.

Satz 10.2 Eine polare Menge Z ist überall dünn.

Beweis: Nach Satz 10.1 ist kein Punkt von E^n ein feiner Limespunkt von Z. ┘
Insbesondere ist also eine Strecke in E^3 in jedem ihrer Punkte dünn. Man beachte außerdem, daß E dünn in x ist, wenn x kein Limespunkt von E ist.

Satz 10.3 Eine Menge E ist genau dann in einem Limespunkt x von E dünn, wenn es eine superharmonische Funktion u auf einer Umgebung von x gibt, so daß $u(x) < \liminf_{\substack{y \to x \\ y \in E \sim \{x\}}} u(y)$ gilt.

Beweis: Wir können $x \notin E$ annehmen. Sei E in x dünn. Dann gibt es eine feine Umgebung U^f von x mit $U^f \cap E = \emptyset$. Da x ein Limespunkt von E ist, ist U^f keine Umgebung in der Euklidischen Topologie von x. Da das System der Mengen von der Form $\{y: v(y) < \alpha\}$ und $\{y: v(y) > \beta\}$ eine Subbasis der feinen Topologie bilden, wenn hierbei α und β beliebige reelle Zahlen sind und v eine beliebige superharmonische Funktion ist, können wir annehmen, daß U^f von der Form $U^f = \bigcap_{i=1}^{j} \{y: u_i(y) < \alpha_i\} \cap W$ ist, wobei W eine Umgebung von x ist und die u_i superharmonisch sind. Wegen $x \in U^f$ haben wir $u_i(x) < \alpha_i$; wählen wir nun $0 < \varepsilon < \operatorname{Min}_{1 \le i \le j} (\alpha_i - u_i(x))$, so können wir $U^f = \bigcap_{i=1}^{j} \{y: u_i(y) < u_i(x) + \varepsilon\} \cap W$ annehmen. Sei $u = \sum_{i=1}^{j} u_i$; dann ist u superharmonisch. Wir müssen also nur $u(x) < \liminf_{\substack{y \to x \\ y \in E \sim \{x\}}} u(y)$ zeigen. Da die u_i n.u.h. in x sind, gibt es eine Umgebung $U \subset W$ von x mit $u_i(y) > u_i(x) - (\varepsilon/j)$ für $1 \le i \le j$ und $y \in U$. Man betrachte ein beliebiges $y \in E \cap U$. Dann gilt $u_k(y) \ge u_k(x) + \varepsilon$ für ein k und daher

$$u(y) = \sum_{i=1}^{j} u_i(y) > \sum_{i=1}^{j} u_i(x) - \frac{j-1}{j}\varepsilon + \varepsilon = u(x) + \frac{\varepsilon}{j};$$

d.h. es ist $u(y) > u(x) + \varepsilon/j$ für alle $y \in E \cap U$. Daher gilt $\liminf_{\substack{y \to x \\ y \in E \sim \{x\}}} u(y) > u(x)$, was zu beweisen war. Nehmen wir umgekehrt an, daß eine superharmonische Funktion u mit $u(x) < \liminf_{\substack{y \to x \\ y \in E \sim \{x\}}} u(y) = r$ existiert. Dabei können wir $r < +\infty$ annehmen, andernfalls ersetze man u durch $u \wedge (u(x) + 1)$. Sei $V^f = \{y: u(y) < (u(x) + r)/2\}$. Da u n.u.h. ist, existiert eine Umgebung V von x mit $u(y) > (u(x) + r)/2$ für alle $y \in V \cap E$. Dann gilt $V^f \cap (V \cap E) = (V^f \cap V) \cap E = \emptyset$. Da aber $V^f \cap V$ eine feine Umgebung von x ist, kann x kein feiner Limespunkt von E sein, und E muß dünn in x sein. ┘

Satz 10.4 Eine Menge E ist genau dann in einem Limespunkt x von E dünn, wenn es eine superharmonische Funktion u mit $u(x) < \lim_{\substack{y \to x \\ y \in E \sim \{x\}}} u(y) = +\infty$ gibt.

Beweis: Nach dem vorangehenden Satz ist die Bedingung hinreichend. Zum Beweis der Umkehrung nehmen wir an, daß E in x dünn ist. Dabei können wir wieder $x \notin E$ voraussetzen. Nach dem vorhergehenden Satz gibt es eine auf einer Umgebung von x definierte, superharmonische Funktion v mit $v(x) < \liminf_{\substack{y \to x \\ y \in E}} v(y)$. Da nichts mehr zu beweisen ist, wenn die rechte Seite dieser Ungleichung unendlich ist, können wir $\liminf_{\substack{y \to x \\ y \in E}} v(y) < +\infty$ annehmen. Sei B eine Kugel um x, auf der v definiert ist. Nach dem *Riesz*schen Zerlegungssatz gibt es ein Maß ν auf B und eine harmonische Funktion h auf B mit $v = G_B \nu + h$ auf B. Da h stetig in x ist, können wir $v = G_B \nu$ auf B annehmen. Sei $\{\varepsilon_j\}$ eine antitone Folge positiver, reeller Zahlen. Da

$$v(x) = \int_{B_{x,\varepsilon_j}} G_B(x, y)\, d\nu(y) + \int_{B \sim B_{x,\varepsilon_j}} G_B(x, y)\, d\nu(y) < +\infty$$

gilt und da das zweite Integral auf der rechten Seite gegen $v(x)$ aufsteigt, ergibt sich

$$\lim_{j \to \infty} \int_{B_{x,\varepsilon_j}} G_B(x, y)\, d\nu(y) = \lim_{j \to \infty} \int G_B(x, y)\, d\nu_j(y) = 0,$$

wenn hierbei $v_j(M) = \nu(M \cap B_{x,\varepsilon_j})$ für jede *Borel*sche Menge $M \subset B$ gesetzt wird. Indem wir notfalls zu einer Teilfolge von $\{\varepsilon_j\}$ übergehen, können wir $\Sigma_j G_B \nu_j(x) < +\infty$ annehmen. Dann ist die Funktion $u = \Sigma_j G_B \nu_j$ superharmonisch auf B und endlich in x. Sei $\delta = \liminf_{\substack{y \to x \\ y \in E_j}} (v(y) - v(x)) > 0$, und sei $v_j = G_B \nu_j$. Dann ist $v = v_j + h_j$, wobei h_j auf $B_{y,\varepsilon}$ harmonisch ist, und es folgt

$$\begin{aligned}
\liminf_{\substack{y \to x \\ y \in E}} [v_j(y) - v_j(x)] &\geq \liminf_{\substack{y \to x \\ y \in E}} [v_j(y) + h_j(y)] + \liminf_{\substack{y \to x \\ y \in E}} [-h_j(y) - v_j(x)] \\
&= \liminf_{\substack{y \to x \\ y \in E}} v(y) - h_j(x) - v_j(x) \\
&= \liminf_{\substack{y \to x \\ y \in E}} [v(y) - v(x)] \geq \delta
\end{aligned}$$

für alle j und daher

$$\liminf_{\substack{y \to x \\ y \in E}} \left[\sum_{j=1}^{p} v_j(y) - \sum_{j=1}^{p} v_j(x) \right] \geq p\delta.$$

Somit ergibt sich

$$\liminf_{\substack{y\to x\\ y\in E}} \sum_{j=1}^{p} v_j(y) \geqq \sum_{j=1}^{p} v_j(x) + p\delta \geq p\delta$$

für jede natürliche Zahl p. Wegen $u = \Sigma_j v_j \geq \sum_{j=1}^{p} v_j$ folgt dann

$$\liminf_{\substack{y\to x\\ y\in E}} u(y) \geq p\delta$$

für jede natürliche Zahl p und daher $\liminf\limits_{\substack{y\to x\\ y\in E}} u(y) = +\infty$. Mit Hilfe von Lemma 7.13 setze man nun u auf E^n fort ⌟

Korollar 10.5 Ist E dünn in einem Limespunkt x von E, so gilt

$$\lim_{r\to 0} \frac{\sigma(\partial B_{x,r} \cap E)}{\sigma(\partial B_{x,r})} = 0.$$

Beweis: Nach dem vorangehenden Satz existiert eine superharmonische Funktion u mit $u(x) < \lim\limits_{\substack{y\to x\\ y\in E\sim\{x\}}} u(y) = +\infty$. Wir können dabei annehmen, daß u in einer Umgebung von x nichtnegativ ist. Für hinreichend kleine r erhalten wir somit

$$\begin{aligned} u(x) \geq L(u\colon x, r) &= \frac{1}{\sigma_n r^{n-1}} \int\limits_{\partial B_{x,r}} u(y)\, d\sigma(y) \\ &\geq \frac{1}{\sigma_n r^{n-1}} \int\limits_{\partial B_{x,r} \cap E} u(y)\, d\sigma(y) \\ &\geq \frac{\sigma(\partial B_{x,r} \cap E)}{\sigma(\partial B_{x,r})} \left[\inf_{y\in \partial B_{x,r}\cap E} u(y) \right]. \end{aligned}$$

Da $u(x) < +\infty$ gilt und da der Ausdruck in den eckigen Klammern mit $r \to 0$ gegen $+\infty$ strebt, ergibt sich

$$\lim_{r\to 0} \frac{\sigma(\partial B_{x,r} \cap E)}{\sigma(\partial B_{x,r})} = 0.$$

⌟

Wir beschließen diesen Abschnitt, indem wir zeigen, daß Dünnheit invariant unter gewissen Transformationen ist. Eine Abbildung $T\colon E^n \to E^n$ heißt *meßbar*, wenn $T^{-1}(E)$ für jede *Borel*sche Menge $E \subset E^n$ eine *Borel*sche Teilmenge von E^n ist; gilt zusätzlich $\| Tx - Ty\| \leq \|x - y\|$ für alle $x, y \in E^n$, so heißt T eine *Kontraktion*.

Satz 10.6 Sei E dünn in x. Für jede Kontraktion T mit $\| Tx - Ty\| = \|x - y\|$ für alle $y \in E^n$ ist dann $T(E)$ dünn in Tx.

Beweis: Ist x kein Limespunkt von E, so sieht man leicht, daß Tx kein Limespunkt von $T(E)$ ist, und die Dünnheit bleibt erhalten. Wir können daher annehmen, daß x ein Limespunkt von E ist und daß $x \notin E$ gilt. Nach Satz 10.4 gibt es eine superharmonische Funktion v mit $v(x) < \lim\limits_{\substack{y \to x \\ y \in E \sim \{x\}}} v(y) = +\infty$. Wir können zunächst annehmen, daß v auf einer x enthaltenden Kugel B nichtnegativ ist; weiter können wir dann sogar annehmen, daß $v = G_B \nu$ gilt, wobei ν ein Maß auf B ist. Da sich $G_B \nu$ nur durch eine harmonische Funktion, die stetig in x ist, von dem *Newton*schen (oder logarithmischen) Potential U^ν unterscheidet, können wir schließlich annehmen, daß

$$v(y) = U^\nu(y) = \int u(y, z)d\nu(z)$$

gilt, wenn hierbei $u(y, z) = u_y(z)$ gesetzt wird. Wir setzen ν auf E^n fort, indem wir $\nu(E^n \sim B) = 0$ definieren. Die Abbildung T induziert durch die Gleichung $(\nu T^{-1})(F) = \nu(T^{-1}(F))$ ein Maß νT^{-1} auf den *Borel*schen Teilmengen F von E^n. Man betrachte

$$U^{\nu T^{-1}}(y) = \int u(y, z)d(\nu T^{-1})(z).$$

Aus dem Transformationssatz für Integrale folgt dann

$$U^{\nu T^{-1}}(y) = \int u(y, Tz)d\nu(z)$$

und daher

$$U^{\nu T^{-1}}(Ty) = \int u(Ty, Tz)d\nu(z)$$

Wegen $\| Ty - Tz\| \leq \|y - z\|$ haben wir $u(Ty, Tz) \geq u(y, z)$ und $U^{\nu T^{-1}}(Ty) \geq U^\nu(y)$. Nun ist $U^{\nu T^{-1}}$ superharmonisch mit $U^{\nu T^{-1}}(Tx) = U(x) < +\infty$. Wegen $\| Ty - Tx\| = \|y - x\|$ für alle y haben wir somit

$$\lim_{\substack{z \to Tx \\ z \in T(E)}} U^{\nu T^{-1}}(z) = \lim_{\substack{Ty \to Tx \\ y \in E}} U^{\nu T^{-1}}(Ty) \geq \lim_{\substack{y \to x \\ y \in E}} U^\nu(y) = +\infty.$$

Dies beweist, daß $T(E)$ dünn in Tx ist. ┘

10.3 Dünnheit und Regularität

Regularität von Randpunkten kann vermöge der Dünnheit charakterisiert werden. Wir charakterisieren zunächst Dünnheit vermöge der Gefegten gewisser Funktionen.

Definition Ein Punkt x aus einer offenen Menge R heißt *Piekpunkt* für eine numerische Funktion u auf R, wenn $u(x) > \sup_{y \in R \sim V} u(y)$ für jede Umgebung V von x gilt.

Besitzt R eine *Green*-Funktion, so ist es kein Problem zu $x \in R$ eine positive, superharmonische Funktion auf R zu finden, für die x ein Piekpunkt ist, man nehme etwa die *Green*-Funktion $G_R(x, \cdot)$ mit Pol x.

Satz 10.7 Sei R eine offene Menge, die eine *Green*-Funktion besitzt, und sei $x \in R$ ein Piekpunkt für eine positive, superharmonische Funktion u auf R. Dann ist eine Menge $E \subset R$ genau dann dünn in x, wenn $\hat{R}_E^u(x) < u(x)$ gilt.

Beweis: Wir wissen, daß E genau dann dünn in x ist, wenn $E \sim \{x\}$ dünn in x ist. Nach Korollar 8.37 gilt außerdem $\hat{R}^u_{E \sim \{x\}} = \hat{R}^u_E$. Hieraus folgt, daß wir $x \notin E$ annehmen können. Dann gilt nach Korollar 8.36 $\hat{R}^u_E(x) = R^u_E(x)$. Sei $\hat{R}^u_E(x) < u(x)$. Wir zeigen, daß E dünn in x ist. Da E dünn in x ist, wenn x kein Limespunkt von E ist, können wir annehmen, daß x ein Limespunkt von E ist. Es gibt dann eine positive, superharmonische Funktion v auf R, die u auf E majorisiert, mit $v(x) < u(x)$. Daher ist

$$\liminf_{\substack{y \to x \\ y \in E}} v(y) \geq \liminf_{\substack{y \to x \\ y \in E}} u(y) \geq u(x) > v(x),$$

und E ist nach Satz 10.3 dünn in x.

Sei jetzt E dünn in x. Ist x kein Limespunkt von E, so sieht man leicht, daß $R^u_E(x) < u(x)$ gilt, denn x ist ein Piekpunkt für u. Setzen wir nun voraus, daß x ein Limespunkt von E ist, so gibt es nach Satz 10.3 eine superharmonische Funktion v auf R mit $v(x) < \liminf_{\substack{y \to x \\ y \in E}} u(y)$. Wir können annehmen, daß v auf einer x enthaltenden Kugel B positiv ist und daß v nach oben beschränkt ist, indem wir v notfalls durch $v \wedge (v(x) + 1)$ ersetzen. Wie im Beweis von Satz 8.35 können wir $v \geq 0$ auf R annehmen. Sei α so gewählt, daß $v(x) < \alpha < \beta = \liminf_{\substack{y \to x \\ y \in E}} v(y)$ gilt. Für $\lambda > 0$ sei $w_\lambda = u(x) + \lambda(v - \alpha)$. Es gibt dann eine Umgebung U von x, so daß $v(y) > \alpha$ für alle $y \in U \cap E$ gilt. Damit wird $w_\lambda(y) \geq u(x) \geq u(y)$ für alle $y \in U \cap E$. Überdies haben wir $u(x) - u(y) \geq \gamma > 0$ für $y \in R \sim U$, da x ein Piekpunkt für u ist. Da v beschränkt ist, können wir ein λ_0 wählen mit $\lambda_0 |v(y) - \alpha| \leq \gamma \leq u(x) - u(y)$ für

$y \in R \sim U$. Dann ergibt sich $\lambda_0(v(y)-\alpha) \geq u(y) - u(y) - u(x)$ für $y \in R \sim U$ und somit $w_{\lambda_0}(y) = u(x) + \lambda_0(v(y) - \alpha) \geq u(y)$ für $y \in R \sim U$. Wegen $w_{\lambda_0}(y) \geq u(y)$ für $y \in U \cap E$ erhalten wir $w_{\lambda_0} \geq u$ auf E und daher $w_{\lambda_0} \geq R_E^u$. Nach Wahl von α ergibt sich schließlich $u(x) > u(x) + \lambda_0(v(x) - \alpha) = w_{\lambda_0}(x) \geq R_E^u(x)$. ┘

Lemma 10.8 Ist B eine Kugel vom Radius $^1/_2$, so gibt es eine positive, stetige, superharmonische Funktion w auf B und zu jedem $x \in B$ positive, superharmonische Funktionen w_1 und w_2 mit $w = w_1 + w_2$, so daß x Piekpunkt für w_1 ist.

Beweis: Wir werden nur den Fall $n = 2$ beweisen, da der Beweis im Falle $n \geq 3$ der gleiche ist. Definieren wir

$$w(y) = -\int_B \log\|y - z\|dz, \qquad y \in B$$

so ist w eine positive, stetige, superharmonische Funktion auf B. Sei $x \in B$. Man wähle ein r mit $\bar{B}_{x,r} \subset B$. Dann gilt $w = w_1 + w_2$, wobei

$$w_1(y) = -\int_{B_{x,r}} \log\|y - z\|dz, \qquad y \in B$$

$$w_2(y) = -\int_{B \sim B_{x,r}} \log\|y - z\|dz, \quad y \in B$$

sei. Mit Hilfe von Satz 6.12 kann man das w definierende Integral explizit ausrechnen und so die Stetigkeit von w auf B nachweisen. Alle drei Integrale sind offenbar nichtnegativ. Ebenfalls mit Hilfe von Satz 6.12 kann man eine explizite Darstellung von w_1 bekommen, um zu zeigen, daß x ein Piekpunkt für w_1 ist. ┘

Satz 10.9 Die Menge der Punkte aus E, in denen E dünn ist, ist eine polare Menge.

Beweis: Da Dünnheit eine lokale Eigenschaft ist und da die abzählbare Vereinigung polarer Mengen wiederum polar ist, genügt es, den Fall zu betrachten, wo E Teilmenge einer Kugel B vom Radius $^1/_2$ ist. Sei E dünn in $x \in E$. Nach dem vorangehenden Lemma existiert eine positive, stetige, superharmonische Funktion w auf B, die als Summe zweier positiver, superharmonischer Funktionen w_1 und w_2 auf B darstellbar ist, so daß x Piekpunkt für w_1 ist. Nach Satz 10.7 gilt $\hat{R}_E^{w_1}(x) < w_1(x)$ und nach Satz 7.12

$$\hat{R}_E^w(x) \leq \hat{R}_E^{w_1}(x) + \hat{R}_E^{w_2}(x) < w_1(x) + w_2(x) = w(x) = R_E^w(x)$$

und daher $x \in \{y: \hat{R}_E^w(y) < R_E^w(y)\}$. Diese Menge ist aber nach Korollar 7.40 polar. Somit ist die Menge aller Punkte aus E, in denen E dünn ist, in der polaren Menge $\{y: \hat{R}_E^w(y) < R_E^w(y)\}$ enthalten. ┘

Korollar 10.10 Eine Menge $Z \subset E^n$ ist genau dann polar, wenn sie in jedem ihrer Punkte dünn ist.

Beweis: Nach Satz 10.2 ist eine polare Menge in jedem ihrer Punkte dünn. Ist die Menge Z in jedem ihrer Punkte dünn, so ist sie nach dem vorangehenden Satz polar. ⌟

Bis jetzt sind noch keine Bedingungen an E gestellt worden, um die Dünnheit von E zu studieren. Wir setzen nun die Irregularität eines Randpunktes x einer offenen Menge R, die eine *Green*-Funktion besitzt, mit der Dünnheit von $\complement R$ in x in Beziehung.

Satz 10.11 Sei E eine abgeschlossene Teilmenge von E^n. Dann ist E genau dann nicht dünn in $x \in \partial E$, wenn es eine positive, superharmonische Funktion w gibt, die auf $\complement E$ in einer Umgebung von x definiert ist, so daß $\lim\limits_{\substack{y \to x \\ y \in \complement E}} w(y) = 0$ gilt.

Beweis: Angenommen, E ist nicht dünn in $x \in \partial E$. Sei B eine Kugel mit Mittelpunkt x und Radius δ. Wir können $E \subset B$ annehmen. Sei $u(y) = \delta - \|y - x\|$ für $y \in B$. Dann ist u eine positive, superharmonische Funktion auf B, und x ist ein Piekpunkt für u. Man betrachte die Gefegte $\hat{R}_E^u$ bzgl. B. Nach Satz 10.7 gilt $\hat{R}_E^u(x) = u(x)$ und $\liminf\limits_{\substack{y \to x \\ y \in B \sim E}} \hat{R}_E^u(y) \geq \liminf\limits_{\substack{y \to x \\ y \in B}} \hat{R}_E^u(y) \geq \hat{R}_E^u(x) = u(x)$. Man betrachte die superharmonische Funktion $w = u - \hat{R}_E^u \geq 0$ auf $B \sim E$. Wenn w in einem Punkte von $B \sim E$ verschwindet, muß w nach dem Minimum-Prinzip auf $B \sim E$ identisch Null sein. Da $\hat{R}_E^u$ auf $B \sim E$ harmonisch ist, müßte dann u auf $B \sim E$ harmonisch sein; dies wäre aber ein Widerspruch, denn es gilt $\Delta u < 0$ auf $B \sim E$. Somit ist $w > 0$ auf $B \sim E$. Überdies haben wir $\limsup\limits_{\substack{y \to x \\ y \in B \sim E}} w(y) \leq u(x) - \liminf\limits_{\substack{y \to x \\ y \in B \sim E}} \hat{R}_E^u(y) \leq 0$. Daher erhalten wir $\lim\limits_{\substack{y \to x \\ y \in B \sim E}} w(y) = 0$. Zum Beweis der Umkehrung sei B eine Kugel mit Mittelpunkt x, und sei w eine positive, superharmonische Funktion auf $B \sim E$ mit $\lim\limits_{\substack{y \to x \\ y \in B \sim E}} w(y) = 0$. Wir erhalten einen Widerspruch, indem wir annehmen, daß E dünn in x ist; d.h. wir nehmen an, daß es eine subharmonische Funktion v auf B gibt mit $v(x) = 1$ und $v \leq -1$ auf $B \cap (E \sim \{x\})$. Sei B_1 eine zweite Kugel mit Mittelpunkt x und $\bar{B}_1 \subset B$. Dann gilt $v < 0$ auf einer Umgebung W von $E \cap \partial B_1$, und für jede positive Zahl λ gilt $v - \lambda w \leq 0$ auf $W \cap (\partial B_1 \sim E)$. Wegen $w > 0$ auf $\partial B_1 \sim E$ ergibt sich $\inf\limits_{z \in \partial B_1 \sim W} w(z) > 0$. Diese Beziehungen ergeben zusammen mit der Tatsache, daß v nach oben auf $\partial B_1 \sim W$ beschränkt ist, daß wir ein positives λ_0 wählen können, so daß $v - \lambda_0 w \leq 0$ auf $\partial B_1 \sim W$ gilt. Damit erhalten wir

$$\limsup_{\substack{z \to y \\ z \in B_1 \sim E}} [v(z) - \lambda_0 w(z) - \varepsilon u_x(z)] \leq 0$$

für alle $\varepsilon > 0$ und alle $y \in \partial B_1 \sim W$. Diese Ungleichung gilt auch in den Punkten $y \in B_1 \cap (\partial E \sim \{x\})$, da in einer Umgebung dieser Punkte v strikt negativ ist. Ferner gilt diese Ungleichung auch für $y = x$, da in diesem Falle die linke Seite $-\infty$ ist. Somit haben wir $v - \lambda_0 w - \varepsilon u_x \leq 0$ auf $B_1 \sim E$ für jedes $\varepsilon > 0$. Daher gilt $v \leq \lambda_0 w$ auf $B_1 \sim E$ und $\limsup_{\substack{y \to x \\ y \in B_1 \sim E}} v(y) \leq 0$. Da andererseits $\limsup_{\substack{y \to x \\ y \in E \sim \{x\}}} v(y) \leqq -1$ gilt, ergibt sich mit $v(x) = \limsup_{\substack{y \to x \\ y \neq x}} v(y) \leq 0$ ein Widerspruch. ┘

Korollar 10.12 Sei R eine offene Menge, die eine *Green*-Funktion besitzt. Ein Punkt $x \in \partial R$ ist genau dann ein regulärer Randpunkt von R, wenn $\complement R$ nicht dünn in x ist.

Beweis: Der vorangehende Satz sagt aus, daß $\complement R$ genau dann nicht dünn in $x \in \partial R$ ist, wenn es eine Barriere für x gibt. Die Existenz einer Barriere ist aber notwendig und hinreichend für die Regularität. ┘

Korollar 10.13 Eine (nicht-ausgeartete) Strecke $\ell \subset E^2$ ist nicht dünn in ihren Endpunkten.

Beweis: Wir zeigen zunächst, daß ℓ in keinen inneren Punkt x dünn ist. Da Dünnheit ein lokaler Begriff ist, würde jedes abgeschlossene Teilintervall von ℓ, das x als inneren Punkt enthält, dünn in x sein, sofern ℓ dünn in x ist. Es genügt daher zu zeigen, daß eine abgeschlossene Strecke ℓ nicht in einem inneren Punkt dünn sein kann. Sei B eine Kugel, die ℓ in ihrem Innern enthält. Betrachten wir x als Randpunkt von $B \sim \ell$, so ist x nach Satz 8.25 ein regulärer Randpunkt von $B \sim \ell$; nach dem vorangehenden Korollar ist ℓ nicht dünn in x. Wir machen jetzt die Annahme, daß ℓ in einem Endpunkt dünn ist. Dann gibt es eine superharmonische Funktion mit $w(x) < \lim_{\substack{y \to x \\ y \in \ell \sim \{x\}}} w(y)$. Da Superharmonizität unter Rotationen um x invariant ist, können wir eine Strecke ℓ' konstruieren, die x als inneren Punkt hat, und eine superharmonische Funktion w' mit $w'(x) < \lim_{\substack{y \to x \\ y \in \ell' \sim \{x\}}} w'(y) = +\infty$; aber wir haben gerade gesehen, daß dies nicht möglich ist. ┘

Satz 10.14 Sei $E \subset E^2$ und $\complement E$ dünn in x. Dann gibt es beliebig kleine $\varrho > 0$ mit $\partial B_{x,\varrho} \subset E$.

Beweis: Ist x kein Limespunkt von $\complement E$, so ist die Behauptung trivialerweise richtig. Sei also x ein Limespunkt von E. Seien (r, θ) Polarkoordinaten eines Punktes in der Ebene bzgl. des Poles x und eines Strahles ℓ, der x als Endpunkt hat. Man betrachte die Abbildung $T: E^2 \to \ell$, die den Punkt (r, θ) auf den Punkt $(r, 0)$ abbildet. Man sieht leicht, daß T eine Kontraktion mit $\| Tx - Ty \| = \|x - y\|$ für alle $y \in E^2$

ist. Angenommen, es gibt ein ϱ_0 mit $(\complement E) \cap \partial B_{x,\varrho} \neq \emptyset$ für alle $\varrho \leq \varrho_0$. Dann enthält $T(\complement E)$ die Strecke $\ell^* = \{(\varrho, 0): 0 < \varrho \leq \varrho_0\}$. Da $T(\complement E)$ nach Satz 10.6 dünn in x ist, muß ℓ^* dünn in x sein; dies widerspricht aber Korollar 10.13, und es existiert kein solches ϱ_0. ┘

10.4 Feine Limiten

Die feine Topologie scheint die natürliche Topologie zu sein, um das Randverhalten superharmonischer Funktionen zu studieren. Der Satz von *Fatou* über nicht-tangentiale Limiten kann z. B. vermöge der feinen Topologie bewiesen werden. Da aber eine derartige Diskussion über den Rahmen des Buches hinausgeht, wollen wir uns auf zwei Sätze beschränken, die die Möglichkeiten der feinen Topologie aufzeigen.

Definition Sei x ein feiner Limespunkt der Menge E. Besitzt die numerische Funktion g auf $E \sim \{x\}$ einen feinen Limes λ in x, so werden wir

$$f\text{-}\lim_{\substack{y \to x \\ y \in E}} g(y) = \lambda$$

schreiben.

Satz 10.15 (*Cartan*) Ist x ein feiner Limespunkt der Menge E und ist g eine numerische Funktion, die einen feinen Limes λ in x hat, so existiert eine feine Umgebung V^f von x mit $\lim\limits_{\substack{y \to x \\ y \in (E \sim \{x\}) \cap V^f}} g(y) = \lambda$.

Beweis: Wir können annehmen, daß λ endlich ist; andernfalls ersetze man g durch $\arctan g$. Überdies können wir annehmen, daß E in einer Kugel B mit Mittelpunkt x enthalten ist. Ist $\{I_j\}$ eine Folge offener Intervalle mit $I_j \downarrow \lambda$, so gibt es zu jedem j eine feine Umgebung V_j^f von x, so daß $g(y) \in I_j$ für $y \in (E \sim \{x\}) \cap V_j^f$ gilt. Gibt es nun unendlich viele V_j^f, für die x ein innerer Punkt ist, so können wir einfach $V^f = B$ nehmen. Daher nehmen wir an, daß es höchstens endlich viele der V_j^f mit dieser Eigenschaft gibt und daß x für jedes j ein Limespunkt von $\complement V_j^f$ ist. Da V_j^f eine feine Umgebung von x ist, muß $\complement V_j^f$ dünn in x sein. Es gibt daher eine superharmonische Funktion v_j auf B mit $v_j(x) < \lim\limits_{\substack{y \to x \\ y \in \complement V_j^f}} v_j(y) = +\infty$. Sei $\{\alpha_j\}$ eine Folge positiver Zahlen mit $\Sigma_j \alpha_j v_j(x) < +\infty$. Dann ist $v = \Sigma_j \alpha_j v_j$ superharmonisch auf B und endlich in x. Sei jetzt $F_j = B \cap (\complement V_j^f) \cap \{y: \alpha_j v_j(y) > j\}$ und $F = \bigcup_j F_j$. Dann gilt $x \notin F$. Wir zeigen jetzt, daß F dünn in x ist. Da dies trivialerweise richtig für $x \notin \bar{F}$ ist, können wir annehmen, daß x ein Limespunkt von F ist. Sei p eine beliebige natürliche Zahl. Dann gilt $\alpha_j v_j(y) > p$ für $y \in F_j$, $j \geq p$. Zu jedem $j < p$ gibt es eine

Umgebung W_j von x mit $\alpha_j v_j(y) \geq p$ für $y \in F_j \cap W_j$. Sei $W = \bigcap_{i=1}^{p-1} W_i$. Für $y \in F \cap W$ gilt dann $v(y) = \Sigma_j \alpha_j v_j(y) \geqq p$. Somit ist $\lim\limits_{\substack{y \to x \\ y \in F}} v(y) = +\infty$, und F ist dünn in x. Nehmen wir für V^f das fein-Innere von $\complement F$, so ist V^f eine feine Umgebung von x. Für $O_j = B \cap \{y: \alpha_j v_j(y) > j\}$ gilt $O_j \cap (\complement V_j^f) = F_j \subset O_j \cap F$ und

$$V_j^f \supset O_j \cap V_j^f \supset O_j \cap (\complement F) \supset O_j \cap V^f.$$

Für $y \in O_j \cap V^f \cap (E \sim \{x\}) \subset V_j^f \cap (E \sim \{x\})$ ergibt sich $g(y) \in I_j$, und dies beweist $\lim\limits_{\substack{y \to x \\ y \in V^f \cap E}} g(y) = \lambda$. ┘

Satz 10.16 (*Brelot*) Sei E eine abgeschlossene Menge, die dünn in x ist, und sei v eine positive, superharmonische Funktion auf $\complement E$ in einer Umgebung von x. Dann besitzt v einen feinen Limes in x.

Beweis: Ist x kein Limespunkt von E, so ist nichts zu beweisen, da v in diesem Falle fein-stetig in x ist. Wir können daher annehmen, daß x ein Limespunkt von E ist. Es gibt dann eine superharmonische Funktion u mit $u(x) < \lim\limits_{\substack{y \to x \\ y \in E \sim \{x\}}} u(y) = +\infty$. Da u fein-stetig in x ist, gilt $u(x) = \text{f-}\lim\limits_{\substack{y \to x \\ y \in \complement E}} u(y) < +\infty$. Ist nun $\liminf\limits_{\substack{y \to x \\ y \in \complement E}} (v+u)(y) = +\infty$, so existiert $\lim\limits_{\substack{y \to x \\ y \in \complement E}} (v+u)(y)$, und es ist insbesondere $f\text{-}\lim\limits_{\substack{y \to x \\ y \in \complement E}} (v+u)(y) = +\infty$. Hieraus folgt, daß $f\text{-}\lim\limits_{\substack{y \to x \\ y \in \complement E}} v(y)$ existiert und gleich $+\infty$ ist. Angenommen, es ist $\lambda = \liminf\limits_{\substack{y \to x \\ y \in \complement E}} (v+u)(y) < +\infty$ und $k > \lambda$. Wegen $\lim\limits_{\substack{y \to x \\ y \in E \sim \{x\}}} u(y) = +\infty$, existiert eine relativ-kompakte Umgebung U von x mit $u(y) > k$ für alle $y \in U \cap (E \sim \{x\})$. Da E abgeschlossen ist, erhalten wir $\liminf\limits_{\substack{y \to x \\ y \in \complement E}} (v+u)(z) > k$ für $y \in U \cap (\partial E \sim \{x\})$. Sei

$$w = \begin{cases} (v+u) \wedge k & \text{auf} \quad U \cap (\complement E), \\ k & \text{auf} \quad U \cap (E \sim \{x\}). \end{cases}$$

Dann ist w superharmonisch auf $U \sim \{x\}$; da w nach unten auf dieser Menge beschränkt ist, besitzt w nach Satz 7.7 eine superharmonische Fortsetzung auf U, die wir ebenfalls mit w bezeichnen. Beachten wir, daß $\liminf\limits_{\substack{y \to x \\ y \in \complement E}} (v+u)(y) = \lambda < k$ gilt, so stimmt w auf $\complement E$ auf einer Umgebung von x mit $u + v$ überein. Da w fein-stetig in x ist, ist $f\text{-}\lim\limits_{\substack{y \to x \\ y \in \complement E}} w(y)$ definiert. Daher existiert auch $f\text{-}\lim\limits_{\substack{y \to x \\ y \in \complement E}} (v+u)(y)$, da $v + u$ mit w auf $\complement E$ auf einer Umgebung von x übereinstimmt. Schließlich existiert $f\text{-}\lim\limits_{y \to x} v(y)$, da $f\text{-}\lim\limits_{\substack{y \to x \\ y \in \complement E}} u(y)$ existiert. ┘

10.5 Das Kriterium von Wiener

Der ursprüngliche Satz von Wiener charakterisiert die Irregularität eines Randpunktes eines Gebietes R vermöge der Kapazität gewisser Teilmengen von $\complement R$ in einer Umgebung des Randpunktes. Im Hinblick auf die Äquivalenz von Irregularität und Dünnheit des Komplements genügt es, die Dünnheit von $\complement R$ mit der Kapazität gewisser Teilmengen von $\complement R$ in Beziehung zu setzen.

Man betrachte eine Menge $E \subset E^n$ und einen festen Punkt x. Da die Dünnheit von E in x eine lokale Eigenschaft ist, können wir $E \subset B_{x,1/2}$ für den Rest dieses Abschnittes annehmen. Die *Green*-Funktion für $B = B_{x,1/2}$ werde mit G bezeichnet. Wie üblich schreiben wir $u(y, z)$ anstelle von $u_y(z)$.

Lemma 10.17 Sei $\lambda > 1$. Dann existiert eine Konstante m, die nur von λ abhängt, mit $u(y, z)/u(x, y) \leq m$ für alle $y \in \complement\{\xi: \lambda^{j-1} < u(x, \xi) < \lambda^{j+2}\}$ und für alle $z \in \{\xi: \lambda^j \leq u(x, \xi) \leq \lambda^{j+1}\}$ für alle natürlichen Zahlen j.

Beweis: Sei zunächst $n = 2$. Ist $u(x, y) \leq \lambda^{j-1}$ und $\lambda^j \leq u(x, z) \leq \lambda^{j+1}$, so kann man mit Hilfe einfacher geometrischer Überlegungen zeigen, daß für $j \to \infty$ $u(y, z)/u(x, y) \to 1$ gleichmäßig in solchen y und z gilt, und die gleichmäßige Beschränktheit in j von $u(y, z)/u(x, y)$ folgt. Ist nun $u(x, y) \geq \lambda^{j+2}$ und $\lambda^j \leq u(x, z) \leq \lambda^{j+1}$, so gilt $u(y, z)/u(x, y) \to 1 + \lambda^{-1}(1 - \lambda)$ mit $j \to \infty$ gleichmäßig in solchen y und z, und wieder folgt die in j gleichmäßige Beschränktheit. Sei jetzt $n \geq 3$. Ist $u(x, y) \leq \lambda^{j-1}$ und $\lambda^j \leq u(x, z) \leq \lambda^{j+1}$, so liefern einfache geometrische Betrachtungen die Abschätzung

$$\frac{u(y, z)}{u(x, y)} \leq \left[\frac{\lambda^{1/(n-2)}}{\lambda^{1/(n-2)} - 1}\right]^{n-2}.$$

Da die rechte Seite unabhängig von j und den besagten y und z ist, haben wir gleichmäßige Beschränktheit in j. Ist $u(x, y) \geq \lambda^{j+2}$ und $\lambda^j \leq u(x, z) \leq \lambda^{j+1}$, so ergibt sich

$$\frac{u(y, z)}{u(x, y)} \leq \left[\frac{1}{\lambda^{1/(n-2)} - 1}\right]^{n-2}.$$

und das ist wiederum unabhängig von j und den in Frage kommenden y und z. ┘

Lemma 10.18 Sei R eine offene Menge, die ein *Green*-Funktion G_R besitzt, und sei U eine nicht-leere, offene, relativ-kompakte Menge mit $\bar{U} \subset R$. Dann gibt es ein Maß μ auf ∂U mit $\mu(\partial U) = \mathscr{C}(U)$ und $G_R \mu = 1$ auf U.

Beweis: Sei $\{U_j\}$ eine aufsteigende Folge offener Mengen mit kompaktem Abschluß $K_j = \bar{U}_j \subset U$ und $U_j \uparrow U$. Sei μ_j die Kapazitätsverteilung von K_j. Dann gilt

$\mathscr{C}(U) = \lim_{j\to\infty}\mathscr{C}(K_j) = \lim_{j\to\infty}\mu_j(K_j)$. Da $\bar{U}$ kompakt ist, gilt $\mathscr{C}(\bar{U}) < +\infty$, und die Maße μ_j sind gleichmäßig beschränkt. Hieraus folgen die Existenz einer Teilfolge von $\{\mu_j\}$ und eines Maßes μ, so daß diese Teilfolge in der vagen Topologie gegen μ konvergiert. Wir können dabei annehmen, daß die Folge $\{\mu_j\}$ selbst diese Eigenschaft besitzt. Offenbar wird μ von ∂U getragen. Für $x \in U$ gilt $x \in U_j$ für hinreichend große j, und man sieht leicht, daß $G_R\mu_j(x) \to G_R\mu(x)$ für $j \to +\infty$ gilt. Wegen $G_R\mu_j(x) = 1$ für hinreichend große j ergibt sich $G_R\mu(x) = 1$. ⌟

Lemma 10.19 Sei R eine offene Menge, die eine *Green*-Funktion G_R besitzt, und sei ν ein Maß mit Träger F. Gilt dann $G_R\nu \geq \alpha$ q.ü. auf F, so ist $\nu(F) \geq \alpha\mathscr{C}(F)$.

Beweis: Sei K eine beliebige kompakte Teilmenge von F, und sei $G_R\mu_K$ das Kapazitätspotential von K. Wegen $G_R\mu_K \leq 1$ ist das μ_K-Maß jeder polaren Teilmenge von R nach Satz 7.35 Null; d.h. es ist $G_R\nu \geq \alpha$ f.ü. (μ_K). Nach dem Reziprozitätssatz gilt $\nu(F) = \int 1\,d\nu \geq \int G_R\mu_K d\nu = \int G_R\nu\, d\mu_K \geq \alpha\mu_K(K) = \alpha\mathscr{C}(K)$. Nimmt man nun das Supremum über alle kompakten Mengen $K \subset F$, so ergibt sich die Behauptung. ⌟

Für den Rest dieses Abschnittes sei λ eine feste positive Zahl. Sind p und q natürliche Zahlen, so sei $A^{\lambda}_{(p,q)} = \{\xi\colon \lambda^p < u(x,\xi) < \lambda^q\}$ und $A^{\lambda}_{[p,q]} = \{\xi\colon \lambda^p \leq u(x,\xi) \leq \lambda^q\}$.

Lemma 10.20 Sei $\lambda > 1$ und ν ein endliches Maß auf B, so daß $v = G\nu$ endlich in x ist. Dann gibt es eine Konstante α, die nur von λ und ν abhängt, mit

$$\int_{B\sim A^{\lambda}_{(j-1,j+2)}} G(y,z)\,d\nu(z) \leq \alpha$$

für alle $y \in B \cap A^{\lambda}_{[j,j+1]}$.

Beweis: Da $u(y,z)$ nichtnegativ auf $B \times B$ ist, haben wir $G(y,z) \leq u(y,z)$, und es genügt, die Ungleichung mit u anstelle von G zu beweisen. Nach Lemma 10.17 existiert eine Konstante m, die unabhängig von j ist, mit

$$\int_{B\sim A^{\lambda}_{(j-1,j+2)}} u(z,y)\,d\nu(y) \leq m \int_{B\sim A^{\lambda}_{(j-1,j+2)}} u(x,y)\,d\nu(y) \leq m \int_B u(x,y)\,d\nu(y)$$

für alle $z \in B \cap A^{\lambda}_{[j,j+1]}$. Es ist $G(x,\cdot) = u_x + h_x$, wobei h_x die Lösung des *Dirichlet*schen Problems auf B für die Randfunktion $u_{x|\partial B}$ ist. Da u_x auf ∂B beschränkt ist, muß h_x auf B beschränkt sein. Somit ergibt sich für $z \in B \cap A^{\lambda}_{[j,j+1]}$

$$\int_{B\sim A^{\lambda}_{(j-1,j+2)}} u(z,y)\,d\nu(y) \leq m v(x) - m \int_B h_x(y)\,d\nu(y).$$ ⌟

Die Kapazitäten im folgenden Satz sind bzgl. B definiert.

Satz 10.21 (*Wiener*, *Brelot*) Sei E eine beliebige Teilmenge von E^n, x ein Punkt, $\lambda > 1$ und $E_j = E \cap A^\lambda_{[j,j+1]}$. Dann ist E genau dann dünn in x, wenn $\Sigma_j \lambda^j \mathscr{C}^*(E_j) < +\infty$ gilt.

Beweis: Sei zunächst $\Sigma_j \lambda^j \mathscr{C}^*(E_j) < +\infty$. Da E dünn in x ist, wenn x kein Limespunkt von E ist, können wir annehmen, daß x ein Limespunkt von E ist. Sei $\{\varepsilon_j\}$ eine Folge positiver Zahlen, so daß $\Sigma_j \varepsilon_j \lambda^j < +\infty$ ist. Zu jedem j sei U_j eine nichtleere, offene Teilmenge von B, die E_j enthält, mit $\bar{U}_j \subset B$ und

(i) $U_j \cap \{\xi: u(x, \xi) > \lambda^{j+2}\} = \emptyset$,

(ii) $\mathscr{C}(U_j) < \mathscr{C}^*(E_j) + \varepsilon_j$.

Dann gilt $\Sigma_j \lambda^j \mathscr{C}(U_j) < +\infty$. Nach Lemma 10.18 existiert zu jedem j ein Maß μ_j mit Träger in ∂U_j, so daß $\mu_j(\partial U_j) = \mathscr{C}(U_j)$ und $G\mu_j = 1$ auf U_j ist. Damit ist

$$G\mu_j(x) = \int_{\partial U_j} G(x, z)\, d\mu_j(z) \le \int_{\partial U_j} u(x, z)\, d\mu_j(z) \le \lambda^{j+2} \mu_j(\partial U_j) = \lambda^{j+2} \mathscr{C}(U_j).$$

Für jede natürliche Zahl k definiere man $v_k = \Sigma_{j \ge k} G\mu_j$. Dann gilt $v_k(x) \ge \lambda^2 \Sigma_{j \ge k} \lambda^j \mathscr{C}(U_j)$. Wegen $G\mu_j = 1$ auf $U_j \supset E_j$ ergibt sich $v_k \ge 1$ auf $\bigcup_{j \ge k} E_j = E \cap \{\xi: \lambda^k \le$ $\le u(x, \xi) < +\infty\}$ und $\liminf_{\substack{y \to x \\ y \in E \sim \{x\}}} v_k(y) \ge 1$ für jede natürliche Zahl k. Da die Reihe $\Sigma_j \lambda^j \mathscr{C}(U_j)$ konvergiert, können wir ein k wählen, so daß $v_k(x) \le \lambda^2 \Sigma_{j \ge k} \lambda^j \mathscr{C}(U_j) <$ $1 \le \liminf_{\substack{y \to x \\ y \in E \sim \{x\}}} v_k(y)$ gilt. Somit ist E dünn in x.

Zum Beweis der Umkehrung sei E dünn in x. Wir können $x \notin E$ annehmen. Weiter können wir voraussetzen, daß x ein Limespunkt von E ist; andernfalls ist $E_j = \emptyset$ für hinreichend große j, und $\Sigma_j \lambda^j \mathscr{C}^*(E_j)$ ist eine endliche Summe. Es gibt dann eine positive, superharmonische Funktion v auf B mit $v(x) < \lim_{\substack{y \to x \\ y \in E}} v(y) = +\infty$. Wir können $v = G\nu$ annehmen. Ohne Beschränkung der Allgemeinheit können wir $E_j \neq \emptyset$ annehmen, da sonst $\mathscr{C}^*(E_j) = 0$ ist und der Wert der Reihe nicht verändert wird, wenn wir diese E_j weglassen. Sei $\alpha_j = \inf_{E_j} v$, und sei α eine feste positive Zahl. Man betrachte die offenen Mengen $V_j = \{z: v(z) > \alpha_j - \alpha\}$ und die *Borel*schen Mengen $U_j = V_j \cap A_{[j,j+1]}$. Wegen $U_j \supset E_j$ genügt es, $\Sigma_j \lambda^j \mathscr{C}(U_j) < +\infty$ zu zeigen. Sei dann $\{\varepsilon_j\}$ eine Folge positiver Zahlen mit $\Sigma_j \varepsilon_j \lambda^j < +\infty$. Sei ferner K_j eine kompakte Teilmenge von U_j mit $\mathscr{C}(K_j) > \mathscr{C}(U_j) - \varepsilon_j$. Dann genügt es, $\Sigma_j \lambda^j \mathscr{C}(K_j) < +\infty$ zu zeigen. Man beachte die Beziehungen $K_j \subset U_j \subset A^\lambda_{[j,j+1]} \subset A^\lambda_{(j-1,j+2)}$. Um die Konvergenz der Reihe $\Sigma_j \lambda^j \mathscr{C}(K_j)$ zu zeigen, genügt es nachzuweisen, daß jede der Reihen

$$\sum_j \lambda^{6j+p} \mathscr{C}(K_{6j+p}), \qquad p = 0, 1, \ldots, 5,$$

konvergiert. Wir tun dies nur für den Fall $p = 0$. Wie oben bemerkt wurde, gilt

$$K_{6j} \subset U_{6j} \subset \{\xi: \lambda^{6j-1} < u(x,\xi) < \lambda^{6j+2}\}$$
$$= \{\xi: (\lambda^3)^{2j} < \lambda u(x, \xi) < (\lambda^3)^{2j+1}\}.$$

Sei $k \neq j$. Dann ist

$$K_{6k} \subset \{\xi: (\lambda^3)^{2k} < \lambda u(x, \xi) < (\lambda^3)^{2k+1}\}.$$

Für $k = j + i$ mit $i > 0$ haben wir $(\lambda^3)^{2k} = (\lambda^3)^{2j+2i} < (\lambda^3)^{2j+1}$ und

$$K_{6k} \subset \complement\{\xi: (\lambda^3)^{2j} < \lambda u(x, \xi) < (\lambda^3)^{2j+1}\};$$

für $k = j - i$ mit $i > 0$ haben wir $(\lambda^3)^{2k+1} = (\lambda^3)^{2j-2i+1} < (\lambda^3)^{2j}$ und

$$K_{6k} \subset \complement\{\xi: (\lambda^3)^{2j} < \lambda u(x, \xi) < (\lambda^3)^{2j+1}\}.$$

In allen Fällen ist $K_{6k} \subset \complement A^{\lambda}_{(6j-1,\,6j+2)}$; insbesondere sind die Mengen K_{6j}, $j \geq 1$, disjunkt. Setzt man $K = \bigcup_j K_{6j} \cup \{x\}$, so sieht man leicht, daß K kompakt ist. Sei jetzt $w = \hat{R}^v_K$. Wegen $v(x) \geq \hat{R}^v_K(x) = w(x)$ ist $w(x) < +\infty$. Ist nun $w = Gv^*$, so hat v^* den Träger in K, und es gilt $v^*(B \sim \bigcup K_{6j}) = 0$, da w endlich in x ist. Daher ergibt sich

$$w = \int_{K_{6j}} G(\cdot, z)dv^*(z) + \int_{\substack{\cup K_{6k}\\ k \neq j}} G(\cdot, z)dv^*(z).$$

Wegen $\bigcup_{k \neq j} K_{6k} \subset B \sim A^{\lambda}_{(6j-1,\,6j+2)}$ gibt es nach Lemma 10.20 eine Konstante β, die nur von λ und v^* abhängt mit

$$\int_{\substack{\cup K_{6k}\\ k \neq j}} G(y, z)dv^*(z) \leq \beta$$

für alle $y \in B \cap A^{\lambda}_{[6j,\,6j+1]}$. Daher haben wir

$$w(y) \leq \beta + \int_{K_{6j}} G(y, z)dv^*(z)$$

für alle diese y. Da $w = v$ q.ü. auf K gilt, ergibt sich $v \geq \alpha_j - \alpha$ auf K_j. Wegen $\alpha_j \to +\infty$ für $j \to \infty$ folgt dann $\lim\limits_{\substack{y \to x\\ y \in K \sim Z}} w(y) = +\infty$, wenn hierbei $Z = \{z \in K: w(z) \neq v(z)\}$ ist. Somit existiert ein j_0 mit $w \geq q$ q.ü. auf K_{6j} für alle $j \geq j_0$; also ist

$$\int_{K_{6j}} G(y, z)dv^*(z) \geq \varrho$$

für $x \in K_{6j}$, $j \geq j_0$. Nach Lemma 10.19 ist $v^*(K_{6j}) \geq \varrho\mathscr{C}(K_{6j})$ für alle $j \geq j_0$, woraus

$$\sum_{j \geq j_0} \lambda^{6j} v^*(K_{6j}) \geq \varrho \sum_{j \geq j_0} \lambda^{6j} \mathscr{C}(K_{6j})$$

folgt, und es genügt zu zeigen, daß die Reihe $\Sigma_j \lambda^{6j} \nu^*(K_{6j})$ konvergiert. Es ist aber

$$\int u(x,z)\,d\nu^*(z) \geq \sum_j \int_{K_{6j}} u(x,z)\,d\nu^*(z) \geq \sum_j \lambda^{6j} \nu^*(K_{6j}).$$

Wegen

$$\begin{aligned} +\infty > w(x) &= \int G(x,z)\,d\nu^*(z) \\ &= \int u(x,z)\,d\nu^*(z) + \int h_x(z)\,d\nu^*(z) \end{aligned}$$

erhalten wir, daß die Reihe $\Sigma_j \lambda^{6j} \nu^*(K_{6j})$ konvergiert, da das zweite Integral auf der rechten Seite endlich ist. ┘

Korollar 10.22 Sei R eine offene Menge, die eine *Green*-Funktion besitzt. Ein Punkt $x \in \partial R$ ist genau dann ein irregulärer Randpunkt von R, wenn die Reihe

$$\sum_j \lambda^j \mathscr{C}\left((\complement R) \cap A^{\lambda}_{[j,\, j+1]}\right)$$

für ein $\lambda > 1$ konvergiert.

11. Energie

Vom Beginn an spielte die Energie einer Massen- oder Ladungsverteilung in der Potentialtheorie eine größere Rolle, als es die vorangehende Entwicklung aufzeigte. Setzt man Kenntnis der Eigenschaften der *Green*-Funktion voraus, so kann man die Begriffe wie polare Menge, Reduzierte und Kapazität auf dem Energiebegriff aufbauen. Da diese Begriffe aber bereits entwickelt worden sind, beschränken wir uns darauf, Eigenschaften der Energie einer Verteilung zu begründen und die Beziehung zu den vorher entwickelten Begriffen herzustellen.

11.1 Das Energie-Prinzip

Sei R eine zusammenhängende, offene Menge, die eine *Green*-Funktion G besitzt. Für zwei Maße μ und v auf R ist das Integral $\int G\mu dv$ stets definiert, wenn es auch unendlich sein kann. Dieses Integral heißt die ***wechselseitige Energie*** von μ und v und wird mit $(\mu, v)_e$ bezeichnet. Man beachte die Abschätzung

$$0 \leq (\mu, v)_e = \int G\mu dv = \int Gv d\mu = (v, \mu)_e \leq +\infty$$

$(\mu, v)_e$ ist eine Bilinearform auf solchen Paaren μ, v. Der Ausdruck $(\mu, \mu)_e$ heißt die ***Energie*** von μ und wird mit $\|\mu\|_e^2$ bezeichnet; d.h. es ist $\|\mu\|_e = +\sqrt{(\mu, \mu)_e}$. Die Menge der Maße auf R mit endlicher Energie wird mit $\mathscr{E}^+$ bezeichnet.
Ist $G\mu$ durch m beschränkt und hat μ einen kompakten Träger K, so hat μ endliche Energie, und es gilt

$$\|\mu\|_e^2 = \int G\mu d\mu \leq m\mu(K).$$

Wir werden später an einem Beispiel zeigen, daß $G\mu$ den Wert $+\infty$ annehmen kann, obwohl μ endliche Energie hat.

Lemma 11.1 Ist $\mu \in \mathscr{E}^+$ und ist λ ein Maß mit $G\lambda \leq G\mu$, so gilt $\lambda \in \mathscr{E}^+$ und $\|\lambda\|_e \leq \|\mu\|_e$.

Beweis:

$$\int G\lambda d\lambda \leq \int G\mu d\lambda = \int G\lambda d\mu \leq \int G\mu d\mu. \qquad ⌟$$

Wie bereits angedeutet wurde, können polare Mengen durch Maße mit endlicher Energie charakterisiert werden.

Satz 11.2 Eine Menge $Z \subset R$ ist genau dann polar, wenn $\mu(Z) = 0$ für alle $\mu \in \mathscr{E}^+$ gilt.

Beweis: Sei Z nicht polar. Dann hat Z nach Satz 7.33 positive innere Kapazität bzgl. R. Es folgt daher die Existenz einer kompakten Menge $K \subset Z$, die positive Kapazität hat. Bezeichnet μ_K die Kapazitätsverteilung von K, so gilt $G\mu_K = \hat{R}_K^1 \leq 1$ und $0 < \mu_K(K) = \mathscr{C}(K) < +\infty$. Daher ist $\mu_K \in \mathscr{E}^+$ und $\mu_K(Z) > 0$. Somit ist die Bedingung hinreichend. Sei jetzt Z eine polare Menge, und sei $\mu \in \mathscr{E}^+$. Es existiert dann eine positive, superharmonische Funktion w auf R, so daß $w = +\infty$ auf Z nach Satz 8.35 gilt. Sei $E = \{x\colon w(x) = +\infty\}$ und $E_j = E \cap \{x\colon G\mu(x) \leq j\}$, $j \geq 1$. Da μ endliche Energie hat, gilt $\mu(E \sim \bigcup_j E_j) = 0$. Sei j fest. Ferner sei K eine kompakte Teilmenge von E_j und $v = \mu|_K$. Wegen $Gv \leq G\mu$ haben wir $Gv \leq j$ auf K. Da v von K getragen wird und da $w = +\infty$ auf K ist, gilt $Gv \leq \varepsilon w$ auf dem Träger von v für jedes $\varepsilon > 0$. Nach Satz 8.43 gilt $Gv \leq \varepsilon w$ auf R für jedes $\varepsilon > 0$ und daher $Gv = 0$. Somit ist v das Nullmaß, und es gilt $v(K) = \mu(K) = 0$ für alle $K \subset E_j$. Wegen $\mu(E_j) = \sup\limits_{K \subset E_j} \mu(K)$ haben wir $\mu(E_j) = 0$ für alle j. Benutzen wir nun die Tatsachen, daß $\mu(E \sim \bigcup_j E_j) = 0$ und $\bigcup_j E_j \subset E$ gilt, so folgt $\mu(E) = 0$. Offenbar ist $Z \subset E$ und daher $\mu(Z) = 0$. ⌟

Im Verlaufe des nächsten Beweises benutzen wir die folgende Tatsache: ist $\{\mu_j\}$ eine Folge von Maßen auf einem kompakten Hausdorff-Raum X, die gegen μ in der vagen Topologie konvergiert, so konvergiert die Folge $\{\mu_j \otimes \mu_j\}$ von Maßen auf $X \times X$ in der vagen Topologie gegen $\mu \otimes \mu$. Für stetige, reelle Funktion auf $X \times X$ der Form $f(x)g(y)$, $x \in X$, $y \in X$, wobei f und g stetige, reelle Funktionen auf X sind, haben wir für $j \to \infty$

$$\int\int f(x)g(y)\,d\mu_j(x)\,d\mu_j(y) = \left(\int f(x)\,d\mu_j(x)\right)\left(\int g(y)\,d\mu_j(y)\right)$$

$$\to \left(\int f(x)\,d\mu(x)\right)\left(\int g(y)\,d\mu(y)\right) = \int\int f(x)g(y)\,d\mu(x)\,d\mu(y)$$

Dieses Ergebnis überträgt sich leicht auf endliche Summen solcher Produkte. Da das System dieser Funktionen eine Unteralgebra von $C(X \times X)$ bildet, die die Punkte trennt und die konstanten Funktionen enthält, folgt aus dem Satz von *Stone-Weierstraß*, daß das obige Ergebnis für Funktionen einer dichten Teilmenge von $C(X \times X)$ gültig ist. Ein einfaches Argument überträgt obige Konvergenz auf jede Funktion aus $C(X \times X)$.

Satz 11.3 (*Gauß-Frostman*) Sei K eine kompakte Teilmenge von R und f eine stetige, reelle Funktion auf K. Für jedes Maß ν auf K setze man

$$\Phi_f(\nu) = \int G\nu d\nu - 2 \int f d\nu.$$

Dann existiert ein Maß $\mu \in \mathscr{E}^+$ auf K, das Φ_f zum Minimum macht. Überdies gilt $G\mu \leq f$ auf dem Träger von μ und $G\mu \geq f$ q.ü. auf K.

Beweis: Sei $\alpha = \inf_\nu \Phi_f(\nu) \leq 0$, $\beta = \inf_{(x,y)\in K\times K} G(x, y) > 0$ und $\gamma = \sup_K f < +\infty$. Dann gilt

$$\Phi_f(\nu) = \int \int G(x, y) d\nu(x) d\nu(y) - 2 \int f d\nu \geq \beta \nu^2(K) - 2\gamma\nu(K).$$

Offenbar ist $\alpha \geq -\gamma^2/\beta > -\infty$. Sei $\{\mu_j\}$ eine Folge von Maßen auf K mit $\Phi_f(\mu_j) \to \alpha$. Aus

$$\Phi_f(\mu_j) \geqq \beta\mu_j^2(K) - 2\gamma\mu_j(K) = \mu_j(K)\{\beta\mu_j(K) - 2\gamma\}$$

erkennt man, daß die Folge $\{\mu_j(K)\}$ beschränkt ist. Indem man notfalls zu einer Teilfolge übergeht, können wir annehmen, daß $\{\mu_j\}$ gegen ein Maß μ auf K in der vagen Topologie konvergiert. Sei k eine beliebige natürliche Zahl. Da $\mu_j \otimes \mu_j$ in der vagen Topologie gegen $\mu \otimes \mu$ konvergiert und da $k \wedge G$ eine beschränkte, stetige Funktion auf $K \times K$ ist, erhalten wir

$$\lim_{j\to\infty} \int \int (k \wedge G(x, y)) d\mu_j(x) d\mu_j(y) = \int \int (k \wedge G(x, y)) d\mu(x) d\mu(y)$$

und daher

$$\begin{aligned}\int \int G(x, y) d\mu(x) d\mu(y) &= \lim_{k\to\infty} \int \int (k \wedge G(x, y)) d\mu(x) d\mu(y)\\ &= \lim_{k\to\infty} \lim_{j\to\infty} \int \int (k \wedge G(x, y)) d\mu_j(x) d\mu_j(y)\\ &\leq \liminf_{j\to\infty} \int \int G(x, y) d\mu_j(x) d\mu_j(y).\end{aligned}$$

Somit gilt

$$\begin{aligned}\alpha \leq \Phi_f(\mu) &= \int \int G(x, y) d\mu(x) d\mu(y) - 2 \int f d\mu\\ &\leq \liminf_{j\to\infty} \int \int G(x, y) d\mu_j(x) d\mu_j(y) - 2 \lim_{j\to\infty} \int f d\mu_j\\ &= \lim_{j\to\infty} \Phi_f(\mu_j) = \alpha.\end{aligned}$$

Also erreicht Φ_f sein Minimum für μ, und es gilt $\mu \in \mathscr{E}^+$. Wir zeigen jetzt $G\mu \leq f$ auf dem Träger von μ. Angenommen, x liegt im Träger von μ, und es gilt $G\mu(x) > f(x)$. Dann gibt es eine Umgebung U_x von x mit $G\mu > f$ auf $U_x \cap$ K. Sei $\nu = \mu|_{U_x}$. Für $0 < \varepsilon \leq 1$ ist $\mu - \varepsilon\nu$ ein Maß auf K mit $\Phi_f(\mu) \leq \Phi_f(\mu - \varepsilon\nu)$. Daher ergibt sich

$$\begin{aligned}\Phi_f(\mu) &= \int G\mu d\mu - 2\int f d\mu \\ &\leqq \Phi_f(\mu - \varepsilon\nu) \\ &= \int G(\mu-\varepsilon\nu)d(\mu-\varepsilon\nu) - 2\int f d(\mu-\varepsilon\nu) \\ &= \int G\mu d\mu - 2\varepsilon \int G\mu d\nu + \varepsilon^2 \int G\nu d\nu - 2\int f d\mu + 2\varepsilon \int f d\nu;\end{aligned}$$

d.h. es ist

$$\int (f - G\mu)d\nu + \frac{\varepsilon}{2}\int G\nu d\nu \geq 0.$$

Wegen $G\nu \leq G\mu$ haben wir $\nu \in \mathscr{E}^+$ nach Lemma 11.1 und $\int G\nu d\nu < +\infty$. Wir können daher $\varepsilon \to 0$ streben lassen, um

$$\int (f - G\mu)d\nu \geq 0$$

zu erhalten. Wegen $f - G\mu < 0$ auf dem Träger von ν folgt $\nu(U_x) = \mu(U_x) = 0$ und folglich ist der Träger von μ in der Menge $\{G\mu \leq f\}$ enthalten.
Wir betrachten schließlich die Behauptung $G\mu \geq f$ q.ü. auf K. Für jedes $\varepsilon > 0$ sei μ_{K_ε} die Kapazitätsverteilung der kompakten Menge $K_\varepsilon = K \cap \{f \geq G\mu + \varepsilon\}$. Für $\beta > 0$ ist $\mu + \beta\mu_{K_\varepsilon}$ ein Maß auf K, und deshalb haben wir $\Phi_f(\mu) \leq \Phi_f(\mu + \beta\mu_{K_\varepsilon})$. Wie zuvor ergibt sich hieraus

$$\int (G\mu - f)d\mu_{K_\varepsilon} + \frac{\beta}{2}\int G\mu_{K_\varepsilon} d\mu_{K_\varepsilon} \geq 0.$$

Mit $\beta \to 0$ erhalten wir $\int (G\mu - f)d\mu_{K_\varepsilon} \geq 0$, wegen

$$0 \leq \int (G\mu - f)d\mu_\varepsilon \leq -\varepsilon\mu_{K_\varepsilon}(K_\varepsilon)$$

$\mu_{K_\varepsilon}(K_\varepsilon) = 0$ und daher $\mathscr{C}(K_\varepsilon) = 0$. Folglich ist K_ε polar, und es gilt $G\mu \geq f$ q.ü. auf K. ┘

Nehmen wir $f = 1$ in der Definition von Φ_f, so erhalten wir das Integral von Gauß:

$$\Phi_1(\nu) = \int (G\nu - 2)d\nu.$$

Wir werden später zeigen, daß das Maß μ, in welchem Φ_1 sein Minimum erreicht, gerade die Kapazitätsverteilung von K ist.

Satz 11.4 (*Energie-Prinzip*) Sind μ und ν Maße auf R, so gilt

$$(\mu, \nu)_e \leq \|\mu\|_e \|\nu\|_e.$$

Beweis: Es genügt, die Ungleichung zu beweisen, wenn μ und ν von einer kompakten Menge $K \subset R$ getragen werden. Sei f eine beschränkte, nichtnegative, stetige Funktion auf R mit $f \leq G\mu$, und sei $\mu' \in \mathscr{E}^+$ das Maß auf K, für welches Φ_f sein Minimum erreicht. Dann gilt $G\mu' \leq f$ auf dem Träger von μ' und $G\mu' \geq f$ q.ü. auf K. Da $\mu' \in \mathscr{E}^+$ ist und da polare Mengen nach Satz 11.2 μ'-Maß Null haben, gilt $G\mu' = f$ f.ü. (μ') auf dem Träger μ'. Hieraus folgt

$$\int f d\mu' = \int G\mu' d\mu'$$

und

$$\Phi_f(\mu') = \int G\mu' d\mu' - 2 \int f d\mu' = - \int G\mu' d\mu' = - \|\mu'\|_e^2.$$

Für jedes $\alpha > 0$ haben wir $\Phi_f(\alpha\nu) \geq \Phi_f(\mu') = - \|\mu'\|_e^2$; d.h. es ist

$$\alpha^2 \int G\nu d\nu - 2\alpha \int f d\nu + \|\mu'\|_e^2 \geq 0$$

oder

$$\alpha^2 \|\nu\|_e^2 - 2\alpha \int f d\nu + \|\mu'\|_e^2 \geq 0$$

für jedes $\alpha > 0$. Da diese Ungleichung trivialerweise für $\alpha \leq 0$ richtig ist, gilt sie für alle α, und wir erhalten

$$\int f d\nu \leq \|\nu\|_e \|\mu'\|_e.$$

Da $G\mu' \leq f \leq G\mu$ auf dem Träger von μ' gilt und da $G\mu'$ außerhalb des Trägers von μ' harmonisch ist, muß $G\mu'$ endlich sein, und Satz 8.43 liefert $G\mu' \leq G\mu$. Nach Lemma 11.1 ist $\|\mu'\| \leq \|\mu\|$ und damit

$$\int f d\nu \leq \|\nu\|_e \|\mu\|_e.$$

Bildet man nun das Supremum über alle derartigen stetigen Funktionen $f \leq G\mu$, so ergibt sich die gewünschte Ungleichung. ⌟

Es ist jetzt möglich, ein Beispiel eines Maßes $\mu \in \mathscr{E}^+$ anzugeben, für welches $G\mu$ den Wert $+\infty$ annehmen kann.

Beispiel 1 Sei Z eine nicht-leere, kompakte, polare Teilmenge von R. Dann hat Z Kapazität Null. Für jede natürliche Zahl j sei U_j eine offene, relativ-kompakte Menge, die Z enthält, mit $\bar{U}_j \subset R$ und $\mathscr{C}(\bar{U}_j) < 2^{-2j}$. Sei μ_j die Kapazitätsverteilung von $\bar{U}_j$. Wegen $G\mu_j \leq 1$ haben wir $\mu_j \in \mathscr{E}^+$. Überdies gilt $G\mu_j = 1$ auf U_j. Man setze dann $\mu = \Sigma_j \mu_j$; also ist μ ein Maß mit $G\mu = +\infty$ auf Z und $\mu \in \mathscr{E}^+$, denn es gilt

$$\int G\mu d\mu \leq \sum_{j,k} \int G\mu_j d\mu_k \leq \sum_{j,k} \|\mu_j\|_e \|\mu_k\|_e$$
$$\leq \sum_{j,k} 2^{-2j} 2^{-2k} = (\sum_j 2^{-2j})^2 < 1;$$

d.h. es ist $\|\mu\|_e < 1$.

11.2 Wechselseitige Energie

Für zwei Maße μ und ν braucht die Differenz $\mu-\nu$ nicht definiert zu sein, da beide unendlich sein können. Für $\mu, \nu \in \mathscr{E}^+$ betrachten wir $\mu-\nu$ als formale Differenz. Zwei solche formale Differenzen $\mu-\nu$ und $\mu'-\nu'$ werden als äquivalent angesehen, wenn $\mu+\nu'=\mu'+\nu$ gilt, und wir schreiben $\mu-\nu \sim \mu'-\nu'$. Sind ν und ν' das Nullmaß 0, so wird dies auf den ursprünglichen Begriff der Gleichheit von Maßen zurückgeführt. Streng genommen sollte $\mu-\nu$ mit dem geordneten Paar (μ, ν) in dem Produktraum $\mathscr{E}^+ \times \mathscr{E}^+$ identifiziert werden, wobei zwei solche Paare (μ, ν) und (μ', ν') identifiziert werden, wenn $\mu+\nu'=\mu'+\nu$ gilt.

Definition $\mathscr{E}$ bezeichnet die Menge $\mathscr{E}^+ - \mathscr{E}^+ = \{\mu-\nu\colon \mu, \nu \in \mathscr{E}^+\}$. Ist $\lambda_i = \mu_i - \nu_i \in \mathscr{E}$ mit $\mu_i, \nu_i \in \mathscr{E}^+$, $i=1, 2$, so ist die *wechselseitige Energie* (λ_1, λ_2) durch

$$(\lambda_1, \lambda_2)_e = (\mu_1, \mu_2)_e - (\mu_1, \nu_2)_e - (\nu_1, \mu_2)_e + (\nu_1, \nu_2)_e$$

definiert; die *Energie* $\|\lambda\|_e^2$ von $\lambda \in \mathscr{E}$ ist durch $\|\lambda\|_e^2 = (\lambda, \lambda)_e$ definiert.

Man sieht leicht, daß die wechselseitige Energie $(\lambda_1, \lambda_2)_e$ unabhängig von der Darstellung für λ_1 und λ_2 ist. Die Definition der Energie ist auch zulässig, denn für $\lambda = \mu - \nu$ gilt

$$\begin{aligned}(\lambda, \lambda)_e &= \|\mu\|_e^2 - 2(\mu, \nu)_e + \|\nu\|_e^2 \\ &\geqq \|\mu\|_e^2 - 2\|\mu\|_e\|\nu\|_e + \|\nu\|_e^2 \\ &= [\|\mu\|_e - \|\nu\|_e]^2 \geqq 0;\end{aligned}$$

d.h. die Energie ist stets nichtnegativ. Offenbar ist $\mathscr{E}$ ein reeller Vektorraum mit $\alpha(\mu-\nu)+\beta(\mu'-\nu') = (\alpha\mu+\beta\mu')-(\alpha\nu+\beta\nu')$. Man sieht außerdem sofort, daß $(\cdot, \cdot)_e$ eine Bilinearform auf $\mathscr{E} \times \mathscr{E}$ ist.

Satz 11.5 Für $\mu, \nu \in \mathscr{E}$ ist $|(\mu, \nu)_e| \leq \|\mu\|_e \|\nu\|_e$ und $\|\mu+\nu\|_e \leq \|\mu\|_e + \|\nu\|_e$.

Beweis: Da die Energie nichtnegativ ist, gilt $(\mu-\alpha\nu, \mu-\alpha\nu)_e \geq 0$ für alle α; d.h. es ist

$$\|\mu\|_e^2 - 2\alpha(\mu, \nu)_e + \alpha^2\|\nu\|_e^2 \geq 0.$$

Daher haben wir

$$[-2(\mu, \nu)_e]^2 \leq 4\|\mu\|_e^2\|\nu\|_e^2.$$

Hiermit folgt dann

$$\|\mu+\nu\|_e^2 = (\mu+\nu, \mu+\nu)_e = \|\mu\|_e^2 + 2(\mu, \nu)_e + \|\nu\|_e^2 \leq [\|\mu\|_e + \|\nu\|_e]^2. \qquad \lrcorner$$

Satz 11.6 Die Energie von $\mu \in \mathscr{E}$ ist genau dann Null, wenn $\mu \sim 0$ gilt.

Beweis: Sei $\|\mu\|_e = 0$. Dann gilt $(\mu, \nu)_e = 0$ für alle $\nu \in \mathscr{E}$. Ist $\mu = \mu_1 - \mu_2$ mit μ_1, $\mu_2 \in \mathscr{E}^+$, so kann dies als $(\mu_1, \nu)_e = (\mu_2, \nu)_e$ für alle $\nu \in \mathscr{E}$ geschrieben werden. Zu jedem x, δ mit $\bar{B}_{x,\delta} \subset R$ gibt es ein signiertes Maß $\tau_{x,\delta}$ von endlicher Energie, so daß das System der Funktionen $\{G\tau_{x,\delta}\}$ eine totale Klasse in $\mathscr{K}_R^+$ bildet (man siehe dazu Satz 6.13). Wegen

$$\int G\tau_{x,\delta} d\mu_1 = \int G\mu_1 d\tau_{x,\delta} = \int G\mu_2 d\tau_{x,\delta} = \int G\tau_{x,\delta} d\mu_2$$

haben wir dann nach Satz 6.11 $\mu_1 = \mu_2$, und es ist daher $\mu = \mu_1 - \mu_2 \sim 0$. Die Umkehrung ist offenbar richtig. ┘

Somit ist $\mathscr{E}$ ein Prä-Hilbert-Raum, d. h. ein reeller Vektorraum mit $(\cdot, \cdot)_e$ als innerem Produkt und $\|\cdot\|_e$ als Norm. Das folgende Beispiel zeigt, daß $\mathscr{E}$ nicht vollständig ist.

Beispiel 2 (*Cartan*): Sei $R = E^3$. Für jede natürliche Zahl j sei $\lambda_j = \mu_j - \nu_j$ ein signiertes Maß, wobei μ_j das zu 1 normierte Oberflächenmaß auf einer Kugel mit Mittelpunkt im Ursprung und Radius $1 - 4^{-j}$ ist und ν_j das zu 1 normierte Oberflächenmaß einer konzentrischen Kugel vom Radius 1 ist. Mit Hilfe von Satz 6.12 ergibt sich

$$\begin{aligned}(\lambda_j, \lambda_j)_e &= \int G\mu_j d\mu_j - 2\int G\mu_j d\nu_j + \int G\nu_j d\nu_j \\ &= \frac{1}{4^j - 1}.\end{aligned}$$

Hieraus folgt, daß die Reihe $\Sigma_j \|\lambda_j\|_e$ konvergiert. Wegen

$$\|\sum_{j=1}^{p+k} \lambda_j - \sum_{j=1}^{p} \lambda_j\|_e = \|\sum_{j=p+1}^{p+k} \lambda_j\|_e \to 0$$

für $p \to \infty$ unabhängig von k bildet die Folge der Partialsummen $\sum_{j=1}^{p} \lambda_j$ eine *Cauchy*-Folge in der Energie-Norm. Wir werden jedoch zeigen, daß es kein $\lambda \in \mathscr{E}$ mit $\lim\limits_{p \to \infty} \|\sum_{j=1}^{p} \lambda_j - \lambda\|_e = 0$ gibt. Angenommen, es gibt so ein λ. Dann haben wir $\lim\limits_{p \to \infty} (\sum_{j=1}^{p} \lambda_j, \nu)_e = (\lambda, \nu)_e$ für alle $\nu \in \mathscr{E}$; d.h. es ist

$$\lim_{p \to \infty} \int G\nu d\Big(\sum_{j=1}^{p} \lambda_j\Big) = \int G\nu d\lambda' - \int G\nu d\lambda'',$$

wobei $\lambda = \lambda' - \lambda''$, $\lambda', \lambda'' \in \mathscr{E}^+$ ist. Insbesondere gilt dies nach Satz 6.13 für Potentiale $G\tau_{x,\delta}$ mit $\bar{B}_{x,\delta} \subset \mathrm{B}_{0,1}$. Sei $\mathscr{K}_{0B}^+$ die Menge dieser Potentiale. Dann bildet $\mathscr{K}_{0B}^+$ eine totale Teilmenge in der Klasse $\mathscr{K}_B^+$ der stetigen, reellen Funktionen auf $B_{0,1}$

mit kompakten Trägern in $B_{0,1}$. Für alle $f \in \mathscr{K}^+_{0B}$ gilt dann

$$\lim_{p\to\infty} \int f d\left(\sum_{j=1}^{p} \lambda_j\right) = \lim_{p\to\infty} \int f d\left(\sum_{j=1}^{p} \mu_j\right) = \int f d\lambda' - \int f d\lambda''.$$

Für eine nichtnegative Linearkombination f von Elementen aus $\mathscr{K}^+_{0B}$, die die konstante Funktion 1 auf dem Abschluß einer Kugel vom Radius $1 - 4^{-p}$ majorisiert, mit $\|f\| \leq 2$ ergibt sich

$$\sum_{j=1}^{p} \mu_j(B_{0,1}) \leq \int f d\left(\sum_{j=1}^{p} \mu_j\right)$$

und

$$+\infty = \lim_{p\to\infty} \sum_{j=1}^{p} \mu_j(B_{0,1}) \leq \lim_{p\to\infty} \int f d\left(\sum_{j=1}^{p} \mu_j\right) \leq 2\lambda'(\bar{B}_{0,1}).$$

Daher ist λ' kein *Borel*-Maß, und wir haben einen Widerspruch.

Eine verbesserte Fassung des Dominationsprinzips von *Maria-Frostman*, die nicht-endliche Potentiale erlaubt, kann unter der Voraussetzung erhalten werden, daß nur Maße von endlicher Energie betrachtet werden. Der folgende Satz braucht nicht für Maße zu gelten, die keine endliche Energie haben, wie man sofort sieht, wenn man ein Maß mit Punktträger betrachtet.

Satz 11.7 (*Cartan*) Sei $\mu \in \mathscr{E}^+$ und w eine superharmonische Funktion auf R mit $G\mu \leq w$ f.ü. (μ) auf dem Träger von μ. Dann gilt $G\mu \leq w$ auf R.

Beweis: Die Funktion $v = w \wedge G\mu$ ist ein Potential $G\nu$, und es gilt $\nu \in \mathscr{E}^+$ wegen $G\nu \leq G\mu$. Wegen $\{G\mu > w\} = \{G\mu > G\nu\}$ und $\mu(\{G\mu > w\}) = 0$ ergibt sich $\int (G\mu - G\nu)\,d\mu = 0 \leq \int (G\mu - G\nu)\,d\nu$. Hieraus folgt

$$\|\mu - \nu\|_e^2 = (\mu, \mu)_e - 2(\mu, \nu)_e + (\nu, \nu)_e \leq 0;$$

aber vermöge der Tatsache, daß die Energie stets nichtnegativ ist, erhalten wir $\|\mu - \nu\|_e = 0$ und daher nach Satz 11.6 $\mu \sim \nu$. Da aber μ und ν Maße sind, bedeutet dies $\mu = \nu$, und folglich ist $w \geq w \wedge G\mu = G\mu$. ⌟

Es gibt für eine Folge $\{\mu_j\}$ von Maßen aus $\mathscr{E}^+$ drei Möglichkeiten der Konvergenz gegen ein Maß μ:

(i) *starke Konvergenz in der Energie-Norm*, d.h. $\lim_{j\to\infty} \|\mu_j - \mu\|_e = 0$;

(ii) *schwache Konvergenz* im Prä-Hilbert-Raum $\mathscr{E}$, d.h. $\lim_{j\to\infty} (\mu_j\, \nu)_e = (\mu, \nu)_e$ für alle $\nu \in \mathscr{E}$ (äquivalenterweise für alle $\nu \in \mathscr{E}^+$);

(iii) *Konvergenz in der vagen Topologie*, d.h. $\lim_{j\to\infty} \int f\,d\mu_j = \int f\,d\mu$ für alle stetigen, reellen Funktionen f mit kompaktem Träger in R.

Wegen $|(\mu_j, \nu)_e - (\mu, \nu)_e| \leq \|\mu_j - \mu\|_e \|\nu\|_e$ für jedes $\nu \in \mathscr{E}$ impliziert die starke Konvergenz die schwache Konvergenz. Der Limes μ in (i) und (ii) liegt natürlich in $\mathscr{E}$. Eine Folge $\{\mu_j\}$ aus $\mathscr{E}^+$ heißt *Energie-beschränkt*, wenn die Normen $\|\mu_j\|_e$ gleichmäßig beschränkt sind. Der folgende Satz gilt allgemein in einem Prä-Hilbert-Raum.

Satz 11.8 Schwache Konvergenz und starke Konvergenz sind für starke *Cauchy*-Folgen in $\mathscr{E}$ äquivalent.

Beweis: Sei $\{\mu_j\}$ eine starke *Cauchy*-Folge in $\mathscr{E}$ Wegen $|\|\mu_j\|_e - \|\mu_k\|_e| \leq \|\mu_j - \mu_k\|_e$ gibt es eine Konstante m mit $\|\mu_j\|_e \leq m$ für alle j. Wir müssen nur zeigen, daß aus der schwachen Konvergenz der Folge $\{\mu_j\}$ gegen $\mu \in \mathscr{E}$ $\lim\limits_{j\to\infty} \|\mu_j - \mu\|_e = 0$ folgt. Sei $\{\lambda_j\}$ eine beliebige Folge aus $\mathscr{E}$, die schwach gegen $\lambda \in \mathscr{E}$ konvergiert. Wegen $\|\lambda\|_e^2 = (\lambda, \lambda)_e \leq |(\lambda - \lambda_j, \lambda)_e| + |(\lambda_j, \lambda)_e| \leq (\lambda - \lambda_j, \lambda)_e| + \|\lambda\|_e \|\lambda\|_e$ ergibt sich $\|\lambda\|_e \leq \limsup\limits_{j\to\infty} \|\lambda_j\|_e$. Für festes k konvergiert die Folge $\{\mu_j - \mu_k\}$ schwach gegen $\mu - \mu_k$, und daher erhalten wir, wie eben gezeigt worden ist,

$$\|\mu - \mu_k\|_e \leq \limsup_{j\to\infty} \|\mu_j - \mu_k\|_e.$$

Da $\{\mu_j\}$ eine *Cauchy*-Folge ist, strebt die rechte Seite mit $k \to \infty$ gegen Null. ┘

Satz 11.9 Ist $\mu \in \mathscr{E}^+$ und $G\mu$ der Limes einer monotonen Folge von Potentialen $G\mu_j$, $\mu_j \in \mathscr{E}^+$, so konvergiert die Folge $\{\mu_j\}$ stark gegen μ.

Beweis: Für $G\mu_j \leq G\mu_k$ gilt

$$\begin{aligned} \|\mu_k - \mu_j\|_e^2 &= \|\mu_k\|_e^2 - 2 \int G\mu_k d\mu_j + \|\mu_j\|_e^2 \\ &\leq \|\mu_k\|_e^2 - 2 \int G\mu_j d\mu_j + \|\mu_j\|_e^2 \\ &= \|\mu_k\|_e^2 - \|\mu_j\|_e^2. \end{aligned}$$

Dies zeigt die Monotonie der Folge $\{\|\mu_j\|_e\}$. Ist die Folge $\{G\mu_j\}$ isoton, so gilt $\|\mu_j\|_e \leqq \|\mu\|_e$; ist hingegen die Folge $\{G\mu_j\}$ antiton, so folgt $\|\mu_j\| \leqq \|\mu_1\|_e$. In beiden Fällen ist die Folge $\{\|\mu_j\|_e\}$ beschränkt und eine *Cauchy*-Folge. Aus der obigen Ungleichung erkennt man, daß $\{\mu_j\}$ eine starke *Cauchy*-Folge ist. Nach dem vorangehenden Satz, genügt es zu zeigen, daß die Folge $\{\mu_j\}$ schwach gegen μ konvergiert, d.h. es muß

$$\lim_{j\to\infty} \int G\mu_j d\nu = \int G\mu d\nu$$

für alle $\nu \in \mathscr{E}^+$ gezeigt werden. Dies folgt aber aus dem Satz von *Lebesgue* von der majorisierten Konvergenz. ┘

Für $\lambda = \mu - \nu \in \mathscr{E}$ mit $\mu, \nu \in \mathscr{E}^+$ sagen wir, daß λ einen kompakten Träger besitzt, wenn μ und ν einen kompakten Träger haben. Streng genommen, braucht $G(\mu - \nu) = G\mu - G\nu$ nicht überall wegen der Unendlichkeitsstellen von $G\mu$ und $G\nu$ definiert zu sein. Wir schreiben daher nur dann $G(\mu - \nu)$, wenn $G\mu - G\nu$ überall definiert werden kann.

Satz 11.10 Die Menge aller $\mu \in \mathscr{E}$ mit kompaktem Träger in R, für die $G\mu$ in $\mathscr{K}_R$ liegt, ist dicht in $\mathscr{E}$.

Beweis: Man betrachte ein beliebiges $\mu \in \mathscr{E}^+$. Sei $\{K_j\}$ eine isotone Folge kompakter Teilmengen von R mit $R = \bigcup_j K_j$, und sei $\mu_j = \mu|_{K_j}$. Wegen $G\mu_j \leq G\mu$ gilt $\mu_j \in \mathscr{E}^+$. Ferner besitzt μ_j einen kompakten Träger, und nach dem vorangehenden Satz konvergiert die Folge $\{\mu_j\}$ stark gegen μ. Hieraus erkennt man, daß die Menge $\mathscr{E}_K^+$ der $\mu \in \mathscr{E}^+$ mit kompaktem Träger dicht in $\mathscr{E}^+$ ist. Man betrachte nun ein beliebiges $\mu \in \mathscr{E}_K^+$. Indem wir Mittelwerte von $G\mu$ über die Vollkugeln nehmen, können wir eine Folge $\{\mu_j\}$ aus $\mathscr{E}_K^+$ erhalten mit $G\mu_j \uparrow G\mu$, so daß die $G\mu_j$ stetig auf R sind. Nach dem vorhergehenden Satz konvergiert die Folge $\{\mu_j\}$ stark gegen μ, und man erkennt, daß die Menge aller $\mu \in \mathscr{E}_K^+$ mit stetigem $G\mu$ dicht in $\mathscr{E}^+$ ist. Man betrachte nun ein beliebiges derartiges μ und setze $w = G\mu$. Sei $\{R_j\}$ eine isotone Folge regulärer Mengen mit $\bar{R}_j \subset R$ und $R = \bigcup_j R_j$. Sei ferner $H_w^{R_j}$ diejenige harmonische Funktion auf R_j, die zu der Randfunktion $w|_{\partial R_j}$ gehört. Man setze

$$w_j = \begin{cases} H_w^{R_j} & \text{auf } R_j \\ w & \text{auf } R \sim R_j. \end{cases}$$

Nach Satz 8.41 gilt $w_j \downarrow 0$ auf R für $j \to \infty$. Sei $w_j = G\mu_j$. Aus $G\mu_j \leq G\mu$ erkennt man $\mu_j \in \mathscr{E}^+$ und sogar $\mu_j \in \mathscr{E}_K^+$. Wegen $G\mu_j \downarrow 0$ konvergiert die Folge $\{\mu_j\}$ stark gegen das Nullmaß. Somit konvergiert die Folge $\{\mu - \mu_j\}$ in $\mathscr{E}$ stark gegen μ. Man erhält außerdem $G\mu - G\mu_j = w - w_j \in \mathscr{K}_R$, da w und w_j außerhalb von R_j übereinstimmen. Daher kann jedes $\mu \in \mathscr{E}^+$ in der Energie-Norm durch $\nu \in \mathscr{E}$ approximiert werden, so daß $G\nu$ in $\mathscr{K}_R$ liegt. Ist $\mu = \mu_1 - \mu_2$ mit $\mu_i \in \mathscr{E}^+$, $i = 1, 2$, so kann μ_i durch $\nu_i \in \mathscr{E}$ mit kompakten Trägern approximiert werden, so daß $G\nu_i$ für $i = 1, 2$ in $\mathscr{K}_R$ liegt. ┘

Satz 11.11 Sei $\{\mu_j\}$ eine Folge in $\mathscr{E}^+$. Dann folgt aus der starken Konvergenz der Folge die schwache Konvergenz und die Energie-Beschränktheit der Folge. Ist die Folge $\{\mu_j\}$ Energie-beschränkt, so sind schwache Konvergenz und Konvergenz in der vagen Topologie äquivalent.

Beweis: Konvergiert die Folge $\{\mu_j\}$ stark gegen μ, so folgt die Energie-Beschränktheit aus der Ungleichung $|\|\mu_j\|_e - \|\mu\|_e| \leq \|\mu_j - \mu\|_e$. Angenommen, die Folge $\{\mu_j\}$

ist Energie-beschränkt und konvergiert schwach gegen $\mu \in \mathscr{E}$. Sei m derart, daß $\|\mu_j\|_e \leq m$ für alle j ist. Für die signierten Maße $\tau_{x,\delta}$ aus Satz 6.13 ist $G\tau_{x,\delta}$ das *Green*-Potential eines signierten Maßes von endlicher Energie, sofern $\bar{B}_{x,\delta} \subset R$ ist, und es ergibt sich

$$\lim_{j\to\infty} \int G\tau_{x,\delta} d\mu_j = \int G\tau_{x,\delta} d\mu.$$

Daher gilt $\lim_{j\to\infty} \int f d\mu_j = \int f d\mu$ für alle f in einer totalen Teilmenge $\mathscr{K}_0^+$ von $\mathscr{K}_R$. Wir werden zeigen, daß die Folge $\{\mu_j(C)\}$ für jede kompakte Menge $C \subset R$ beschränkt ist. Sei dazu f^* eine nichtnegative Linearkombination von Elementen aus $\mathscr{K}_0^+$, die die konstante Funktion 1 auf C majorisiert. Wegen $\int f^* d\mu_j \to \int f^* d\mu$ für $j \to \infty$ ergibt sich $\mu_j(C) \leq \int f^* d\mu_j$, und die Folge $\{\mu_j(C)\}$ ist beschränkt. Zu $g \in \mathscr{K}_R^+$ und $\varepsilon > 0$ wähle man ein $f \in \mathscr{K}_0^+$ mit $\|g - f\| < \varepsilon$. Es gibt dann eine kompakte Menge $C \subset R$, die die Träger von f und g enthält, und eine Konstante α mit $\mu_j(C) \leq \alpha$ für alle j. Wegen

$$\begin{aligned} \left| \int g d\mu_j - \int g d\mu \right| &\leq \int |g - f| d\mu_j + \left| \int f d\mu_j - \int f d\mu \right| + \int |f - g| d\mu \\ &\leq \varepsilon\alpha + \left| \int f d\mu_j - \int f d\mu \right| + \varepsilon\mu(C) \end{aligned}$$

und wegen $f \in \mathscr{K}_0^+$ erhält man somit $\lim_{j\to\infty} \int g d\mu_j = \int g d\mu$; d.h. die Folge $\{\mu_j\}$ konvergiert in der vagen Topologie gegen μ. Setzen wir jetzt voraus, daß $\|\mu_j\|_e \leq m$ für alle j ist und daß die Folge $\{\mu_j\}$ in der vagen Topologie gegen μ konvergiert. Nach Lemma 7.36 folgt $G\mu \leq \liminf_{j\to\infty} G\mu_j$ aus den Voraussetzungen. Nach dem Lemma von *Fatou* gilt für jede natürliche Zahl p

$$\int G\mu d\mu_p \leq \int (\liminf_{j\to\infty} G\mu_j) d\mu_p \leq \liminf_{j\to\infty} \int G\mu_j d\mu_p \leq m^2.$$

Daher ergibt sich

$$\int G\mu d\mu \leq \int (\liminf_{p\to\infty} G\mu_p) d\mu \leq \liminf_{p\to\infty} \int G\mu d\mu_p \leq m^2$$

und $\mu \in \mathscr{E}^+$. Um $\lim_{j\to\infty} (\mu_j, \nu)_e = (\mu, \nu)_e$ für alle $\nu \in \mathscr{E}$ zu zeigen, genügt es, diese Beziehung für alle ν aus einer dichten Teilmenge von $\mathscr{E}$ nachzuweisen. Nach Satz 11.10 ist aber die Menge aller $\nu \in \mathscr{E}$ mit kompaktem Träger in R, so daß $G\nu$ in $\mathscr{K}_R$ liegt, dicht in $\mathscr{E}$. Für diese ν erhalten wir

$$\lim_{j\to\infty} (\mu_j, \nu)_e = \lim_{j\to\infty} \int G\nu d\mu_j = \int G\nu d\mu = (\mu, \nu)_e$$

aus der der vagen Konvergenz. ┘

Satz 11.12 (*Cartan*) $\mathscr{E}^+$ ist vollständig.

Beweis: Sei $\{\mu_j\}$ eine Folge aus $\mathscr{E}^+$, die eine *Cauchy*- Folge in der Energie-Norm ist. Für jedes $\nu \in \mathscr{E}$ folgt aus der Ungleichung

$$|(\mu_j, \nu)_e - (\mu_k, \nu)_e| \leq \|\mu_j - \mu_k\|_e \|\nu\|_e,$$

daß $\{(\mu_j, \nu)_e\}$ eine *Cauchy*-Folge ist. Setzen wir $\nu = \tau_{x,\delta}$, wobei $\bar{B}_{x,\delta} \subset R$ ist, so bedeutet dies, daß $L(f) = \lim\limits_{j\to\infty} \int f d\mu_j$ für alle f in einer totalen Teilmenge $\mathscr{K}_0^+$ von $\mathscr{K}_R^+$ und daher für alle f aus $\mathscr{L}_0^+$ existiert, wenn hierbei $\mathscr{L}_0^+$ die Menge aller Linearkombinationen mit positiven Koeffizienten von Elementen aus $\mathscr{K}_0^+$ bezeichnet. Das lineare Funktional L kann auf $\mathscr{K}_R^+$ wie folgt fortgesetzt werden. Man betrachte dazu eine beliebiges $g \in \mathscr{K}_R^+$ mit kompaktem Träger C und eine offene, relativ-kompakte Umgebung W von C mit $\bar{W} \subset R$. Wie im Beweis von Satz 11.11 existiert eine Konstante α mit $\mu_j(\bar{W}) \leq \alpha$ für alle j. Aus der Definition einer totalen Menge folgt, daß es eine Folge $\{g_k\}$ in $\mathscr{L}_0^+$ gibt, so daß die Träger der h_k in W enthalten sind und daß $\|g_k - g\| \to 0$ für $k \to \infty$ gilt. Wegen

$$\begin{aligned} |L(g_p) - L(g_q)| &= \lim_{j\to\infty} \left| \int g_p d\mu_j - \int g_q d\mu_j \right| \\ &\leq \alpha \|g_p - g_q\|, \end{aligned}$$

können wir nun $L(g) = \lim\limits_{j\to\infty} L(g_j)$ definieren. Hieraus folgt die Existenz eines Maßes μ mit

$$\lim_{j\to\infty} \int f d\mu_j = \int f d\mu \qquad \text{für alle } f \in \mathscr{K}_R^+;$$

d.h. die Folge $\{\mu_j\}$ konvergiert in der vagen Topologie gegen μ. Da diese Folge Energie-beschränkt ist, liegt nach Satz 11.11 schwache Konvergenz gegen μ vor. Nach Satz 11.8 folgt dann die starke Konvergenz gegen μ. ┘

11.3 Balayage von Maßen

Die Struktur eines Prä-Hilbert-Raumes in $\mathscr{E}$ gestattet es, die Balayage-Theorie von Potentialen zu entwickeln. Dies geschieht mit Hilfe der Projektion eines Maßes $\mu \in \mathscr{E}^+$ auf eine konvexe Teilmenge von $\mathscr{E}^+$. Man erinnere sich, daß eine Teilmenge $\mathfrak{F}$ von $\mathscr{E}$ *konvex* heißt, wenn $\varrho x + (1-\varrho) y \in \mathfrak{F}$ für alle x, $y \in \mathfrak{F}$ und alle $0 < \varrho < 1$ gilt.

Lemma 11.13 Sei $\mathfrak{F}$ eine nicht-leere, abgeschlossene, konvexe Teilmenge von $\mathscr{E}^+$. Dann existiert zu jedem $\mu \in \mathscr{E}^+$ ein eindeutig bestimmtes Maß $\mu_{\mathfrak{F}} \in \mathfrak{F}$ mit $\|\mu - \mu_{\mathfrak{F}}\|_e < \|\mu - \nu\|_e$ für alle $\nu \in \mathfrak{F}$, $\nu \neq \mu_{\mathfrak{F}}$.

Beweis: Man betrachte zwei beliebige Elemente α, $\beta \in \mathfrak{F}$. Wegen der Konvexität von $\mathfrak{F}$ gilt $\gamma = \frac{1}{2}(\alpha + \beta) \in \mathfrak{F}$ und daher

$$\|\mu - \gamma\|_e^2 = \|(\mu - \alpha) + (\alpha - \gamma)\|_e^2 = \|\mu - \alpha\|_e^2 + \|\alpha - \gamma\|_e^2 + 2(\mu - \alpha, \alpha - \gamma)_e$$
$$= \|\mu - \alpha\|_e^2 + \tfrac{1}{4}\|\alpha - \beta\|_e^2 + (\mu - \alpha, \alpha - \beta)_e.$$

Ähnlich ergibt sich

$$\|\mu - \gamma\|_e^2 = \|\mu - \beta\|_e^2 = \tfrac{1}{4}\|\alpha - \beta\|_e^2 + (\mu - \beta, \beta - \alpha)_e$$

und daher

$$2\|\mu - \gamma\|_e^2 = \|\mu - \alpha\|_e^2 + \|\mu - \beta\|_e^2 + \tfrac{1}{2}\|\alpha - \beta\|_e^2 + (\beta - \alpha, \alpha - \beta)_e$$
$$= \|\mu - \alpha\|_e^2 + \|\mu - \beta\|_e^2 - \tfrac{1}{2}\|\alpha - \beta\|_e^2.$$

Sei $m = \inf_{\nu \in \mathfrak{F}} \|\mu - \nu\|_e$. Ist $\varepsilon > 0$ und sind α, β so gewählt, daß $\|\mu - \alpha\|_e^2 < m^2 + \varepsilon$ und $\|\mu - \beta\|_e^2 < m^2 + \varepsilon$ gilt, so ergibt sich wegen $\|\mu - \gamma\|_e \geq m$

$$2m^2 \leq 2m^2 + 2\varepsilon - \tfrac{1}{2}\|\alpha - \beta\|_e^2$$

Gilt $\|\mu - \alpha\|_e = \|\mu - \beta\|_e = m$, so folgt $\alpha = \beta$; d.h. es gibt höchstens ein α, für das $\|\mu - \nu\|_e$ für $\nu \in \mathfrak{F}$ sein Minimum erreicht. Ist überdies $\{\nu_j\}$ eine Folge in $\mathfrak{F}$ mit $\|\mu - \nu_j\|_e \downarrow m$, so zeigt dieses Argument, daß $\{\nu_j\}$ eine *Cauchy*-Folge in $\mathfrak{F}$ ist. Da $\mathscr{E}^+$ vollständig und $\mathfrak{F}$ abgeschlossen ist, gibt es ein $\alpha \in \mathfrak{F}$ mit

$$\|\mu - \alpha\|_e = m = \inf_{\nu \in \mathfrak{F}} \|\mu - \nu\|_e. \qquad \lrcorner$$

Definition Sei $\mathfrak{F}$ eine nicht-leere, abgeschlossene, konvexe Teilmenge von $\mathscr{E}^+$ und $\mu \in \mathscr{E}^+$. Dann heißt das Maß $\mu_{\mathfrak{F}}$ aus dem vorangehenden Lemma die *Projektion* von μ auf $\mathfrak{F}$.

Lemma 11.14 Sei $\mathfrak{F}$ eine nicht-leere, abgeschlossene, konvexe Teilmenge von $\mathscr{E}^+$ und $\mu \in \mathscr{E}^+$. Ein Maß $\mu_0 \in \mathfrak{F}$ ist genau dann die Projektion von μ auf $\mathfrak{F}$, wenn $(\mu - \mu_0, \nu - \mu_0)_e \leq 0$ für alle $\nu \in \mathfrak{F}$ gilt.

Beweis: Sei α ein beliebiges Element aus $\mathfrak{F}$. Wir erwähnen zunächst, daß $\|\mu - \alpha\|_e^2 \leq \|\mu - \nu\|_e^2$ für alle $\nu \in \mathfrak{F}$ genau dann gilt, wenn $2(\mu - \alpha, \nu - \alpha)_e \leq \|\alpha - \nu\|_e^2$ für alle $\nu \in \mathfrak{F}$ gilt. Wir zeigen, daß die letztere Ungleichung genau dann gilt, wenn $2(\mu - \alpha, \nu - \alpha)_e \leq 0$ für alle $\nu \in \mathfrak{F}$ gilt. Die Bedingung ist trivialerweise hinreichend. Sei daher $2(\mu - \alpha, \nu - \alpha)_e \leq \|\alpha - \nu\|_e^2$ für alle $\nu \in \mathfrak{F}$. Für $0 < \varrho < 1$ und $\nu \in \mathfrak{F}$ haben wir $\nu^* = (1 - \varrho)\alpha + \varrho\nu = \alpha + \varrho(\nu - \alpha) \in \mathfrak{F}$ und

$$2(\mu - \alpha, \varrho(\nu - \alpha))_e \leq \|\varrho(\nu - \alpha)\|_e^2$$

oder

$$2(\mu-\alpha,\nu-\alpha)_e \leq \varrho\|\nu-\alpha\|_e^2.$$

Mit $\varrho \to 0$ folgt dann $(\mu-\alpha,\nu-\alpha)_e \leq 0$. ⌟

Man erinnere sich, daß eine konvexe Menge $\mathfrak{F}$ ein *Kegel mit Spitze* α ist, wenn aus $\alpha+\beta\in\mathfrak{F}$ folgt, daß $\alpha+\varrho\beta\in\mathfrak{F}$ für alle $\varrho\geq 0$ ist.

Lemma 11.15 Sei $\mathfrak{F}$ ein abgeschlossener Kegel in $\mathscr{E}^+$ mit Spitze 0, und sei $\mu\in\mathscr{E}^+$. Dann ist $\mu_0\in\mathfrak{F}$ genau dann die Projektion von μ auf $\mathfrak{F}$, wenn gilt

(i) $(\mu-\mu_0,\nu)_e\leq 0$ für alle $\nu\in\mathfrak{F}$,

(ii) $(\mu-\mu_0,\mu_0)_e=0$.

Beweis: Sei μ_0 die Projektion von μ auf $\mathfrak{F}$. Dann gilt nach dem vorangehenden Lemma

$$(\mu-\mu_0,\nu-\mu_0)_e\leq 0$$

für alle $\nu\in\mathfrak{F}$. Für jedes $\nu\in\mathfrak{F}$ ist $\mu_0+\nu\in\mathfrak{F}$ und $(\mu-\mu_0,\nu)_e\leq 0$. Dies beweist (i). Insbesondere gilt also $(\mu-\mu_0,\mu_0)_e\leq 0$. Setzen wir nun $\nu=0$ in der Ungleichung $(\mu-\mu_0,\nu-\mu_0)_e\leq 0$, so liefert dies $(\mu-\mu_0,\mu_0)_e\geq 0$, und (ii) ist bewiesen. Genüge umgekehrt μ_0 den Bedingungen (i) und (ii). Dann ist $(\mu-\mu_0,\nu-\mu_0)_e = (\mu-\mu_0,\nu)_e-(\mu-\mu_0,\mu_0)_e\leq 0$, folglich ist μ_0 nach dem vorangehenden Lemma die Projektion von μ auf $\mathfrak{F}$. ⌟

Für eine kompakte Teilmenge K von R bezeichne $\mathfrak{F}_K$ die Menge aller Maße aus $\mathscr{E}^+$ mit Träger in K. Man sieht leicht, daß $\mathfrak{F}_K$ ein Kegel in $\mathscr{E}^+$ mit Spitze 0 ist. Zum Beweis, daß $\mathfrak{F}_K$ abgeschlossen ist, benutzen wir die Tatsache, daß eine konvexe Teilmenge eines Prä-Hilbert-Raumes genau dann stark abgeschlossen ist, wenn sie schwach abgeschlossen ist. Diesen Satz findet man in vielen Büchern der Funktionalanalysis. Sei also $\{\mu_j\}$ eine Folge in $\mathfrak{F}_K$, die stark gegen $\mu\in\mathscr{E}^+$ konvergiert. Hieraus folgt die Energie-Beschränktheit der Folge und die schwache Konvergenz der Folge. Nach Satz 11.11 sind wegen der Energie-Beschränktheit die schwache Konvergenz und die Konvergenz in der vagen Topologie äquivalent. Da die μ_j ihren Träger in K haben, ist dies auch für μ wegen der vagen Konvergenz richtig; d.h. $\mathfrak{F}_K$ ist abgeschlossen. Gemäß Lemma 11.13 ist es also sinnvoll, von der Projektion $\mu_{\mathfrak{F}_K}$ von $\mu\in\mathscr{E}^+$ auf $\mathfrak{F}_K$ zu sprechen.

Satz 11.16 Sei K eine kompakte Teilmenge von R, $\mathfrak{F}_K$ der abgeschlossene Kegel von Maßen in $\mathscr{E}^+$ mit Träger in K und $\mu\in\mathscr{E}^+$. Ein Maß $\mu_0\in\mathfrak{F}_K$ ist genau die Projektion von μ auf K, wenn die beiden folgenden Bedingungen erfüllt sind:

(i) $G\mu_0\leq G\mu$ auf R,

(ii) $G\mu_0=G\mu$ q.ü. auf K.

Beweis: Sei μ_0 die Projektion von μ auf $\mathfrak{F}_K$. Nach dem vorangehenden Lemma genügt μ_0 den Bedingungen

(i') $\int (G\mu - G\mu_0)d\nu \leq 0$ für alle $\nu \in \mathfrak{F}_K$,
(ii') $\int (G\mu - G\mu_0)d\mu_0 = 0$.

Man betrachte die Menge $\{G\mu > G\mu_0\}$ und ein $\nu \in \mathfrak{F}_K$. Da die Restriktion von ν auf diese Menge zu $\mathfrak{F}_K$ gehört, ergibt sich

$$\int_{\{G\mu > G\mu_0\}} (G\mu - G\mu_0)d\nu \leq 0.$$

Dies bedeutet $\nu(\{G\mu > G\mu_0\}) = 0$ für alle $\nu \in \mathfrak{F}_K$. Insbesondere gilt $G\mu \leq G\mu_0$ f.ü. (μ_0). In Verbindung mit (ii') bedeutet dies $G\mu = G\mu_0$ f.ü. (μ_0) auf dem Träger von μ_0. Nach Satz 11.7 erhalten wir daher $G\mu_0 \leq G\mu$ auf R, und μ_0 erfüllt (i). Wegen $G\mu = G\mu_0$ f.ü. (ν) für alle $\nu \in \mathfrak{F}_K$ und $G\mu_0 \leq G\mu$ hat die Menge $K \cap \{G\mu \neq G\mu_0\}$ das ν-Maß Null für alle $\nu \in \mathfrak{F}_K$ und daher für alle $\nu \in \mathscr{E}^+$, da die Restriktion solcher ν auf K in $\mathfrak{F}_K$ liegt. Satz 11.2 liefert dann, daß μ_0 die Bedingung (ii) erfüllt. Genügt umgekehrt μ_0 den Bedingungen (i) und (ii), so folgt $G\mu_0 = G\mu$ f.ü. (ν) für alle $\nu \in \mathfrak{F}_K$ nach (ii), und die Eigenschaften (i') und (ii') folgen unmittelbar. ┘

Korollar 11.17 Für jedes Maß $\mu \in \mathscr{E}^+$ und jede kompakte Teilmenge K von R gilt

$$G\mu_{\mathfrak{F}_K} = \hat{R}_K^{G\mu}.$$

Beweis: Wegen $G\mu \geq \hat{R}_K^{G\mu}$ ist $\hat{R}_K^{G\mu}$ das Potential eines Maßes $\mu_0 \in \mathscr{E}^+$. Nach Korollar 7.40 gilt $G\mu_0 = \hat{R}_K^{G\mu} = G\mu$ q.ü. auf K, folglich ist $\mu_0 = \mu_{\mathfrak{F}_K}$ nach dem vorhergehenden Satz; d.h. es ist $\hat{R}_K^{G\mu} = G\mu_{\mathfrak{F}_K}$. ┘

Für $\mu \in \mathscr{E}^+$ und für eine kompakte Teilmenge K von R heißt die Projektion $\mu_{\mathfrak{F}_K}$ von μ auf $\mathfrak{F}_K$ auch das *gefegte Maß* von μ. Für Maße μ mit endlicher Energie ist die Operation des Fegens der superharmonischen Funktion $G\mu$ äquivalent zur Erzeugung des Potentials durch das gefegte Maß.

Der Satz von *Gauß-Frostman*, Satz 11.3, kann leicht für Potentiale $G\mu$ mit $\mu \in \mathscr{E}^+$ verallgemeinert werden, indem man

$$\Phi_{G\mu}(\nu) = \int G\nu d\nu - 2 \int G\mu d\nu$$

definiert.

Satz 11.18 Sei $\mathfrak{F}$ eine nicht-leere, abgeschlossene, konvexe Menge in $\mathscr{E}^+$, und sei $\mu \in E^+$. Dann ist $\mu_{\mathfrak{F}}$ das einzige Maß, für welches $\Phi_{G\mu}$ sein Minimum auf $\mathfrak{F}$ erreicht.

Beweis:

$$\|\mu - \nu\|_e^2 = \Phi_{G\mu}(\nu) + \|\mu\|_e^2.$$ ┘

11.4 Kapazität und Energie

Wir wollen jetzt die Energie mit der Kapazität einer kompakten Teilmenge K von R in Beziehung setzen. Für eine nicht-polare, kompakte Teilmenge K von R sei $\mathfrak{A}_K$ die Menge aller Maße $\nu \in \mathscr{E}^+$ mit Träger in K und $\nu(K) = 1$. Nach Satz 11.2 ist $\mathfrak{A}_K$ nicht-leer. Der Beweis, daß $\mathfrak{F}_K$ eine abgeschlossene, konvexe Menge in $\mathscr{E}^+$ ist, kann leicht modifiziert werden, um auch $\mathfrak{A}_K$ als abgeschlossene, konvexe Menge in $\mathscr{E}^+$ nachzuweisen. Es bezeichne 0 das Nullmaß auf R und $0_{\mathfrak{A}_K}$ die Projektion von 0 auf $\mathfrak{A}_K$. Wie gewöhnlich bezeichnet μ_K die Kapazitätsverteilung von K.

Satz 11.19 Sei K eine nicht-polare, kompakte Teilmenge von R. Dann ist $0_{\mathfrak{A}_K}$ das einzige Maß in $\mathfrak{A}_K$ von minimaler Energie, und es gilt

$$0_{\mathfrak{A}_K} = \frac{\mu_K}{\mathscr{C}(K)} \qquad \text{und} \qquad \|0_{\mathfrak{A}_K}\|_e^2 = \frac{1}{\mathscr{C}(K)}.$$

Beweis: Da $0_{\mathfrak{A}_K}$ das einzige Maß in $\mathfrak{A}_K$ ist, das $\|0 - \nu\|_e = \|\nu\|_e$ zum Minimum für alle $\nu \in \mathfrak{A}_K$ macht, besitzt $0_{\mathfrak{A}_K}$ minimale Energie unter allen Elementen aus $\mathfrak{A}_K$. Es bleibt also, $0_{\mathfrak{A}_K}$ mit μ_K zu verbinden. Sei dazu μ ein Maß mit kompaktem Träger, so daß $G\mu = 1$ auf K und $G\mu \leq 1$ auf R gilt. Ein derartiges Maß erhält man etwa, wenn man eine offene, relativ-kompakte U von K mit $\bar{U} \subset R$ nimmt und $G\mu = \hat{R}_U^1$ setzt. Nach Korollar 11.17 ist $\mu_{\mathfrak{F}_K}$ gerade μ_K. Gemäß Satz 11.18 ist μ_K das einzige Maß in $\mathfrak{F}_K$, das

$$\Phi_{G\mu}(\nu) = \int (G\nu - 2G\mu)d\nu$$

auf $\mathfrak{F}_K$ zum Minimum macht. Wegen $G\mu = 1$ auf K ist μ_K das einzige Maß in $\mathfrak{F}_K$, das das Integral von *Gauß*

$$\Phi_1(\nu) = \int (G\nu - 2)d\nu = \Phi_0(\nu) - 2\nu(K)$$

zum Minimum auf $\mathfrak{F}_K$ macht. Man betrachte diejenigen $\nu \in \mathfrak{F}_K$, für die $\nu(K) = \varrho$ gilt. Dann erreicht $\Phi_0(\nu) = \int G\nu d\nu$ sein Minimum für $\nu = \varrho_{\mathfrak{A}_K}$. Das Minimum von $\Phi_0(\nu)$ unter der Bedingung $\nu(K) = \varrho$ ist $\varrho^2 \|0_{\mathfrak{A}_K}\|_e^2$. Um $\Phi_{G\mu}(\nu)$ auf $\mathfrak{F}_K$ zum Minimum zu machen, muß ein ϱ_0 gewählt werden, für das $\varrho^2 \|0_{\mathfrak{A}_K}\|_e^2 - 2\varrho$ sein Minimum erreicht. Es folgt, daß $\varrho_0 = 1/\|0_{\mathfrak{A}_K}\|_e^2$ und daß $\mu_K = 0_{\mathfrak{A}_K}/\|0_{\mathfrak{A}_K}\|_e^2$ ist. Wegen $\mathscr{C}(K) = \mu_K(K)$ und $0_{\mathfrak{A}_K}(K) = 1$ ergibt sich dann die Behauptung. ┘

12. Der Martin-Rand

In diesem Kapitel werden wir die *Poisson*sche Integraldarstellung einer positiven, harmonischen Funktion auf einer Kugel vermöge eines Maßes auf dem Rande erneut untersuchen. Dazu werden wir die zusammenhängende, offene Menge $R \subset E^n$ in einen kompakten Raum R_M^* einbetten, der die *Martin*-Kompaktifizierung von R genannt wird. Die Menge $\Delta_M = R_M^* \sim R$ heißt dann der *Martin*-Rand von R. Es wird gezeigt, daß jede positive, harmonische Funktion auf R eine Integraldarstellung vermittels eines Maßes auf Δ_M besitzt.
Die Grundidee zur Konstruktion des *Martin*-Randes ist die folgende: sei $\{R_j\}$ eine isotone Folge offener, relativ-kompakter Mengen mit $\bar{R}_j \subset R$ und $R = \bigcup R_j$. Man betrachte eine positive, harmonische Funktion h auf R und die Gefegte $\hat{R}_{R_j}^h$. Wir wissen, daß $h = \hat{R}_{R_j}^h$ auf R_j gilt und daß es ein Maß μ_j mit Träger in ∂R_j gibt mit

$$\hat{R}_{R_j}^h(x) = \int G(y, x)\, d\mu_j(y), \qquad x \in R.$$

Man betrachte einen festen Punkt $x \in R$. Da die Funktion $G(x, y)$ für $y \in \partial R_j$ mit $j \to \infty$ grob gesprochen gegen Null konvergiert, müssen die Maße aufsteigen, um das obige Integral stets gleich $\hat{R}_{R_j}^h(x)$ zu halten; d. h. die Folge $\{\mu_j\}$ ist unbeschränkt, und man kann nicht hoffen, ein Maß μ als irgendeine Art Limes der μ_j zu erhalten. *Martin* löste diese Schwierigkeit wie folgt. Sei x_0 ein fester Punkt aus R_1. Dann ist

$$\begin{aligned} \hat{R}_{R_j}^h(x) &= \int \frac{G(y, x)}{G(y, x_0)}\, G(y, x_0)\, d\mu_j(y) \\ &= \int M(y, x)\, d\mu_j^*(y), \end{aligned}$$

wobei $M(y, x) = G(y, x)/G(y, x_0)$ und

$$\mu_j^*(E) = \int_E G(y, x_0)\, d\mu_j(y)$$

für jede *Borel*sche Menge $E \subset R$ ist. Man beachte, daß die Folge $\{\mu_j^*\}$ wegen $\mu_j^*(R) = \hat{R}_{R_j}^h(x_0) = h(x_0) < +\infty$ beschränkt ist. Jetzt kann man wenigstens ein Maß μ als vagen Limes der Folge $\{\mu_j^*\}$ oder einer Teilfolge davon definieren. Da sich die Träger der μ_j^* für $j \to \infty$ ausweiten, müssen wir R mit einem Rand versehen, indem wir R in einen größeren Raum R_M^* einbetten, der vorzugsweise kompakt ist. Können wir dann die Funktionen $M(\cdot, x)$ auf R_M^* stetig fortsetzen, so sind wir in der Lage, den Grenzübergang $j \to \infty$ in der obigen Darstellung zu vollziehen, um

$$h(x) = \int M(y, x) d\mu(y).$$

zu erhalten. Um die genaue Darstellung auszuarbeiten, werden wir zunächst das Problem untersuchen, R_M^* zu konstruieren, so daß die Funktionen $M(\cdot, x)$ von R auf R_M^* stetig fortgesetzt werden können.

12.1 Der Martin-Rand

Durchweg bezeichnet R in diesem Kapitel eine zusammenhängende, offene Teilmenge von E^n, die eine *Green*-Funktion G besitzt. Der Zusammenhang wird gefordert, um $G > 0$ auf $R \times R$ sicherzustellen. Überdies bezeichnet $\Sigma(R)$ die Menge aller numerischen Funktionen auf R, die im erweiterten Sinne stetig sind.

Definition Ein kompakter topologischer Raum R^* heißt eine *Kompaktifizierung* von R, wenn die beiden folgenden Bedingungen erfüllt sind:

(i) R ist eine dichte Teilmenge von R^*,
(ii) die auf R induzierte Topologie von R^* fällt mit der ursprünglichen Topologie von R zusammen.

Die Menge $\Delta = R^* \sim R$ heißt der *ideale Rand* von R bzgl. R^*.

Definition Sei $\mathcal{Q} \subset \Sigma(R)$. Eine Kompaktifizierung $R_{\mathcal{Q}}^*$ von R heißt $\mathcal{Q}$-*Kompaktifizierung*, wenn die beiden folgenden Bedingungen erfüllt sind:

(i) jedes $f \in \mathcal{Q}$ hat eine stetige Fortsetzung f^* auf R^*,
(ii) die Funktionen f^*, $f \in \mathcal{Q}$, trennen die Punkte von $\Delta_{\mathcal{Q}} = R_{\mathcal{Q}}^* \sim R$.

Satz 12.1 (*Constantinescu und Cornea*) Zu jeder Menge $\mathcal{Q} \subset \Sigma(R)$ gibt es eine $\mathcal{Q}$-Kompaktifizierung von R, die bis auf Homöomorphismen eindeutig bestimmt ist.

Beweis: Sei $\mathcal{K}$ die Menge der stetigen, reellen Funktionen auf R mit kompakten Trägern, und sei $I = [-\infty, +\infty]$. I ist ein kompakter Raum, wenn man zu der üblichen Topologie von $(-\infty, +\infty)$ die Intervalle der Form $[-\infty, a)$ und $(a, +\infty]$ hinzufügt. Setzen wir $I_f = I$ für jedes $f \in \mathcal{Q} \cup \mathcal{K}$, so ist $I^{\mathcal{Q} \cup \mathcal{K}} = \Pi_{f \in \mathcal{Q} \cup \mathcal{K}} I_f$, versehen mit der üblichen Produkttopologie, ein kompakter Raum. Es ist wohlbekannt, daß die Projektionsabbildung $\pi_f\colon I^{\mathcal{Q} \cup \mathcal{K}} \to I_f$ für jedes $f \in \mathcal{Q} \cup \mathcal{K}$ stetig ist. Man betrachte die Abbildung $\psi\colon R \to I^{\mathcal{Q} \cup \mathcal{K}}$, die durch $\psi(x) = \{f(x)\}_{f \in \mathcal{Q} \cup \mathcal{K}}$, $x \in R$, definiert ist. Dann ist ψ stetig auf R; offenbar gilt $\pi_f \circ \psi = f$ für alle $f \in \mathcal{Q} \cup \mathcal{K}$. Zu zwei Punkten $x, y \in R$ mit $x \neq y$ gibt es eine Funktion $f \in \mathcal{Q} \cup \mathcal{K}$ mit $f(x) \neq f(y)$, folglich ist

$\psi(x) = \{f(x)\}_{f \in \mathcal{Q} \cup \mathcal{K}} \neq \{f(y)\}_{f \in \mathcal{Q} \cup \mathcal{K}} = \psi(y)$. Daher ist ψ injektiv. Wir setzen jetzt $R_{\mathcal{Q}}^* = \overline{\psi(R)}$, wobei der Abschluß bzgl. der Topologie von $I^{\mathcal{Q} \cup \mathcal{K}}$ zu nehmen ist. Wir versehen $R_{\mathcal{Q}}^*$ mit der von $I^{\mathcal{Q} \cup \mathcal{K}}$ induzierten Topologie. Dann ist $\psi(R)$ eine dichte Teilmenge von $R_{\mathcal{Q}}^*$. Wir zeigen jetzt, daß R homöomorph zu $\psi(R) \subset R_{\mathcal{Q}}^*$ ist. Da wir bereits wissen, daß ψ eine injektive, stetige Abbildung von R auf $\psi(R)$ ist, müssen wir nur noch zeigen, daß ψ eine offene Abbildung ist. Sei U eine offene Teilmenge von R mit kompaktem Abschluß in R, und sei $x \in U$. Dann gibt es ein $f_0 \in \mathcal{K}$ mit kompaktem Träger in U und $f_0(x) \neq 0$. Man definiere $V^* = \{y^* \in R_{\mathcal{Q}}^* : \pi_{f_0}(y^*) \neq 0\}$. Wegen $\pi_{f_0}(\psi(x)) = f_0(x) \neq 0$ ist $\psi(x) \in V^*$. Wir bemerken weiter, daß V^* wegen der Stetigkeit von π_{f_0} offen ist. Aus der Kompaktheit von $\bar{U}$ und der Stetigkeit von ψ erkennt man, daß $\psi(\bar{U})$ eine kompakte Teilmenge von $R_{\mathcal{Q}}^*$ und daß $V^* \sim \psi(\bar{U})$ offen ist. Angenommen, es gilt $(V^* \sim \psi(\bar{U})) \cap \psi(R) \neq \emptyset$. Dann gibt es ein $y \in \mathrm{R} \sim \bar{U}$ mit $\{f(y)\}_{f \in \mathcal{Q} \cup \mathcal{K}} \in V^*$; insbesondere ist $f_0(y) \neq 0$. Da aber der Träger von f_0 in U liegt und da $y \in R \sim \bar{U}$, haben wir $f_0(y) = 0$, also einen Widerspruch. Daher ist

$$(V^* \sim \psi(\bar{U})) \cap \psi(R) = \emptyset .$$

Aber da $V^* \sim \psi(\bar{U})$ offen in $R_{\mathcal{Q}}^*$ und da $\psi(R)$ dicht in $R_{\mathcal{Q}}^*$ ist, gilt $V^* \sim \psi(\bar{U}) = \emptyset$ oder $V^* \subset \psi(\bar{U})$ und folglich $\psi^{-1}(V^*) \subset \bar{U}$. Wegen der Offenheit von $\psi^{-1}(V^*)$ ergibt sich sodann $\psi^{-1}(V^*) \subset U$ und daher $V^* \subset \psi(U)$; d.h. ψ ist eine offene Abbildung auf $\psi(R)$. Dies beweist, daß ψ ein Homöomorphismus von R auf $\psi(R)$ ist. Identifiziert man zugehörige Punkte von R und $\psi(R)$, so ist $R_{\mathcal{Q}}^*$ eine Kompaktifizierung von R, und R ist eine dichte, offene Teilmenge von $R_{\mathcal{Q}}^*$. Da ein Punkt $x \in R$ mit dem Punkt $\psi(x) \in \psi(R)$ identifiziert wird, kann man die Funktion π_f wegen $\pi_f(\psi(x)) = f(x)$ als stetige Fortsetzung von f ansehen. Wir betrachten jetzt zwei verschiedene Punkte x^*, $y^* \in R_{\mathcal{Q}}^* \sim R$. Wegen $R_{\mathcal{Q}}^* = \bar{R}$ gibt es Netze $\{x_\alpha^*: \alpha \in \mathfrak{A}\}$ und $\{y_\beta^*: \beta \in \mathfrak{B}\}$ in R mit $\lim_{\mathfrak{A}} x_\alpha^* = x^*$ und $\lim_{\mathfrak{B}} y_\beta^* = y^*$. Sei $f \in \mathcal{K}$ mit kompaktem Träger K. Dann ist $R_{\mathcal{Q}}^* \sim K$ eine Umgebung von x^* und y^*, auf der π_f verschwindet. Folglich gilt $\lim_{\mathfrak{A}} \pi_f(x_\alpha^*) = \pi_f(x^*) = \pi_f(y^*) = \lim_{\mathfrak{B}} \pi_f(y^*) = 0$ für alle $f \in \mathcal{K}$. Wegen $x^* \neq y^*$ gibt es dann ein $f \in \mathcal{Q}$ mit $\pi_f(x^*) \neq \pi_f(y^*)$. Daher ist $R_{\mathcal{Q}}^*$ eine $\mathcal{Q}$-Kompaktifizierung von R. Sei jetzt $\tilde{R}^*$ eine andere $\mathcal{Q}$-Kompaktifizierung von R. Ferner sei $\tilde{\psi}$ die Abbildung von $\tilde{R}^*$ in $I^{\mathcal{Q} \cup \mathcal{K}}$, die durch $\tilde{\psi}(x^*) = \{\tilde{f}^*(x^*)\}$ definiert ist, wenn hierbei $\tilde{f}^*$ die stetige Fortsetzung von f auf $\tilde{R}^*$ ist. Wegen der Stetigkeit von $\tilde{\psi}$ und der Kompaktheit von $\tilde{R}^*$ ergibt sich, daß $\tilde{\psi}(\tilde{R}^*)$ eine kompakte Teilmenge von $I^{\mathcal{Q} \cup \mathcal{K}}$ ist. Aus $R \subset \tilde{R}^*$ erhalten wir $\overline{\tilde{\psi}(R)} \subset \tilde{\psi}(\tilde{R}^*)$; wir haben sogar $\overline{\tilde{\psi}(R)} = \tilde{\psi}(R_{\mathcal{Q}}^*)$, da R dicht in $\tilde{R}^*$ ist. Im Hinblick auf die Tatsache, daß die Funktionen $\tilde{f}^*$, $f \in \mathcal{Q} \cup \mathcal{K}$, die Punkte von $\tilde{R}^*$ trennen, erkennt man, daß $\tilde{\psi}$ eine injektive, stetige Abbildung von $\tilde{R}^*$ auf $\overline{\tilde{\psi}(R)}$ ist. Da $\tilde{R}^*$ kompakt ist, muß $\tilde{\psi}$ sogar ein Homöomorphismus sein, und folglich ist $\tilde{R}^*$ homöomorph zu $\overline{\tilde{\psi}(R)}$. Beachtet man noch $\psi(R) = \tilde{\psi}(R)$, so ergibt sich, daß $\tilde{R}^*$ homöomorph zu $\overline{\tilde{\psi}(R)} = \overline{\psi(R)} = R_2^*$ ist. ┘

Wir erinnern uns, daß R eine zusammenhängende, offene Teilmenge von E^n ist, die eine *Green*-Funktion G besitzt. In diesem Kapitel werden wir R als Teilmenge von E^n_Δ ansehen, dabei bezeichnet ∂R den Rand von R bzgl. E^n_Δ. Der Punkt Δ kann zwar zu ∂R gehören, nicht aber zu R.

Bei der Konstruktion des Martin-Randes wird es erforderlich sein, Schranken für die Quotienten der Form $\hat{R}_V^w/\hat{R}_V^1$ vermöge von Schranken von w auf ∂V zu erhalten. Genauer gesagt, sei F eine nicht-polare, kompakte Teilmenge von R und $V = R \sim F$. Für eine reelle, positive, superharmonische Funktion w auf R sei w_V die durch

$$w_V = \begin{cases} w & \text{auf} \quad \partial F, \\ 0 & \text{auf} \quad \partial R \end{cases}$$

definierte Funktion auf $\partial V = \partial F \cup \partial R$. Ist $w|_{\partial F}$ eine beschränkte, stetige Funktion auf ∂F, so ist w_V eine beschränkte, stetige Funktion auf V und folglich resolutiv für die offene Menge V mit der *Dirichlet*schen Lösung $H^V_{w_V}$. Nach Satz 9.25 gilt $H^V_{w_V} = \hat{R}^w_F$ auf V. Mit F ist auch ∂F nicht-polar, und ein Punkt $x \in \partial F$ muß ein regulärer Randpunkt von V sein; wegen $\lim\limits_{\substack{y \to x \\ y \in V}} \hat{R}^1_F(y) = \lim\limits_{\substack{y \to x \\ y \in V}} H^V_{1_V}(y) = 1$ gilt $\hat{R}^1_F > 0$ auf V. Ist $a \leq w \leq b$ auf ∂F, so gilt $a1_V \leq w_V \leq b1_V$ auf ∂V und $aH^V_1 = H^V_{a1_V} \leq H^V_{w_V} \leq H^V_{b1_V} = bH^V_{1_V}$ auf V und folglich $a\hat{R}^1_F \leq \hat{R}^w_F \leq b\hat{R}^1_F$ auf V. Somit hat $\hat{R}^w_F/\hat{R}^1_F$ dieselben Schranken auf V wie w auf ∂F. Ist überdies $a > 0$, so gilt $\hat{R}^w_F > 0$ auf V und $\hat{R}^1_F/\hat{R}^w_F \leq a^{-1}$ auf V.

Lemma 12.2 Sei K eine kompakte Teilmenge von R, W eine Umgebung von K mit $\bar{W} \subset R$ und $x_0 \in K$. Dann gilt $\sup\{G(y, x)/G(y, x_0)\colon x \in K, y \in R \sim W\} < +\infty$.

Beweis: Sei U eine Umgebung von K mit kompaktem Abschluß $F = \bar{U} \subset W$. Dann ist ∂F nicht polar. Da G nach Satz 5.26 stetig auf $\partial F \times K$ ist und da G strikt positiv ist, existieren positive Konstanten a und b mit $a \leq G(y, x) \leq b$ für alle $y \in \partial F$ und alle $x \in K$. Sei x ein fester Punkt aus K und $V = R \sim F$. Wir benötigen die Tatsache, daß $\hat{R}^{G(\cdot, x)}_F = G(\cdot, x)$ auf V gilt. Für $y \in \partial F$ haben wir $\lim\limits_{\substack{z \to y \\ z \in V}} G(z, x) = G(y, x)$; nach Satz 8.30 gilt $\lim\limits_{\substack{z \to y \\ z \in V}} G(z, x) = 0$ q.ü. auf ∂R. Außerdem haben wir $\lim\limits_{\substack{z \to y \\ z \in V}} H^V_{G_V(\cdot, x)}(z) = G(y, x)$ q.ü. auf ∂F und gemäß der Satz 9.24 folgenden Diskussion $\lim\limits_{\substack{z \to y \\ z \in V}} H^V_{G_V(\cdot, x)}(z) = 0$ q.ü. auf ∂R; folglich ergibt sich

$$\lim_{\substack{z \to y \\ z \in V}} [G(z, x) - H^V_{G_V(\cdot, x)}(z)] = 0$$

q.ü. auf ∂V. Da $G(\cdot, x)$ nach Lemma 5.8 außerhalb einer Kugel um x beschränkt ist, muß die Funktion in den eckigen Klammern beschränkt auf V sein; da sie auf V harmonisch ist, muß sie nach Korollar 9.20 identisch Null auf U sein; d.h. es ist $G(\cdot, x) = H^V_{G_V(\cdot, x)} = \hat{R}_F^{G(\cdot, x)}$ auf V. Nach den Bemerkungen, die diesem Lemma vorangingen, erhalten wir für $x \in K$

$$0 < \frac{G(\cdot, x)}{G(\cdot, x_0)} = \frac{\hat{R}_F^{G(\cdot, x)}}{\hat{R}_F^{G(\cdot, x_0)}} = \frac{\hat{R}_F^{G(\cdot, x)}}{\hat{R}_F^1} \frac{\hat{R}_F^1}{\hat{R}_F^{G(\cdot, x_0)}} \leq ba^{-1}$$

auf V. ┘

Durchweg in diesem Kapitel sei x_0 ein fester Bezugspunkt aus R und α_0 eine positive Zahl, so daß die Menge $F_0 = \{y\colon G(y, x_0) \geq \alpha_0\}$ kompakt ist.

Sei Φ eine reelle Funktion auf $(-\infty, +\infty)$, die die folgenden Eigenschaften besitzt:

(i) Φ ist zweimal stetig differenzierbar,

(ii) $\Phi(t) = t$ für $t \leq \alpha_0$,

(iii) $\Phi(t) = \alpha_0 + \frac{1}{2}$ für $t \geq \alpha_0 + 1$,

(iv) $\Phi''(t) \leq 0$ für alle t.

Wir werden jetzt zeigen, daß die Funktion $u = \Phi(G(\cdot, x_0))$ superharmonisch auf R ist. Die Menge F_0 hat nicht-leeres Inneres und enthält den Punkt x_0. Da u in einer Umgebung von x_0 konstant ist, ist u hierauf superharmonisch. Für $x \neq x_0$ gilt

$$\Delta u = \Phi'(G(\cdot, x_0))\Delta G(\cdot, x_0) + \Phi''(G\cdot, x_0))\Big(\sum_{i=1}^{n} [G_{x_i}(\cdot, x_0)]^2\Big)$$

in einer Umgebung von x. Da $G(\cdot, x_0)$ harmonisch auf $R \sim \{x_0\}$ ist und da $\Phi'' \leq 0$ ist, ergibt sich $\Delta u \leq 0$ auf R; folglich ist u superharmonisch auf R. Da Φ zweimal stetig differenzierbar ist und da $\Phi(G(\cdot, x_0))$ in einer Umgebung von x_0 konstant ist, muß $\Phi(G(\cdot, x_0))$ zweimal stetig differenzierbar auf R sein. Man beachte die Gleichung $\Phi(G(y, x_0)) = G(y, x_0)$ für $y \notin F_0$.

Zur Konstruktion des *Martin*-Randes setzen wir

$$M = \left\{f \in \Sigma(R)\colon f = \frac{G(\cdot, x)}{\Phi(G(\cdot, x_0))} \quad \text{für ein } x \in R\right\}.$$

Definition Die M-Kompaktifizierung R_M^* von R heißt die *Martin-Kompaktifizierung* von R. Die Menge $\Delta_M = R_M^* \sim R$ heißt der *Martin-Rand* von R. Für $y \in R$ setzen wir

$$k(y, \cdot) = \frac{G(y, \cdot)}{\Phi(G(y, x_0))}.$$

Nach Definition der *Martin*-Kompaktifizierung besitzt die Funktion $k(\cdot, x)$ für jedes $x \in R$ eine stetige Fortsetzung auf R_M^*. Folglich ist $\lim\limits_{\substack{z \to y \\ z \in R}} k(z, x)$ für alle $y \in \Delta_M$ definiert.

Lemma 12.3 Die durch

$$K(y, x) = \begin{cases} k(y, x), & y \in R, \\ \lim\limits_{\substack{z \to y \\ z \in R}} k(z, x), & y \in \Delta_M = R_M^* = R_M^* \sim R \end{cases}$$

definierte Funktion K auf $R_M^* \times R$ ist strikt positiv und stetig (in den Punkten der Diagonalen im erweiterten Sinne). Für jedes $y \in \Delta_M$ ist $K(y, \cdot)$ harmonisch auf R. Für jede kompakte Teilmenge C von R und jede abgeschlossene Teilmenge F von $R_M^* \sim C$ gilt

$$\sup\{K(y, x) \colon x \in C, y \in F\} < +\infty.$$

Beweis: Die letzte Behauptung wird zuerst bewiesen. Sei W eine beliebige offene, relativ-kompakte Teilmenge von R mit $\bar{W} \subset R$ und $C \subset W$. Es genügt,

$$\sup\{K(y, x) \colon x \in C, y \in R_M^* \sim W\} < +\infty$$

zu beweisen, d.h. wir können $F = R_M^* \sim W$ annehmen. Sei V eine offene, relativ-kompakte Teilmenge von R mit $\bar{V} \subset R$ und $F_0 = \{y \in R \colon G(y, x_0) \geqq \alpha_0)\} \subset V$. Für $y \in R \sim V$ gilt $K(y, x) = G(y, x)/\Phi(G(y, x_0)) = G(y, x)/G(y, x_0)$. Aus Lemma 12.2 folgt

$$\begin{aligned} &\sup\{K(y, x) \colon x \in C, y \in (F \sim V) \cap R\} \\ &= \sup\left\{\frac{G(y, x)}{G(y, x_0)} \colon x \in C, y \in (F \sim V) \cap R\right\} \\ &< +\infty. \end{aligned}$$

Da K auf $(F \cap \bar{V}) \times C$ stetig ist, haben wir

$$\sup\{K(y, x) \colon x \in C, y \in (F \cap \bar{V}) \cap R\} < +\infty$$

und daher

$$\sup\{K(y, x) \colon x \in C, y \in F \cap R\} < +\infty.$$

Für $x \in C$ und $y \in \Delta_M$ gilt $K(y, x) = \lim\limits_{\substack{z \to y \\ z \in R \sim W}} K(z, x)$, und die Beschränktheit von K auf $(F \cap R) \times C$ impliziert die Beschränktheit von K auf $F \times C$. Wir zeigen jetzt, daß $K(y, \cdot)$ für jedes $y \in \Delta_M$ auf R harmonisch ist. Seien V und W offene Teilmengen von R mit kompakten Abschlüssen $\bar{V}$, $\bar{W} \subset R$, so daß $\bar{W} \subset V$ gilt. Sei $\{y_\alpha \colon \alpha \in \mathfrak{A}\}$

ein Netz in $R \sim V$ mit $\lim_{\mathfrak{A}} y_\alpha = y$. Nach dem ersten Teil des Beweises sind die Funktionen $K(y_\alpha, \cdot)$ gleichmäßig auf W beschränkt. Überdies sind die Funktionen $K(y_\alpha, \cdot) = G(y_\alpha, \cdot)/\Phi(G(y_\alpha, x_0))$ harmonisch auf W. Wegen $K(y, \cdot) = \lim_{\mathfrak{A}} K(y_\alpha, \cdot)$ ist dann $K(y, \cdot)$ nach Satz 2.18 harmonisch auf W. Somit haben wir bewiesen, daß $K(y, \cdot)$ für $y \in \Delta_M$ harmonisch auf R ist.
Nach Definition ist K offenbar auf $R \times R$ stetig (im erweiterten Sinne in den Punkten $(x, x) \in R \times R$). Wir müssen daher nur noch die Stetigkeit von K in den Punkten (y', x') mit $y' \in \Delta_M$ und $x' \in R$ nachweisen. Seien dazu wieder V und W offene Teilmengen von R mit kompakten Abschlüssen $\bar{V}, \bar{W} \subset R$, so daß $x' \in W \subset \bar{W} \subset R$, Wir betrachten $K(y, \cdot)$ für $y \in R_M^* \sim V$ als Funktion auf W. Dann ist $\{K(y, \cdot)\colon y \in R_M^* \sim V\}$ eine Familie gleichmäßig beschränkter, harmonischer Funktionen auf W und daher nach Satz 2.18 eine gleichgradig stetige Familie auf W; d.h. zu gegebenem $\varepsilon > 0$ gibt es $\delta > 0$ mit $|K(y, x) - K(y, x')| < \varepsilon/2$ für $\|x - x'\| < \delta$ und $y \in R_M^* \sim V$. Wegen

$$\begin{aligned}|K(y, x) - K(y', x')| &\le |K(y, x) - K(y, x')| + |K(y, x') - K(y', x')| \\ &< \varepsilon/2 + |K(y, x') - K(y', x')|\end{aligned}$$

für $\|x - x'\| < \delta$ und $y \in R_M^* \sim V$ und wegen der Eigenschaft von $K(\cdot, x')$, eine stetige Fortsetzung auf R_M^* zu besitzen, ergibt sich $\lim_{(y,x)\to(y',x')} K(y, x) = K(y', x')$. Es bleibt somit nur noch $K(y, \cdot) > 0$ auf R für jedes $y \in R_M^*$ zu zeigen. Für $y \in R \sim F_0$ gilt

$$K(y, x_0) = \frac{G(y, x_0)}{\Phi(G(y, x_0))} = \frac{G(y, x_0)}{G(y, x_0)} = 1.$$

Für beliebiges $y \in \Delta_M$ gilt $K(y, x_0) = \lim_{\substack{z \to y \\ z \in R \sim F_0}} K(z, x_0) = 1$; da $K(y, \cdot)$ harmonisch auf R ist, ergibt sich $K(y, \cdot) > 0$ auf R. Für $y \in R$ haben wir $K(y, x) = G(y, x)/\Phi(G(y, x_0)) > 0$ auf R, folglich ist $K(y, \cdot) > 0$ für alle $y \in R_M^*$. ┘
Die Funktion $K(y, \cdot)$ heißt die *Martin-Funktion mit Pol y*. Das folgende Lemma dient dazu, eine Potentialtheorie für den Kern K zu entwickeln.

Lemma 12.4 Sei $f \in M$ und f^* die stetige Fortsetzung von f auf R_M^*. Dann existieren Maße λ_1 und λ_2 mit kompakten Trägern in R, so daß f^* die folgende Darstellung hat:

$$f^*(y) = \frac{\int K(y, z)\, d\lambda_1(z)}{\int K(y, z)\, d\lambda_2(z)}, \qquad y \in R_M^*.$$

Beweis: Für ein $x \in R$ gilt $f(y) = G(y, x)/\Phi(G(y, x_0))$. Nach Wahl von Φ ist $\Phi(G(\cdot, x_0))$ superharmonisch auf R und sogar das Potential eines Maßes λ_2 mit kompaktem Träger in R, denn wir haben $\Phi(G(y, x_0)) = G(y, x_0)$ für alle $y \in R \sim F_0$. Bezeichnet λ_1 das Einheitsmaß mit Träger $\{x\}$, so ergibt sich

$$f(y) = \frac{\int G(y, z)\,d\lambda_1(z)}{\int G(y, z)\,d\lambda_2(z)} = \frac{\int [G(y, z)/\Phi(G(y, x_0))]\,d\lambda_1(z)}{\int [G(y, z)/\Phi(G(y, x_0))]\,d\lambda_2(z).}.$$

Sei $C \subset R$ eine kompakte Menge, die die Träger von λ_1 und λ_2 enthält, und sei W eine offene Umgebung von C mit kompaktem Abschluß $\bar{W} \subset R$. Da K stetig auf $(R_M^* \sim W) \times C$ ist, hat die rechte Seite obiger Gleichung eine stetige Fortsetzung auf $R_M^* \sim W$. Dies folgt aus Lemma 12.3 und dem Satz von *Lebesgue* von der majorisierten Konvergenz. Folglich gilt

$$f^*(y) = \frac{\int K(y, z)\,d\lambda_1(z)}{\int K(y, z)\,d\lambda_2(z)}, \qquad y \in R_M^*.$$ ┘

Korollar 12.5 Für $y_1, y_2 \in R_M^*$ mit $y_1 \neq y_2$ sind $K(y_1, \cdot)$ und $K(y_2, \cdot)$ nicht proportional.

Beweis: Wir unterscheiden drei Fälle. Seien zunächst $y_1, y_2 \in R$, $y_1 \neq y_2$. Dann sind $K(y_1, \cdot) = G(y_1, \cdot)/\Phi(G(y_1, x_0))$ und $K(y_2, \cdot) = G(y_2, \cdot)/\Phi(G(y_2, x_0))$ wegen den Unendlichkeitsstellen y_1 bzw. y_2 nicht proportional. Für $y_1 \in R$ und $y_2 \in \Delta_M$ hat $K(y_1, \cdot)$ einen Pol in y_1, wohingegen $K(y_2, \cdot)$ als harmonische Funktion auf R in y_1 endlich ist. Schließlich seien $y_1, y_2 \in \Delta_M$, $y_1 \neq y_2$. Wir nehmen an, daß es ein $\beta > 0$ mit $K(y_1, \cdot) = \beta K(y_2, \cdot)$ auf R gibt. Ist $f \in M$ und ist f^* die stetige Fortsetzung von f auf R_M^*, so ergibt sich

$$f^*(y_1) = \frac{\int K(y_1, z)\,d\lambda_1(z)}{\int K(y_1, z)\,d\lambda_2(z)} = \frac{\int \beta K(y_2, z)\,d\lambda_1(z)}{\int \beta K(y_2, z)\,d\lambda_2(z)} = f^*(y_2),$$

wobei λ_1 und λ_2 die Maße des vorangehenden Lemmas sind; da die Menge dieser Funktionen f^* aber die Punkte von Δ_M trennt, haben wir einen Widerspruch. ┘

Definition Für ein *Borel*-Maß μ auf R_M^* ist das *K-Potential* von μ durch

$$K\mu(x) = \int K(y, x)\,d\mu(y), \qquad x \in R$$

definiert, vorausgesetzt, daß $K\mu$ nicht identisch $+\infty$ auf R ist.
Aus der Definition von K ersieht man, daß K offenbar keine symmetrische Funktion ist. Diese Tatsache sollte im Auge behalten werden. Wir bemerken außerdem, daß $K\mu$ für ein Maß μ auf R_M^* eine superharmonische Funktion ist, sofern $K\mu$ definiert ist. Setzen wir nämlich $\mu_1 = \mu|_R$ und $\mu_2 = \mu|_{\Delta_M}$, so folgt für $x \in R$

$$0 \le K\mu(x) = \int G(y, x)\frac{1}{\Phi(G(y, x_0))}\,d\mu_1(x) + \int K(y, x)\,d\mu_2(y);$$

das zweite Integral auf der rechten Seite ist wegen der Beschränktheit von K auf $\Delta_M \times \{x\}$ endlich, folglich nach Lemma 6.7 harmonisch. Das erste Integral auf der rechten Seite ist superharmonisch, da es nicht identisch $+\infty$ ist.

Lemma 12.6 Sei f eine zweimal stetig differenzierbare Funktion auf R mit kompaktem Träger C. Dann existiert ein signiertes Maß λ auf R mit Träger C, so daß $f(y) = \int K(y, x) d\lambda(x)$ gilt; weiterhin ist $K\mu$ λ-integrierbar, sofern $K\mu$ definiert ist.

Beweis: Die Funktion $g = f\Phi(G(\cdot, x_0))$ ist zweimal stetig differenzierbar und hat C als Träger. Man betrachte die *Poisson*sche Gleichung $\tilde{\Delta} u = -\kappa_n(-\Delta g/\kappa_n)$, wobei $\tilde{\Delta}$ der verallgemeinerte *Laplace*-Operator und κ_n eine Konstante ist. Offenbar ist g eine Lösung; nach Satz 6.25 ist aber $G(-\Delta g/\kappa_n)$, das *Green*-Potential eines Maßes der Dichte $-\Delta g/\kappa_n$, eine Lösung. Da Δg auf $\complement C$ verschwindet, ergibt sich nach Satz 8.31

$$\lim_{z \to x} G(-\Delta g/\kappa_n)(z) = 0$$

q.ü. auf ∂R. Nach Satz 6.22 ist $G(-\Delta g/\kappa_n)$ stetig auf R, und nach Satz 6.26 ist $g - G(-\Delta g/\kappa_n)$ harmonisch auf R. Man beachte, daß $G(-\Delta g/\kappa_n)$ beschränkt auf C und harmonisch auf $\complement C$ ist. Aus Satz 8.43 folgt dann, daß $G(-\Delta g/\kappa_n)$ auf R beschränkt ist. Da g auch auf R beschränkt ist, haben wir nach Korollar 9.20 $g = G(-\Delta g/\kappa_n)$. Für jede *Borel*sche Menge $E \subset R$ setze man

$$\lambda(E) = \int_E \frac{-\Delta g(x)}{\kappa_n} dx.$$

Dann erhält man

$$f(y)\Phi(G(y, x_0)) = \int G(y, x) d\lambda(x), \qquad y \in R,$$

oder

$$f(y) = \int K(y, x) d\lambda(x), \qquad y \in R.$$

Schließlich nehmen wir an, daß $K\mu$ definiert ist. Dann ist $K\mu$ superharmonisch. Da λ eine beschränkte Dichte besitzt, die außerhalb von C verschwindet, und da $K\mu$ *Lebesgue*-integrierbar über kompakte Mengen ist, muß $K\mu$ λ-integrierbar sein. ┘

Lemma 12.7 Seien μ und ν zwei Maße auf R_M^*, für die $K\mu$ und $K\nu$ definiert sind. Gilt dann $K\mu = K\nu$, so ist $\mu = \nu$ auf R.

Beweis: Sei f eine zweimal stetig differenzierbare Funktion auf R mit kompaktem Träger. Nach dem vorangehenden Lemma existiert ein signiertes Maß λ mit kompaktem Träger, so daß $K\mu$ und $K\nu$ λ-integrierbar sind und

$$f(y) = \int K(y, x) d\lambda(x), \quad y \in R$$

gilt. Mit Hilfe des Satzes von *Fubini* (auf Positiv- und Negativteil von λ angewandt) ergibt sich

$$\begin{aligned}\int f(y)d\mu(y) &= \int \left(\int K(y, x)d\lambda(x)\right)d\mu(y)\\ &= \int \left(\int K(y, x)d\mu(y)\right)d\lambda(x)\\ &= \int K\mu(x)d\lambda(x).\end{aligned}$$

Da dasselbe mit $\int f(y)d\lambda(y)$ gemacht werden kann, folgt wegen $K\mu = K\nu$

$$\int f(y)d\mu(y) = \int f(y)d\nu(y)$$

für alle zweimal stetig differenzierbaren Funktionen f auf R mit kompaktem Träger. Folglich gilt $\mu = \nu$ auf R. ┘

Für den folgenden Satz treffen wir die Verabredung, daß $a/(1 + a) = 1$ gilt, wenn $a = +\infty$ ist.

Satz 12.8 R_M^* ist metrisierbar; ist $\{x_j\}_{j\geq 1}$ eine abzählbar dichte Teilmenge von R, so definiert

$$\varrho(y_1, y_2) = \sum_{j=1}^{\infty} \frac{1}{2^j} \left| \frac{K(y_1, x_j)}{1 + K(y_1, x_j)} - \frac{K(y_2, x_j)}{1 + K(y_2, x_j)} \right|$$

eine Metrik auf R_M^*, die mit der Topologie von R_M^* verträglich ist.

Beweis: Ist $\varrho(y_1, y_2) = 0$, so gilt $K(y_1, x_j) = K(y_2, x_j)$ für alle $j \geq 1$. Da die Folge $\{x_j\}$ dicht in R ist und da $K(y_i, \cdot)$ stetig auf R ist, haben wir $K(y_1, \cdot) = K(y_2, \cdot)$ auf R. Aus Korollar 12.5 ergibt sich dann $y_1 = y_2$. Die übrigen Eigenschaften einer Metrik sind leicht zu verifizieren. Wir zeigen jetzt, daß die Metrik ϱ mit der Topologie von R_M^* verträglich ist. Sei dazu y_0 ein Punkt aus R_M^* und W_0 eine Umgebung von y_0. Wir müssen die Existenz eines $\varepsilon > 0$ mit $\{y: \varrho(y_0, y) < \varepsilon\} \subset W_0$ nachweisen. Angenommen, es existiert kein derartiges ε. Für eine antitone Folge $\{\varepsilon_i\}$ positiver Zahlen mit $\lim_{i\to\infty} \varepsilon_i = 0$ gibt es eine Folge $\{y_i\}$ in $R_M^* \sim W_0$ mit

$$\varrho(y_0, y_i) = \sum_{j=1}^{\infty} \frac{1}{2^j} \left| \frac{K(y_0, x_j)}{1 + K(y_0, x_j)} - \frac{K(y_i, x_j)}{1 + K(y_i, x_j)} \right| < \varepsilon_i.$$

Wegen der Kompaktheit von $R_M^* \sim W_0$ können wir annehmen, daß die Folge $\{y_i\}$ einen Limes $y_1 \in R_M^* \sim W_0$ besitzt. Nach dem Lemma von *Fatou* folgt

$$\varrho(y_0, y_1) = \sum_{j=1}^{\infty} \frac{1}{2^j} \liminf_{i\to\infty} \left| \frac{K(y_0, x_j)}{1 + K(y_0, x_j)} - \frac{K(y_i, x_j)}{1 + K(y_i, x_j)} \right|$$

$$\leq \liminf_{i\to\infty} \sum_{j=1}^{\infty} \frac{1}{2^j} \left| \frac{K(y_0, x_j)}{1 + K(y_0, x_j)} - \frac{K(y_i, x_j)}{1 + K(y_i, x_j)} \right|$$

$$= \liminf_{i\to\infty} \varrho(y_0, y_i) = 0.$$

Hieraus ergibt sich $y_0 = y_1$; aber dies ist ein Widerspruch, da $y_0 \in W_0$ und $y_1 \in R_M^* \sim W_0$ gilt. Es bleibt zu zeigen, daß es zu $\varepsilon > 0$ und $y_0 \in R_M^*$ eine Umgebung W_0 von y_0 gibt mit $W_0 \subset \{y\colon \varrho(y_0, y) < \varepsilon\}$. Man wähle ein j_0 mit

$$\sum_{j=j_0+1}^{\infty} \frac{1}{2^j} < \frac{\varepsilon}{4}$$

Dann erhalten wir

$$\sum_{j=j_0+1}^{\infty} \frac{1}{2^j} \left| \frac{K(y_0, x_j)}{1 + K(y_0, x_j)} - \frac{K(y, x_j)}{1 + K(y, x_j)} \right| < \frac{\varepsilon}{2}$$

für alle $y \varepsilon R_M^*$, da jeder absolute Betrag obiger Ungleichung durch 2 beschränkt ist. Die Funktion $K/(1 + K)$ ist auf $R_M^* \times R$ im gewöhnlichen Sinne stetig. Daher existiert eine Umgebung W_0 von y_0 mit

$$\left| \frac{K(y_0, x_j)}{1 + K(y_0, x_j)} - \frac{K(y, x_j)}{1 + K(y, x_j)} \right| < \frac{\varepsilon}{2}$$

für alle $y \in W_0$ und alle $j = 1, 2, \ldots, j_0$. Hieraus folgt schließlich

$$\sum_{i=1}^{j_0} \frac{1}{2^j} \left| \frac{K(y_0, x_j)}{1 + K(y_0, x_j)} - \frac{K(y, x_j)}{1 + K(y, x_j)} \right| \leq \frac{\varepsilon}{2} \sum_{j=1}^{j_0} \frac{1}{2^j} \leq \frac{\varepsilon}{2}$$

für alle $y \in W_0$; folglich ist $W_0 \subset \{y\colon \varrho(y_0, y) < \varepsilon\}$. ┘

12.2 Die Martin-Darstellung

In diesem Abschnitt leiten wir die Darstellung von *Martin* einer positiven, harmonischen Funktion als ein Integral von K bzgl. eines Maßes auf Δ_M ab. Diese Darstellung selbst ist einfach zu erhalten, nur braucht das Maß nicht eindeutig bestimmt zu sein. Das Problem, ein kanonisches Maß unter diesen die Funktion darstellenden Maßen auszuwählen, um so die Eindeutigkeit zu erlangen, ist viel schwieriger.

Lemma 12.9 Sei u eine positive, superharmonische Funktion auf R und F eine abgeschlossene Teilmenge von R. Dann gibt es ein Maß μ auf $\bar{F}$ (= Abschluß von F in R_M^*) mit $\hat{R}_F^u = \int K(z, \cdot)d\mu(z)$ auf R.

Beweis: Sei $\{F_j\}$ eine isotone Folge kompakter Teilmengen von R mit $F = \bigcup F_j$. Zu jedem j gibt es ein Maß v_j mit Träger F_j und

$$\hat{R}_{F_j}^u = \int G(z, \cdot)dv_j(z) = \int \frac{G(z, \cdot)}{\Phi(G(z, x_0))} \Phi(G(z, x_0))dv_j(z).$$

Für jede *Borel*sche Menge $E \subset R_M^*$ setze man

$$\mu_j(E) = \int_{E \cap R} \Phi(G(z, x_0))dv_j(z).$$

Dann gilt

$$\hat{R}_{F_j}^u = \int K(z, \cdot)d\mu_j(z).$$

Sei x_1 ein beliebiger Punkt aus R mit $u(x_1) < +\infty$. Da K nach Lemma 12.3 strikt positiv und stetig (im erweiterten Sinne) auf $R_M^* \times R$ ist, ergibt sich

$$\beta_1 = \inf_{z \in R_M^*} K(z, x_1) > 0$$

und

$$u(x_1) \geq \hat{R}_{F_j}^u(x_1) = \int K(z, x_1)d\mu_j(z) \geq \beta_1 \mu_j(F_j) = \beta_1 \mu_j(\bar{F}).$$

Hieraus folgt, daß es ein Maß μ auf R_M^* gibt mit Träger in $\bar{F}$ und daß es eine Teilfolge von $\{\mu_j\}$ gibt, die gegen μ in der vagen Topologie konvergiert. Wir können dabei annehmen, daß die Folge $\{\mu_j\}$ bereits diese Eigenschaft besitzt. Nach Satz 8.38 ist $\{\hat{R}_{F_j}^u\}$ eine isotone Folge superharmonischer Funktionen mit $\lim_{j\to\infty} \hat{R}_{F_j}^u = \hat{R}_F^u$. Folglich gilt

$$\hat{R}_{F_j}^u = \int K(z, \cdot)d\mu_j(z) \uparrow \hat{R}_F^u,$$

wenn j gegen $+\infty$ aufsteigt. Da $K(\cdot, x)$ nur im erweiterten Sinne stetig ist, können wir nicht einfach den Grenzübergang für $j \to \infty$ vollziehen. Um diese Schwierigkeit zu beheben, sei x ein beliebiger Punkt aus R und $\bar{B}_{x,\delta} \subset R$. Ferner sei v_δ das zu 1 normierte Oberflächenmaß von $\partial B_{x,\delta}$. Dann wird

$$\begin{aligned}\int \hat{R}_{F_j}^u(y)dv_\delta(y) &= \int \Big(\int K(z, y)d\mu_j(z)\Big)dv_\delta(y)\\ &= \int \Big(\int K(z, y)dv_\delta(y)\Big)d\mu_j(z).\end{aligned}$$

Man betrachte die durch

$$v(z) = \int K(z, y)\,d\nu_\delta(y), \qquad z \in R_M^*$$

definierte Funktion v auf R_M^*. Mit Hilfe der Beschränktheitseigenschaften und der Stetigkeit von K können wir zeigen, daß v auf $R_M^* \sim \partial B_{x,\delta}$ stetig ist. Für $z \in R$ haben wir

$$v(z) = \int K(z, y)\,d\nu_\delta(y) = \int \frac{G(z, y)}{\Phi(G(z, x_0))}\,d\nu_\delta(y)$$
$$= \frac{L(G(z, \cdot): x, \delta)}{\Phi(G(z, x_0))}.$$

Nach Satz 5.26 gilt, daß $L(G(z, \cdot): x, \delta)$ stetig in den Punkten z von $\partial B_{x,\delta}$ ist, und zwar im gewöhnlichen Sinne, da Mittelwerte superharmonischer Funktionen stets endlich sind. Aus der Stetigkeit von v auf R_M^* ergibt sich nun

$$\int \hat{R}_F^u(y)\,d\nu_\delta(y) = \int \left(\int K(z, y)\,d\nu_\delta(y)\right) d\mu(z);$$

d. h. es ist $L(\hat{R}_F^u: x, \delta) = L(K\mu: x, \delta)$. Da $\hat{R}_F^u$ und $K\mu$ superharmonische Funktionen sind ($K\mu$ ist definiert, denn nach Lemma 7.36 gilt $u \geq \hat{R}_F^u = \lim\limits_{j\to\infty} \hat{R}_{F_j}^u = \lim\limits_{j\to\infty} K\mu_j \geq K\mu$), erhalten wir $\hat{R}_F^u(x) = K\mu(x)$ für alle $x \in R$, wenn wir $\delta \downarrow 0$ lassen. ┘

Im Spezialfall $F = R$ erhalten wir eine Integraldarstellung

$$u = \int K(z, \cdot)\,d\mu(z)$$

für jede positive, superharmonische Funktion u auf R. Ist insbesondere h eine positive, harmonische Funktion auf R, so gibt es ein Maß μ auf R_M^* mit

$$h = \int K(z, \cdot)\,d\mu(z) \qquad \text{auf } R.$$

In diesem Falle wird jedes der Maße μ_j des vorhergehenden Beweises von ∂F_j getragen, und es ist klar, daß der Träger von μ in Δ_M liegt. Folglich kann jede positive, harmonische Funktion als ein Integral bzgl. eines Maßes auf dem *Martin*-Rand dargestellt werden. Wir nehmen nun die Untersuchung der Eindeutigkeit dieses Maßes auf.

Es ist bereits darauf hingewiesen worden, daß für ein Maß ν auf R_M^* durch die Gleichung $u(x) = \int K(z, x)\,d\nu(z)$ eine nichtnegative, superharmonische Funktion auf R definiert wird. Sei C eine kompakte Teilmenge von R. Dann ist $\hat{R}_C^u$ ein Potential auf R, und es gibt ein Maß ν_C auf C mit $\hat{R}_C^u = G\nu_C$; setzt man

$$\nu_C^K(E) = \int_E \Phi(G(z, x_0))\,d\nu_C(z)$$

für jede *Borel*sche Menge $E \subset R_M^*$, so kann man die vorletzte Gleichung auch als $\hat{R}_C^u = K\nu_C^K$ schreiben. Beide Maße ν_C und ν_C^K haben ihren Träger in C; ist u harmonisch auf dem Inneren von C, so liegen beide Träger in ∂C. In den folgenden Behauptungen bezeichnen ν_C und ν_C^K stets die Maße auf C, die auf diesem Wege mit dem Maße ν auf R_M assoziiert sind.

Die grundlegende Idee, ein „kanonisches" Maß μ für die Darstellung

$$h = \int K(z, \cdot)d\mu(z)$$

einer positiven, harmonischen Funktion h auf R auszuwählen, liefert einerseits die Beziehung $\hat{R}_{C_j}^h \uparrow h$ auf R, wenn hierbei $\{C_j\}$ eine geeignete Folge kompakter Mengen ist, und andererseits die Eindeutigkeit des Maßes $\mu_{C_j}^K$ in der Darstellung $\hat{R}_{C_j}^h = K\mu_{C_j}^K$. Dies führt dazu, zu zeigen, daß die Folge $\{\mu_{C_j}^K\}$ einen vagen Limes besitzt, der ein Maß auf einer gewissen Teilmenge Δ_1 von Δ_M ist; es stellt sich heraus, daß dieser vage Limes eindeutig unter denjenigen Maßen auf Δ_1 ist, die zur Darstellung von h benutzt werden können.

Wir assoziieren mit jeder kompakten Menge $C \subset R$ einen Operator T_C, der $C(R_M^*)$ in $C(\Delta_M)$ abbildet und der wie folgt definiert ist. Für jedes $y \in \Delta_M$ sei δ_y ein Einheitsmaß mit Träger $\{y\}$; ferner sei δ_{yC}^K das oben definierte Maß mit Träger in ∂C. Für $f \in C(R_M^*)$ setze man

$$T_C f(y) = \int f \, d\delta_{yC}^K, \qquad y \in \Delta_M.$$

Lemma 12.10 T_C ist ein beschränkter, linearer Operator von $C(R_M^*)$ in $C(\Delta_M)$; überdies gilt $T_C 1 = 1$ und $\| T_C \| = 1$, wenn F_0 im Inneren von C liegt.

Beweis: Für $y \in \Delta_M$ betrachte man das K-Potential $K\delta_y = \int K(z, \cdot)d\delta_y(z) = K(y, \cdot)$. Da die Funktion K auf $\Delta_M \times C$ gleichmäßig stetig ist, gibt es zu $y_0 \in \Delta_M$ und $\varepsilon > 0$ eine Umgebung W_0 von y_0 mit

$$|K\delta_y - K\delta_{y_0}| < \varepsilon$$

auf C für $y \in \Delta_M \cap W_0$. Für einen festen Punkt $y_1 \in \Delta_M$ sei

$$\alpha = \inf K(y_1, x) > 0,$$

ferner sei $\nu = \alpha^{-1}\delta_{y_1}$. Dann gilt

$$K\nu(x) = \int K(z, x)\alpha^{-1} d\delta_{y_1}(z) = \alpha^{-1} K(y_1, x) \geq 1$$

für $x \in C$. Für $y \in \Delta_M \cap W_0$ haben wir $K\delta_y < K\delta_{y_0} + \varepsilon K\nu$ und $K\delta_{y_0} < K\delta_y + \varepsilon K\nu$ auf C.

Da für beliebige positive, superharmonische Funktionen u und v die Ungleichung $\hat{R}_C^{u+v} \leq \hat{R}_C^u + \hat{R}_C^v$ gilt und da für $u \leq v$ auf C die Ungleichung $\hat{R}_C^u \leq \hat{R}_C^v$ gültig ist, ergibt sich

$$K\delta_{yC}^K \leq K\delta_{y_0C}^K + \varepsilon K\nu_C^K,$$

$$K\delta_{y_0C}^K \leq K\delta_{yC}^K + \varepsilon K\nu_C^K$$

für $y \in \Delta_M \cap W_0$. Sei jetzt f eine zweimal stetig differenzierbare Funktion auf R mit kompaktem Träger. Gemäß Lemma 12.6 gibt es ein signiertes Maß λ mit $f = \int K(\cdot, x)d\lambda(x)$ auf R. Für solche f gilt

$$\begin{aligned}
&|\int f d\delta_{yC}^K - \int f d\delta_{y_0C}^K| \\
&\quad = |\int (\int K(z,x)d\lambda(x))d\delta_{yC}^K(z) - \int (\int K(z,x)d\lambda(x))d\lambda_{y_0C}^K(z)| \\
&\quad = |\int K\delta_{yC}^K(x)d\lambda(x) - \int K\delta_{y_0C}^K(x)d\lambda(x)| \\
&\quad \leq \varepsilon \int K\nu_C^K d|\lambda|
\end{aligned}$$

für alle $y \in \Delta_M \cap W_0$. Da das letztere Integral endlich und unabhängig von y ist, muß $T_C f$ für alle derartigen f stetig auf Δ_M sein. Da T_C ein positiver Operator ist, ergibt sich

$$|T_C f(y)| \leq \|f\| \, T_C 1(y) = \|f\| \, \delta_{yC}^K(R_M^*).$$

Für $y \in \Delta_M$ gilt

$$K(y, x_0) \geq \hat{R}_C^{K\delta_y}(x_0) = \int K(z, x_0) d\delta_{yC}^K(z) \geq \left[\inf_{z \in \partial C} K(z, x_0)\right] \delta_{yC}^K(R_M^*)$$

und daher

$$\delta_{yC}^K(R_M^*) \leq \frac{\sup_{y \in \Delta_M} K(y, x_0)}{\inf_{z \in \partial C} K(z, x_0)}.$$

Folglich ist T_C ein beschränkter Operator. Sei nun $f \in C(R_M^*)$ beliebig. Da $T_C f$ nur von den Werten von f auf ∂C abhängt, können wir annehmen, daß f einen kompakten Träger besitzt. Sei $\{f_j\}$ eine Folge von Funktionen auf R_M^*, deren Träger in R liegen und die zweimal stetig differenzierbar auf R sind, so daß $\|f_j - f\| \to 0$ für $j \to \infty$ gilt. Wegen $\| T_C f_j - T_C f\| \leq \text{const.} \cdot \|f_j - f\|$ konvergiert die Folge $\{T_C f_j\}$ stetiger Funktionen auf Δ_M gleichmäßig gegen $T_C f$; folglich ist $T_C f$ stetig auf Δ_M. Setzen wir nun voraus, daß $F_0 = \{z \in R\colon G(z, x_0) \geq \alpha_0\}$ im Inneren von C liegt, so gilt $K(z, x_0) = 1$ für $z \notin F_0$, und für $y \in \Delta_M$ haben wir

$$1 = K(y, x_0) = \hat{R}_C^{K\delta_y}(x_0) = \int K(z, x_0) d\delta_{yC}^K(z) = \int d\delta_{yC}^K(z) = T_C 1(y). \qquad \lrcorner$$

Lemma 12.11 Sei $\{\mu_x\colon x \in \Delta_M\}$ eine Familie von Maßen auf Δ_M, so daß $\mu_.(E)$ für jede *Borel*sche Menge $E \in \Delta_M$ meßbar ist. Ferner seien μ und ν Maße auf Δ_M mit $\int f d\mu = \int (\int f d\mu_x) d\nu(x)$ für alle $f \in C(R_M^*)$. Dann gilt für alle $f \in C(R_M^*)$:

$$\int f d\mu_C^K = \int (\int f d\mu_{xC}^K) d\nu(x).$$

Beweis: Für $\mu' = \int \mu^K_{xC} d\nu(x)$ gilt

$$K\mu' = \lim_{j\to\infty} \int (K(y,\cdot)\wedge j) d\mu'(y)$$
$$= \lim_{j\to\infty} \int \left(\int (K(y,\cdot)\wedge j) d\mu^K_{xC}(y)\right) d\nu(x)$$
$$= \int \left(\int K(y,\cdot) d\mu^K_{xC}(y)\right) d\nu(x)$$
$$= \int K\mu^K_{xC} d\nu(x).$$

Nach Satz 9.25 gilt $K\mu^K_C = K\mu$ und $K\mu^K_{xC} = K\mu_x$ auf C, wenn man von den Punkten aus ∂C absieht, die irreguläre Randpunkte von $R \sim C$ sind. Ist $y \in C$ kein irregulärer Randpunkt von $R \sim C$, so erhalten wir

$$K\mu'(y) = \int K\mu^K_{xC}(y) d\nu(x) = \int K\mu_x(y) d\nu(x)$$
$$= \int \left(\int K(z,y) d\mu_x(z)\right) d\nu(x)$$
$$= \lim_{j\to\infty} \int \left(\int (K(z,y)\wedge j) d\mu_x(z)\right) d\nu(x)$$
$$= \lim_{j\to\infty} \int (K(z,y)\wedge j) d\mu(z)$$
$$= K\mu(y) = K\mu^K_C(y).$$

Folglich gilt $K\mu' = K\mu^K_C$ q.ü. auf C. Nach Satz 8.43 ist dann $K\mu' = K\mu^K_C$ auf R; nach Lemma 12.7 daher $\mu' = \mu^K_C$. ┘

Definition Ein positives K-Potential $K\mu$ heißt *extremal*, wenn aus $K\mu = K\mu_1 + K\mu_2$ für Maße μ_1 und μ_2 folgt, daß $K\mu_1$ proportional zu $K\mu_2$ ist. Man setze

$$\Delta_1 = \{y \in \Delta_M : K(y,\cdot) = K\delta_y \text{ ist extremal}\}$$

und $\Delta_0 = \Delta_M \sim \Delta_1$. Die Punkte aus Δ_1 heißen die *minimalen Randpunkte* des *Martin-Randes*.

Lemma 12.12 Für jedes extremale $K\mu$ besteht der Träger von μ aus einem einzigen Punkt $y \in R \cup \Delta_1$.

Beweis: Sei F der Träger von μ und $y \in F$ beliebig. Für jede natürliche Zahl j setze man

$$U_j = \left\{z \in R^*_M : \varrho(y,z) < \frac{1}{j}\right\}.$$

Ferner sei $\mu_j = \mu|_{U_j}$ und $\nu_j = \mu|_{R^*_M \sim U_j}$. Dann gilt $\mu = \nu_j$ und $K\mu = K\mu_j + K\nu_j$. Da $K\mu$ extremal ist, muß $K\mu$ proportional zu $K\mu$ sein; es existiert also ein Maß

μ'_j auf U_j mit $K\mu = K\mu'_j$. Man betrachte einen beliebigen Punkt $x \in R \sim \{y\}$ mit $K\mu(x) < +\infty$. Für hinreichend großes j ergibt sich $x \notin U_j$ und

$$\inf_{z \in U_j} K(z, x) \geq \tfrac{1}{2} K(y, x) = \alpha.$$

Daher haben wir für alle großen j

$$+\infty > K\mu(x) = \int_{U_j} K(z, x)\, d\mu'_j(z) \geq \alpha\mu'_j(U_j) = \alpha\mu'_j(R_M^*)$$

Somit gibt es ein Maß μ' mit Träger $\{y\}$ und eine Teilfolge der Folge $\{\mu'_j\}$, die gegen μ' in der vagen Topologie konvergiert. Wir können dabei annehmen, daß bereits die Folge $\{\mu'_j\}$ diese Eigenschaft besitzt. Offenbar gilt $\mu' = \alpha'\delta_y$ für ein α' und $K\mu(x) = K\mu'_j(x) \to \alpha' K\delta_y(x)$. Daher haben wir $K\mu = \alpha' K\delta_y = \alpha' K(y, \cdot)$ auf $R \sim \{y\}$. Falls es nun zwei verschiedene Punkte $y_1, y_2 \in F$ gibt, so hätten wir $\alpha'_1 K(y_1, \cdot) = \alpha'_2 K(y_2, \cdot)$ auf $R \sim \{y_1, y_2\}$ und damit wegen der Stetigkeit auch auf R. Hierbei sind α'_1 und α'_2 zwei Konstanten. Dies würde dann bedeuten, daß $K(y_1, \cdot)$ und $K(y_2, \cdot)$ proportional sind, ein Widerspruch zur Korollar 12.5. ⌟

Lemma 12.13 Sei $y \in \Delta_1$ und $\{R_j\}$ eine isotone Folge offener Mengen mit kompakten Abschlüssen $C_j = \bar{R}_j \subset R$ und $R = \bigcup R_j$. Dann gilt $\delta_{yC_j}^K \to \delta_y$ in der vagen Topologie. Ist umgekehrt $y \in \Delta_M$ und gilt $\delta_{yC_j}^K \to \delta_y$ in der vagen Topologie für eine solche Folge $\{R_j\}$, so ist $y \in \Delta_1$.

Beweis: Sei $y \in \Delta_1$. Wir können $F_0 \subset R_1$ annehmen. Nach Lemma 12.10 gilt $\delta_{yC_j}^K(R_M^*) = T_{C_j} 1(y) = 1$ für alle j. Hieraus folgt, daß es ein Maß μ auf Δ_M und eine Teilfolge $\{\delta_{yC_j}^*\}$ der Folge $\{\delta_{yC_j}^K\}$ gibt, so daß $\{\delta_{yC_j}^*\} \to \mu$ in der vagen Topologie gilt. Offenbar haben wir $K\delta_{yC_j}^* \to K\mu$ für $j \to \infty$; aber wegen $K\delta_{yC_j}^K = K\delta_y$ auf R_j für alle j erhält man $K\delta_{yC_j}^* \to K\delta_y$ auf R für $j \to \infty$. Wegen $y \in \Delta_1$ ist $K\delta_y$ und daher $K\mu$ extremal. Aus Korollar 12.5 und Lemma 12.12 folgt dann $\mu = \delta_y$. Wir wissen also $\delta_{yC_j}^* \to \delta_y$ in der vagen Topologie, und es bleibt $\delta_{yC_j}^K \to \delta_y$ in der vagen Topologie zu zeigen. Nach dem obigen Argument besitzt jede Teilfolge der Folge $\{\delta_{yC_j}^K\}$ eine Teilfolge, die in der vagen Topologie gegen δ_y konvergiert. Wir machen die Annahme, daß die Folge $\{\delta_{yC_j}^K\}$ in der vagen Topologie nicht gegen δ_y konvergiert. Dann gibt es eine Funktion $f \in C(R_M^*)$ mit

$$\lim_{j \to \infty} \int f\, d\delta_{yC_j}^K \neq \int f\, d\delta_y.$$

Hieraus erkennt man, daß es eine Teilfolge $\{\delta_{yC_j}^{**}\}$ gibt mit

$$\lim_{j \to \infty} \int f\, d\delta_{yC_j}^{**} = A \neq \int f\, d\delta_y,$$

da aber eine Teilfolge der Folge $\{\delta_{yC_j}^{**}\}$ in der vagen Topologie gegen δ_y konvergiert, haben wir $A = \int f d\delta_y$, einen Widerspruch. Folglich gilt $\delta^K_{yC_j} \to \delta_y$ in der vagen Topologie.

Jetzt setzen wir $\delta^K_{yC_j} \to \delta_y$ in der vagen Topologie für eine Folge $\{R_j\}$ voraus. Wir wollen $y \in \Delta_1$ zeigen; d.h. $K\delta_y$ ist extremal. Angenommen, es gilt $K\delta_y = K\mu + K\nu$ für Maße μ und ν auf R^*_M. Aus Korollar 9.26 folgt

$$\hat{R}^{K\delta_y}_{C_j} = \hat{R}^{K\mu + K\nu}_{C_j} = \hat{R}^{K\mu}_{C_j} + \hat{R}^{K}_{C_j}$$

und daher $K\delta^K_{yC_j} = K\mu^K_{C_j} + K\nu^K_{C_j}$. Folglich ist nach Lemma 12.7 $\delta^K_{yC_j} = \mu^K_{C_j} + \nu^K_{C_j}$. Indem wir notfalls zu einer Teilfolge übergehen, können wir annehmen, daß es Maße μ_0 und ν_0 mit $\mu^K_{C_j} \to \mu_0$ und $\nu^K_{C_j} \to \nu_0$ in der vagen Topologie gibt. Nach Voraussetzung gilt $\delta^K_{yC_j} \to \delta_y$ in der vagen Topologie, es ergibt sich somit $\delta_y = \mu_0 + \nu_0$. Daher sind μ_0 und ν_0 proportional zu δ_y. Beachten wir noch die Beziehung $K\mu = \lim_{j\to\infty} K\mu^K_{C_j}$, da $K\mu^K_{C_j}$ mit $K\mu$ auf $R_j \subset C_j$ übereinstimmt, so ergibt sich

$$K\mu = \lim_{j\to\infty} K\mu^K_{C_j} = \lim_{j\to\infty} \int K(z,\cdot)\,d\mu^K_{C_j}(z) = \int K(z,\cdot)\,d\mu_0(z).$$

Da μ_0 proportional zu δ_y ist, muß $K\mu$ proportional zu $K\delta_y$ sein; d.h. $K\delta_y$ ist extremal. ┘

Satz **12.14** Δ_1 und Δ_0 sind *Borel*sche Teilmengen von R^*_M.

Beweis: Sei $\mathscr{F}$ eine abzählbar dichte Teilmenge von $C(R^*_M)$, und sei $\{C_j\}$ eine Folge wie im vorhergehenden Lemma. Wir zeigen:

$$\Delta_1 = \{y \in \Delta_M\colon\ T_{C_j}f(y) \to f(y) \quad \text{für} \quad j \to \infty, f \in \mathscr{F}\}.$$

Sei Λ die Menge auf der rechten Seite. Aus dem vorhergehenden Lemma folgt $\Delta_1 \subset \Lambda$. Sei dann $y \in \Lambda$. Dann gilt $T_{C_j}f(y) \to f(y)$ für $j \to \infty$ für alle $f \in \mathscr{F}$. Wir können annehmen, daß F_0 im Inneren von C_j liegt und daß daher $\|T_{C_j}\| = 1$ gilt. Zu gegebenen $g \in C(R^*_M)$ und $\varepsilon > 0$ gibt es ein $f \in \mathscr{F}$ mit $\|g - f\| < \varepsilon/4$. Es ergibt sich

$$\begin{aligned} |T_{C_j}g(y) - g(y)| &\le |T_{C_j}(g-f)(y)| + |g(y) - f(y)| + |T_{C_j}f(y) - f(y)| \\ &\le 2\|g-f\| + |T_{C_j}f(y) - f(y)|. \end{aligned}$$

Wegen $y \in \Lambda$ und $f \in \mathscr{F}$ gibt es ein j_0, so daß der letzte Ausdruck auf der rechten Seite für $j \ge j_0$ kleiner als $\varepsilon/4$ ist. Folglich ist $|T_{C_j}g(y) - g(y)| < \varepsilon$ für alle $j \ge j_0$. Daher haben wir $T_{C_j}g(y) \to g(y)$ für $j \to \infty$ und alle $g \in C(R^*_M)$; d.h. es ist $\delta^K_{yC_j} \to \delta_y$ in der vagen Topologie, nach dem vorhergehenden Lemma somit $y \in \Delta_1$. ┘

Lemma 12.15 Sei μ ein Maß auf Δ_1 und $\{R_j\}$ eine isotone Folge offener Mengen mit kompakten Abschlüssen $C_j = \bar{R}_j \subset R$ und $R = \bigcup R_j$. Dann gilt $\mu^K_{C_j} \to \mu$ in der vagen Topologie.

Beweis: Wir können annehmen, daß $F_0 \subset R_1$ und daher $\| T_{C_j} \| = 1$ gilt. Für $f \in C(R_M^*)$ ist $\{ T_{C_j} f \}$ eine gleichmäßig beschränkte Folge von Funktionen auf Δ_M, die gegen f auf Δ_1 konvergiert. Nach Lemma 12.11 gilt daher

$$\int f d\mu = \lim_{j \to \infty} \int T_{C_j} f d\mu = \lim_{j \to \infty} \int \left(\int f(z) d\delta_{yC_j}^K(z) \right) d\mu(y) = \lim_{j \to \infty} \int f d\mu_{C_j}^K \qquad \lrcorner$$

Um den nächsten Satz zu beweisen, benötigen wir einige Tatsachen aus der Maßtheorie. Sei ν ein Maß auf Δ_M. Eine Folge $\{f_j\}$ meßbarer Funktionen auf Δ_M konvergiert im ν-Maß gegen f, wenn

$$\lim_{j \to \infty} \nu(y \in \Delta_M: |f_j(y) - f(y)| \geq \varepsilon) = 0$$

für jedes $\varepsilon > 0$ gilt. Konvergieren die Folgen $\{f_j\}$ und $\{g_j\}$ im ν-Maß gegen f bzw. g, so konvergiert die Folge $\{f_j + g_j\}$ im ν-Maß gegen $f + g$. Konvergiert die Folge $\{f_j\}$ im ν-Maß gegen f, so gibt es überdies eine Teilfolge, die f.ü. (ν) gegen f konvergiert. Konvergiert die Folge $\{f_j\}$ im ν-Maß gegen eine Funktion f und konvergiert die Folge $\{f_j - g_j\}$ im ν-Maß gegen die Nullfunktion, so konvergiert auch die Folge $\{g_j\}$ im ν-Maß gegen f. Konvergiert schließlich die Folge $\{f_j\}$ im ν-Maß gegen f und gibt es eine integrierbare Funktion g mit $|f_j| \leq g$, so gilt $\lim_{j \to \infty} \int f_j d\nu = \int f d\nu$.

Satz 12.16 Zu jedem Maß μ auf Δ_M gibt es genau ein Maß ν auf Δ_1 mit $K\mu = K\nu$.

Beweis: Die Eindeutigkeit folgt aus dem vorhergehenden Lemma, da der Limes einer konvergenten Folge von Maßen in der vagen Topologie eindeutig bestimmt ist. Sei $\{C_j\}$ eine Folge kompakter Mengen wie in Lemma 12.13, wobei wir wiederum $F_0 \subset R_1$ annehmen können. Dann gilt

$$\begin{aligned} \mu_{C_j}^K(R_M^*) &= \int 1 d\mu_{C_j}^K = \int \left(\int 1 d\delta_{yC_j}^K(z) \right) d\mu(y) = \int T_{C_j} 1(y) d\mu(y) \\ &= \mu(R_M^*). \end{aligned}$$

Aus der Folge $\{\mu_{C_j}^K\}$ können wir eine Teilfolge auswählen, die gegen ein Maß ν auf Δ_M konvergiert. Wir können dabei annehmen, daß die Folge $\{\mu_{C_j}^K\}$ bereits diese Eigenschaft besitzt. Wegen $\hat{R}_{C_j}^{K\mu} \uparrow K\mu$ auf R haben wir

$$K\mu = \lim_{j \to \infty} K\mu_{C_j}^K = K\nu.$$

Wir müssen nur noch $\nu(\Delta_0) = 0$ zeigen. Dazu sei $\mathscr{F}$ die Menge aller Funktionen $f \in C(R_M^*)$, so daß die Folge $\{ T_{C_j} f \}$ im ν-Maß gegen f konvergiert; für $f \in \mathscr{F}$ und jedes $\varepsilon > 0$ gilt

$$\lim_{j \to \infty} \nu(y \in \Delta_M: | T_{C_j} f(y) - f(y)| \geq \varepsilon) = 0.$$

Wir zeigen zunächst $\mathscr{F} = C(R_M^*)$. Offenbar ist $\mathscr{F}$ ein linearer Unterraum von

$C(R_M^*)$. Wegen $T_{C_j}1 = 1$ für alle j enthält $\mathscr{F}$ die konstanten Funktionen. $\mathscr{F}$ ist auch ein Verband. Seien $g_1, g_2 \in \mathscr{F}$ und $f = g_1 \wedge g_2$. Wegen $f \leq g_i$ haben wir $T_{C_j}f \leq T_{C_j}g_i$ und $T_{C_j}f \leq T_{C_j}g_1 \wedge T_{C_j}g_2$. Da die Folge $\{T_{C_j}g_i\}$ gleichmäßig durch $\|g_i\|$ beschränkt ist und im ν-Maß gegen g_i konvergiert, ergibt sich

$$\lim_{j\to\infty} \int (T_{C_j}g_1 \wedge T_{C_j}g_2)d\nu = \int (g_1 \wedge g_2)d\nu = \int f d\nu.$$

Überdies haben wir

$$\int T_{C_j}f d\nu = \int \left(\int f(z)d\delta_{yC_j}^K(z)\right)d\nu(y) = \int f d\nu_{C_j}^K.$$

Wegen $K\mu = K\nu$ haben wir $K\mu_{C_j}^K = K\nu_{C_j}^K = \nu_{C_j}^K$. Folglich ist

$$\begin{aligned}
&\lim_{j\to\infty} \int |T_{C_j}g_1 \wedge T_{C_j}g_2 - T_{C_j}f|d\nu \\
&= \lim_{j\to\infty} \int (T_{C_j}g_1 \wedge T_{C_j}g_2)d\nu - \lim_{j\to\infty} \int f d\mu_{C_j}^K \\
&= \int f d\nu - \int f d\nu = 0;
\end{aligned}$$

d.h. die Folge $\{T_{C_j}g_1 \wedge T_{C_j}g_2 - T_{C_j}f\}$ konvergiert im Mittel und daher im ν-Maß gegen die Nullfunktion. Da die Folge $\{T_{C_j}g_1 \wedge T_{C_j}g_2\}$ im ν-Maß gegen $f = g_1 \wedge g_2$ konvergiert, muß die Folge $\{T_{C_j}f\}$ im ν-Maß gegen f konvergieren. Somit folgt $g_1 \wedge g_2 \in \mathscr{F}$ für alle g_1, g_2 $\mathscr{F}$; d.h. $\mathscr{F}$ ist ein Verband. $\mathscr{F}$ trennt auch die Punkte von R_M^*. Dazu sei $x \in R$ und $f \in C(R_M^*)$, so daß $f = K(\cdot, x)$ außerhalb einer kompakten Teilmenge von R gilt. Für hinreichend große j und $y \in \Delta_M$ ergibt sich

$$f(y) = K(y, x) = K\delta_{yC_j}^K(x) = \int K(z, x)d\delta_{yC_j}^K(z) = \int f d\delta_{yC_j}^K = T_{C_j}f(y)$$

und daher $T_{C_j}f(y) \to f(y)$ für $j \to \infty$. Solche f gehören also zu $\mathscr{F}$. Seien nun $y_1, y_2 \in \Delta_M$ mit $y_1 \neq y_2$. Gilt dann $K(y_1, x) = K(y_2, x)$ für alle $x \in R$, so sind $K(y_1, \cdot)$ und $K(y_2, \cdot)$ proportional. Das ist aber ein Widerspruch. Folglich trennt $\mathscr{F}$ die Punkte von Δ_M. Angenommen, es ist $y_1 \neq y_2$, und mindestens einer der beiden Punkte liegt nicht in Δ_M, etwa $y_1 \notin \Delta_M$. Sei $f \in \mathscr{F}$. Da $T_{C_j}f$ nur von den Werten von f auf ∂C_j abhängt, können wir ein j_0 wählen mit $y_1 \in R_{j_0}$ und f auf einer Umgebung von y_1 so abändern, daß $\lim_{j\to\infty} T_{C_j}f$ auf Δ_M nicht verändert wird. Daher trennt $\mathscr{F}$ die Punkte von R_M^*. Nach dem Satz von *Stone-Weierstraß* ist $\mathscr{F}$ dann dicht in $C(R_M^*)$. Sei jetzt $\{f_j\}$ eine Folge in $\mathscr{F}$, die gleichmäßig gegen f konvergiert. Dann gilt für $\varepsilon > 0$

$$\begin{aligned}
\nu(y \in \Delta_M: |T_{C_j}f(y) - f(y)| \geq \varepsilon) &\leq \nu\left(y \in \Delta_M: |T_{C_j}(f - f_i)(y) \geq \frac{\varepsilon}{3}\right) \\
&+ \nu\left(y \in \Delta_M: |T_{C_j}f_i(y) - f_i(y)| \geq \frac{\varepsilon}{3}\right) + \nu\left(y \in \Delta_M: |f_i(y) - f(y)| \geq \frac{\varepsilon}{3}\right).
\end{aligned}$$

Man wähle ein i_0 mit $\|f - f_{i_0}\| < \varepsilon/3$. Wegen $|T_{C_j}(f - f_{i_0})(y)| \leq \|f - f_{i_0}\| < \varepsilon/3$ sind die erste und die dritte Menge obiger Abschätzung leer. Daher gilt

$$\lim_{j\to\infty} \nu(y \in \Delta_M : |T_{C_j} f(y) - f(y)| \geq \varepsilon)$$

$$\leq \lim_{j\to\infty} \nu\left(y \in \Delta_M : |T_{C_j} f_{i_0}(y) - f_{i_0}(y)| \geq \frac{\varepsilon}{3}\right) = 0$$

und f liegt in $\mathscr{F}$; d.h. $\mathscr{F}$ ist abgeschlossen, und es gilt $\mathscr{F} = C(R_M^*)$. Sei jetzt $\mathscr{F}_0$ eine abzählbar dichte Teilmenge von $C(R_M^*)$. Indem wir notfalls zu einer Teilfolge der Folge $\{C_j'\}$ übergehen, können wir annehmen, daß jede der Folgen $\{T_{C_j} f\}$, $f \in \mathscr{F}_0$, f.ü. (ν) gegen f konvergiert; dies kann zunächst für jedes f getan werden. Da $\mathscr{F}_0$ abzählbar ist, leistet eine Diagonalfolge aufeinanderfolgender Teilfolgen das Verlangte. Für jedes $f \in \mathscr{F}_0$ setze man

$$\Lambda_f = \{y \in \Delta_M : \lim_{j\to\infty} T_{C_j} f(y) \neq f(y)\}.$$

Dann gilt $\nu(\Lambda_f) = 0$. Für $y \notin \bigcup_{f \in \mathscr{F}_0} \Lambda_f$ gilt $\delta_{yC_j}^K \to \delta_y$ in der vagen Topologie und $y \notin \Delta_0$. Folglich ist

$$\Delta_0 \subset \bigcup_{f \in \mathscr{F}_0} \Lambda_f$$

und daher $\nu(\Delta_0) = 0$. ┘

Satz 12.17 (*Martin*) Zu jeder positiven, harmonischen Funktion h auf R gibt es genau ein Maß ν auf Δ_1 mit $h = \int K(z, \cdot)\, d\nu(z)$.

Beweis: Nach Lemma 12.9 gibt es ein Maß μ auf Δ_M mit $h = K\mu$. Nach dem vorhergehenden Satz gibt es ein eindeutig bestimmtes Maß ν auf Δ_1 mit $K\mu = K\nu$. ┘

Satz 12.18 Δ_1 ist eine G_δ-Menge in R_M^*.

Beweis: Sei $\mathscr{F}_0$ eine abzählbar dichte Teilmenge von $C(R_M^*)$, und sei $\{R_j\}$ eine isotone Folge offener Mengen mit kompakten Abschlüssen $C_j = \overline{R_j} \subset R$ und $R = \bigcup R_j$. Für jedes $f \in \mathscr{F}_0$ und für je zwei natürliche Zahlen i, j setze man

$$\Lambda(f, i, j) = \left\{y \in \Delta_M : |T_{C_j} f(y) - f(y)| < \frac{1}{i}\right\}.$$

Jedes $\Lambda(f, i, j)$ ist offen. Wir zeigen nun

$$\Delta_1 = \Lambda = \bigcap_{i=1}^{\infty} \bigcap_{f \in \mathscr{F}_0} \bigcap_{k=1}^{\infty} \bigcup_{j=k}^{\infty} \Lambda(f, i, j).$$

Wegen $T_{C_j} f(y) \to f(y)$ mit $j \to \infty$ für alle $y \in \Delta_1$ und wegen $f \in C(R_M^*)$ ergibt sich $\Delta_1 \subset \Lambda$. Sei $y \in \Lambda$. Wir können dann eine Teilfolge $\{R_{j_k}\}$ der Folge $\{R_j\}$ finden, so daß $T_{C_{j_k}} f(y) \to f(y)$ mit $k \to \infty$ für alle $f \in \mathscr{F}_0$ und daher für alle $f \in C(R_M^*)$ gilt. Nach dem zweiten Teil von Lemma 12.13 ist $y \in \Delta_1$; d.h. es ist $\Lambda \subset \Delta_1$. Daher ist Δ_1 eine G_δ-Menge in Δ_M, und man sieht leicht, daß Δ_1 eine G_δ-Menge in R_M^* ist. ⌟

Ist der Rand einer beschränkten, offenen Menge R hinreichend glatt, so ist der *Martin*-Rand von R gerade der Euklidische Rand von R. Wir rechtfertigen diese Behauptung für den Fall einer Kugel $B = B_{0,\varrho} \subset E^2$; der Fall $n \geq 3$ unterscheidet sich vom Fall $n = 2$ nur um rechnerische Einzelheiten. Als Bezugspunkt $x_0 \in B$ nehmen wir $x_0 = 0$. Dann ist $\bar{B}$ in der induzierten Euklidischen Topologie offenbar eine Kompaktifizierung von B. Können wir für jedes $x \in B$ zeigen, daß $G_B(\cdot, x)/G_B(\cdot, x_0)$ eine stetige Fortsetzung auf $\bar{B}$ besitzt und daß die Menge dieser Fortsetzungen die Punkte von ∂B trennt, so haben wir bewiesen, daß ∂B homöomorph zum *Martin*-Rand von B ist. Zum Nachweis der stetigen Fortsetzbarkeit müssen wir $\lim_{z \to y} G_B(z, x)/G_B(x, x_0)$ für alle $y \in \partial B$ identifizieren. Es gilt nun

$$\frac{G_B(z, x)}{G_B(z, x_0)} = \frac{\log\left(\dfrac{\|x\|\,\|z - x^\star\|}{\varrho\|z - x\|}\right)}{\log \dfrac{\varrho}{\|z\|}}, \qquad z \in B \sim \{x_0, x\},$$

wenn hierbei $x^\star$ das Inverse von x bzgl. ∂B ist. Wir bezeichnen den Zähler und den Nenner des Quotienten auf der rechten Seite mit $g_x(z)$ bzw. $g_0(z)$. Dann sind g_x und g_0 in einer Umgebung von $y \in \partial B$ definiert. Diese beiden Funktionen besitzen Ableitungen in y, und die Existenz von Richtungsableitungen in y folgt aus der Infinitesimalrechnung. Insbesondere sind die Normalenableitungen $D_{\boldsymbol{n}} g_x$ und $D_{\boldsymbol{n}} g_0$ in y definiert, wobei $\boldsymbol{n}$ die äußere Einheitsnormale an ∂B in y ist. Dividiert man in der obigen Gleichung für $G_B(z, x)/G_B(z, x_0)$ Zähler und Nenner durch $\|z - y\|$, so erhält man

$$\lim_{z \to y} \frac{G_B(z, x)}{G_B(z, x_0)} = \frac{D_{-\boldsymbol{n}} g_x(y)}{D_{-\boldsymbol{n}} g_0(y)} = \frac{D_{\boldsymbol{n}} g_x(y)}{D_{\boldsymbol{n}} g_0(y)}.$$

Benutzen wir die Ergebnisse über $D_{\boldsymbol{n}} g_x$ von Kapitel 1, so ergibt sich

$$\lim_{z \to y} \frac{G_B(z, x)}{G_B(z, x_0)} = \frac{\varrho^2 - \|x\|^2}{\|y - x\|^2}, \qquad y \in B;$$

dieser Limes ist aber gerade der Kern des *Poisson*schen Integrals, wenn man von einem konstanten Faktor absieht. Da die Menge der Funktionen

$$f_x(y) = \frac{\varrho^2 - \|x\|^2}{\|y - x\|^2}, \qquad y \in \partial B$$

die Punkte von ∂B trennt, ist die *Martin*-Kompaktifizierung von B homöomorph zu $\bar{B}$.

12.3 Das Dirichletsche Problem für $\mathbf{R}_M^*$

Ist eine numerische Funktion f auf Δ_M gegeben, so könnten wir fragen, ob eine harmonische Funktion h auf R mit $\lim_{y\to x} h(y) = f(x)$ für $x \in \Delta_M$ existiert. Wir erinnern an die allgemeine Voraussetzung dieses Kapitels, daß R eine offene, zusammenhängende Teilmenge von E^n ist. Um zu einer Randfunktion f eine harmonische Funktion zu konstruieren, erweitern wir die Methode von *Perron-Wiener-Brelot* wie folgt. Eine Funktion u auf R ist hyperharmonisch (hypoharmonisch), wenn sie entweder identisch $+\infty$ $(-\infty)$ oder superharmonisch (subharmonisch) auf R ist. Die zur Randfunktion f gehörige Oberklasse $\mathfrak{O}_f = \mathfrak{O}_f^R$ wird wie üblich definiert als

$$\mathfrak{O}_f = \{u\colon u \text{ hyperharmonisch auf } R,\ u \text{ nach unten beschränkt auf } R,\\ \liminf_{y\to x} u(y) \geq f(x) \text{ für alle } x \in \Delta_M\}.$$

Die Unterklasse $\mathfrak{U}_f = \mathfrak{U}_f^R$ ist analog definiert. Die zu f gehörigen Ober- und Unterlösungen $\bar{H}_f$ und $\underline{H}_f$ werden als $\bar{H}_f = \inf\{u\colon u \in \mathfrak{O}_f\}$ bzw. $\underline{H}_f = \{\sup u\colon u \in \mathfrak{U}_f\}$ definiert. Gilt $\bar{H}_f = \underline{H}_f$ und sind beide harmonisch, so heißt f *resolutiv*, und wir setzen $\underline{H}_f = \bar{H}_f = H_f$. Mit Hilfe weniger Lemmata werden wir zeigen, daß jede Funktion $f \in C(\Delta_M)$ resolutiv ist.

Unter anderem müssen wir wissen, daß $\underline{H}_f \leq \bar{H}_f$ auf R für jede Randfunktion f gilt. Dazu müssen wir zeigen, daß das Minimum-Prinzip für superharmonische Funktionen u auf R bzgl. R_M^* gilt; d.h. ist u superharmonisch auf R und $\liminf_{y\to x} u(y) \geq 0$ für alle $x \in \Delta_M$, so gilt $u \geq 0$ auf R. Indem wir eine n.u.h. Funktion u auf dem kompakten Raum R_M^* durch $u(x) = \liminf_{y\to x} u(y)$ definieren und die Tatsache $u \geq 0$ auf Δ_M benutzen, kann man erkennen, daß das Minimum-Prinzip im vorliegenden Zusammenhang gültig ist. Wir bemerken außerdem, daß die Ergebnisse von Lemma 8.6 in diesem Zusammenhang gelten und daher ohne weiteren Kommentar benutzt werden. Schließlich bemerken wir, daß $\bar{H}_f$ und $\underline{H}_f$ im Hinblick auf die Tatsachen, daß die Familie $\mathfrak{O}_f$ auf R gesättigt ist und daß $\bar{H}_f = -\underline{H}_{-f}$ gilt, entweder identisch $+\infty$, identisch $-\infty$ oder harmonisch auf R sind.

Ist E eine abgeschlossene Teilmenge von R und ist u eine positive, superharmonische Funktion auf R, so ist $\hat{R}_E^u$ bereits definiert, und nach Lemma 12.9 existiert ein Maß μ auf $\bar{E}$ (= Abschluß von E in R_M^*) mit

$$\hat{R}_E^u = \int K(z,\cdot)\,d\mu(z) = K\mu \qquad \text{auf } R.$$

Man beachte, daß $\hat{R}_E^u$ nicht notwendigerweise ein Potential ist.

Lemma 12.19 Sei $y \in \Delta_1$ und U eine Umgebung von y. Dann ist $\hat{R}^{K(y,\cdot)}_{R\sim U}$ ein Potential auf R.

Beweis: Sei h die größte harmonische Minorante von $\hat{R}^{K(\cdot,x)}_{R\sim U}$. Es ist $h = 0$ zu zeigen. Angenommen, es ist $h > 0$ auf R. Dann gilt

$$K(y, \cdot) \geq \hat{R}^{K(\cdot,x)}_{R\sim U} \geq h > 0.$$

Nach dem *Riesz*schen Zerlegungssatz gilt $\hat{R}^{K(y,\cdot)}_{R\sim U} = w + h$, wobei w ein Potential ist. Da $K(y, \cdot) = h + (K(y, \cdot) - h)$ gilt und da jeder Ausdruck auf der rechten Seite nach Lemma 12.9 ein K-Potential ist, muß h wegen der Extremalität von $K(y, \cdot)$ proportional zu $K(y, \cdot)$ sein. Folglich ist $\hat{R}^{K(y,\cdot)}_{R\sim U} = w + \lambda K(y, \cdot)$ für ein $0 < \lambda \leq 1$. Es kann nicht $\lambda = 1$ sein, denn sonst hätten wir $\hat{R}^{K(y,\cdot)}_{R\sim U} = K(y, \cdot)$ wobei die erste Funktion ihren Träger in $R^*_M \sim U$ und die zweite den Träger $\{y\}$ hat. Da die Gefegte von $\hat{R}^{K(y,\cdot)}_{R\sim U}$ über $R \sim U$ gerade $\hat{R}^{K(y,\cdot)}_{R\sim U}$ ist und da nach Korollar 9.26 $\hat{R}^{w+\lambda K(y,\cdot)}_{R\sim U} = \hat{R}^{K(y,\cdot)}_{R\sim U} + \lambda \hat{R}^{K(y,\cdot)}_{R\sim U}$ gilt, ergibt sich

$$\begin{aligned} w + \lambda K(y, \cdot) &= \hat{R}^{K(y,\cdot)}_{R\sim U} = \hat{R}^{w+\lambda K(y,\cdot)}_{R\sim U} = \hat{R}^{w}_{R\sim U} + \lambda \hat{R}^{K(y,\cdot)}_{R\sim U} \\ &= \hat{R}_{R\sim U} + \lambda w + \lambda^2 K(y, \cdot). \end{aligned}$$

Da w ein Potential ist, muß $\hat{R}^{w}_{R\sim U}$ ebenfalls ein Potential sein, und wir erhalten $\lambda = \lambda^2$ wegen der Eindeutigkeit der *Riesz*schen Zerlegung. Folglich ist $\lambda = 0$, und wir erhalten einen Widerspruch; d.h. die größte harmonische Minorante von $\hat{R}^{K(y,\cdot)}_{R\sim U}$ ist die Nullfunktion, was zu zeigen war. ⌟

Lemma 12.20 Sei X ein lokal-kompakter *Hausdorff*-Raum und μ ein Maß auf den *Borel*schen Teilmengen von X. Ist u_x für jedes $x \in X$ eine nichtnegative, superharmonische Funktion auf R und ist $u_{.}(\cdot)$ *Borel*-meßbar auf $X \times R$, so ist $u = \int u_x d\mu(x)$ entweder superharmonisch oder identisch $+\infty$ auf R.

Beweis: Nach dem Lemma von *Fatou* ist u n.u.h. auf R. Nach dem Satz von *Fubini* ergibt sich für alle $\bar{B}_{x,\delta} \subset R$

$$L(u\colon y, \delta) = \int L(u_x\colon y, \delta) d\mu(x) \leq \int u_x(y) d\mu(x) = u(y)$$ ⌟

Satz 12.21 Sei X ein lokal-kompakter *Hausdorff*-Raum und μ ein Maß auf X. Sei u_x für jedes $x \in X$ eine nichtnegative, superharmonische Funktion auf R, so daß $u_{.}(\cdot)$ *Borel*-meßbar auf $X \times R$ ist. Ferner sei $\int u_x(y_0) d\mu(x) < +\infty$ für ein $y_0 \in R$. Dann gilt für jede abgeschlossene Teilmenge F von R

$$\hat{R}_F^{\int u_x d\mu(x)} = \int \hat{R}_F^{u_x} d\mu(x);$$

ist überdies jede Funktion $\hat{R}_F^{u_x}$ ein Potential, so ist auch $\hat{R}_F^{\int u_x d\mu(x)}$ ein Potential.

Beweis: Wir bezeichnen mit λ das (vervollständigte) *Lebesgue*sche Maß auf R. Zuerst zeigen wir, daß $\hat{R}_F^{u_x}$ f.ü. $(\mu\otimes\lambda)$ gleich einer *Borel*-meßbaren Funktion auf $X\times R$ ist. Sei Z die Menge der irregulären Randpunkte von $R\sim F$. Wir wissen aus der dem Satz 9.24 folgenden Diskussion, daß Z eine polare Teilmenge von $\partial(R\sim F)$ und nach Satz 7.1 eine Teilmenge einer polaren G_δ-Menge D ist. Wir können daher annehmen, daß $Z\subset D$ ist und daß D eine polare *Borel*sche Teilmenge von $\partial(R\sim F)$ ist. Nach Satz 9.25 gilt $\hat{R}_F^{u_x}(y)=u_x(y)$ für $y\in F\sim D$, und $\hat{R}_F^{u_x}(y)$ ist *Borel*-meßbar auf $X\times(F\sim D)$. Es bezeichne nun $\mu_y^{R\sim F}$ das harmonische Maß bzgl. $y\in R\sim F$. Ferner sei $\mathscr{F}$ die Menge aller nichtnegativen, *Borel*-meßbaren Funktionen f auf $X\times F$, für die

$$\tilde{f}(x,y)=\int f(x,z)\,d\mu_y^{R\sim F}(z)$$

Borel-meßbar auf $X\times(R\sim F)$ ist. Für jede beschränkte, stetige Funktion f auf $X\times F$ ist $\tilde{f}(x,\cdot)$ für jedes $x\in X$ harmonisch auf $R\sim F$, und $\tilde{f}(\cdot,y)$ ist für jedes $y\in R\sim F$ nach dem Satz von *Lebesgue* von der majorisierten Konvergenz stetig auf X; d.h. $\tilde{f}$ ist in jeder Variablen getrennt stetig und daher *Borel*-meßbar (vgl. den Beweis von Lemma 6.7). Die Menge $\mathscr{F}$ ist offenbar unter monotonen Limiten abgeschlossen. Man sieht leicht, daß $\mathscr{F}$ die Indikatorfunktion jeder kompakten Teilmenge von $X\times(R\sim F)$ enthält. Benutzt man die Ergebnisse der Diskussion, die Satz 8.13 voranging, so kann man zeigen, daß die Indikatorfunktion jeder *Borel*schen Teilmenge von $X\times(R\sim F)$ in $\mathscr{F}$ liegt. Folglich liegt jede nichtnegative, *Borel*-meßbare Funktion auf $X\times(R\sim F)$ in $\mathscr{F}$. Insbesondere ist

$$\hat{R}_F^{u_x}(y)=\int u_x(z)\,d\mu_y^{R\sim F}(z),\qquad y\in R\sim F$$

Borel-meßbar auf $X\times(R\sim F)$. Daher ist $\hat{R}_F^{u_x}(y)$ Borel-meßbar auf $X\times(R\sim D)$, wobei D eine *Lebesgue*sche Nullmenge ist. Hieraus erkennt man, daß $\hat{R}_F^{u_x}(y)$ f.ü. $(\mu\otimes\lambda)$ gleich einer *Borel*-meßbaren Funktion auf $X\times R$ ist und daher meßbar bzgl. dem vervollständigten System der $(\mu\otimes\lambda)$-meßbaren Mengen ist. Somit können wir den Satz von *Fubini* anwenden. Nach dem vorhergehenden Lemma ist $\int u_x\,d\mu(x)$ superharmonisch auf R, folglich ist $\hat{R}_F^{\int u_x\,d\mu(x)}$ definiert. Wegen

$$\hat{R}_F^{\int u_x\,d\mu(x)}(y)=\int u_x(y)\,d\mu(x)$$

und

$$\hat{R}_F^{u_x}(y)=u_x(y)\qquad\text{auf } F,$$

wenn man von den $y\in Z$ absieht, ergibt sich

$$\hat{R}_F^{\int u_x\,d\mu(x)}(y)=\int \hat{R}_F^{u_x}(y)\,d\mu(x)$$

für $y \in F \sim Z$. Für $y \in R \sim F$ ist aber

$$\begin{aligned}\int \hat{R}_F^{u_x}(y)\,d\mu(x) &= \int \left(\int u_x(z)\,d\mu_y^{R\sim F}(z)\right)d\mu(x)\\ &= \int \left(\int u_x(z)\,d\mu(x)\right)d\mu_y^{R\sim F}(z)\\ &= \hat{R}_F^{\int u_x\,d\mu(x)}(y)\end{aligned}$$

und daher

$$\hat{R}_F^{\int u_x\,d\mu(x)}(y) = \int \hat{R}_F^{u_x}(y)\,d\mu(x)$$

für $y \in R \sim Z$ (d.h. quasi überall auf R). Wir wissen, daß die linke Seite dieser Gleichung eine superharmonische Funktion darstellt. Können wir nun zeigen, daß die rechte Seite auch eine superharmonische Funktion darstellt, so erhalten wir Gleichheit auf R, da zwei superharmonische Funktionen, die f.ü. gleich sind, identisch sind. Nach dem Lemma von *Fatou* ist die Funktion auf der rechten Seite obiger Gleichung n.u.h. als Funktion von y. Nach dem Satz von *Fubini* gilt

$$\begin{aligned}A\left[\int \hat{R}_F^{u_x}\,d\mu(x): y, \delta\right] &= \int A(\hat{R}_F^{u_x}: y, \delta)\,d\mu(x)\\ &\leq \int \hat{R}_F^{u_x}(y)\,d\mu(x)\end{aligned}$$

für alle $\bar{B}_{y,\delta} \subset R$. Daher ist $\int \hat{R}_F^{u_x}\,d\mu(x)$ superharmonisch auf R, und es gilt

$$\hat{R}_F^{\int u_x\,d\mu(x)} = \int \hat{R}_F^{u_x}\,d\mu(x) \qquad \text{auf } R.$$

Sei jetzt jede Funktion $\hat{R}_F^{u_x}$ ein Potential. Ferner sei $\{R_j\}$ eine isotone Folge offener, relativ-kompakter Mengen mit $\bar{R}_j \subset R$ und $R = \bigcup R_j$. Dann gilt nach Satz 8.41

$$\lim_{j\to\infty} \int \hat{R}_F^{u_x}\,d\mu_y^{R_j} = 0$$

für alle $y \in R$. Da die Funktion $\hat{R}_F^{u_x}$ *Borel*-meßbar auf $X \times (R \sim D)$ ist, wobei D eine polare, *Borel*-meßbare Menge ist, ist sie *Borel*-meßbar auf $X \times (\partial R_j \sim D)$. Da eine polare Teilmenge von ∂R_j nach Satz 9.24 das $\mu_y^{R_j}$-Maß Null hat, ist $\hat{R}_F^{u_x}(y)$ f.ü. $(\mu \otimes \mu_y^{R_j})$ gleich einer *Borel*-meßbaren Funktion auf $X \times \partial R_j$. Der Satz von *Fubini* liefert dann

$$\begin{aligned}\lim_{j\to\infty} \int \left(\int \hat{R}_F^{u_x}(z)\,d\mu(x)\right)d\mu_y^{R_j}(z) &= \lim_{j\to\infty} \int \left(\int \hat{R}_F^{u_x}(z)\,d\mu_y^{R_j}(z)\right)d\mu(x)\\ &= \int \lim_{j\to\infty} \int \hat{R}_F^{u_x}(z)\,d\mu_y^{R_j}(z))\,d\mu(x)\\ &= 0.\end{aligned}$$

Folglich ist $\int \hat{R}_F^{u_x}\,d\mu(x)$ ein Potential auf R. ┘

Wir wissen, daß die konstante Funktion 1 eine Darstellung der Form

$$1 = \int K\ (z, \cdot)\,d\chi(z)$$

besitzt, wobei χ das eindeutig bestimmte Maß auf Δ_1 der *Martin*-Darstellung ist. Wir werden im folgenden Satz χ als Bezugsmaß benutzen.

Satz 12.22 (*Brelot*) Jede Funktion $f \in C(\Delta_M)$ ist resolutiv, und es gilt

$$H_f = \int f K(z, \cdot) d\chi(z) \qquad \text{auf } R.$$

Beweis: Sei f eine stetige, reelle Funktion auf R_M^* mit $0 \leq f \leq 1$. Für je zwei natürliche Zahlen i und j mit $0 \leq i \leq j$ setze man

$$E_i = \left\{ y \in \Delta_1 : \frac{i}{j} - \frac{1}{2j} \leq f(y) < \frac{i}{j} + \frac{1}{2j} \right\},$$

$$F_i = \left\{ y \in R : f(y) \leq \frac{i}{j} - \frac{1}{j} \right\} \cup \left\{ y \in R : f(y) \geq \frac{i}{j} + \frac{1}{j} \right\},$$

$$h_i = \int_{E_i} K(z, \cdot) d\chi(z) = \int K(z, \cdot) d\chi_i(z),$$

wobei $\chi_i(E) = \chi(E \cap E_i)$ für alle *Borel*schen Mengen $E \subset \Delta_M$ sei. Da χ von Δ_M getragen wird, ist jede Funktion h_i harmonisch auf R. Offenbar gilt $E_i \subset R_M^* \sim \bar{F}_i$, und $R_M^* \sim \bar{F}_i$ ist eine Umgebung von E_i. Nach dem vorhergehenden Satz haben wir

$$\hat{R}_{F_i}^{h_i} = \int \hat{R}_{F_i}^{K(z,\cdot)} d\chi_i(z).$$

Für z aus dem Träger von χ_i ist $\hat{R}_{F_i}^{K(z,\cdot)}$ nach Lemma 12.19 ein Potential; folglich ist $\hat{R}_{F_i}^{h_i}$ nach dem vorangehenden Satz ein Potential. Wegen $(i-1)/j < f < (i+1)/j$ auf $R \sim F_i$ und wegen $h_i \geq 0$ ergibt sich

$$\frac{i-1}{j}(h_i - \hat{R}_{F_i}^{h_i}) \leq f h_i \leq \frac{i+1}{j} h_i + \hat{R}_{F_i}^{h_i}$$

auf $R \sim F_i$ für $0 \leq i \leq j$. Im Hinblick auf die Tatsache, daß $\hat{R}_{F_i}^{h_i} = h_i$ q.ü. auf F_i gilt, ist obige Ungleichung q.ü. auf R gültig, und man sieht leicht, daß sie sogar auf ganz R gilt. Somit haben wir

$$\sum_{i=1}^{j} \frac{i-1}{j}(h_i - \hat{R}_{F_i}^{h_i}) \leq \sum_{i=1}^{j} f h_i \leq f \sum_{i=0}^{j} h_i \leq \sum_{i=0}^{j} \left(\frac{i+1}{j} h_i + \hat{R}_{F_i}^{h_i} \right) \quad \text{auf} \quad R.$$

Wegen $\sum_{i=0}^{j} h_i = 1$ haben wir

$$\sum_{i=1}^{j} \frac{i-1}{j}(h_i - \hat{R}_{F_i}^{h_i}) \leq f \leq \sum_{i=0}^{j} \left(\frac{i+1}{j} h_i + \hat{R}_{F_i}^{h_i} \right) \quad \text{auf} \quad R.$$

Da die linke Seite dieser Ungleichung eine subharmonische Funktion ist, die in der $\underline{H}_f$ definierenden Unterklasse liegt, und da die rechte Seite analogerweise in der $\bar{H}_f$ definierenden Oberklasse liegt, erhalten wir

$$\sum_{i=1}^{j} \frac{i-1}{j} h_i - \sum_{i=1}^{j} \frac{i-1}{j} \hat{R}_{F_i}^{h_i} \leq \underline{H}_f \leq \bar{H}_f \leq \sum_{i=0}^{j} \frac{i+1}{j} h_i + \sum_{i=0}^{j} \hat{R}_{F_i}^{h_i} \quad \text{auf} \quad R.$$

Als Potential ist die größte harmonische Minorante von $\hat{R}_{F_i}^{h_i}$ die Nullfunktion. Nehmen wir die größte harmonische Minorante der beiden Summanden auf der rechten Seite obiger Ungleichung (und benutzen wir eine geringfügige Abänderung dieses Argumentes für die beiden Summanden auf der linken Seite), so ergibt sich mit Hilfe von Lemma 5.22

$$\sum_{i=1}^{j} \frac{i-1}{j} h_i \leq \underline{H}_f \leq \bar{H}_f \leq \sum_{i=0}^{j} \frac{i+1}{j} h_i \quad \text{auf} \quad R.$$

Folglich gilt

$$0 \leq \bar{H}_f - \underline{H}_f \leq \sum_{i=0}^{j} \frac{2}{j} h_i = \frac{2}{j} \quad \text{auf} \quad R$$

für jede natürliche Zahl j. Daher ist f resolutiv. Sei nun f eine beliebige stetige Funktion auf Δ_M. Dann besitzt f eine stetige Fortsetzung auf R_M^*. Da die Addition einer Konstanten und die Multiplikation mit einer Konstanten keinen Einfluß auf die Resolutivität haben, können wir $0 \leq f \leq 1$ annehmen, und der erste Teil des Beweises kann angewandt werden. Folglich ist jedes $f \in C(\Delta_M)$ resolutiv. Für derartige f gilt dann (wenn wir obige Bezeichnungen benutzen)

$$\sum_{i=1}^{j} \frac{i-1}{j} \int_{E_i} K(z, \cdot) d\chi(z) \leq H_f \leq \sum_{i=0}^{j} \frac{i+1}{j} \int_{E_i} K(z, \cdot) d\chi(z)$$

und

$$\sum_{i=0}^{j} \frac{i-1}{j} \int_{E_i} K(z, \cdot) d\chi(z) \leq \int f(z) K(z, \cdot) d\chi(z) \leq \sum_{i=0}^{j} \frac{i+1}{j} \int_{E_i} K(z, \cdot) d\chi(z).$$

Daher ergibt sich

$$\left| H_f - \int f(z) K(z, \cdot) d\chi(z) \right| \leq \frac{2}{j}$$

für jede natürliche Zahl j, und die zweite Behauptung ist bewiesen. ⌟

Anmerkungen

1 Harmonische Funktionen

Alle in diesem Buch benutzten Sätze über die Infinitesimalrechnung von Funktionen mehrerer Veränderlicher kann man bei *Apostol* [1] nachlesen. Der interessierte Leser findet viele Hinweise auf Arbeiten des 19. Jahrhunderts über Potentialtheorie bei *Kellogg* [51], [52]. *Lebesgue* [54] würdigt die Beiträge von *Gauß*, *Weierstraß*, *Riemann*, *Dirichlet* u.a. zur frühen Entwicklung der Potentialtheorie. *Bretlot* [18] gibt einen interessanten historischen Überblick, der mit den Arbeiten von *Frostman* beginnt.

2 Harmonische Funktionen auf einer Kugel

Von *Schwarz* [75] stammt das grundlegende Ergebnis dieses Kapitels, daß jede stetige Funktion auf dem Rand einer Kugel eine stetige Fortsetzung auf die Vollkugel besitzt, die im Inneren harmonisch ist. Schon *Gauß* wußte, daß harmonische Funktionen die Mittelwerteigenschaft besitzen.

Lemma 2.12 und Satz 2.13 stammen von *Herglotz* [48]. Das signierte Maß, das im Satz von *Herglotz* auftritt, läßt sich folgendermaßen interpretieren: Sei h eine harmonische Funktion auf der Kugel $B_{y,\varrho}$, und sei für $0 < r < \varrho$ f_r die Restriktion von h auf $\partial B_{y,r}$. Unter geeigneten Bedingungen an die Familie $\{f_r: 0 < r < \varrho\}$ kann das gemäß dem Satz von *Herglotz* der harmonischen Funktion h zugeordnete Maß μ als das unbestimmte Integral einer Funktion f auf $\partial B_{y,\varrho}$ angesehen werden. Derartige Aussagen findet man in vielen Büchern (vgl. *Hoffman* [50]).

Die *Harnack*sche Ungleichung ist wohlbekannt, jedoch ist Korollar 2.19 eine neuere Fassung. Für positive, harmonische Funktionen auf einem Halbraum ist die *Harnack*sche Ungleichung für Kugeln eines *Stolz*schen Gebietes nahezu trivial. Sei B eine Kugel mit einem Tangentialkegel C, dessen Halbwinkel kleiner als $\pi/2$ ist, dessen Spitze auf dem Rand des Halbraumes liegt und dessen Achse normal zum Rand des Halbraumes ist. Wendet man die *Harnack*sche Ungleichung auf B an, so erkennt man durch Anwendung einer Ähnlichkeitstransformation leicht, daß die *Harnack*sche Ungleichung für jede Kugel in C gilt. Korollar 2.15 kann dann mit Hilfe einer Inversion vom Halbraum auf eine Kugel gefolgert werden. Eine Zusammenfassung dieser Überlegungen gibt *Doob* [40].

Schon *Osgood* [66] und *Montel* [63] war bekannt, daß lokal-beschränkte Familien harmonischer Funktionen gleichgradig stetig sind. Lemma 2.20 stammt von *Choquet* (vgl. *Brelot-Choquet* [21]).
Die *Kelvin*-Transformation wurde schon in der Mitte des 19. Jahrhunderts benutzt. Eine sorgfältigere Untersuchung der *Kelvin*-Transformation nimmt *Kellogg* [51] vor. Satz 2.26 kann natürlich dadurch bewiesen werden, daß man durch eine Inversion den Halbraum auf eine Kugel abbildet.

3 Randverhalten Harmonischer Funktionen

Der Begriff der Ableitung eines *Borel*-Maßes in E^n bzgl. des *Lebesgue*schen Maßes ist schon lange bekannt. Die Übertragung auf kompakte, metrische Räume findet man im Buch von *Dunford* und *Schwartz* [42]; unser Vorgehen im Abschnitt 2 folgt weitgehend *Dunford* und *Schwartz. Fatou* [45] bewies als erster die Existenz nicht-tangentialer Limiten für positive, harmonische Funktionen im Falle $n = 2$. Der historische Ursprung ist unklar für den Fall $n \geq 3$. Der Autor kennt wenigstens zwei Arbeiten über nicht-tangentiale Limiten positiver, harmonischer Funktionen im Falle $n \geq 3$ (vgl. *Bray* und *Evans* [6] oder *Tsuji* [77]). *Doob* [41] bewies den Satz von *Fatou* über die Existenz nicht-tangentialer Limiten mit Hilfe von Satz 3.1 über radiale Limiten und der *Harnack*schen Ungleichung für *Stolz*sche Gebiete.
Der Satz über radiale Limiten wurde in verschiedenen Richtungen verallgemeinert. Für den Fall $n = 2$ bewies *Littlewood* [58], daß das Potential $G_B\mu$ eines Maßes μ auf einer Kugel B in fast allen Randpunkten den radialen Limes Null hat. Später erweiterte *F. Riesz* [73] den Satz von Littlewood auf beliebige positive, superharmonische Funktionen. Von *Privalov* [69], [70] stammt eine Übertragung auf den Fall $n \geq 3$. Der Satz über nicht-tangentiale Limiten läßt sich nicht auf superharmonische Funktionen ausdehnen; eine Diskussion dieses Problems findet sich in einer Arbeit von *Tolsted* [76]. *Doob* [41] hat bewiesen, daß der Quotient u/h zweier auf einer Kugel B definierten, positiven, harmonischen Funktionen u und h in „fast allen" Punkten von ∂B einen nicht-tangentialen Limes besitzt; hierbei bezieht sich „fast alle" auf das Maß μ auf ∂B, welches nach dem Satz von *Herglotz* die Gleichung $h = \boldsymbol{PI}(\mu, \mathrm{B})$ erfüllt. Weitere Verallgemeinerungen wurden für harmonische Funktionen auf einem Halbraum durch *Calderon* [23] und *Carleson* [24] erzielt.

4 Superharmonische Funktionen

Schon im 19. Jahrhundert betrachtete man superharmonische, zweimal stetig differenzierbare Funktionen; aber n.u.h. superharmonische Funktionen wurden erst durch *F. Riesz* [72] eingeführt. Sehr viel mehr über konvexe und subharmonische Funktionen, sowie zahlreiche Hinweise finden sich bei *Rado* [71]. Die Approximationssätze 4.20 und 4.21 stammen von *F. Riesz* [73]. *Hardy* [47] erzielte als erster Konvexitätsaussagen über sphärische Mittel des Betrags einer analytischen Funktion; für superharmonische Funktionen bewies *F. Riesz* [72] derartige Aussagen.

5 Green-Funktionen

Teil (i) von Satz 5.4 stammt für beschränkte, superharmonische Funktionen von *Schwarz* [75]; unsere Fassung geht auf *Bôcher* zurück. *Osgood* [66] gab für ein einfach-zusammenhängendes Gebiet der Ebene den ersten ziemlich allgemeinen Existenzsatz für *Green*-Funktionen an.
Poincaré [68] entwickelte das von uns benutzte Verfahren, die Reduktion einer superharmonischen Funktion über eine offene Menge zu definieren. Er nannte dies Verfahren „méthode de balayage“ (“sweeping out method“ oder „Fegen“).
F. Riesz [72] betrachtete als erster größte harmonische Minoranten.

6 Green-Potentiale

Die Ergebnisse von Abschnitt 2 und die meisten Ergebnisse von Abschnitt 3 stammen von *Cartan* [25], [26], [27]. Satz 6.18 findet man bei *F. Riesz* [73]. Satz 6.20 stammt von *Evans* [43] und *Vasilesco* [79]. *Choquet* [33] bewies Satz 6.21, die potentialtheoretische Fassung des Satzes von *Lusin*.

7 Kapazität

Um den Begriff der inneren Kapazität Null zu ersetzen, führte *Brelot* [14] polare Mengen ein. Liest man Satz 7.6 in Begriffen von innerer Kapazität, so stammt er zumindest für *Borel*sche Mengen von *Frostman* [46].
In historischer Sicht wurde *Poincaré*s „méthode de balayage“ eingeführt, um das Problem der Gleichgewichtsverteilung zu lösen, das schon Gauß beschäftigte.

Physikalisch entspricht das Problem der Bestimmung desjenigen Potentials in einem Punkte innerhalb einer Kugel, das von einer elektrischen Ladung auf einem Leiter innerhalb der Kugel herrührt; eine solche Ladung verteilt sich auf der Oberfläche des Leiters derart, daß das Potential auf dem Leiter konstant ist. Da sich außerhalb des Leiters keine Ladung befindet, muß das Potential dort harmonisch, auf dem Leiter konstant und Null auf dem Rand der Kugel sein. Dieses Potential war als Gleichgewichtspotential (d.h. Kapazitätspotential) bekannt. Im frühen 19. Jahrhundert wurde ohne Bedenken angenommen, daß es ein solches Potential gibt. Man erkannte höchstens, daß ein mathematisches Problem im Nachweis der Existenz eines Gleichgewichtspotentials lag. In der älteren Literatur ist dieses Problem als *Robin*sches Problem bekannt. Mathematisch steht man vor der Aufgabe, für das Gebiet zwischen Leiter und Kugeloberfläche das *Dirichlet*sche Problem zu lösen für die Randfunktion, die auf der Oberfläche des Leiters 1 ist und die auf der Kugeloberfläche verschwindet. Nun ist es leicht, das Gleichgewichtspotential für eine Kugel zu bestimmen, die konzentrisch in der Ausgangskugel liegt; es ist nämlich das Potential V einer gleichmäßig verteilten Ladung auf der kleineren Kugel. Unter einigen geometrischen Voraussetzungen über den Leiter erhielt *Poincaré* sodann das Gleichgewichtspotential für den Leiter durch Reduktion von V über das Gebiet zwischen Leiter und Oberfläche der Ausgangskugel. Einerseits entwickelte *Poincaré* ein Verfahren zur Lösung des *Dirichlet*schen Problems, andererseits bestimmte er eine Abbildung, die das Gleichgewichtspotential der Kugel in das des Leiters transformierte. *Balayage* superharmonischer Funktionen, wie sie in Abschnitt 3 eingeführt wurde, leistet dasselbe. Die systematische Behandlung des Reduzierens superharmonischer Funktionen begann bei *Brelot* [17].
In der Physik kennt man das Verhältnis zwischen der Gesamtladung auf dem Leiter und dem Wert des Gleichgewichtspotentials auf dem Leiter als Kapazität des Leiters. Offenbar ist die Kapazität gleich der Gesamtladung, wenn das Gleichgewichtspotential auf dem Leiter gleich 1 ist. Da das Kapazitätspotential, so wie es im Abschnitt 4 eingeführt wurde, auf dem Leiter K gleich 1 ist, stimmt die Definition der Kapazität mit dem physikalischen Begriff der Kapazität überein. Als erster führte *Wiener* [80] für kompakte Mengen im Fall $n \geq 3$ folgenden mathematischen Kapazitätsbegriff ein: Sei K kompakt, und sei u die *Dirichlet*sche Lösung für $\complement K$ für die Randfunktion, die auf ∂K gleich 1 ist und die im Unendlichen verschwindet. Dann definierte *Wiener* die Kapazität $\mathscr{C}(K)$ von K durch die Gleichung

$$\mathscr{C}(K) = -\frac{1}{4\pi}\int_S D_n u \, d\sigma,$$

wobei S eine glatte Fläche ist, die K umfaßt. Anschließend wurde der Kapazitätsbegriff von *de la Vallée Poussin* [37] auf beliebige beschränkte Mengen ausgedehnt. *Frostman* [46] gebührt das Verdienst, die Kapazitätstheorie entwickelt zu haben; insbesondere erkannte er die Ähnlichkeit des Kapazitätsbegriffes von *de la Vallée Poussin* mit dem Begriff eines inneren Maßes auf dem System der beschränkten Mengen. *Brelot* [11] bezeichnete die Kapazität von *de la Vallée Poussin* als innere Kapazität und definierte auch die äußere Kapazität einer Menge. Ungefähr zur gleichen Zeit definierte *Monna* [62] die äußere Kapazität einer Menge. *Choquet* [29] erkannte, daß die Kapazität stark subadditiv ist, entwickelte die Theorie der $\mathscr{K}$-analytischen Mengen und bewies, daß die *Borel*schen Mengen kapazitabel sind. Satz 7.33 stammt von *Cartan* [26] und wird meistens in der Literatur in der Sprache der äußeren Kapazität formuliert. Satz 7.34 stammt von *Evans* [44] und ist dort verbessert worden. *Deny* [38] hat gezeigt, daß es zu einer polaren G_δ-Menge Z in einer offenen Menge R, die eine *Green*-Funktion G besitzt, ein Maß μ mit $G\mu = +\infty$ auf Z und $G\mu < +\infty$ auf $R \sim Z$ gibt; jedoch braucht das Maß μ nicht von Z getragen zu sein. *Choquet* [34] hat dann gezeigt, daß das Maß so gewählt werden kann, daß es von Z getragen wird.

Rado [71] bewies, daß der Limes einer antitonen Folge nach unten beschränkter, superharmonischer Funktionen bis auf eine *Lebesgue*sche Nullmenge mit einer superharmonischen Funktion übereinstimmt; *Brelot* [10] zeigte, daß die Ausnahmemenge höchstens von der inneren Kapazität Null ist. *Cartan* [26] gelang es dann, zu zeigen, daß die Ausnahmemenge von der äußeren Kapazität Null ist.

Man kann eine Theorie der polaren Mengen und der Kapazität auch mit Hilfe anderer Funktionen als der *Green*-Funktion entwickeln (vgl. *Frostman* [46], *M. Riesz* [74], *Cartan* [26], [27], *Brelot* [8], [9]).

8 Das verallgemeinerte Dirichletsche Problem

In den Anmerkungen zu Kapitel 7 ist bereits darauf hingewiesen worden, daß der erste leidlich allgemeine Existenzsatz für das *Dirichlet*sche Problem von *Poincaré* stammt. *Perron* [67] führte für eine Randfunktion Ober- und Unterklasse sowie Ober- und Unterlösung ein. Satz 8.11 stammt von *Wiener* [82] und Satz 8.17 von *Brelot* [12].

Barrieren wurden von *Poincaré* [68] benutzt, um die Regularität gewisser Gebiete nachzuweisen. Allgemeine Barriere führte *Lebesgue* [56] ein, aber seine Definition enthielt die zusätzliche Forderung, daß eine Barriere für einen Punkt x in den Randpunkten, die nahe bei x und verschieden von x sind, einen strikt positiven Limes inferior besitzt. *Bouligand* [5] bewies, daß diese zusätzliche Forderung überflüssig ist. Satz 8.24 stammt von *Poincaré* [68]. Satz 8.26 geht im wesentlichen auf *Lebesgue* [54] zurück, der zeigte, daß jede Umgebung eines irregulären Randpunktes x einer beschränkten, offenen Teilmenge R der Ebene eine Jordankurve enthält, die in R liegt und die x in ihrem Inneren enthält. Satz 8.27 stammt von *Zaremba* [83]. Diskussionen über hinreichende Bedingungen für die Regularität von Randpunkten können bei *Wiener* [81] und bei *Lebesgue* [56] gefunden werden. *Bouligand* [5] charakterisierte als erster die Irregularität von Randpunkten vermittels des Randverhaltens der *Green*-Funktion, wie es in Satz 8.34 formuliert ist. Satz 8.33 stammt von *Myrberg* [64].

Satz 8.39 stammt von *Maria* [59] und *Frostman* [46]; der Satz ist als Dominationsprinzip von *Maria-Frostman* bekannt.

Die meisten Ergebnisse dieses Kapitels hängen nur von wenigen Eigenschaften der harmonischen Funktionen ab; z.B. daß die harmonischen Funktionen einen linearen Raum bilden, daß Harmonizität eine lokale Eigenschaft ist, daß der Limes einer isotonen oder antitonen Folge harmonischer Funktionen unter einer Bedingung einer lokalen Beschränktheit wiederum eine harmonische Funktion ist und daß das klassische *Dirichlet*sche Problem für Kugeln lösbar ist. Mit dieser Erkenntnis entwickelte *Brelot* [7], [19] eine axiomatische Potentialtheorie, in der die obigen Eigenschaften als Axiome genommen werden. Zusätzlich zu diesen Hinweisen vergleiche man *Brelot* [9], *Bauer* [2], und *Hervé* [49]. *Brelot* und *Choquet* [20] haben die Potentialtheorie auf einem etwas weniger abstraktem Niveau axiomatisiert, indem sie Räume studierten, die lokal-homöomorph zum n-dimensionalen Euklidischen Raum sind.

9 Das Dirichletsche Problem für unbeschränkte Mengen

Der größte Teil des Stoffes dieses Kapitels wurde direkt von *Brelot* [16] übernommen. Die Methode im Beweis von Lemma 9.19, eine harmonische Funktion fortzusetzen, ist als alternierende Methode von *Schwarz* bekannt. In der frühen Entwicklung der Potentialtheorie wurde diese klassische Methode benutzt, um eine Lösung des *Dirichlet*schen Problems für ein Gebiet zu konstruieren, das die Vereinigung zweier regulärer Mengen unter geeigneten Bedingungen ist. Eine Diskussion in dieser Richtung kann bei *Kellogg* [51] gefunden werden. Korollar 9.20 stammt von *Bouligand* [4].

10 Feine Topologie

Die feine Topologie wurde von *Cartan* eingeführt. Dünnheit einer Menge geht auf *Brelot* [11] zurück. Ein Beweis des Satzes von *Fatou* über nicht-tangentiale Limiten, der auf der feinen Topologie basiert, kann in einer Arbeit von *Brelot* und *Doob* [22] gefunden werden.
Wiener [81] hat bewiesen, daß ein Randpunkt x einer beschränkten, offenen Menge R genau dann irregulär ist, wenn $\complement R$ die Bedingung von Satz 10.21 erfüllt. Da nach Korollar 10.12 die Dünnheit von $\complement R$ in x und die Irregularität von x äquivalent sind, ist das ursprüngliche Ergebnis von *Wiener* ein Spezialfall von Satz 10.21. Satz 10.21 kann in *Brelot* [15] gefunden werden.

11 Energie

Obwohl die meisten grundlegenden Eigenschaften des Energiebegriffes bereits *Gauß* bekannt waren, war es *Frostman* [46], der diesen Begriff mathematisch fundierte.
Die Tatsache, daß die Energie eines signierten Maßes stets nichtnegativ ist, sofern sie überhaupt definiert ist, zeigt sich am besten im klassischen Fall. Sei G die *Green*-Funktion für E^n, $n \geq 3$, sei μ ein Maß, so daß $G\mu$ zweimal stetig differenzierbar ist, und sei v eine zweimal stetig differenzierbare Funktion, die außerhalb einer kompakten Menge verschwindet. Ist ν das signierte Maß, das $-\Delta v/\kappa_n$ als Dichte bzgl. des *Lebesgue*schen Maßes hat, so gilt $G\nu = G(-\Delta v/\kappa_n) = v$. Aus dem Divergenzsatz folgt für jede Kugel B, die den Träger von ν enthält

$$\int_B G\mu d\nu = \int_B u(-\Delta v/\kappa_n)\,dz$$

$$= \frac{1}{\kappa_n}\int (\text{grad } u, \text{grad } v)\,dz.$$

Insbesondere ergibt sich für $\mu = \nu$

$$\|\nu\|_e^2 = \frac{1}{\kappa_n}\int |\text{grad } v|^2\,dz \geqq 0,$$

sogar dann, wenn ν ein signiertes Maß ist. Daher ist die Nicht-Negativität der Energie sogar für ein signiertes Maß im klassischen Falle augenscheinlich. Man kann die letzte Gleichung auch schreiben als

$$\|\nu\|_e^2 = \frac{1}{\kappa_n}\int \left[\left(\frac{\partial v}{\partial x_1}\right)^2 + \cdots + \left(\frac{\partial v}{\partial x_n}\right)^2\right] dz;$$

das Integral auf der rechten Seite ist als *Dirichlet*sches Integral bekannt. Eine Diskussion über die Rolle des *Dirichlet*schen Integrals in der klassischen Potentialtheorie findet man bei *Kellogg* [51] oder *Courant* [36].
Die Sätze über die verschiedenen Konvergenzbegriffe für Elemente von $\mathscr{E}$, Projektionen von Maßen und die Vollständigkeit von $\mathscr{E}^+$ stammen von *Cartan* [25], [26], [27]. *Deny* [39] hat die metrische Vervollständigung von $\mathscr{E}$ untersucht und die Ergebnisse vermittels Distributionen von *L. Schwartz* interpretiert.

12 Der Martin-Rand

Die grundlegenden Tatsachen über die Darstellung positiver, harmonischer Funktionen auf einer offenen, zusammenhängenden Menge stammen von *Martin* [60]. Die Darstellung dieses Kapitels ist jedoch eine Ausarbeitung der Entwicklung des *Martin*-Randes von *Constantinescu* und *Cornea* [35]. Satz 12.1 stammt von diesen Autoren. Mit Hilfe der $\mathscr{Q}$-Kompaktifizierung von Satz 12.1 erhalten *Constantinescu* und *Cornea* die *Martin*-Darstellung, indem sie Kerne mit den wesentlichsten Eigenschaften der *Green*-Funktion benutzen.
In der ursprünglichen Arbeit von *Martin* war die Metrik von Satz 12.8 (eingeschränkt auf $R \times R$) benutzt worden, um eine metrische Vervollständigung von R zu erhalten, von der dann *Martin* zeigen konnte, daß sie eine Kompaktifizierung von R ist. Satz 12.22 stammt von *Brelot* [19].
Die *Martin*-Darstellung einer positiven, harmonischen Funktion kann auch erhalten werden, wenn man die Arbeiten von *Choquet* [30], [31], [32] heranzieht. Hier werden die Elemente eines konvexen Kegels (der positiven, harmonischen Funktionen) als ein Integral über den Extremalpunkten (die minimalen, positiven, harmonischen Funktionen) des Kegels dargestellt. Dazu siehe man auch *Brelot* [9], *Hervé* [49] und *Meyer* [61].
Naïm [65] hat die feine Topologie auf den *Martin*-Rand und die Dünnheit eines Punktes des *Martin*-Randes verallgemeinert. Dazu hat sie bewiesen, daß die Quotienten $u/G(\cdot, x_0)$ und $u/K(\cdot, x_0)$, wobei u eine positive, superharmonische Funktion ist, in den minimalen Punkten des *Martin*-Randes feine Limiten besitzen; außerdem hat sie die Existenz feiner Limiten von Quotienten der Form u/h, wobei u ein Potential und h eine positive, harmonische Funktion ist, in „fast allen" Punkten des *Martin*-Randes bewiesen; hierbei bezieht sich „fast alle" auf das Maß auf dem *Martin*-Rand, das vermittels der *Martin*-Darstellung zu h gehört. Ferner hat sie die feine Topologie benutzt, um den Begriff des regulären Randpunktes zu verallgemeinern. *Doob* [40] hat den Satz von *Fatou* über nicht-tangentiale Limiten auf diesen Zusammenhang verallgemeinert.

Literaturverzeichnis

[1] *Apostol, T.M.:* Mathematical Analysis. Reading, Mass. 1957.

[2] *Bauer, H.:* Harmonische Räume und ihre Potentialtheorie, Lecture notes in Mathematics (**22**). Berlin, 1966.

[3] *Bôcher, M.:* Singular points of functions which satisfy partial differential equations of the elliptic type, in: Bull. Amer. Math. Soc., **9**, 455–465 (1903).

[4] *Bouligand, G.:* Sur les fonctions bornées et harmoniques dans un domaine infini, nulles sur sa frontière, in: C.R. Acad. Sci. Paris, **169**, 763–766 (1919).

[5] –, Domaines infinis et cas d'exception du problème de Dirichlet, in: C.R. Acad. Sci. Paris, **178**, 1054–1057 (1924).

[6] *Bray, H.E.,* und *G.C. Evans:* A class of functions harmonic within the sphere, in: Amer. J. Math., **49**, 153–180 (1927).

[7] *Brelot, M.:* Axiomatique du problème de Dirichlet dans les espaces localement compacts, Séminaire de Théorie du Potentiel, Inst. *H. Poincaré*, Univ. de Paris, 1957.

[8] –, Éléments de la théorie classique du potentiel, Centre de Documentation Universitaire, Paris, 1959.

[9] –, Lectures on Potential Theory, Tata Institute of Fundamental Research, Bombay, 1960.

[10] –, Sur le potentiel et les suites de fonctions sous-harmoniques, in: C.R. Acad. Sci., Paris, **207**, 836–839 (1938).

[11] –, Sur la théorie moderne du potentiel, in: C.R. Acad. Sci. Paris, **209**, 828–830 (1939).

[12] –, Familles de Perron et problème de Dirichlet, in: Acta Sci. Math. (Szeged), **9**, 133–153 (1939).

[13] –, Points irréguliers et transformations continues en théorie du potentiel, in: J. Math. Pures Appl. **19**, 319–337 (1940).

[14] –, Sur la théorie autonome des fonctions sous-harmoniques, in: Bull. Sci. Math., **65**, 72–98 (1941).

[15] –, Sur les ensembles effilés, in: Bull. Soc. Math. France, **68**, 12–36 (1944).

[16] –, Sur le rôle du point à l'infini dans la théorie des fonctions harmoniques, in: Ann. Sci. École Norm. Sup., **61**, 301–332 (1944).

[17] –, Minorantes sousharmoniques, extrémales et capacités, in: J. Math. Pures Appl. **24**, 1–32 (1945).

[18] –, La théorie moderne du potentiel, in: Ann. Inst. Fourier (Grenoble), **4**, 113–140 (1952).

[19] –, Le problème de Dirichlet. Axiomatique et frontière de Martin, in: J. Math. Pures Appl., **35**, 297–335 (1956).

[20] *Brelot, M.,* und *G. Choquet:* Espaces et lignes de Green, in: Ann. Inst. Fourier (Genoble), **3**, 199–263 (1951).

[21] –, Le théorème de convergence en théorie du potentiel, in: J. Madras Univ. B, **27**, 277 bis 286 (1957).

[22] *Brelot, M.,* und *J.L. Doob:* Limites angulaires et limites fines, in: Ann. Inst. Fourier (Grenoble), **13**, 395–415 (1963).

[23] *Calderon, A.P.:* On the behavior of harmonic functions at the boundary, in: Trans. Amer. Math. Soc., **68**, 47–54 (1950).

[24] *Carleson, L.:* On the existence of boundary values for harmonic functions in several variables, in: Ark. Math. **4**, 393–399 (1961).

[25] *Cartan, H.:* Sur les fondements de la théorie du potentiel, in: Bull. Soc. Math. France, **69**, 71–96 (1941).

[26] –, Théorie du potentiel newtonian: énergie, capacité, suites de potentiels, in: Bull Soc. Math. France, **73**, 74–106 (1945).

[27] –, Théorie générale du balayage en potentiel newtonien, in: Ann. Univ. Grenoble, Math. Phys. **22**, 221–280 (1946).

[29] *Choquet, G.:* Theory of capacities, in: Ann. Inst. Fourier (Grenoble), **5**, 131–295 (1954).

[30] –, Unicité des représentations intégrales au moyen de points extrémaux dans les cônes convexes, réticulés, C.R. Acad. Sci. Paris, **243**, 555–557 (1956).

[31] –, Existence des représentations intégrales au moyen des points extrémal dans les cônes convexes, in: C.R. Acad. Sci. Paris, **243**, 699–702 (1956).

[32] –, Existence des représentations intégrale dans les cônes convexes, in: C.R. Acad. Sci. Paris, **243**, 736–737 (1956).

[33] –, Sur les fondements de la théorie fine du potentiel, in: C.R. Acad. Sci. Paris, **244**, 1606–1609 (1957).

[34] –, Potentiels sur un ensemble de capacité nulle. Suites de potentiels, in: C.R. Acad. Sci. Paris, **244**, 1707–1710 (1957).

[35] *Constantinescu, C.*, und *A. Cornea:* Ideale Ränder Riemannscher Flächen, Ergebnisse der Mathematik und Ihrer Grenzgebiete. Berlin, 1963.

[36] *Courant, R.:* Dirichlet's Principle, Conformal Mapping, and Minimal Surfaces. New York, 1950.

[37] *De La Vallée Poussin, C.:* Extension de la méthode du balayage de Poincaré et problème de Dirichlet, in: Ann. Inst. *H. Poincaré*, **2**, 169–232 (1932).

[38] *Deny, J.:* Sur les infinis d'un potentiel, in: C.R. Acad. Sci. Paris, **224**, 524–525 (1947).

[39] –, Les potentiels d'énergie finie, in: Acta. Math., **82**, 107–183 (1950).

[40] *Doob, J.L.:* A non-probabilistic proof of the relative Fatou theorem, in: Ann. Inst. Fourier (Grenoble), **9**, 293–300 (1959).

[41] –, A relativized Fatou theorem, in: Proc. Nat. Acad. Sci. USA **45**, 215–222 (1959).

[42] *Dunford, N.*, und *T. Schwartz:* Linear Operators, Part I, General Theory, in: New York, 1958.

[43] *Evans, G.G.:* On potentials of positive mass I, in: Trans. Amer. Math. Soc., **37**, 226–253 (1935).

[44] –, Potentials and positively infinite singularities of harmonic functions, in: Monatsh. Math., **43**, 419–424 (1936).

[45] *Fatou, P.:* Séries trigonométriques et séries de Taylor, in: Acta Math., **30**, 335–400 (1906).

[46] *Frostman, O.:* Potentiel d'équilibre et capacité des ensembles avec quelques applications à la théorie des fonctions, in: Thesis, Lunds Univ. Mat. Sem., **3**, 1–118 (1935).

[47] *Hardy, G.H.:* On the mean value of the modulus of an analytic function, in: Proc. London Math. Soc., **2**, series 14, 269–277 (1915).

[48] *Herglotz, G.:* Über Potenzreihen mit positivem, reellem Teil im Einheitskreis, in: Ber. Verhandl. Sächs. Akad. Wiss. Leipzig, Math.-Phys. Klasse, **63** (1911).

[49] *Hervé, R. M.:* Recherches axiomatiques sur la théorie des fonctions surharmoniques et du potentiel, in: Ann. Inst. Fourier (Grenoble), **12**, 415–571 (1962).

[50] *Hoffman, K.:* Banach Spaces of Analytic Functions. Englewood Cliffs, N.J., 1962,

[51] *Kellogg, O.D.:* Foundations of Potential Theory. Berlin, 1929 (Nachdruck New York, 1953.

[52] –, Recent progress with the Dirichlet problem, in: Bull. Amer. Math. Soc., **32**, 601–625 (1926).

[53] –, On the classical Dirichlet problem for general domains, in: Proc. Nat. Acad. Sci. USA, **12**, 397–406 (1926).

[54] *Lebesgue, H.:* Sur le problème de Dirichlet, in: Rend. Circ. Mat. Palermo, **24**, 371–402, (1907).

[55] –, Sur des cas d'impossibilité du problème de Dirichlet ordinaire, in: C.R. Séances Soc. Math. France, 17 (1912).

[56] –, Conditions de régularité, conditions d'irrégularité, conditions d'impossibilité dans le problème de Dirichlet, in: C.R. Acad. Sci. Paris, **178**, 349–354 (1924).

[57] *Lelong-Ferrand, J.:* Étude au voisinage de la frontière des fonctions surharmoniques positives dans un demiespace, in: Ann. Ecole Norm. Sup., **66**, 125–159 (1949).

[58] *Littlewood, J.E.:* Mathematical Notes (8): On functions subharmonic in a Circle (II), in: Proc. London Math. Soc., (2) **28**, 383–394 (1928).

[59] *Maria, A.J.:* The potential of a positive mass and the weight function of Wiener, in: Proc. Nat. Acad. Sci. USA, **20**, 485–489 (1934).

[60] *Martin, R.S.:* Minimal positive harmonic functions, in: Trans. Amer. Math. Soc., **49**, 137–172 (1941).

[61] *Meyer, P.A.:* Probability and Potentials. Waltham, Mass., 1966.

[62] *Monna, A.F.:* Sur la capacité des ensembles, in: Proc. Kon. Ned. Akad. Wetensch. Amsterdam, **43**, 81–86 (1940).

[63] *Montel, P.:* Sur les suites infinis de fonctions, in: Ann. Ecole Norm. Sup., **43**, 233–334 (1907).

[64] *Myrberg, P.J.:* Über die Existenz der Greenschen Funktionen auf einer gegebenen Riemannschen Fläche, in: Acta Math. **61**, 39–79 (1933).

[65] *Naïm, L.:* Sur le rôle de la frontière de R.S. Martin dans la théorie du potentiel, in: Ann. Inst. Fourier (Grenoble), **7**, 183–281 (1957).

[66] *Osgood, W.F.:* On the existence of the Green's function for the most general simply connected plane region, in: Trans. Amer. Math. Soc., **1**, 310–314 (1900).

[67] *Perron, O.:* Eine neue Behandlung der ersten Randwertaufgabe für $\Delta u = 0$, in: Math. Z., **18**, 42–54 (1923).

[68] *Poincaré, H.:* Sur les equations aux dérivées partielles de la physique mathématique, in: Amer. J. Math., **12**, 211–294 (1890).

[69] *Privalov, N.:* On a boundary problem of subharmonic functions, in: Mat. Sbornik, **41**, 3–10 (1934).

[70] –, Boundary problems of the theory of harmonic and subharmonic functions in space, in: Mat. Sbornik, **45**, 3–25 (1938).

[71] *Rado, T.:* Subharmonic Functions, Ergebnisse der Mathematik und ihrer Grenzgebiete, Berlin, 1937 (Nachdruck New York, 1949).

[72] *Riesz, F.:* Sur les fonctions subharmoniques et leur rapport à la théorie du potentiel, in: Acta Math. **48**, 329–343 (1926).

[73] –, Sur les fonctions subharmoniques et leur rapport à la théorie du potentiel, in: Acta Math., **54**, 321–360 (1930).

[74] *Riesz, M.*: Integrales de Riemann-Liouville et potentiel, in: Acta Litterarum Ac Scientiarum, **9**, 1–42 (1938–1940).

[75] *Schwarz, H. A.*: Zur Integration der partiellen Differentialgleichung $\frac{\partial^2 u}{\partial x^2}+\frac{\partial^2 u}{\partial y^2}=0$, in: J. Reine Angew. Math., **74**, 218–253 (1872).

[76] *Tolsted, E.*: Limiting valvues of subharmonic functions, in: Proc. Amer. Math. Soc., **1**, 636–647 (1950).

[77] *Tsuji, M.*: On Fatou's theorems on Poisson integrals, in: Japan J. Math., **15**, 13–18 (1938–1939).

[78] *Vasilesco, F.*: Sur les singularités des fonctions harmoniques, in: J. Math. Pures Appl., **9**, 81–111 (1930).

[79] –, Sur la continuité du potentiel à travers des masses et la démonstration d'une lemme de Kellogg, in: C. R. Acad. Paris, **200**, 1173–1174 (1935).

[80] *Wiener, N.*: Discontinuous boundary conditions and the Dirichlet problem, in: Trans. Amer. Math. Soc., **25**, 307–314 (1923).

[81] –, The Dirichlet problem, in: J. Math. Phys., **3**, 127–146 (1924).

[82] –, Certain notions in potential theory, in: J. Math. Phys., **3**, **24**–51 (1924).

[83] *Zaremba, S.*: Sur le principe du minimum, in: Bull. de l'Ac. Sc. Cracovie (1909).

Symbolverzeichnis

Sachverzeichnis

FSC
www.fsc.org
MIX
Papier | Fördert gute Waldnutzung
FSC® C083411

Zeitfracht Medien GmbH
Ferdinand-Jühlke-Straße 7
99095 Erfurt, Deutschland
produktsicherheit@kolibri360.de